Manual de Tecnologia da Madeira

Blucher

Ingo Nennewitz   Wolfgang Nutsch   Peter Peschel   Gerhard Seifert

Manual de Tecnologia da Madeira

Elaborado por professores de escolas profissionalizantes e engenheiros da Europa

Tradução da 4ª edição alemã

Tradução: Helga Madjderey

Revisão técnica: Ingeborg Sell

2ª edição brasileira

TABELLENBUCH HOLZTECHNIK
A edição em língua alemã foi publicada
pela Verlag Europa-Lehrmittel, Nourney,
Vollmer GmbH
© 2005 by Verlag Europa-Lehrmittel,
Nourney, Vollmer GmbH

Manual de tecnologia da madeira
Tradução da 4ª edição alemã – 2008
2ª edição brasileira – 2012
2ª reimpressão – 2019
Editora Edgard Blücher Ltda.

Blucher

Rua Pedroso Alvarenga, 1245, 4º andar
04531-012 – São Paulo – SP – Brasil
Tel 55 11 3078-5366
contato@blucher.com.br
www.blucher.com.br

Segundo Novo Acordo Ortográfico, conforme
5. ed. do *Vocabulário Ortográfico da Língua
Portuguesa*, Academia Brasileira de Letras,
março de 2009.

É proibida a reprodução total ou parcial
por quaisquer meios, sem autorização
escrita da Editora.

Todos os direitos reservados pela Editora
Edgard Blücher Ltda.

FICHA CATALOGRÁFICA

Manual de tecnologia da madeira / Ingo
Nennewitz...[et al.]; tradução Helga
Madjderey. – 2. ed. brasileira –
São Paulo: Blucher, 2012.

Outros autores: Wolfgang Nutsch, Peter
Peschel, Gerhard Seifert
Título original: Tabellenbuch Holztechnik
"Tradução da 4ª edição alemã"

ISBN 978-85-212-0595-1

1. Madeira 2. Tecnologia I. Nennewitz,
Ingo. II. Nutsch, Wolfgang. III. Peschel, Peter.
IV. Seifert, Gerhard.

11-03235 CDD-674.8

Índices para catálogo sistemático:
1. Madeira: Tabelas: Tecnologia   674.8
2. Tabelas para madeira: Tecnologia   674.8

Prefácio

O Manual de Tecnologia da Madeira amplia a série de publicações Europa específicas para o ensino profissionalizante no setor madeireiro. No entanto, graças ao seu caráter independente, pode ser empregado tanto sozinho como junto com outros livros didáticos na instrução e no aperfeiçoamento, assim como no exercício da profissão. Ele contém tabelas, fórmulas, Normas DIN, regras e determinações de órgãos públicos e instituições reconhecidas, além de valores de muitas características fisico-químicas de madeiras e grandezas para uso da madeira em construções.

A escolha do conteúdo tecnológico, matemático, gráfico e de planejamento operacional desta coleção obedece aos planos didáticos básicos dos Estados alemães para as profissões no segmento da Tecnologia da Madeira, baseando-se também em conteúdos de renomados livros didáticos. Pensou-se também nas necessidades e requisitos do aperfeiçoamento profissional e do trabalho prático diário.

O Manual de Tecnologia da Madeira é uma valiosa obra de consulta para aprendizes, alunas e alunos de escolas profissionalizantes, de escolas técnicas e escolas superiores. Além disso, também é uma fonte de informação no treinamento prático, no aprimoramento e reciclagem para mestres e técnicos na prática profissional.

O Manual de Tabelas contém os seguintes capítulos

Fundamentos de matemática e das ciências naturais	**1**
Madeiras e materiais da madeira	**2**
Materiais	**3**
Desenho técnico	**4**
Projetos e construções	**5**
Física das construções	**6**
Recursos para acabamentos	**7**
Organização empresarial	**8**

O recorte numerado facilita o rápido acesso ao capítulo desejado. Valorizamos especialmente a visualização das representações. Os itens dos capítulos são destacados na barra de cabeçalho de cada página, tabelas são destacadas por grades verdes, fórmulas importantes são destacadas em quadros e exemplos destacados em fundo verde.

Além do índice, um glossário abrangente auxilia na busca rápida de termos e fatos.

Agradecemos aqui a todos que contribuíram com sugestões na elaboração do Manual de Tabelas – em especial as Empresas, Instituições e Editoras relacionadas nas fontes de referência. Agradecemos também por sugestões que melhorem e aperfeiçoem esta publicação, assim como por indicação de eventuais falhas.

Verão de 2005

Autores e Editora

Índice

1	**Fundamentos da matemática e das ciências naturais**	**7**
1.1	Grandezas e unidades	7
1.2	Fundamentos da matemática	10
1.3	Equações	12
1.4	Regra de três e cálculo de misturas	13
1.5	Cálculo de percentagem e cálculo de juros	14
1.6	Comprimento	15
1.7	Áreas	16
1.8	Cálculo de triângulos e funções trigonométricas	19
1.9	Sólidos	23
1.10	Funções e representações gráficas	25
1.11	Coesão e adesão	29
1.12	Massa, densidade, forças	30
1.13	Movimento uniforme e acelerado	32
1.14	Trabalho, energia, potência, grau de eficiência	33
1.15	Máquinas simples e acionamentos	34
1.16	Fundamentos da estática e teoria da resistência	37
1.17	Líquidos e gases	40
1.18	Eletrotécnica	41
1.19	Fundamentos de química	45
1.20	Tecnologia do calor	51
1.21	Fundamentos de acústica	52

2	**Madeira e derivados de madeira**	**53**
2.1	Estrutura e corte	53
2.2	Tipos de madeiras	55
2.2.1	Madeira de coníferas	55
2.2.2	Madeira de árvores de folhas caducas	56
2.2.3	Valores característicos	60
2.3	Defeitos da madeira	65
2.4	Proteção da madeira	67
2.4.1	Proteção contra insetos e fungos	67
2.4.2	Proteção contra incêndio em elementos de madeira	69
2.5	Umidade da madeira	70
2.6	Madeira como produto comercial	75
2.7	Folheados	90
2.8	Parquete	92
2.9	Materiais derivados da madeira	94
2.9.1	Materiais em camadas e materiais compostos	94
2.9.2	Materiais de aglomerados de madeira	98
2.9.3	Materiais de fibras de madeira	102

3	**Materiais**	**104**
3.1	**Placas de materiais minerais**	**104**
3.1.1	Placas de gesso cartonado	104
3.1.2	Placas de fibrocimento	104
3.1.3	Placas de fibra de gesso	105
3.1.4	Placas de aglomerado de madeira e cimento	105
3.1.5	Placas leves de lã de madeira	105
3.2	**Vidro**	**106**
3.2.1	Tipos de vidros e produtos de vidro	106
3.2.2	Vidro plano	107
3.2.3	Vidro isolante de multicamadas	108
3.3	**Metais**	**110**
3.3.1	Normalização de materiais por meio de números	110
3.3.2	Normalização de aços	110
3.3.3	Classificação dos aços	111
3.3.4	Materiais ferrosos fundidos	112
3.3.5	Metais não ferrosos	114
3.3.6	Metais duros	115
3.3.7	Corrosão e proteção contra corrosão	116
3.4	**Elementos de ligação**	**117**
3.4.1	Pinos de arame e grampos	117
3.4.2	Parafusos para madeira	118
3.4.3	Parafusos	121
3.4.4	Porcas e arruelas	122
3.4.5	Roscas, furos, chanfros	123
3.4.6	Parafusos para chapas, parafusos autoperfurantes e rebites cegos	124
3.4.7	Cavilha de madeira, cantoneira e bucha aparafusada	125
3.4.8	Buchas de fixação	126
3.5	**Plásticos**	**131**
3.6	**Adesivos**	**138**
3.7	**Produtos para superfícies**	**141**
3.7.1	Produtos para pré-tratamento	141
3.7.2	Produtos para pátina e colorização	142
3.7.3	Materiais para cobertura	143
3.7.4	Técnicas de aplicação	146
3.7.5	Teste de aderência e grupos de solicitações	147
3.8	**Produtos abrasivos**	**149**
3.9	**Segurança do trabalho e proteção ambiental**	**153**
3.9.1	Regulamentações e definições	153
3.9.2	Substâncias perigosas no processamento da madeira	154
3.9.3	Solventes e diluentes	156
3.9.4	Pó de madeira	157

Índice

3.9.5 Valores MAK e TRK de materiais selecionados (TRGS 905) 158
3.9.6 Instruções operacionais 159
3.9.7 Folhas de dados de segurança e alíneas S 160
3.9.8 Valores de materiais selecionados .. 162
3.9.9 Símbolos para substâncias perigosas . 163

| 4 | Desenho técnico ....164 |

4.1 Instrumentos e material de desenho .. 164
4.2 Caligrafia normalizada 166
4.3 Escalas 166
4.4 Construções básicas 167
4.4.1 Construções geométricas básicas .. 167
4.4.2 Projeção ortogonal 175
4.4.3 Rebatimentos e grandezas verdadeiras 177
4.4.4 Projeções paralelas 180
4.5 Perspectiva 181
4.5.1 Perspectiva inclinada 182
4.5.2 Perspectiva central 183
4.6 Fundamentos do design 184
4.7 Tipos de linhas 187
4.8 Inscrições dimensional, cotas 190
4.9 Tolerâncias e ajustes 194
4.9.1 Série de tolerâncias para madeira (HT) . 195
4.9.2 Inscrição das tolerâncias 195
4.9.3 Alteração dimensional pelo inchamento ou contração 196
4.9.4 Ajustes 198
4.9.5 Sistemas de ajustes 199
4.10 Representação dos materiais e guarnições 203
4.11 Símbolos de superfície 205
4.12 Hachuras para materiais e elementos de construção 205
4.13 Esquema de medidas na construção .. 206

| 5 | Projetos ....207 |

5.1 Móveis 207
5.1.1 Tipos de móveis e design 207
5.1.2 Peças e acessórios para móveis ... 210
5.2 Portas 218
5.3 Janelas 224
5.3.1 Sistemas de aberturas e perfis de janelas 224
Seção transversal de perfilados 226
Sistemas de janelas 228
5.3.2 Solicitação 229

5.3.3 Dimensionamento das seções das esquadrias 231
5.3.4 Dimensões na janela 234
5.3.5 Conexão janela-corpo da construção .. 235
5.3.6 Contenção térmica, proteção acústica, proteção contra arrombamento 236
5.3.7 Ferragens e fixação 239
5.3.8 Revestimento das superfícies 240
5.3.9 Envidraçamento 241
5.4 Construções internas 246
Esquema de medidas para construções . 246
5.4.1 Armários embutidos 247
5.4.2 Paredes – paredes sem função de sustentação 248
5.4.3 Revestimentos para paredes 249
5.4.4 Revestimentos para tetos 250
5.4.5 Assoalhos de madeira 251
5.5 Escadas 252
5.5.1 Tipos de escadas 252
5.5.2 Definições de medidas e designações .. 253
5.5.3 Requisitos dimensionais 254
5.5.4 Repartição de escadas curvas 258

| 6 | Física das construções ....259 |

6.1 Materiais de isolação, vedação e bloqueio 259
6.2 Proteção térmica 261
6.2.1 Tecnologia térmica Requisitos térmicos mínimos 262
6.2.2 Valores para cálculo da proteção térmica 265
6.2.3 Cálculo da isolação térmica 267
6.2.4 Regulamento sobre economia de energia 269
6.2.5 Alteração do comprimento por influência da temperatura 275
6.2.6 Medidas de proteção térmica 275
6.3 Proteção contra umidade e água de condensação 276
6.3.1 Fundamentos técnicos da proteção contra umidade 276
6.3.2 Valores teóricos da tecnologia de proteção contra umidade 277
6.3.3 Medidas de proteção contra a formação de água de condensação ... 279
6.4 Proteção acústica 283
6.5 Proteção contra fogo 287

Índice

7 Meios de fabricação **293**

7.1 Bancada de marceneiro e ferramentas de bancada 293

7.2 Máquinas 298

7.2.1 Máquinas estacionárias 298
inclusive amostra de instrução de operação

7.2.2 Centros de usinagem CNC 301

7.2.3 Máquinas manuais 302

7.2.4 Motores elétricos 303

7.3 Ferramentas de máquinas **304**

7.3.1 Materiais de corte 304

7.3.2 Direção do corte 3049

7.3.3 Terminilogia da ferramenta, geometria de corte, cálculos 305

7.3.4 Disco de serra circular 307

7.3.5 Fresas para tupias 309

7.3.6 Brocas para furadeira 310

7.3.7 Serras de fita, facas para desempenadeiras, serras de corte .. 310

7.4 Fundamentos de processamento eletrônico de dados **311**

7.5 Pneumática e hidráulica **316**

7.6 Fluxogramas funcionais e diagramas funcionais **320**

7.7 Comandos armazenados em memória 322

7.8 Comando CNC 326

8 Organização empresarial **334**

8.1 Garantia da qualidade **334**

8.2 Fluxograma e cronograma **335**

8.3 Terminologia dos tempos de execução das ordens de serviço e de ocupação dos meios de produção **337**

8.4 Cálculo de custos **339**

8.5 Regras contratuais para serviços de construção (VOB) **344**

8.6 Lista reguladora de obras **346**

Índice de empresas 347

Índice remissivo 348

Nas contra-capas

Grandezas físicas básicas

Símbolos de segurança

Sinalização de segurança no posto de trabalho

Símbolos para materiais perigosos

1 Fundamentos da matemática e das ciências naturais

1.1 Grandezas e unidades

O sistema internacional de unidades (SI) define as unidades da metrologia. Das sete unidades fundamentais (unidades básicas) são derivadas unidades para as demais grandezas.

Grandezas e unidades básicas

Grandeza	Comprimento	Massa	Tempo	Intensidade de corrente	Temperatura	Qde.de substância	Intensidade luminosa
Unidade	Metro	Quilograma	Segundo	Ampère	Kelvin	Mol	Candela
Símbolo	m	kg	s	A	K	mol	cd
Unidades derivadas	Unidades derivadas das básicas com o fator 1 ou com potência, p.ex., 1 N = 1 kg m/s^2						
Unidades não derivadas	Unidades convertidas por intermédio de um outro fator, p.ex., 1 min = 60 s						

Prefixos

Fator	10^{12}	10^9	10^6	10^3	10^2	10^1	10^{-1}	10^{-2}	10^{-3}	10^{-6}	10^{-9}	10^{-12}
Prefixo	Tera	Giga	Mega	Quilo	Hecto	Deca	Deci	Centi	Mili	Micro	Nano	Pico
Símbolo	T	G	M	k	h	da	d	c	m	μ	n	p
crescente				$\longleftarrow$			$\longrightarrow$				decrescente	

Potências de dez

Valores acima de 1 com expoentes **positivos**, valores abaixo de 1 com expoentes **negativos**

Valor	0,001	0,01	0,1	1	10	100	1000	10000	100000	1000000
Potência	10^{-3}	10^{-2}	10^{-1}	10^0	10^1	10^2	10^3	10^4	10^5	10^6

Arredondamento para cima e para baixo

	Procedimento	Exemplo
para cima	se o seguinte dígito for 5 ou maior	3,1415 $\to$ 3,142
para baixo	se o seguinte dígito for 4 ou menor	3,1415 $\to$ 3,14 (para centésimos)

Comprimento, superfície, volume e ângulo

Grandeza	Símbolos DIN 1304	Unidade		Relações entre as unidades
		Símbolo	Significado	
Comprimento	l	m	Metro	1 m = 10 dm = 100 cm = 1000 mm 1 mm = 1000 μm 1 km = 1000 m 1 inch = 1 pol = 25,4 mm
Superfície	A, S	m^2 a ha	Metro quadrado Are Hectare	1 m^2 = 100 dm^2 = 10000 cm^2 = 1000000 mm^2 1 a = 100 m^2 (para áreas de terrenos) 1 ha = 100 a = 10000 m^2 1 km^2 = 100 ha
Volume	V	m^3 l	Metro cúbico Litro	1 m^3 = 1000 dm^3 = 1000000 cm^3 1 l = 1 dm^3 1 ml = 1 cm^3
Ângulo plano	$\alpha, \beta, \gamma, \ldots$	° ' " rad	Grau Minuto Segundo Radiano	1 ° = 60 ' 1 ' = 60 " 1 rad = 1 m/m = 57,2957° 1° = π / 180 rad = 60'

1.1 Grandezas e unidades

Grandeza	Símbolo matemático DIN 1304	Unidade Símbolo	Unidade Significado	Relações entres as unidades
Grandezas temporais				
Tempo	t	s min h d	Segundo Minuto Hora Dia	1 min = 60 s 1 h = 60 min = 3 600 s 1 d = 24 h
Velocidade	v	m/s	Metro/segundo	1m/s = 60 m/min = 3,6 km/h
Velocidade angular	ω	1/s	1/segundo	
Aceleração	a g	m/s^2	Metro/segun-do^2	Aceleração da gravidade g = 9,81 m/s^2
Frequência	f	Hz	Hertz	1 Hz = 1/s 1 Hz = 1 oscilação/s
Rotação	n	1/min 1/s	1/minuto 1/segundo	1/min = 1 min^{-1} 1/s = 60/min = 60 min^{-1}
Grandezas mecânicas				
Massa	m	kg g t	Quilograma Grama Tonelada	1 kg = 1000 g 1 g = 1000 mg 1 t = 1000 kg
Densidade	O	kg/m^3	Quilograma/metro^3	1 000 kg/m^3 = 1 kg/dm^3 = 1 t/m^3
Força Força peso	F G, F_g	N	Newton	1 N = 1 kg m/s^2 = 1 J/m
Torque	M	Nm	Newton-metro	1 kNm = 100 daNm = 1 000 Nm
Pressão	p	Pa	Pascal	1 Pa = 1 N/m^2 1 bar = 100 000 Pa = 10^5 bar = 10 N/cm^2 1 mbar = 1 hPa
Tensão mecânica	σ_τ	N/m^2	Newton/metro^2	1 MN/m^2 = 1 N/mm^2 = 1 MPa
Momento de inércia	I	cm^4	Centímetro^4	Momento de inércia geométrico, 2º grau
Temperatura e calor				
Temperatura termodinâmica	T	K	Kelvin	0 K = − 273 °C 0 °C = 273 K
	t, ϑ	°C	Graus Celsius	Diferença de temperatura 1 K = 1 °C
Quantidade de calor	Q	J	Joule	1 J = 1 Nm = 1 Ws 3 600 kJ = 1 kWh
Poder calorífico específico	H	J/kg	Joule/quilograma	
Grandezas elétricas				
Intensidade de corrente	I	A	Ampère	
Tensão	U	V	Volt	
Resistência	R	Ω	Ohm	1 Ω = 1 V/A
Resistência específica	O	Ωm	Ohm-metro	$O = 1/k$
Condutância	κ	S/m	Siemens/metro	
Trabalho	W	Ws	Watt-segundo	1 Ws = 1 J, 1 kWh = 3,6 · 10^6 Ws
Potência	P	W	Watt	1 W = 1 Nm/s = 1 J/s = 1 VA

1.1 Grandezas e unidades

Símbolos Matemáticos

Símbolo	Significado	Símbolo	Significado
=	igual	( ), [ ]	parêntesis, colchetes,
≠	diferente	{ }	chaves
≙	corresponde	‖	paralelo
≈	aproximadamente	↑↑	paralelo sentido igual
<	menor que	↓↓	paralelo sentido inverso
>	maior que	⊥	Perpendicular a
≤	menor ou igual	∟	ângulo reto
≥	maior ou igual	∢	ângulo
...	e daí por diante até, etc	△	triângulo
+	mais	◎	círculo
−	menos	≅	congruente com
±	mais ou menos	Δx	delta x (diferença)
×, ·	multiplicação, vezes	ln	logaritmo
/, :, —	dividido, traço de fração		natural
Σ	Somatório	log, lg	logaritmo
π	pi = 3,141...		decimal
~	proporcional	%	por cento
a^n	elevado a potência	‰	por mil
$\sqrt{\ }$	raiz quadrada	sin	seno
$\sqrt[n]{\ }$	raiz enésima	cos	cosseno
$\overline{AB}$	Segmento AB	tan	tangente
		cot	cotangente

Letras gregas

maiúscula/minúscula	Nome
A, α	alfa
B, β	beta
Γ, γ	gama
Δ, δ	delta
E, ε	épsilon
Z, ζ	zeta
H, η	eta
Θ, θ	teta
I, ι	iota
$K, \varkappa$	capa
Λ, λ	lambda
M, μ	mi
N, ν	ni
Ξ, ξ	xi
O, o	ômicron
Π, π	pi
P, O	rô
Σ, σ	sigma
T, τ	tau
Y, υ	ípsilon
Φ, φ	Fi
X, χ	Ji
Ψ, ψ	psi
Ω, ω	ômega

Sistemas numéricos

Tipo	Base	Caracteres utilizados
Números binários	2	0 1
Números decimais	10	0 1 2 3 4 5 6 7 8 9
Números hexadecimais	16	0 1 2 3 4 5 6 7 8 9 A B C D E F

Representação e conversão dos sistemas numéricos

Sistema decimal

Número decimal z_{10} 350

Posição	$10^2 = 100$	$10^1 = 10$	$10^0 = 1$
Valor	$3 \cdot 100$	$5 \cdot 10$	$0 \cdot 1$
Valor total, decimal	300 +	50 +	0 = 350

Sistema binário

Número binário z_2 1101

Posição	$2^3 = 8$	$2^2 = 4$	$2^1 = 2$	$2^0 = 1$
Valor	$1 \cdot 8 = 8$	$1 \cdot 4 = 4$	$0 \cdot 2 = 0$	$1 \cdot 1 = 1$
Valor total, decimal	8 +	4 +	0 +	1 = 13

Sistema hexadecimal

Conversão para

número decimal: B3E

Posição	$16^2 = 256$	$16^1 = 16$	$16^0 = 1$
Valor	$11 \cdot 256$	$3 \cdot 16$	$14 \cdot 1$
Valor total:	2816 +	48 +	14 = 2878

número binário: B3E

Valor do caractere	11	3	14
Grupo de 4 bit	1011	0011	1110
Número binário:	1011 0011 1110		

1.2 Fundamentos da matemática

Tipos de cálculos

Tipo	Denominação		Tipo	Denominação	
Adição $a + b = c$	a, b	Parcelas	Potenciação $a^b = c$	a	Base
	c	Soma, resultado		b	Expoente
Subtração $a - b = c$	a	Minuendo, b Subtraendo		c	Potência
	c	Diferença, resto	Extração da raiz	a	Radicando
Multiplicação $a \cdot b = c$	a, b	Fatores	$\sqrt[b]{a} = c$	b	Índice, expoente da raiz
	c	Produto		c	Raiz
Divisão $a : b = c$	a	Dividendo, b Divisor	Função logarítmica $\log_b a = c$	a	Logaritmando, b Base
	c	Quociente		c	Logaritmo

Frações e operações com frações

Definição	Tipo de fração	Símbolos, características	Exemplo
	Frações positivas	> 0	3/4
Frações são	Frações negativas	< 0	$-2/5$
partes de	Frações próprias	< 1, numerador < denominador	4/15
um inteiro	Frações impróprias	> 1, numerador > denominador	7/3
	Frações com o mesmo nome	mesmo denominador	3/8, 5/8, 7/8
	Frações com nomes diferentes	denominadores diferentes	3/12, 4/5, 2/9
	Fração aparente	denominador = 1	6/1

Operação	Regra	Exemplo	
Expandir	Numerador e denominador são multiplicados por um mesmo número	$\dfrac{2}{3} = \dfrac{2 \cdot 2}{3 \cdot 2} = \dfrac{4}{6}$	$\dfrac{x}{y} = \dfrac{x \cdot z}{y \cdot z} = \dfrac{xz}{yz}$
Simplificar	Numerador e denominador são divididos por um mesmo número	$\dfrac{24}{42} = \dfrac{12}{21}$	
Somar, subtrair	As frações precisam ter denominador comum	$\dfrac{1}{2} + \dfrac{3}{5} = \dfrac{5 + 6}{10} = \dfrac{11}{10} = 1\dfrac{1}{10}$	
Multiplicar	Multiplicar numerador por numerador e denominador por denominador	$\dfrac{2}{5} \cdot \dfrac{3}{7} = \dfrac{6}{35}$	
Dividir	Multiplicar a primeira fração pelo valor inverso da segunda fração	$\dfrac{2}{5} : \dfrac{3}{4} = \dfrac{2 \cdot 4}{5 \cdot 3} = \dfrac{8}{15}$	

Regra do sinal

Regra	Exemplo	Regra	Exemplo
Dois fatores com o mesmo sinal produzem um resultado positivo	$3 \cdot 6 = 18$ $(-x)(-y) = xy$	Dividendo e divisor com o mesmo sinal produzem um quociente positivo	$10/2 = 5$ $\dfrac{-a}{-b} = \dfrac{a}{b}$
Dois fatores com sinais diferentes produzem um resultado negativo	$(-4) \cdot 7 = -28$ $x \cdot (-y) = -xy$	Dividendo e divisor com sinais diferentes produzem um quociente negativo.	$16/{-4} = -4$ $\dfrac{-a}{b} = -\dfrac{a}{b}$

Multiplicações e divisões são realizadas na ordem em que aparecem, sempre antes de adições e subtrações

Resolução de parêntesis

Regra	Exemplo
Resolver um parêntesis com um **mais** antes do parêntesis: – O parêntesis pode ser dispensado.	$x + (y - z) = x + y - z$
Resolver um parêntesis com um **menos** antes do parêntesis: – O parêntesis pode ser dispensado, e os sinais dentro do parêntesis são trocados.	$5 - (10 - 4) = 5 - 10 + 4 = -1$
Fator antes de uma expressão entre parêntesis: – Cada membro do parêntesis é multiplicado pelo fator.	$4(x - y + z) = 4x - 4y + 4z$

1.2 Fundamentos da matemática

Resolução de parêntesis (continuação)

Regra	Exemplo
Multiplicação de expressões entre parêntesis: – Cada membro de um parêntesis é multiplicado por cada membro do outro parêntesis.	$(a + b) \cdot (c - d) = ac - ad + bc - bd$
Expressões entre parênteses por **divisor**: – Cada membro do parêntesis é dividido pelo divisor; um traço de fração substitui o parêntesis.	$\dfrac{18\,a - 12\,b}{3} = \dfrac{18\,a}{3} - \dfrac{12\,b}{3} = 6\,a - 4\,b$
Resolução de parêntesis, colchetes e chaves: – Resolver a expressão de dentro para fora; resolver parêntesis, depois colchetes e por fim chaves.	$6\,x - [\,x + y\,(y - a) + y^2\,]$ $= 6\,x - [x + y^2 - ay + y^2]$ $= 6\,x - x - 2\,y^2 + ay = 5\,x - 2\,y^2 + ay$
Fator comum: – Um fator comum a mais parcelas é colocado antes dos parêntesis – em evidência.	$bx - 2\,ax + 3\,x + cx$ $= x\,(b - 2\,a + 3 + c)$

Potências

Regra	Exemplo
Potências com expoente zero possuem valor 1	$10^0 = 1, \quad (x + y)^0 = 1$
Multiplicação de potências de mesma base: – Os expoentes são somados.	$a^2 \cdot a^3 = a^5; \quad a^m \cdot a^n = a^{m+n}$
Divisão de potências de mesma base: – Os expoentes são subtraídos.	$\dfrac{a^m}{a^n} = a^{m-n}$
Potência com expoente negativo é igual ao valor recíproco da mesma potência.	$x^{-n} = \dfrac{1}{x^n}$

Raízes

Regra	Exemplo
Raízes podem ser escritas na forma de potências.	$\sqrt{2} = 2^{\frac{1}{2}}, \ \sqrt[3]{x} = x^{\frac{1}{3}},$
Radicando como produto: A raiz pode ser extraída ou do produto ou de cada um dos fatores.	$\sqrt{5 \cdot 5} = \sqrt{25} = 5$ $\sqrt{a \cdot b} = \sqrt{a}\,\sqrt{b}$
Radicando como soma ou subtração: (A raiz só pode ser extraída do resultado da operação).	$\sqrt{20 + 16} = \sqrt{36} = 6, \ \sqrt{x - y} = \sqrt{(x - y)}$

Equações binomiais

$(a + b)^2 = (a + b)\,(a + b) = a^2 + 2\,ab + b^2$

$(a - b)^2 = (a - b)\,(a - b) = a^2 - 2\,ab + b^2$

$(a + b)\,(a - b) = a^2 + b^2$

Potências mais elevadas

$(a \pm b)^3 = a^3 \pm 3\,a^2b + 3\,ab^2 \pm b^3$

$(a \pm b)^4 = a^4 \pm 4\,a^3b + 6\,a^2b^2 \pm 4\,ab^3 + b^4$

Casos especiais

$a^3 + b^3 = (a + b)\,(a^2 - ab + b^2)$

$a^3 - b^3 = (a - b)\,(a^2 + ab + b^2)$

$a^4 - b^4 = (a^2 + b^2)\,(a^2 - b^2)$

Logaritmos

$\log_a b = c$, se $a^c = b$ para $a > 0$ e $b > 0$	
Logaritmo decimal	$\lg a = \log_{10} a$
Logaritmo natural	$\ln a = \log_e a$ $e = 2{,}711828\ldots$
Casos especiais	$\lg 1 = 0, \qquad \ln 1 = 0$ $\log_a 1 = 0, \qquad \log_a a = 1$ $\lg 10 = 1, \qquad \ln e = 1$
Regras	$\log\,(ab) = \log a + \log b$ $\log a/b = \log a - \log b$ $\log\,(b^n) = n \log b$ $\log \sqrt[n]{b} = \dfrac{1}{n} \log b$
Conversões	$\ln a = \ln 10 \cdot \lg a$ $\lg a = \lg e \cdot \ln a$ $\lg e = M = 0{,}4343\ldots$ $\ln 10 = \dfrac{1}{M} = 2{,}3026\ldots$

1.3 Equações

Tipos de equações

Definição	Explicação	Exemplo
Equação	União de dois termos equivalentes por intermédio de um sinal de igualdade	$3\,m + 4\,m = 7\,m$
Equação numérica	Tem apenas números	$20 - 5 = 3 \cdot 5$
Equação de unidades	Tem apenas unidades	$N = kg \cdot m/s^2$
Equação relacional (proporção)	Os quocientes são iguais entre si.	$l_1 : l_2 = 3\,m : 5\,m$
Equação de grandezas	Inclui grandezas	$(200\,g + 100\,g)/3 = 100\,g$
Equação de resolução	Inclui incógnitas (variáveis)	$5\,a \cdot b = c$
Desigualdade	Termos desiguais são unidos por < ou >	$2 \cdot 5 + 4 > 10,$ $b < 1$
Equação: 1º grau	linear	$a + 10 = c$
2º grau	quadrada	$x^2 - ax = y;\ y = ax^2 + bx + c$
Fórmulas	Expressam leis ou princípios da tecnologia e das ciências naturais	$s = v \cdot t$

Transformar equações

Regra	Exemplo		
Valor procurado isolado no lado esquerdo: Por intermédio de adição ou subtração do mesmo valor nos dois lados	$a - 4 = 8$ $a - 4 + 4 = 8 + 4$ $a = 12$	$x + y = z$ $x + y - y = z - y$ $x = z - y$	
Valor procurado isolado no lado esquerdo: Por intermédio da multiplicação ou divisão do mesmo valor nos dois lados	$4 \cdot a = 12$ $\dfrac{4 \cdot a}{4} = \dfrac{12}{4} = 3$	$\dfrac{a}{3} = 5\,b$ $\dfrac{a \cdot 3}{3} = 5\,b \cdot 3 = 15\,b$	
Valor procurado isolado no lado esquerdo: Por intermédio da potenciação ou extração da raiz nos dois lados	$\sqrt{a} = 5$ $\left(\sqrt{a}\right)^2 = 5^2$ $a = 25$	$c^2 = a + b$ $\sqrt{c^2} = \sqrt{a + b}$ $c^2 = \pm\sqrt{a + b}$	

Equações relacionais, proporções

Duas proporções com valores iguais podem ser igualadas e escritas como equação.

Membros externos, extremos

$a : b = 3 : 4$ ou $\dfrac{a}{b} = \dfrac{3}{4}$

Membros internos,   equação fracionária
meios

Uma equação relacional pode ser escrita como uma equação de produtos.
$a : b = 3 : 4$
$3\,b = 4\,a$
Produto dos meios=
produto dos extremos

Equações do 1º grau com duas incógnitas

Para a determinação de duas incógnitas são necessárias duas equações diferentes. Com elas se constrói uma terceira equação com apenas uma incógnita e resolve-se esta. Pelo método de substituição, igualação ou adição é determinada a segunda incógnita.

Equações do 2º grau (equações quadráticas)

genuinamente quadrada: $x^2 = 16;\ x = \sqrt{16} = 4$

quadrada mista: $ax^2 + bx + c = 0$

fórmula da solução: $x = -\dfrac{b}{2a} \pm \sqrt{b^2 - 4ac}$

1.4 Regra de três e cálculo de misturas

Proporções na regra de três

Proposição	direta	indireta
1º proposição afirmativa	$x \Rightarrow y$	$x \Rightarrow y$
2º proposição unitária	$1 \Rightarrow \dfrac{y}{x}$	$1 \Rightarrow y \cdot x$
3º proposição conclusiva	$x_1 \Rightarrow \dfrac{y \cdot x_1}{x}$	$x_1 \Rightarrow \dfrac{y \cdot x}{x_1}$

Regra de três com proporção linear (direta)

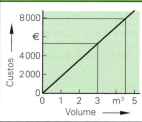

Exemplo: 4,50 m³ de madeira de carvalho custam 7875,00 €
Quanto custam 3,00 m³?

1. 4,50 m³ de madeira de carvalho custam 7 875 €
2. 1,00 m³ de madeira de carvalho custa $\dfrac{7875,00 \text{ €}}{4,50}$
3. 3,00 m³ de madeira de carvalho custam $\dfrac{7\,875,00 \text{ €} \cdot 3,00}{4,50}$

= 5 250,00 €

Regra de três com proporção inversa (indireta)

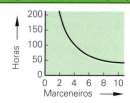

Exemplo: 5 marceneiros precisam de 80 horas para um trabalho de montagem. Quanto tempo levará a montagem, se houver 8 marceneiros disponíveis?

1. 5 marceneiros precisam de 80 h
2. 1 marceneiro precisa de $5 \cdot 80$ h
3. 8 marceneiros precisam de $\dfrac{5 \cdot 80 \text{ h}}{8}$ = **50 h**

Regra de três composta (dupla)

São comparadas 3 grandezas. A grandeza procurada é calculada em etapas. Em cada etapa apenas uma grandeza é alterada.

Exemplo: 6 instaladores de parquete com um turno diário de 8 h assentam 210 m² de parquete. Quantos m² de parquete assentariam 5 instaladores num turno de 9 horas/dia?

1. Regra de três:
6 instaladores em 8 h assentam 210 m²
1 instalador em 8 h assenta $\dfrac{210 \text{ m}^2}{6}$
5 instaladores em 8 h assentam $\dfrac{210 \text{ m}^2 \cdot 5}{6}$

2. Regra de três:
5 instaladores em 1 h assentam $\dfrac{210 \text{ m}^2 \cdot 5}{6 \cdot 8}$
5 instaladores em 9 h assentam $\dfrac{210 \text{ m}^2 \cdot 5 \cdot 9}{6 \cdot 8}$ = **196,875 m²**

Cálculo de misturas

Regra	em porção de massa	em porção de espaço	em percentual
Proporção de mistura = A : B : C : ... Quantidade total = A + B + C + ... Quantidade básica GM (porção 1) = $\dfrac{\text{Quantidade total}}{\text{Porções}}$	**Exemplo:** 5 kg de cola em pó diluídos na porção de 15 : 3 Diluente = $\dfrac{5\text{kg} \cdot 3}{15}$ = 1kg GM = $\dfrac{(5+1)\text{kg}}{15+3}$ = 0,33 kg	**Exemplo:** 2 l de mistura dos materiais A e B na proporção de 2 : 3 GM = $\dfrac{2\,l}{2+3}$ = 0,4 l A = 2 · 0,4 l = 0,8 l B = 3 · 0,4 l = 1,2 l	**Exemplo:** solução de ácido em 2l de água a 10% Acido : água = 10 : 100 Ácido = $\dfrac{2\,l \cdot 10}{90}$ = 0,222 l = 222 g

1.5 Cálculo de percentagem e cálculo de juros

Cálculo de percentagem

Cálculo com valor de base integral

- Por cento % $\triangleq$ 1/100
- Valor de base G
- Valor da porcentagem PW
- Taxa percentual p (%)

$$G = \frac{PW \cdot 100\%}{p}$$

$$PW = \frac{G \cdot p}{100\%}$$

$$p = \frac{PW \cdot 100\%}{G}$$

Exemplo: o carvalho tem uma perda tangencial por contração de 8,9%. Em quantos mm contrai uma prancha lateral com largura b = 320 mm?

Solução:

$$PW = \frac{320 \text{ mm} \cdot 8,9 \%}{100\%} = 28,48 \text{ mm}$$

Cálculo com valor de base decrescido

- Valor de base decrescido G_{min}

Valor de base com desconto	Valor por cento (PW)
100% $-p$ %	p %
100% = valor de base (G)	

$$G_{min} = G - PW$$

$$G = \frac{G_{min} \cdot 100\%}{100\% - p}$$

Exemplo: Devido ao trabalho incompleto, um cliente está pagando apenas 10% do preço bruto e envia uma ordem de pagamento de 16500,00€. Qual era o preço bruto?

Solução:

$$G = \frac{16500,00 \text{ €} \cdot 100\%}{100\% \quad 10\%}$$

$$= 18333,33 \text{ €}$$

Cálculo com valor de base acrescido

- Valor de base acrescido G_{mehr}

Valor de base (G)	Valor por cento (PW)
100%	p %
100% $+p$% = valor de base acrescido	

$$G_{mehr} = G + PW$$

$$G = \frac{G_{mehr} \cdot 100\%}{100\% + p}$$

Exemplo: Um trabalhador recebe 13,40 € após um aumento de 3,5% no valor do salário-hora. Calcule o salário-hora anterior?

Solução:

$$G = \frac{13,40 \text{ €} \cdot 100\%}{100\% + 3,5\%} = 12,95 \text{ €}$$

Cálculo de juros

- Capital K (€)
- Juros Z (€)
- Taxa de juros p (%/anos)
- Prazo t (anos)
- 1 ano de juros   360 dias
- 1 mês de juros   30 dias

Com a taxa de juros são calculados os juro para um ano.

$$K = \frac{Z \cdot 100\%}{p \cdot t}$$

$$Z = \frac{K \cdot p \cdot t}{100\%}$$

$$p = \frac{Z \cdot 100\%}{K \cdot t}$$

$$t = \frac{Z \cdot 100\%}{K \cdot p}$$

Exemplo: Uma empresa recebe um crédito de 40000,00 € a uma taxa de juros de 8,5%.

a) Calcule os juros para 2 anos.

b) Qual teria sido a taxa de juros se no mesmo prazo os juros tivessem sido de 7400,00 €?

Solução:

$$Z = \frac{40000,00 \text{ €} \cdot 8,5\% \cdot 2}{100\%}$$

$$= 6800,00 \text{ €}$$

$$p = \frac{7400,00 \text{ €} \cdot 100\%}{40000,00 \text{ €} \cdot 2} = 9,25\%$$

Cálculo de juros compostos

Os juros devidos são adicionados ao capital para efeito do cálculo dos juros em períodos subsequentes.
- Número de anos n

Capital após n anos:

$$K_n = K \left(1 + \frac{p}{100}\right)^n$$

1.6 Comprimentos

Divisão de comprimentos

Dividir o comprimento total em partes iguais com afastamentos iguais das bordas			
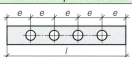	$e = \dfrac{l}{n+1}$ $z = n + 1$	l	Comprimento total, distância dividida
^	^	e	Comprimento das partes
^	^	n	Número de elementos a marcar, por exemplo, furos
^	^	z	Número de partes
Dividir o comprimento total em partes iguais com afastamento diferente das bordas			
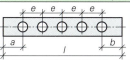	$e = \dfrac{l - (a+b)}{n-1}$	a, b	Distâncias das bordas
Dividir o comprimento total em partes iguais com intervalos			
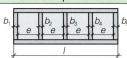	$e = \dfrac{l - (b_1 s + b_2 + \ldots + b_m)}{n-1}$	b_1, b_2	Intervalos

Divisão áurea

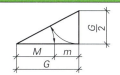	$M = \dfrac{G}{2}(\sqrt{5} - 1)$ $ = G \cdot 0{,}618$ $m = M \cdot 0{,}618$ $m = G \cdot 0{,}382$	G	Distância total
^	^	M	Segmento maior
^	^	m	Segmento menor
^	^	▶ p. 158	

Aclive

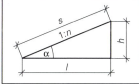	$m = \dfrac{h}{l} = \tan \alpha$ $m\% = \dfrac{h \cdot 100\%}{l}$ $n = \dfrac{1}{m} = \dfrac{l}{h}$	m	Relação de inclinação
^	^	h	Altura
^	^	l	Comprimento
^	^	α	Ângulo de inclinação
^	^	$m\%$	Inclinação em percentagem
^	^	n	Coeficiente de inclinação

Teorema das retas concorrentes

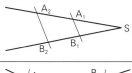	$\dfrac{\overline{SA_1}}{\overline{SA_2}} = \dfrac{\overline{SB_1}}{\overline{SB_2}}$ $\dfrac{\overline{SA_1}}{\overline{A_1 A_2}} = \dfrac{\overline{SB_1}}{\overline{B_1 B_2}}$	Se duas retas concorrentes forem cortadas por duas retas paralelas, que não passem pelo vértice, os segmentos de uma reta concorrente serão proporcionais aos respectivos segmentos da outra reta concorrente.
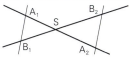	$\dfrac{\overline{A_1 B_1}}{\overline{A_2 B_2}} = \dfrac{\overline{SA_1}}{\overline{SA_2}}$ $\dfrac{\overline{A_1 B_1}}{\overline{A_2 B_2}} = \dfrac{\overline{SB_1}}{\overline{SB_2}}$	Se duas retas concorrentes forem cortadas por duas retas paralelas, que não passem pelo vértice, os segmentos das retas paralelas serão proporcionais aos respectivos segmentos das retas concorrentes medidos a partir do vértice.

Escalas (DIN ISO 5455)

Tamanho natural	M 1:1		n Coeficiente de proporção
Aumento	M 2:1, 5:1, 10:1, 20:1, 50:1,	$n = \dfrac{l_w}{l_z}$	l_w Comprimento real
Redução	M 1:2, 1:5, 1:10, 1:20, 1:50, 1:100, 1:200, 1:500 etc.		l_z Comprimento no desenho

1.7 Áreas

Quadrado

$A = l^2$

$U = 4 \cdot l$

$e = \sqrt{2} \cdot l$

A Área
U Perímetro
l Comprimento do lado
e Diagonal

Exemplo:
$l = 75$ cm
$A = l^2 = (75 \text{ cm})^2 = 5625$ cm
$e = \sqrt{2} \cdot l = \sqrt{2} \cdot 75 \text{ cm} = 106,07$ cm

Losango (rombo)

$A = l \cdot b$

$U = 4 \cdot l$

A Área
U Perímetro
l Comprimento do lado
b Largura

Exemplo:
$l = 4,5$ m; $b = 3,0$ m
$A = l \cdot b = 4,5 \text{ m} \cdot 3,0 \text{ m} = 13,5 \text{ m}^2$

Retângulo

$A = l \cdot b$

$U = 2 \cdot (l + b)$

$e = \sqrt{l^2 + b^2}$

A Área l Comprimento
U Perímetro b Largura
e Diagonal

Exemplo:
$l = 120$ mm; $b = 80$ mm
$A = l \cdot b = 120 \text{ mm} \cdot 80 \text{ mm} = 9600 \text{ m}^2$
$e = \sqrt{l^2 + b^2} = \sqrt{(120\text{mm})^2 + 80\text{mm}^2}$
$= 144,2$ mm

Paralelogramo (romboide)

$A = l \cdot b$

$U = 2 \cdot (l_1 + l_2)$

A Área
U Perímetro
$l (l_1)$ Comprimento
l_2 Comprimento do lado
b Largura

Exemplo:
$l = 80$ cm; $b = 65$ cm
$A = l \cdot b = 80 \text{ cm} \cdot 65 \text{ cm} = 5200 \text{ cm}^2$

Trapézio

$A = \dfrac{l_1 + l_2}{2} \cdot b$

$U = l_1 + l_2 + l_3 + l_4$

$l_m = \dfrac{l_1 + l_2}{2}$

A Área l_1 Comprimento maior
U Perímetro l_2 Comprimento médio
b Largura l_3 Comprimento menor
l_3, l_4 Comprimento dos lados

Exemplo:
$l_1 = 2,6$ m; $l_2 = 2,0$ m; $b = 1,8$ m
$A = \dfrac{l_1 + l_2}{2} \cdot b = \dfrac{2,6 \text{ m} + 2,0 \text{ m}}{2} \cdot 1,8 \text{ m}$
$= 4,14 \text{ m}^2$

Triângulo

$A = \dfrac{l \cdot b}{2}$

$U = l_1 + l_2 + l_3$

A Área l Comprimento
U Perímetro b Largura (altura)
l_1, l_2, l_3 Comprimentos dos lados

Exemplo:
$l = 72$ mm; $b = 31$ mm
$A = \dfrac{l \cdot b}{2} = \dfrac{72 \text{ mm} \cdot 31 \text{ mm}}{2} = 1116 \text{ mm}^2$

1.7 Áreas

Triângulo	Fórmula do triângulo de Heron		
	$s = \dfrac{1}{2}(l_1 + l_2 + l_3)$ $A = \sqrt{s \cdot (s - l_1) \cdot (s - l_2) \cdot (s - l_3)}$	A s l_1, l_2, l_3	Área Meio perímetro Comprimentos dos lados
Polígono irregular	$A = \sum$ de todas as áreas parciais $A = A_1 + A_2 + ... + A_m$	A A_1, A_2 ... l_1, l_2 ... b_1, b_2 ...	Área total Áreas parciais Comprimentos Larguras
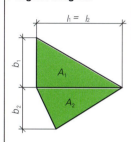		Exemplo: $l_1 = l_2 = 110$ cm $b_1 = 50$ cm, $b_2 = 45$ cm $A_1 = \dfrac{l_1 \cdot b_1}{2} = 2\,750$ cm² $A_2 = \dfrac{l_2 \cdot b_2}{2} = 2\,475$ cm² $A = A_1 + A_2 = 5\,225$ cm²	
Polígono regular	$A = n \cdot \dfrac{l \cdot d}{4}$ $l = D \cdot \text{sen}\left(\dfrac{180°}{n}\right)$ $d = \sqrt{D^2 - l^2}$	A Área n número de vértices l Comprimentos dos lados d Diâmetro do círculo inscrito D Diâmetro do círculo circunscrito Exemplo: Octógono com $D = 60$ cm $l = 60$ cm $\cdot \text{sen}\left(\dfrac{180°}{8}\right) = 22{,}96$ cm $d = \sqrt{(60\text{ cm})^2 - (22{,}96\text{ cm})^2}$ $= 55{,}43$ cm $A = 8 \cdot \dfrac{22{,}96\text{ cm} \cdot 55{,}43\text{ cm}}{4}$ $= 2\,545{,}3$ cm²		
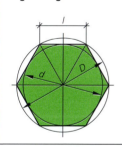			

Cálculo de polígonos regulares

Número de lados	Área A			Comprimento dos lados l		Diâmetro do círculo inscrito d		Diâmetro do círculo circunscrito D	
	de l	de d	de D	de d	de D	de l	de D	de l	de d
	l^2 vezes	d^2 vezes	D^2 vezes	d vezes	D vezes	l vezes	D vezes	l vezes	d vezes
3	0,433	1,299	0,325	1,732	0,867	0,578	0,500	1,154	2,000
4	1,000	1,000	0,500	1,000	0,707	1,000	0,707	1,414	1,414
5	1,721	0,908	0,595	0,727	0,588	1,376	0,809	1,702	1,236
6	2,598	0,866	0,649	0,577	0,500	1,732	0,866	2,000	1,155
8	4,828	0,829	0,707	0,414	0,383	2,414	0,924	2,614	1,082
10	7,694	0,812	0,735	0,325	0,309	3,078	0,951	3,236	1,052
12	11,196	0,804	0,750	0,268	0,259	3,732	0,966	3,864	1,035

Exemplo: octógono com $D = 60$ cm

$A = D^2 \cdot 0{,}707 = (60\text{ cm})^2 \cdot 0{,}707 = 2\,545{,}2$ cm², $\quad d = D \cdot 0{,}924 = 60$ cm $\cdot 0{,}924 = 55{,}44$ cm
$l = D \cdot 0{,}383 = 60$ cm $\cdot 0{,}383 = 22{,}98$ cm

1.7 Áreas

Círculo	$A = \dfrac{\pi \cdot d^2}{4} = \pi \cdot r^2$ $U = \pi \cdot d = \pi \cdot 2 \cdot r$ $\dfrac{\pi}{4} = 0{,}785$	A Área U Perímetro d Diâmetro r Raio	**Exemplo:** $d = 80$ mm $A = \dfrac{\pi \cdot d^2}{4} = \dfrac{\pi \cdot (80 \text{ mm})^2}{4} = 5026{,}5 \text{ mm}^2$ $U = \pi \cdot d = \pi \cdot 80 \text{ mm} = 251{,}3 \text{ mm}$
Setor circular 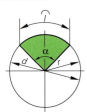	$A = \dfrac{\pi \cdot d^2}{4} \cdot \dfrac{\alpha}{360°}$ $A = \dfrac{\hat{l} \cdot r}{2}$ $\hat{l} = \dfrac{\pi \cdot d \cdot \alpha}{360°}$	A Área r Raio d Diâmetro $\hat{l}$ Comprimento do arco α Ângulo central	**Exemplo:** $d = 52$ mm, $\alpha = 80°$ $\hat{l} = \dfrac{\pi \cdot d \cdot \alpha}{360°} = \dfrac{\pi \cdot 52 \text{ mm} \cdot 80°}{360°}$ $= 36{,}3$ mm $A = \dfrac{\hat{l} \cdot r}{2} = \dfrac{36{,}3 \text{ mm} \cdot 26 \text{ mm}}{2}$ $= 471{,}9 \text{ mm}^2$
Segmento circular	$A = \dfrac{\pi \cdot d^2}{4} \cdot \dfrac{\alpha}{360°} - \dfrac{l \cdot (r-h)}{2}$ **Fórmula de aproximação:** $A \approx \dfrac{2}{3} \cdot l \cdot h$ $l = 2 \cdot r \cdot \operatorname{sen} \dfrac{\alpha}{2}$ $= 2 \cdot \sqrt{h(2 \cdot r - h)}$	A Área r Raio d Diâmetro l Comprimento da corda α Ângulo central h Altura	**Exemplo:** $l = 52$ mm, $h = 15{,}1$ mm $A \approx \dfrac{2}{3} \cdot l \cdot h = \dfrac{2}{3} \cdot 52 \text{ mm} \cdot 15{,}1 \text{ mm}$ $= 523{,}5 \text{ mm}^2$
Anel circular 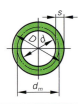	$A = \dfrac{\pi}{4} \cdot (D^2 - d^2)$ $A = \pi \cdot d_m \cdot s$	A Área s Largura D Diâmetro maior d Diâmetro menor d_m Diâmetro médio	**Exemplo:** $D = 75$ cm, $d = 20$ cm $A = \dfrac{\pi}{4} \cdot (D^2 - d^2) = \dfrac{\pi}{4} \cdot ((75 \text{ cm})^2 - (20 \text{ cm})^2)$ $= 4103{,}7 \text{ cm}^2$
Segmento de anel circular	$A = \dfrac{\pi \cdot \alpha}{4 \cdot 360°} \cdot (D^2 - d^2)$	A Área D Diâmetro maior d Diâmetro menor α Ângulo central	
Elipse	$A = \dfrac{\pi \cdot D \cdot d}{4}$ $U \approx \dfrac{\pi}{2} (D + d)$	A Área U Perímetro D Diâmetro maior d Diâmetro menor	**Exemplo:** $D = 65$ cm, $d = 40$ cm $A = \dfrac{\pi \cdot D \cdot d}{4} = \dfrac{\pi \cdot 65 \text{ cm} \cdot 40 \text{ cm}}{4}$ $= 2042 \text{ cm}^2$

1.8 Cálculo de triângulos e funções trigonométricas

Triângulo retângulo

Designações		Teorema de Tales
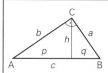	c — Hipotenusa a, b — Catetos h — Altura p, q — Projeções dos catetos sobre a hipotenusa A, B, C — Vértices	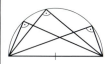 Tendo como linha de base o diâmetro de um círculo, todos os triângulos cujo vértice esteja sobre o arco do círculo é um triângulo retângulo.

Teorema de Pitágoras

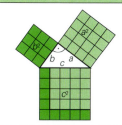

No triângulo retângulo, a soma das áreas dos dois quadrados sobre os catetos é igual à área do quadrado sobre a hipotenusa.

$$c^2 = a^2 + b^2$$
$$c = \sqrt{a^2 + b^2}$$
$$a = \sqrt{c^2 - b^2}$$
$$b = \sqrt{c^2 - a^2}$$

Tríade pitagórica (relação entre os lados em números inteiros para triângulos retângulos)

a	b	c
3	4	5
5	12	13
7	24	25
8	15	17

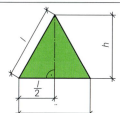

Em triângulos equiláteros resulta, segundo o teorema de Pitágoras:

$$h = \frac{1}{2} \cdot \sqrt{3} \cdot l$$

$$A = \frac{1}{4} \cdot \sqrt{3} \cdot l^2$$

Exemplo: Triângulo equilátero, $l = 35$ cm

$h = \frac{1}{2} \cdot \sqrt{3} \cdot l = \frac{1}{2} \cdot \sqrt{3} \cdot 35$ cm
$= 30{,}3$ cm

$A = \frac{1}{4} \cdot \sqrt{3} \cdot l^2 = \frac{1}{4} \cdot \sqrt{3} \cdot (35\text{ cm})^2$
$= 530{,}4$ cm²

Teorema de Euclides (teorema dos catetos)

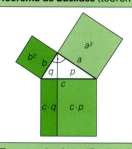

A área do quadrado sobre um cateto é igual á área de um retângulo formado pela hipotenusa e a projeção do cateto sobre a hipotenusa.

$$a^2 = c \cdot p$$
$$b^2 = c \cdot q$$

Exemplo:
Um quadrado com lado $a = 5$ cm deve ser transformado num retângulo com $l = 7$ cm.

$b \triangleq p = \dfrac{a^2}{c} = \dfrac{(5\text{ cm})^2}{7\text{ cm}}$
$= 3{,}57$ cm

Teorema da altura (Euclides)

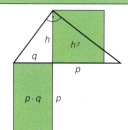

A área do quadrado sobre a altura h é igual à área do retângulo formado pelas projeções dos catetos sobre a hipotenusa p e q.

$$h^2 = p \cdot q$$
$$h = \sqrt{p \cdot q}$$

Exemplo:
Triângulo retângulo com $p = 80$ mm e $q = 30$ mm

$h = \sqrt{p \cdot q} = \sqrt{80\text{ mm} \cdot 30\text{ mm}}$
$h = 49$ mm

1.8 Cálculo de triângulos e funções trigonométricas

Funções trigonométricas no triângulo retângulo

Designações	Funções trigonométricas		
c hipotenusa, *a* cateto oposto de α, *b* cateto adjacente de α	Seno = cateto oposto / hipotenusa	$\operatorname{sen} \alpha = \dfrac{a}{c}$	$\operatorname{sen} \beta = \dfrac{b}{c}$
	Cosseno = cateto adjacente / hipotenusa	$\cos \alpha = \dfrac{b}{c}$	$\cos \beta = \dfrac{a}{c}$
c hipotenusa, *a* cateto adjacente de β, *b* cateto oposto de β	Tangente = cateto oposto / cateto adjacente	$\operatorname{tg} \alpha = \dfrac{a}{b}$	$\operatorname{tg} \beta = \dfrac{b}{a}$
	Cotangente = cateto adjacente / cateto oposto	$\operatorname{cotg} \alpha = \dfrac{b}{a}$	$\operatorname{cotg} \beta = \dfrac{a}{b}$

Os valores para as funções trigonométricas podem ser consultados na tabela da página 21. Por interpolação podem ser calculados valores intermediários.

Funções trigonométricas no círculo padrão

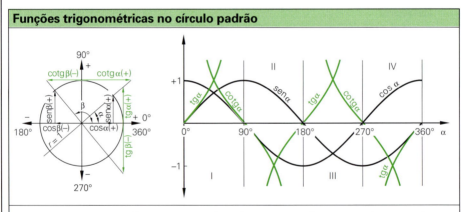

Determinação do valor da função para ângulos acima de 90° conforme o seguinte exemplo:
sen 140° = sen (180° − 140°) = sen 40°

Valores da função para ângulos importantes

	0°	30°	45°	60°	90°	180°	270°	360°
sen	0	1/2	$1/2\sqrt{2}$	$1/2\sqrt{3}$	1	0	−1	0
cos	1	$1/2\sqrt{3}$	$1/2\sqrt{2}$	1/2	0	−1	0	1
tg	0	$1/3\sqrt{3}$	1	$\sqrt{3}$	∞	0	∞	0
cotg	∞	$\sqrt{3}$	1	$1/3\sqrt{3}$	0	∞	0	∞

Relação entre as funções para o mesmo ângulo

$\operatorname{sen}^2 \alpha + \cos^2 \alpha = 1$	$\operatorname{tg} \alpha \cdot \operatorname{cotg} \alpha = 1$	$\operatorname{tg} \alpha = \dfrac{\operatorname{sen} \alpha}{\cos \alpha}$	$\operatorname{cotg} \alpha = \dfrac{\operatorname{sen} \alpha}{\cos \alpha}$

1.8 Cálculo de triângulos e funções trigonométricas

Funções trigonométricas

Grau	0° ... 45°		⇑	Grau	45° ... 90°		⇑
	sen	**tg**			**sen**	**tg**	
0	0,0000	0,0000	90	45	0,7071	1,0000	45
1	0,0175	0,0175	89	46	0,7193	1,0355	44
2	0,0349	0,0349	88	47	0,7314	1,0724	43
3	0,0523	0,0524	87	48	0,7431	1,1106	42
4	0,0698	0,0699	86	49	0,7547	1,1504	41
5	0,0872	0,0875	85	50	0,7660	1,1918	40
6	0,1045	0,1051	84	51	0,7771	1,2349	39
7	0,1219	0,1228	83	52	0,7880	1,2799	38
8	01392	0,1405	82	53	0,7986	1,3270	37
9	0,1564	0,1584	81	54	0,8090	1,3764	36
10	0,1736	0,1763	80	55	0,8192	1,4281	35
11	0,1908	0,1944	79	56	0,8290	1,4826	34
12	0,2079	0,2126	78	57	0,8387	1,5399	33
13	0,2250	0,2309	77	58	0,8480	1,6003	32
14	0,2419	0,2493	76	59	0,8572	1,6643	31
15	0,2588	0,2679	75	60	0,8660	1,7321	30
16	0,2756	0,2867	74	61	0,8746	1,8041	29
17	0,2924	0,3057	73	62	0,8829	1,8807	28
18	0,3090	0,3249	72	63	0,8910	1,9626	27
19	0,3256	0,3443	71	64	0,8988	2,0503	26
20	0,3420	0,3640	70	65	0,9063	2,1445	25
21	0,3584	0,3839	69	66	0,9135	2,2460	24
22	0,3746	0,4040	68	67	0,9205	2,3559	23
23	0,3907	0,4245	67	68	0,9272	2,4751	22
24	0,4067	0,4452	66	69	0,9336	2,6051	21
25	0,4226	0,4663	65	70	0,9397	2,7475	20
26	0,4384	0,4877	64	71	0,9455	2,9042	19
27	0,4540	0,5095	63	72	0,9511	3,0777	18
28	0,4695	0,5317	62	73	0,9563	3,2709	17
29	0,4848	0,5543	61	74	0,9613	3,4874	16
30	0,5000	0,5774	60	75	0,9659	3,7321	15
31	0,5150	0,6009	59	76	0,9703	4,0108	14
32	0,5299	0,6249	58	77	0,9744	4,3315	13
33	0,5446	0,6494	57	78	0,9781	4,7046	12
34	0,5592	0,6745	56	79	0,9816	5,1446	11
35	0,5736	0,7002	55	80	0,9848	5,6713	10
36	0,5878	0,7265	54	81	0,9877	6,3138	9
37	0,6018	0,7536	53	82	0,9903	7,1154	8
38	0,6157	0,7813	52	83	0,9925	8,1444	7
39	0,6293	0,8098	51	84	0,9945	9,5144	6
40	0,6428	0,8391	50	85	0,9962	11,4301	5
41	0,6561	0,8693	49	86	0,9976	14,3007	4
42	0,6691	0,9004	48	87	0,9986	19,0811	3
43	0,6820	0,9325	47	88	0,9994	28,6363	2
44	0,6947	0,9657	46	89	0,99985	57,2900	1
45	0,7071	1,0000	45	90	1,0000	?	0
⇓	**cos**	**cotg**		⇓	**cos**	**cotg**	
	45° ... 90°		Grau		0° ... 45°		Grau

1.8 Cálculo de triângulos e funções trigonométricas

Triângulo escaleno

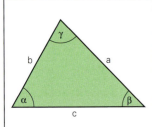

Fórmula da área:

$$A = \frac{1}{2} a \cdot b \cdot \text{sen } \gamma$$

$$A = \frac{1}{2} \cdot \frac{a^2 \cdot \text{sen}\gamma \cdot \text{sen}\beta}{\text{sen } \alpha}$$

Soma dos ângulos:
$\alpha + \beta + \gamma = 180° = \pi$

a, b, c	Lados
α, β, γ	ângulos (opostos aos lados a, b, c)
A	Área
R	Raio do círculo circunscrito
r	Raio do círculo inscrito
h_a, h_b, h_c	Altura dos lados corespondentes

Funções trigonométricas : sen

Lei dos senos	Lei dos cossenos
$a : b : c = \text{sen }\alpha : \text{sen }\beta : \text{sen }\gamma$ $\dfrac{a}{\text{sen}\alpha} = \dfrac{b}{\text{sen}\beta} = \dfrac{c}{\text{sen}\gamma}$	$a^2 = b^2 + c^2 - 2\,bc \cdot \cos \alpha$ $b^2 = a^2 + c^2 - 2\,ac \cdot \cos \beta$ $c^2 = a^2 + b^2 - 2\,ab \cdot \cos \gamma$
$\dfrac{a}{b} = \dfrac{\text{sen}\alpha}{\text{sen}\beta}$; $\dfrac{b}{c} = \dfrac{\text{sen}\beta}{\text{sen}\gamma}$; $\dfrac{a}{c} = \dfrac{\text{sen}\alpha}{\text{sen}\gamma}$	Usando a lei dos senos e dos cossenos é possível calcular ângulos, lados e área de triângulos escalenos.

Bissetrizes e círculo inscrito

As bissetrizes de um triângulo se cruzam no centro O do círculo inscrito.

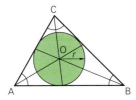

$$r = \frac{2 \cdot A}{a + b + c} = \frac{a \cdot b \cdot c}{2 \cdot R\,(a + b + c)}$$

Mediatrizes e círculo circunscrito

As mediatrizes de um triângulo se cruzam no centro M do círculo circunscrito.

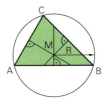

$$R = \frac{a}{2 \cdot \text{sen } \alpha} = \frac{b}{2 \cdot \text{sen } \beta} = \frac{c}{2 \cdot \text{sen } \beta}$$

Medianas

As medianas se cruzam no centro de gravidade geométrico S. O centro de gravidade divide as medianas na proporção 2 : 1.

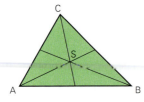

Alturas

As alturas se cruzam no ortocentro H do triângulo. A altura de um triângulo é o segmento da perpendicular baixada de um vértice sobre o lado oposto ou sobre o prolongamento deste.

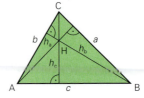

1.9 Sólidos

Cubo		
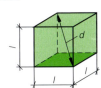	$V = l^3$ $A_0 = 6 \cdot l^2$ $d = l \cdot \sqrt{3}$	V Volume A_0 Área da superfície l Comprimento dos lados d Diagonal espacial
Paralelepípedo		
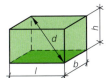	$V = l \cdot b \cdot h$ $A_0 = 2\,(l \cdot b + l \cdot h + b \cdot h)$ $d = \sqrt{l^2 + b^2 + h^2}$	V Volume A_0 Área da superfície l Comprimento b Largura h Altura d Diagonal espacial
Cilindro		
	$V = \dfrac{\pi \cdot d^2}{4} \cdot h$ $A_0 = \pi \cdot d \cdot h + 2 \cdot \dfrac{\pi \cdot d^2}{4}$ $A_M = \pi \cdot d \cdot h$	V Volume A_0 Área da superfície A_M Área lateral d Diâmetro h Altura
Cilindro oco		
	$V = \dfrac{\pi \cdot h}{4} \cdot (D^2 - d^2)$ $A_0 = \pi\,(D + d)\left[\dfrac{1}{2}(D - d) + h\right]$	V Volume A_0 Área da superfície D, d Diâmetros h Altura
Pirâmide		
	$V = \dfrac{l \cdot b \cdot h}{3}$ $h_s = \sqrt{h^2 + \dfrac{l^2}{4}}$ $l_s = \sqrt{h_s + \dfrac{b^2}{4}}$	V Volume l, b Comprimentos dos lados h Altura h_s Altura dos lados l_1 Comprimento das arestas
Cone		
	$V = \dfrac{\pi \cdot d^2}{4} \cdot \dfrac{h}{3}$ $A_M = \dfrac{\pi \cdot d \cdot h_s}{2}$ $h_s = \sqrt{\dfrac{d^2}{4} + h^2}$	V Volume A_M Área lateral d Diâmetro h Altura h_s Altura lateral

1.9 Sólidos

Tronco de pirâmide 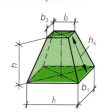	$V = \dfrac{h}{3} \cdot (A_1 + A_2 + \sqrt{A_1 \cdot A_2})$ $V = \dfrac{h}{2} \cdot (A_1 + A_2)$ $h_s = \sqrt{h^2 + \left(\dfrac{l_1 - l_2}{2}\right)^2}$	V A_1 A_2 h h_s l_1, l_1	Volume Área da base Área do topo Altura Altura lateral Comprimentos dos lados
Prismatoide, cunha 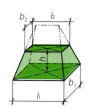	$V = \dfrac{h}{6}[l_1 b_1 + l_2 b_2 + (l_1 + l_2) \cdot (b_1 + b_2)]$ cunha: $V = \dfrac{h \cdot b_1}{6}(2 \cdot l_1 + l_2)$	V l_1, b_1 l_2, b_2 h	Volume Comprimentos da superfície da base Comprimentos da superfície do topo Altura
Tronco de cone 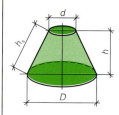	$V = \dfrac{\pi \cdot h}{12} \cdot (D^2 + d^2 + D \cdot d)$ $A_m = \dfrac{\pi \cdot h_s}{2} \cdot (D + d)$ $h_s = \sqrt{h^2 + \left(\dfrac{D - d}{2}\right)^2}$	V A_M D, d h h_s	Volume Área lateral Diâmetros Altura Altura lateral
Esfera 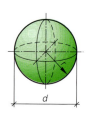	$V = \dfrac{\pi \cdot d^3}{6}$ $A_0 = \pi \cdot d^2$	V A_0 d	Volume Área da superfície Diâmetro
Segmento de esfera 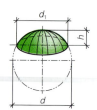	$V = \pi \cdot h^2 \cdot \left(\dfrac{d}{2} - \dfrac{h}{3}\right)$ $A_0 = \pi \cdot h \cdot (2 \cdot d - h)$ $A_M = \pi \cdot d \cdot h$	V A_M A_0 d d_1 h	Volume Área da calota Área da superfície Diâmetro Diâmetro menor Altura

1.10 Funções e representações gráficas

Descrição matemática	Gráfico (diagrama)
Definição	

Funções são relações inequívocas que, a cada elemento do conjunto D (domínio, conjunto de partida), associam um elemento do conjunto W (contradomínio, conjunto imagem, conjunto de valores).

Grafia e designação

$f : x \rightarrow f(x), \quad x \in D, \quad f(x) \in W$

Variável x : Argumento
$\rightarrow$: Símbolo para associação
$f(x)$: Valor da função na posição x, imagem de x

$W = \{f(x) \mid x \in D\}$

A equação $y = f(x)$ do diagrama é chamada de equação da função.

A representação dos conjuntos de pares ordenados

$\{(x, y) \mid x \in G \wedge y = f(x)\}$

num sistema de coordenadas é o gráfico de uma função.

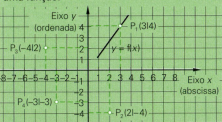

Função linear (função racional do 1º grau)

$f : x \rightarrow mx$

Reta original com coeficiente angular m

$f : x \rightarrow mx + b$

Reta com coeficiente angular m e coeficiente linear b

Formato padrão da equação da reta:

$y = mx + b$

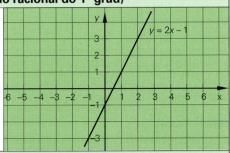

Função quadrática

$f : x \rightarrow f(x) \mid f(x) = ax^2 \quad$ com $D = \mathbb{R}$

em comparação com a parábola normal será

esticada, se $\quad |a| > 1$

achatada, se $\quad |a| < 1$

aberta para baixo, se $\quad a < 0$

Vértice da parábola:
$f(x) = a(x + c)^2 + b$

$f : x \rightarrow x^2 + c \quad$ Vértice no ponto $S(0, c)$

$f : x \rightarrow (x - b)^2 \quad$ Vértice no ponto $S(b, 0)$

$f : x \rightarrow (x - b)^2 + c \quad$ Vértice no ponto $S(b, c)$

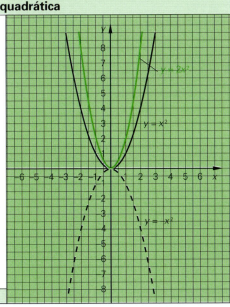

Fórmulas para resolução na página 12

1.10 Funções e representações gráficas

Diagramas com representação quantitativa

- **Diagramas com linhas de grade**
  Os eixos recebem uma graduação numerada (escala).
- **Escalas**
  Os eixos são numerados com valores numéricos legíveis de baixo para cima e da esquerda para a direita.
  Os valores negativos são dotados de um sinal de menos.
  Os números nas linhas de grade são inscritos na margem esquerda e inferior, fora do sistema de coordenadas.

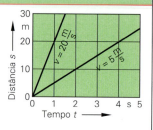

- **Indicação das grandezas**
  Símbolos matemáticos ou nomes das grandezas são colocados no início da seta, fora do diagrama.
  Esses devem ser lidos sem que seja preciso girar o diagrama.
  Os nomes no eixo vertical podem ser lidos a partir da direita.
- **Unidades**
  Os símbolos para as unidades são colocados entre os dois últimos números na extremidade direita das abscissas e na extremidade superior das ordenadas.
  Havendo falta de espaço, o último número pode ser suprimido.
- **Indicação combinada**
  Para a indicação de grandezas e unidades também pode ser usada notação fracionária (grandeza/unidade) no início da seta (exemplo: p/bar ou P/W).
  As unidades também podem ser unidas ao símbolo matemático ou ao nome da grandeza pelo conectivo "em" (exemplo: v em m/s ou umidade da madeira em %).

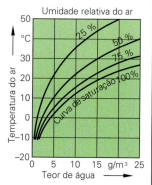

- **Grupo de curvas**
  Se houver várias curvas num mesmo diagrama, cada curva será dotada com o seu parâmetro (símbolo matemático, legenda etc.).
- **Graduação dos eixos**
  Os eixos podem ser graduados de formas diferentes, p.ex., ponto zero com uma faixa parcial suprimida ou a grade pode ser interrompida.
  Na graduação logarítmica devem ser indicadas as potências de dez. Para os valores intermediários é suficiente uma indicação numérica abreviada.

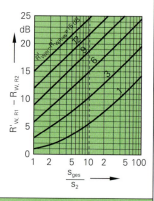

Diagramas com representação qualitativa

Diagramas de visão geral
Eles mostram apenas a evolução característica de grandezas interdependentes.
O sistema de coordenadas não tem graduação; todavia, os dois eixos precisam apresentar divisão linear.
Em um eixo pode ser inscrita uma variável como função de uma outra variável.
No caso de várias curvas podem ser usadas, para diferenciação, legendas, formas variadas de linhas e cores.
Podem ser indicadas coordenadas de pontos importantes e assinaladas por meio de círculos na curvas.

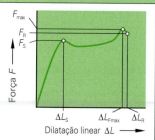

1.10 Funções e representações gráficas

Nomogramas

Gráfico reticulado

A inter-relação de 3 ou mais grandezas é representada num gráfico reticulado.
Na graduação logarítmica de ambos os eixos, uma relação proporcional e uma relação inversamente proporcional conduzem a uma linha reta.

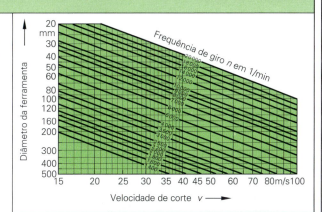

Escalas de alinhamento

As **escalas de função** permitem ler a relação entre duas grandezas. Elas podem ter graduação linear ou logarítmica.

As **escalas de alinhamento** permitem consultar a relação entre três grandezas.

Escalas de função

Escalas de alinhamento;
Escalas paralelas com graduação logarítmica em distâncias iguais
Inter-relação: a = b/c

Gráficos (exemplos)

Gráfico de colunas

Densidade de madeiras em kg/m³

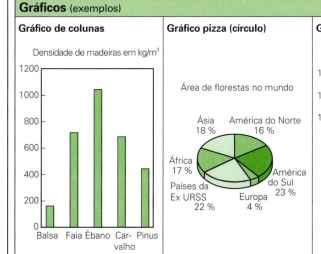

Balsa Faia Ébano Carvalho Pinus

Gráfico pizza (círculo)

Área de florestas no mundo

Ásia 18 %
América do Norte 16 %
África 17 %
Países da Ex URSS 22 %
Europa 4 %
América do Sul 23 %

Gráfico de linhas

Resistência à ruptura (N/mm²)

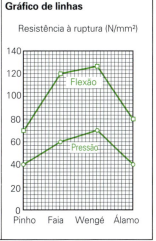

Pinho Faia Wengé Álamo

1.10 Funções e representações gráficas

Calculadora de bolso

Na tecnologia da madeira são usadas calculadoras científicas. Elas podem ser muito simples, como também oferecer um amplo espectro de possibilidades para a execução de cálculos estatísticos e matemáticos. Aqui serão apresentadas apenas as funções básicas e o teclado.

Atribuições da teclas (seleção)

Tecla	Função	Tecla	Função	Tecla	Função
AC	Apagar	x	Multiplicar	SIN	Seno
CE/C	Apagar entrada	÷	Dividir	COS	Cosseno
2ND	Segunda função	=	Resultado	TAN	Tangente
0 ... 9	Dígitos	1/x	Valor inverso	STO	Guardar na memória
π	Constante pi	x^2	Elevar ao quadrado	RCL	Chamar da memória
.	Vírgula decimal	$\sqrt{x}$	Raiz quadrada	SUM	Adicionar à memória
+/–	Troca de sinal	y^x	Potenciar	EXC	Trocar memória
( )	Parêntesis	%	Percentagem	MODE	Seleção de modo

Elementos de operação especiais

AC/ON	Ligar (calculadora solar); todos as áreas de cálculo são apagadas
→	Apagar o último dígito da entrada
CE/C	Apagar a última entrada numérica
CE/E STO	Apagar a memória
MODE	Ativar as funções alternativas das teclas
2ND	Ativar a segunda função das teclas
EXP	Potência de dez; o próximo dígito teclado é avaliado como expoente
STO	Armazenar o valor do visor; valor armazenado anteriormente é apagado
RCL	Chamar para o visor o dado armazenado na memória
SUM	O valor no visor é adicionado ao conteúdo armazenado na memória
EXC	O valor do visor é armazenado na memória e, ao mesmo tempo, são trazidos para o visor outros dados armazenados
Aviso de erro:	**E** no visor

Exemplos de cálculos

Percentagem
Exemplo: 6% de 300 =

Entrada	Tecla	Visor
300	x	300.
6	%	0.006
	=	18.

Exemplo: 500 + 15% (imposto) =

Entrada	Tecla	Visor
500		500
15	%	75.
	=	575.

Exemplos de cálculos

Elevar ao quadrado
Exemplo: $5,35^2$ =

Entrada	Tecla	Visor
5.35	x^2	28.6225

Raiz quadrada
Exemplo: $\sqrt{8,45}$ =

Entrada	Tecla	Visor
8.45	$\sqrt{x}$	2.906889

Potenciação em geral
Exemplo: $7,62^{-0,8}$ =

Entrada	Tecla	Anzeige
7.62	y^x	7.62
.8	+/–	– 0.8
	=	0.19698

Funções trigonométricas
Exemplo: seno 45° = e tangente 60° =

Entrada	Tecla	Visor
30	SIN	0.5
60	TAN	1.7321

Exemplo: Função inversa (arco-)
Arco-seno 0,7716 =

Entrada	Tecla	Visor
0.7716	SIN^{-1}	50.49779

Conversão para graus/minutos/segundos

Entrada	Tecla	Visor
50.49779	DMS	50 ° 29′ 52″

1.11 Coesão e adesão

Coesão (força de agregação)

sólido

líquido

gasoso

A força de atração entre as moléculas de uma substância é denominada coesão. A magnitude dessa força molecular determina a coerência de uma substância ou de um corpo e, consequentemente, também seu estado de agregação. Por intermédio do fornecimento ou supressão de energia é possível passar de um estado para outro.

Substância sólida: Forte coesão –
As moléculas se encontram numa determinada disposição no interior da substância. Pela atuação de forças externas esses corpos são conformados ou se expandem com o fornecimento de calor.

Substâncias líquidas: Fraca coesão –
(líquidos) As moléculas podem mudar de lugar no interior da substância.

Substâncias gasosas: Nenhuma coesão –
(Gases) As moléculas se dispersam (expansão).

Adesão (força de união)

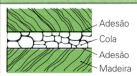

A força de atração entre moléculas de substâncias diferentes é denominada adesão. Por isso, corpos de substâncias diferentes podem ser fixados um no outro.
Exemplos: – Cola sobre peças de encaixe
– Verniz sobre superfície da madeira

Não há força de união entre todas as substâncias.

Tensão superficial

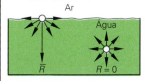

As forças de coesão entre as moléculas na superfície de um líquido atuam com maior intensidade para dentro dele e, com isso, reduzem a sua superfície.
A forte coesão de um líquido provoca também uma grande tensão superficial.
A tensão superficial afeta a capacidade de umectação e a fluidez de um líquido, p.ex., adesivo na junta de cola.

Capilaridade (efeito capilar)

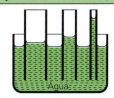

O comportamento dos líquidos em capilares e poros finos dos corpos é denominado capilaridade.
A altura da elevação capilar depende da interação entre a coesão do líquido, a adesão dos diferentes materiais e do diâmetro do capilar ou do tamanho do poro.
A elevação máxima é atingida quando a força peso da coluna de líquido e a força resultante da coesão e da adesão forem iguais em intensidade.

Viscosidade

A viscosidade é uma medida para a resistência interna de um líquido. Essa resistência é gerada devido ao atrito entre as moléculas em movimento e às forças de coesão.
Líquidos com alta viscosidade (colas) são de baixa fluidez e líquidos com baixa viscosidade (água) são de alta fluidez. A viscosidade depende da temperatura, diminuindo com a elevação da temperatura do líquido.

1.12 Massa, densidade, forças

O significado de todos os termos (massa, força, etc) são estabelecidos em normas correspondentes. O excerto da Norma DIN a seguir define massa, força e força peso.

	Massa, força de pesar, força, força peso, peso, carga Conceitos	DIN 1305

1 Área de aplicação

Esta norma é válida para a área de física clássica e sua aplicação na tecnologia e na economia.

2 Massa

A massa m descreve a propriedade de um corpo de se manifestar tanto sob efeito de inércia em relação a uma alteração em seu movimento como também sob atração de um outro corpo.

5 Força

A força F é o produto da massa m de um corpo pela aceleração a, que ele sofre ou sofrerá pela ação da força F.

6 Força peso

A força peso F_G de um corpo de massa m é o produto da massa m pela aceleração da gravidade g.

Densidade

$\varrho = \dfrac{m}{V}$	A densidade ϱ de um material é calculada a partir da massa m e do volume V. Unidade: $1000 \text{ kg/m}^3 = 1 \text{ kg/dm}^3 = 1 \text{ g/cm}^3$
ϱ Densidade, absoluta	para materiais sólidas sem poros, gases, líquidos, p.ex., metais, água
ϱ_R Densidade bruta	para materiais sólidos porosos, p.ex., madeira, derivados de madeira, concreto
ϱ_S Densidade aparente	para agregados granulados (materiais sólidos amontoados soltos); p.ex., areia, abrasivos

Massa

$m = V \cdot \varrho$	A massa m de um corpo independe de sua localização. Ela pode ser calculada a partir do volume V e da densidade ϱ. Unidade: tonelada t, quilograma kg, grama g, miligrama mg
Exemplo: $V = 0,12 \text{ m}^3$ $\varrho_R = 800 \text{ kg/m}^3$	Prancha de carvalho $m = V \cdot \varrho_R = 0,12 \text{ m}^3 \cdot 800 \text{ kg/m}^2 = 96 \text{ kg}$

Força

$F = m \cdot a$	Para que uma massa m seja acelerada ou desacelerada é necessária uma força F. Para acelerar de 1 m/s a massa de 1 kg em 1 s é necessária uma força de 1 kgm/s^2. Aceleração a em m/s^2 Unidade: $1 \text{ kgm/s}^2 = 1 \text{ N (Newton)}$
Exemplo: $m = 96 \text{ kg}$ $a = 2 \text{ m/s}^2$	A prancha é movida $F = m \cdot a = 96 \text{ kg} \cdot 2 \text{ m/s}^2 = 192 \text{ kgm/s}^2 = 192 \text{ N}$

Força peso

$F_G = m \cdot g$	A atração da terra provoca uma força peso F_G sobre a massa de um corpo. Aceleração da gravidade $g = 9,81 \text{ m/s}^2$
Exemplo: $F_G = m \cdot g = 96 \text{ kg} \cdot 9,81 \text{ m/s}^2 = 941,8 \text{ N}$	Prancha com uma massa $m = 96 \text{ kg}$ (pode ser calculado de forma aproximada com $g \approx 10 \text{ m/s}^2$)

1.12 Forças

Forças

Representação das forças 	As forças são representadas por setas (vetores). O comprimento da seta corresponde à intensidade da força, representada em uma escala Mk, p.ex., Mk = 10 N/mm. As forças podem ser deslocadas na sua linha de atuação.
Composição de forças:	
• Adição de forças na mesma linha de atuação 	$F_R = F_1 + F_2$ **Exemplo:** $F_1 = 200\ N;\ F_2 = 120\ N$ $F_R = F_1 + F_2 = 200\ N + 120\ N = \mathbf{320\ N}$
• Subtração de forças na mesma linha de atuação 	$F_R = F_1 - F_2$ **Exemplo:** $F_1 = 320\ N;\ F_2 = 120\ N$ $F_R = F_1 - F_2 = 320\ N - 120\ N = \mathbf{200\ N}$
• Forças componentes atuam em ângulo reto 	$F_R = \sqrt{F_1^2 + F_2^2}$ $\quad F_1 = F_R \cdot \operatorname{sen} \alpha \quad$ $F_2 = F_R \cdot \cos \alpha$ **Exemplo:** $F_1 = 250\ N;\ F_2 = 150\ N$ $F_R = \sqrt{F_1^2 + F_2^2} = \sqrt{(250\ N)^2 - (150\ N)^2}$ $F_R = \mathbf{291{,}5\ N}$
• Forças componentes atuam em ângulo arbitrário 	**Solução gráfica** **Exemplo:** $F_1 = 200\ N;\quad F_2 = 90\ N;\quad \alpha = 60°$ $M_K = 5\ N/mm;$ Medida $l_R = 52\ mm$ $F_R = l_R \cdot M_K = 52\ mm \cdot 5\ N/mm = \mathbf{260\ N}$
Decomposição de forças 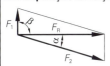	**Solução gráfica** **Exemplo:** $F_R = 250\ N;\quad \alpha = 15°;\quad \beta = 90°$ $M_K = 5\ N/mm;$ Medida $l_1 = 13\ mm;\ l_2 = 52\ mm$ $F_1 = l_1 \cdot M_K = 13\ mm \cdot 5\ N/mm = \mathbf{65\ N}$ $F_2 = l_2 \cdot M_K = 52\ mm \cdot 5\ N/mm = \mathbf{260\ N}$

Atrito

A força de atrito depende da força normal (perpendicular à superfície de contato) e do coeficiente de atrito (características da superfície). A força de atrito não depende do tamanho da superfície de contato.

 Atrito estático e de deslizamento $\qquad F_N$ Força Normal
$\qquad\qquad F_R = \mu \cdot F_N \qquad\qquad\qquad\qquad F_R$ Força de atrito

 Atrito de rolagem $\qquad\qquad\qquad\qquad \mu$ Coeficiente de atrito
$\qquad\qquad F_R = \dfrac{f \cdot F_N}{r} \qquad\qquad\qquad\quad f$ Coeficiente de atrito de rolagem $\quad r$ Raio

(Para simplificar calcula-se, geralmente, com a fórmula do atrito de deslizamento)

Combinação de materiais	Coeficiente de atrito estático	Coeficiente de atrito de deslizamento (cinético)	Coeficiente de atrito de rolagem (simplificado)	Coeficiente de atrito de rolagem
Aço sobre aço	0,2 ... 0,3	0,1 ... 0,2	0,001	0,001 ... 0,05 cm
Aço sobre poliamida	0,15 ... 0,3	0,3	–	–
Aço sobre madeira	0,5	0,25 ... 0,5	0,002	–
Madeira sobre madeira	0,5 ... 0,6	0,3 ... 0,4	0,005	–
Mancal de rolamento	–	0,003 ... 0,001	–	–

1.13 Movimento uniforme e acelerado

Movimento retilíneo

Movimento uniforme

Gráfico percurso-tempo

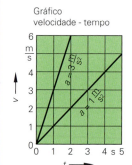

v Velocidade
s Percurso, distância
t Tempo

$$v = \frac{s}{t}$$

Exemplo: $v = 80$ km/h
$t = 20$ min

$s = v \cdot t$

$s = 80$ km/h $\cdot 20$ min $\cdot \dfrac{1 \text{ h}}{60 \text{ min}}$

$s = 26{,}67$ km

Movimento uniformemente acelerado

Gráfico velocidade - tempo

Gráfico percurso-tempo

Aceleração é o incremento da velocidade em 1 segundo; **desaceleração**, a redução.

v Velocidade final
a Aceleração
s Percurso
t Tempo

Para velocidade inicial = 0 vale:

$$v = a \cdot t$$
$$v = \sqrt{2 \cdot a \cdot s}$$

$$s = \frac{v}{2} \cdot t$$
$$s = \frac{a}{2} \cdot t^2$$

Para a desaceleração valem as mesmas fórmulas, sendo v a velocidade inicial e a velocidade final = 0.

Queda livre
Aceleração da gravidade
$g = 9{,}81$ m/s²
h altura da queda

$$h = \frac{g}{2} \cdot t^2$$

Exemplo: Aceleração
$v = 100$ km/h
$t = 11$ s

$v = \dfrac{100\,000 \text{ m} \cdot 1 \text{ h}}{1 \text{ h} \cdot 3600 \text{ s}} = 27{,}78 \dfrac{\text{m}}{\text{s}}$

$s = \dfrac{v}{2} \cdot t = \dfrac{27{,}78 \text{ m/s}}{2} \cdot 11$ s

$s = 305{,}6$ m

$a = \dfrac{v}{t} = \dfrac{27{,}78 \text{ m/s}}{11 \text{ s}} = 2{,}5 \dfrac{\text{m}}{\text{s}}$

Exemplo: Desaceleração
$v = 100$ km/h
$a = 7$ m/s²

$v = 27{,}78$ m/s

$s = \dfrac{v^2}{2 \cdot a} = \dfrac{(27{,}78 \text{ m/s})^2}{2 \cdot 7 \text{ m/s}^2}$

$s = 55{,}1$ m

Exemplo: Queda livre
$g = 9{,}81$ m/s²
$t = 6$ s

$h = \dfrac{g}{2} \cdot t^2 = \dfrac{9{,}81 \text{ m/s}^2}{2} \cdot (6 \text{ s})^2$

$h = 176{,}6$ m

Movimento circular

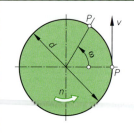

v Velocidade tangencial
ω Velocidade angular
n Rotação
d Diâmetro

$$v = \pi \cdot d \cdot n$$
$$v = \omega \cdot \frac{d}{2}$$

$$\omega = 2 \cdot \pi \cdot n$$

Exemplo: $n = 8000$ 1/min
$d = 0{,}21$ m

$n = \dfrac{8000 \text{ min}^{-1}}{60 \text{ s}} = 133{,}3$ s⁻¹

$v = \pi \cdot d \cdot n$
$v = \pi \cdot 0{,}21$ m $\cdot 133{,}3$ s⁻¹
$v = 50{,}2$ m/s

$\omega = 2 \cdot \pi \cdot n = 2 \cdot \pi \cdot 133{,}3$ s⁻¹
$\omega = 837$ s⁻¹

1.14 Trabalho, energia, potência, grau de eficiência

Trabalho mecânico

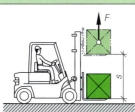

Trabalho é realizado quando uma força atua ao longo de um percurso.

W Trabalho; F Força
s Percurso

$$W = F \cdot s$$

1 Nm = 1 J = 1 Ws

Exemplo: F = 500 N
s = 12,5 m

$W = F \cdot s = 500 \text{ N} \cdot 12,5 \text{ m}$
$W = 6000 \text{ Nm}$
$W = 6000 \text{ J} = 6 \text{ kJ}$

Energia

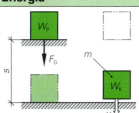

Energia é a capacidade de gerar trabalho.
Energia potencial

$$W_P = F_G \cdot s$$

Energia cinética

$$W_K = \frac{m}{2} \cdot v^2$$

Unidades como no trabalho

W_P Energia potencial
F_G Força peso do corpo
s Percurso (diferença de altura)

W_K Energia do movimento
m Massa
v Velocidade

Potência mecânica

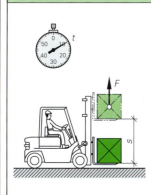

O trabalho realizado numa unidade de tempo é denominado potência.

P Potência

$$P = \frac{W}{t}$$

$$P = \frac{F \cdot s}{t}$$

$$P = F \cdot v$$

1 W = 1 Nm/s = 1 J/s

Exemplo: F = 500 N
s = 80 m
t = 40 s

$P = \dfrac{F \cdot s}{t} = \dfrac{500 \text{ N} \cdot 80 \text{ m}}{40 \text{ s}}$

P = 1000 Nm/s
P = 1000 W = 1 kW

Exemplo: F = 6 kN
v = 80 km/h
= 22,2 m/s

$P = F \cdot v = 6 \text{ kN} \cdot 22,2 \dfrac{m}{s}$

$P = 133,2 \dfrac{kNm}{s} = 133,2 \text{ kW}$

Grau de eficiência

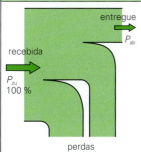

O grau de eficiência é a relação entre a potência recebida pelo sistema (entrada) e a potência por ele entregue (saída).

η Grau de eficiência (eta)
P_{zu} Potência recebida
P_{ab} Potência entregue

$$\eta = \frac{P_{ab}}{P_{zu}}$$

$\eta < 1$ ou $< 100\%$

Grau de eficiência total

$$\eta = \eta_1 \cdot \eta_2 \cdot \eta_3$$

η_1, η_2, η_3 Graus de eficiência parciais

Exemplos de graus de eficiência:

Motor Otto	≈ 0,27
Motor trifásico	≈ 0,85
Turbina a vapor	≈ 0,23
Máquina de aplainar	≈ 0,70

33

1.15 Máquinas simples e acionamentos

Torque e alavanca

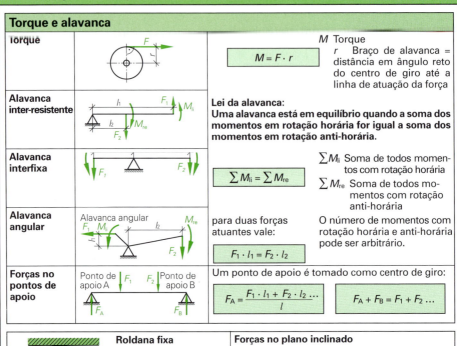

Torque		$M = F \cdot r$	M Torque r Braço de alavanca = distância em ângulo reto do centro de giro até a linha de atuação da força
Alavanca inter-resistente		**Lei da alavanca:** Uma alavanca está em equilíbrio quando a soma dos momentos em rotação horária for igual a soma dos momentos em rotação anti-horária.	
Alavanca interfixa		$\sum M_{li} = \sum M_{re}$	$\sum M_{li}$ Soma de todos momentos com rotação horária $\sum M_{re}$ Soma de todos momentos com rotação anti-horária
Alavanca angular	Alavanca angular	para duas forças atuantes vale: $F_1 \cdot l_1 = F_2 \cdot l_2$	O número de momentos com rotação horária e anti-horária pode ser arbitrário.
Forças nos pontos de apoio	Ponto de apoio A / Ponto de apoio B	Um ponto de apoio é tomado como centro de giro: $F_A = \dfrac{F_1 \cdot l_1 + F_2 \cdot l_2 \ldots}{l}$	$F_A + F_B = F_1 + F_2 \ldots$

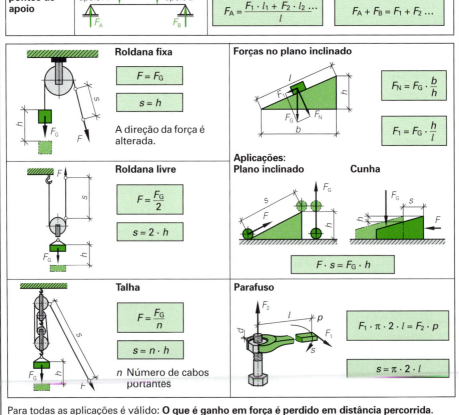

Roldana fixa
$F = F_G$
$s = h$
A direção da força é alterada.

Forças no plano inclinado
$F_N = F_G \cdot \dfrac{b}{h}$
$F_1 = F_G \cdot \dfrac{h}{l}$

Aplicações:
Plano inclinado   **Cunha**
$F \cdot s = F_G \cdot h$

Roldana livre
$F = \dfrac{F_G}{2}$
$s = 2 \cdot h$

Talha
$F = \dfrac{F_G}{n}$
$s = n \cdot h$
n Número de cabos portantes

Parafuso
$F_1 \cdot \pi \cdot 2 \cdot l = F_2 \cdot p$
$s = \pi \cdot 2 \cdot l$

Para todas as aplicações é válido: **O que é ganho em força é perdido em distância percorrida.**

1.15 Máquinas simples e acionamentos

Acionamento e transmissão de força

- **indireto**: Correias | Engrenagens | Correntes
- **direto**: O motor transmite a rotação diretamente sobre o eixo de trabalho.

Acionamento por correias

Correias V
Correias V normais, substituídas em larga escala por correias V estreitas.

Correias planas
Geralmente correias de várias camadas de couro, plástico e lona.

Correias sincronizadoras
(correias dentadas) de forças por fechamento de forma, transmissão sem patinação (síncrona), para pequenas a médias potências.

Correias V estreitas (DIN 7753)

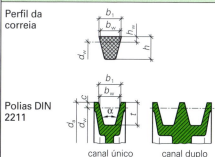

Perfil da correia

Polias DIN 2211

canal único — canal duplo

Designações	Medidas em mm para correias V estreitas e polias			
Perfil da correia cf. ISO	SPZ	SPA	SPB	SPC
$b_0 = b_1$	9,7	12,7	16,3	22
b_w	8,5	11	14	19
h	8	10	13	18
$h_w = c$	2	2,8	3,5	4,8
t	11	13,8	17,5	23,8
d_w (menor possível)	63	90	140	224
d_a	$d_w + 2c$			
α (depende de d_w)	34° a. 38°			

Transmissão por engrenagens

Engrenagens transmitem torque por fechamento de forma, portanto livre de patinação, para baixas até extremamente altas rotações. A distância entre os eixos pode ser reduzida e é limitada pelo tamanho das engrenagens. Dependendo da posição dos eixos distingue-se diversos tipos de engrenagens (seleção):

   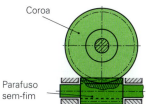

Engrenagens retas | Engrenagem reta com cremalheira | Engrenagens cônicas | Coroa e parafuso sem-fim

Acionamento por correntes

As correntes transmitem movimentos giratórios por fechamento de forma, portanto livre de patinação. Elas servem para a transmissão de forças com grandes distâncias entre os eixos, têm baixa perda por atrito e operam de forma suave.

Geralmente são utilizadas correntes de roletes.

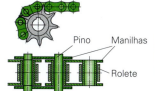 

Corrente de roletes | Correntes de roletes múltiplos

35

1.15 Máquinas simples e acionamentos

Acionamento por correias

Transmissão simples

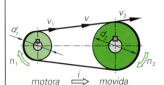

Transmissão dupla

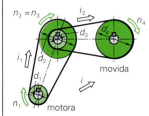

$v = v_1 = v_2$

$n_1 \cdot d_1 = n_2 \cdot d_2$

$i = \dfrac{n_1}{n_2} = \dfrac{d_2}{d_1}$

$i = i_1 \cdot i_2$

$i = \dfrac{n_1 \cdot n_3}{n_2 \cdot n_4} = \dfrac{d_2 \cdot d_4}{d_1 \cdot d_3}$

v, v_1, v_2	Velocidades tangenciais
Polia motora:	
n_1, n_3	Rotações
d_1, d_3	Diâmetros
Polia movida:	
n_2, n_4	Rotações
d_2, d_4	Diâmetros
i	Relação de transmissão
i_1, i_2	Relações de transmissão intermediárias

Exemplo: $n_1 = 2\,800$ min^{-1}
$d_1 = 280$ mm
$n_2 = 8\,000$ min^{-1}

$d_2 = \dfrac{n_1 \cdot d_1}{n_2} = \dfrac{2\,800 \text{ min}^{-1} \cdot 280 \text{ mm}}{8\,000 \text{ min}^{-1}}$

$d_2 = 98$ mm; $\quad i = 1 : 2{,}86$

Transmissão por engrenagens

Transmissão simples

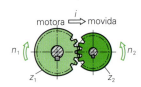

Transmissão dupla

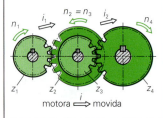

$n_1 \cdot z_1 = z_2 \cdot d_2$

$i = \dfrac{n_1}{n_2} = \dfrac{z_2}{z_1}$

$i = i_1 \cdot i_2$

$i = \dfrac{n_1 \cdot n_3}{n_2 \cdot n_4} = \dfrac{z_2 \cdot z_4}{z_1 \cdot z_3}$

Engrenagem motora:	
n_1, n_3	Rotações
z_1, z_3	Números de dentes
Engrenagem movida:	
n_2, n_4	Rotações
z_2, z_4	Números de dentes
i	Relação de transmissão
i_1, i_2	Relações de transmissão intermediárias

Exemplo: $i_1 = 3{,}5 : 1$
$z_3 = 24$
$z_4 = 60$

$i_2 = \dfrac{z_4}{z_3} = \dfrac{60}{24} = 2{,}5$

$i = i_1 \cdot i_2 = 3{,}5 \cdot 2{,}5 = 8{,}75$
$\Rightarrow \quad 8{,}75 : 1$

Transmissão por coroa e parafuso sem-fim

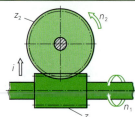

$n_1 \cdot g = n_2 \cdot z_2$

$i = \dfrac{n_1}{n_2} = \dfrac{z_2}{g}$

Parafuso sem-fim:	
g	Número de filetes
n_1	Rotação
Coroa:	
z_2	Número de dentes
n_2	Rotação
i	Relação de transmissão

1.16 Fundamentos da estática e teoria da resistência dos materiais

Estática é o estudo da estabilidade de vigas em repouso sob a influência de forças.
- **Forças** são a causa de um movimento ou da alteração da forma de um corpo. Elas atuam como forças volumétricas (força da gravidade) ou como forças superficiais (força de contato). Representação das forças em 1.12, página 31.
- O **momento** de uma força (sistema plano de forças) em relação ao centro de rotação é igual ao produto da força pelo seu braço de alavanca; o momento será positivo (+), se o sentido de rotação for horário, e negativo (-) se, anti-horário.

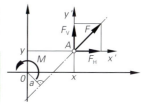

Teorema do momento:	Os momentos de várias forças com centro de rotação comum num sistema plano de forças podem ser somados, levando-se em conta os sinais, de acordo com o sentido de rotação.

- **Condições de equilíbrio**
Uma condição essencial na estática é o estado de equilíbrio em repouso.

Equilíbrio de forças $\quad \sum F_V = 0 \quad$ e $\quad \sum F_H = 0 \quad$ F_V Forças verticais
F_H Forças horizontais

Equilíbrio de momentos $\quad \sum M = 0$

Sistemas estáticos

Sistemas estáticos descrevem estruturas portantes idealizadas de uma construção e servem para o cálculo das forças de apoio, das forças cortantes e das deformações. Com elas a teoria da resistência dos materiais define a capacidade de carga (seção transversal necessária, deformação admissível) dos elementos da construção.

Elementos da estática

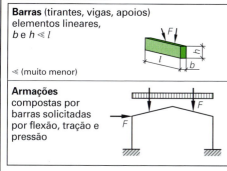

Barras (tirantes, vigas, apoios) elementos lineares, b e $h \ll l$ $\ll$ (muito menor)	Folhas, placas – elementos de formato achatado, $d \ll l$ e h ou a e b
Armações compostas por barras solicitadas por flexão, tração e pressão	Treliças Barras planas solicitadas somente por forças normais

Momentos de inércia e momentos de resistência

Seção transversal	Axial		Polar	
	Momento de inércia (momento de área de 2° grau)	Momento de resistência	Momento de inércia (momento de área de 2° grau)	Momento de resistência
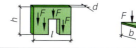	$I = \dfrac{\pi \cdot d^4}{64}$	$W = \dfrac{\pi \cdot d^3}{32}$	$I_P = \dfrac{\pi \cdot d^4}{32}$	$W_P = \dfrac{\pi \cdot d^3}{16}$
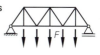	$I_y = \dfrac{h^4}{12}$	$W_y = \dfrac{h^3}{6}$	$I_P = 0{,}14 \, l \cdot h^4$	$W_P = 0{,}208 \cdot h^3$
	$I_y = \dfrac{b \cdot h^3}{12}$	$W_y = \dfrac{b \cdot h^2}{6}$	–	–

1.16 Fundamentos da estática e teoria da resistência dos materiais

Casos de carga	Forças de apoio	Momentos de flexão	Flecha, flexão
Vigas estaticamente determinadas			
	$A = F$	$M_A = -F \cdot l$	$f = \dfrac{F \cdot l^3}{3 \cdot E \cdot Ü}$
	$A = q \cdot l$	$M_A = -\dfrac{q \cdot l^2}{2}$	$f = \dfrac{q \cdot l^4}{8 \cdot E \cdot I}$
	$A = B = \dfrac{F}{2}$	$M_A = -\dfrac{F \cdot l}{4}$	$f = \dfrac{F \cdot l^3}{48 \cdot E \cdot I}$
	$A = B = \dfrac{q \cdot l}{2}$	$M = \dfrac{q \cdot l^2}{8}$	$f = \dfrac{5 \cdot q \cdot l^4}{384 \cdot E \cdot I}$
Vigas estaticamente indeterminadas			
	$A = B = \dfrac{q \cdot l}{2}$	$M_A = M_B = -\dfrac{q \cdot l^2}{12}$ max $M = \dfrac{q \cdot l^2}{24}$	$f = \dfrac{q \cdot l^4}{384 \cdot E \cdot I}$
	$A = B = \dfrac{F}{2}$	$M_A = M_B = -\dfrac{F \cdot l}{8}$ max $M = \dfrac{F \cdot l}{8}$	$f = \dfrac{F \cdot l^3}{192 \cdot E \cdot I}$

M Momento de flexão em Ncm
q Carga distribuída
f Flexão
E Módulo de elasticidade em N/mm²
I Momento de inércia em cm⁴ (momento de área de 2ª ordem)

Dureza e testes de dureza

Dureza é a resistência que um corpo opõe à penetração de um outro corpo.

Teste de dureza conforme **Brinell HB**	Teste de dureza conforme **Vickers HV**	Teste de dureza conforme **Rockwell HRC**
Uma **esfera de aço** é pressionada com uma carga determinada contra a peça em teste.	Uma **pirâmide de diamante** é pressionada na superfície da peça em teste.	Uma **esfera de diamante** é pressionada na peça em teste em duas etapas com diferentes níveis de carga.

Valores de resistência de madeiras selecionadas

Tipo de madeira	\multicolumn{5}{c}{Valores em N/mm² medição paralela às fibras, umidade da madeira u = 10% ... 15%}			
	Resist. à tração	Resist. à pressão	Resist. à flexão	Resist. ao cisalhamento	Dureza
Bordo	82	49	95	9	67
Carvalho	110	52	95	11,5	69
Freixo	130	50	105	13	76
Abeto vermelho	80	40	68	7,5	27
Pinheiro	100	45	80	10	30
Lariço	105	48	93	9	38
Faia ruiva	135	60	120	10	78
Abeto branco	80	40	68	7,5	34

1.16 Fundamentos da estática e teoria da resistência dos materiais

Conceitos de resistência e tipos de solicitações

Tipo de solicitação DIN 1052-05/2000 ▶ p. 64	Tensão	Resistência	Deformação plástica Valores limite	Alteração da forma	Fórmulas de cálculo
Tração	Tensão de tração σ_z	Resistência à tração R_m	Limite de alongamento R_e	Alongamento ε Alongamento de ruptura A	$\sigma_z = \dfrac{F}{S}$ $\sigma_{z\,zul} = \dfrac{R_e}{\nu}$ (para aço) $F_{zul} = \sigma_{z\,zul} \cdot S$ S Área de seção transversal ν Índice de segurança
Pressão	Tensão de pressão σ_d	Resistência à pressão σ_{dB}	Limite de compressão σ_{dF}	Compressão ε_d	$\sigma_d = \dfrac{F}{S}$ $\sigma_{d\,zul} = \dfrac{\sigma_{dF}}{\nu}$ (para aço) $F_{zul} = \sigma_{d\,zul} \cdot S$ ν Índice de segurança
Flexão	Tensão de flexão σ_b	Resistência à flexão σ_{bB}	Limite de flexão σ_{bF}	Flecha f (medida no eixo da barra)	$\sigma_b = \dfrac{M_b}{W}$
Flambagem	Tensão de flambagem σk	Resistência à flambagem σ_{kB}	–	–	$F_{k\,zul} = \dfrac{\pi^2 \cdot E \cdot I}{l_k^2 \cdot \nu}$ $F_{k\,zul}$ Força de flambagem admissível l_k Comprimento livre de flambagem, dependente da situação de carga

	I	II	III	IV
	$l_k = 2\,l$	$l_k = l$	$l_k = \dfrac{l}{\sqrt{2}}$	$l_k = \dfrac{l}{2}$

Cisalhamento	Tensão de cisalhamento τ_a	Resistência ao cisalhamento τ_{aB}	–	–	$\tau_a = \dfrac{F}{S}$ $\tau_{azul} = \dfrac{\tau_{aB}}{\nu}$ $F_{zul} = S \cdot \tau_{a\,zul}$ $\tau_{aB} \approx 0,8 \cdot R_m$ (para aço)
Torção	Tensão de torção τ_t	Resistência à torção τ_{tB}	Limite de torção τ_{tF}	Ângulo de torção φ	$\tau_t = \dfrac{M_t}{W_p}$ M_t Momento de torção W_p Momento de resistência polar

$_{zul} \approx$ permissível

1.17 Líquidos e gases

Pressão

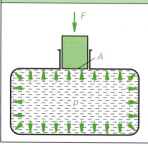

$$p = \frac{F}{A}$$

$1 \dfrac{N}{m^2} = 1\ Pa = 10^{-5}\ bar$

$1\ bar = 10 \dfrac{N}{cm^2}$

$1\ mbar = 1\ hPa$

p Pressão   F Força
A Área

Beispiel: $p = 8\ bar$
$d = 60\ mm$
($\varnothing$ do pistão)

$F = p \cdot A = p \cdot \dfrac{l \cdot d^2}{4}$

$F = 8 \dfrac{N}{cm^2} \cdot \dfrac{l\ (6\ cm)^2}{4} = 226{,}2\ N$

Pressão hidrostática

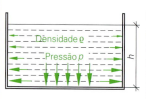

A pressão em um líquido depende da sua densidade e da profundidade do líquido.

$$p = g \cdot \varrho \cdot h$$

p Pressão ϱ Densidade
g Aceleração da gravidade
h Profundidade do líquido

Exemplo: Profundidade da água
$h = 10\ m$
$p = 9{,}81 \dfrac{m}{s^2} \cdot 1000 \dfrac{kg}{m^3} \cdot 10\ m$
$p = 98\,100 \dfrac{N}{m^2} = 0{,}981\ bar$
$p \approx 1\ bar$

Pressão atmosférica, pressão absoluta, pressão efetiva

$$p_e = p_{abs} - p_{amb}$$

p_e+, se $p_{abs} > p_{amb}$

p_e-, se $p_{abs} < p_{amb}$

$p_{amb} \approx 1\ bar$

p_e Pressão efetiva
p_{abs} Pressão absoluta
p_{amb} Pressão atmosférica

Exemplo: Cilindro pneumático
com $p = 6\ bar$

$p_{abs} = p_e + p_{amb} = (6 + 1)\ bar$

$p_{abs} = 7\ bar$

Equação de estados para gases

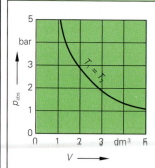

Equação genérica:

$$\frac{p_1 \cdot V_1}{T_1} = \frac{p_2 \cdot V_2}{T_2}$$

Lei de **Boyle-Mariotte:**
(temperatura constante)

$$p_1 \cdot V_1 = p_2 \cdot V_2$$

O volume normal V_n para os gases é dado a uma pressão $p_{abs} = 1{,}013\ bar$ e a uma temperatura $T = 273\ K$.

p_1, p_2 Pressões
V_1, V_2 Volumes
T_1, T_2 Temperaturas absolutas

Exemplo: Compressor
$V_1 = 10\ m^3,\ p_1 = 1\ bar$
$T_1 = 293\ K$
$p_2 = 8\ bar,\ T_2 = 433\ K$

$V_2 = \dfrac{p_1 \cdot V_1 \cdot T_2}{T_1 \cdot p_2}$

$V_2 = \dfrac{1\ bar \cdot 10\ m^3 \cdot 433\ K}{293\ K \cdot 8\ bar}$

$V_2 = 1{,}847\ m^3$

1.18 Eletrotécnica

Tipos de corrente

Corrente contínua DC –	Corrente alternada AC ~ (corrente alternada monofásica)	Corrente alternada trifásica
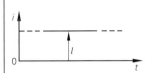	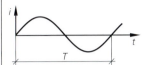	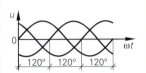
Corrente constante no tempo e em uma só direção.	A corrente muda periodicamente de intensidade e direção. $f = 50$ Hz	Três correntes alternadas monofásicas estão deslocadas temporalmente 120° em três condutores.

Lei de Ohm

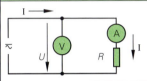

$$I = \frac{U}{R}$$

I Corrente em A
U Tensão em V
R Resistência em Ω

Beispiel: $I = 3{,}5$ A
$R = 60\ \Omega$

$U = R \cdot I = 60\ \Omega \cdot 3{,}5\ A = 210\ V$

Resistência dos condutores

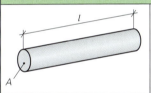

$$R = \frac{\varrho \cdot l}{A}$$

R Resistência
ϱ Resistência específica
l Comprimento do condutor
A Área transversal do condutor

Resistência específica ϱ em

$$\frac{\Omega \cdot mm^2}{m}$$

(valores veja em 3.9, página 150)

Condutância $\gamma = \frac{1}{\varrho}$ em $\frac{m}{\Omega \cdot mm^2}$

Ligação de resistências em série e em paralelo

Ligação em série

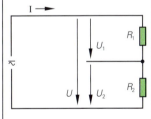

$R = R_1 + R_2 + \ldots$

$U = U_1 + U_2 + \ldots$

$\dfrac{U_1}{U_2} = \dfrac{R_1}{R_2}$

Ligação em paralelo

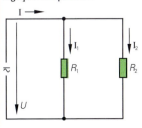

$I = I_1 + I_2 + \ldots$

$\dfrac{1}{R} = \dfrac{1}{R_1} + \dfrac{1}{R_2} + \ldots$

$\dfrac{I_1}{I_2} = \dfrac{R_2}{R_1}$

R_1, R_2 Resistências individuais
U_1, U_2 Tensões parciais
I_1, I_2 Correntes parciais
R Resistência total
U Tensão total
$Û$ Corrente total

Exemplo: $R_1 = 20\ \Omega, R_2 = 40\ \Omega$
$U = 220\ V$
$R = R_1 + R_2 = 20\ \Omega + 40\ \Omega$
$R = 60\ \Omega$

$I = \dfrac{U}{R} = \dfrac{220\ V}{60\Omega} = 3{,}67\ A$

$U_1 = R_1 \cdot I = 20\ \Omega \cdot 3{,}67\ A$
$U_1 = 73{,}4\ V$

$U_2 = R_2 \cdot I = 40\ \Omega \cdot 3{,}67\ A$
$U_1 = 146{,}6\ V$

Exemplo: $R_1 = 20\ \Omega, R_2 = 40\ \Omega$
$U = 220\ V$

$R = \dfrac{R_1 \cdot R_2}{R_1 + R_2} = \dfrac{(20 \cdot 40)\Omega^2}{(20+40)\Omega}$

$R = 13{,}33\ \Omega$

$I = \dfrac{U}{R} = \dfrac{220V}{13{,}33\Omega} = 16{,}5\ A$

$I_1 = \dfrac{U}{R_1} = \dfrac{220V}{20\Omega} = 11\ A$

$I_2 = I - I_1 = 16{,}5\ A - 11\ A = 5{,}5\ A$

1.18 Eletrotécnica

Potência elétrica

Corrente contínua e corrente alternada (consumidor ôhmico)

$$P = U \cdot I$$
$$P = I^2 \cdot R$$
$$P = \frac{U^2}{R}$$

Exemplo: $U = 230$ V
$I = 4$ A

$P = U \cdot I = 230$ V $\cdot$ 4 A $= 920$ W

Corrente alternada e corrente trifásica

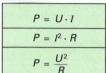

Corrente alternada
$$P = U \cdot I \cdot \cos \varphi$$

Corrente trifásica
$$P = \sqrt{3} \cdot U \cdot I \cdot \cos \varphi$$

$\cos \varphi$ Fator de potência (<1)
$\sqrt{3}$ Fator de concatenação

Exemplo: Motor monofásico
$U = 230$ V, $I = 4$ A
$\cos \varphi = 0{,}85$
$P = U \cdot I \cdot \cos \varphi$
$P = 230$ V $\cdot$ 4 A $\cdot$ 0,85 $= 782$ W

Exemplo: Motor trifásico
$U = 400$ V, $I = 5{,}5$ A
$\cos \varphi = 0{,}87$
$P = \sqrt{3} \cdot U \cdot I \cdot \cos \varphi$
$P = \sqrt{3} \cdot 400$ V $\cdot$ 5,5 A $\cdot$ 0,87
$P = 3{,}315$ kW

Trabalho elétrico

Medidor

$$W = P \cdot t$$

1 Wh = 3 600 Ws
1 kWh = 3 600 000 Ws

Exemplo: $P = 4$ kW, $t = 30$ min

$W = P \cdot t = 4$ kW $\cdot$ 0,5 h

$W = 2$ kWh

Ligação triângulo-estrela (corrente alternada trifásica)

Ligação estrela Y

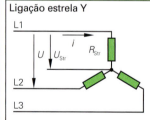

Ligação triângulo Δ

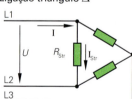

Ligação estrela
$$U = \sqrt{3} \cdot U_{Str}$$

Ligação triângulo
$$I = \sqrt{3} \cdot I_{Str}$$

$$P_Y : P_\Delta = 1 : 3$$

Formato da rede (usual) e Tensões

Rede TN-S

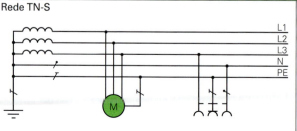

Significado:
T Aterramento direto de, no mínimo, um ponto na rede
N Condutor neutro conectado em algum lugar com o condutor de proteção
S N e PE separados no respectivo setor da rede

Tensão nominal (DIN IEC 38): **230/400 V**

1.18 Eletrotécnica

Símbolos de circuito para esquemas de instalação (seleção conforme DIN 40900)

▭	Condutor sobre o reboco	Interruptor, um polo
▭	Condutor no reboco		Grupo de interruptores
▭	Condutor sob o reboco		Interruptor em série
O	Condutor em tubo		Comutador
	Condutor para telefone	⊚	Tecla
	Condutor para interfone		Regulador para iluminação
	Condutor para cima		Tomada simples com contato de proteção
	Condutor para baixo	³	Tomada múltipla, p.ex., 3 tomadas
O	Tomada, genérica	3/N/P	Tomada de proteção para corrente trifásica
	Caixa de conexão trifásica doméstica	⟶✕	Saída para lâmpada, genérica
	Distribuição	5×20W	Trilho de lâmpadas, p.ex., com 5 lâmpadas
	Quadro de medidor	E	Aparelho elétrico, genérico

Zonas de instalação
(excerto da DIN 18015)

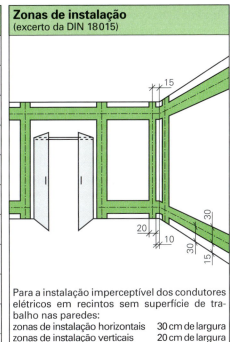

Para a instalação imperceptível dos condutores elétricos em recintos sem superfície de trabalho nas paredes:
zonas de instalação horizontais   30 cm de largura
zonas de instalação verticais   20 cm de largura

Os interruptores devem ser instalados preferencialmente 105 cm sobre OFF ao lado das portas.

Instalação especial

Aplicação	Instalação	Observação
Construções em armações de madeira e derivados, p.ex., paredes divisórias Instalação ergue-se no espaço vazio	Mini distribuidor	VDE 0606 ou
	Tomadas de conexão e para aparelhos	Revestimento com 12 mm silicato-amianto ou Revestimento com 100 mm de lã de vidro ou de rocha
	Equipamentos	Montados em caixas, não apenas fixados com grampos
	Cabos e condutores	Revestimento plástico retardante de chama, condutores NYIF não são permitidos, alívio de tração e empuxo

Abreviações usadas em equipamentos elétricos

GS	"Segurança comprovada" selo de segurança da legislação de proteção de máquinas
VDE	Selo de inspeção VDE
⏚ ▫ ◇	Classe de proteção I: medidas de proteção com condutor de proteção Classe de proteção II: isolamento de proteção Classe de proteção III: tensão de proteção extrabaixa

Tomadas CEE (de uso comum)

Tensão 50 V ... 750 V
Correntes nominais 16 A, 32 A, 63 A, 125 A
Localização do contato de proteção conforme posição do ponteiro das horas, p.ex., 6 h, dependendo da tenção e corrente

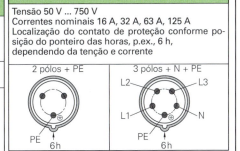

1.18 Eletrotécnica

Tipos de falhas em instalações elétricas

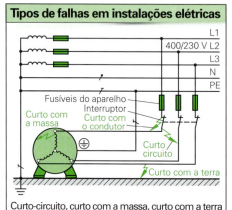

Curto-circuito, curto com a massa, curto com a terra

Efeitos fisiológicos

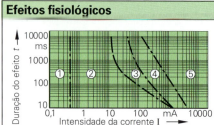

A corrente contínua não é tão perigosa quanto a corrente alternada.
1 Imperceptível
2 Nenhum efeito danoso
3 Ainda não ocorre fibrilação ventricular
4 Possível fibrilação ventricular
5 Provável fibrilação ventricular

Medidas de proteção (apenas as medidas mais importantes)

Tipo de contato	Medidas	Observações
Direto	Isolamento das peças ativas Afastamento, cobertura etc.	O contato com peças condutoras de tensão é evitado. Alimentação por fontes exclusivas com tensão máxima AC 25V ou DC 60V
Indireto	Isolamento básico, adicionalmente uso de **tensão extrabaixa**	Como no contato direto mas AC 50V e DC 120 V Classe de proteção III
	Isolamento básico e **isolamento de proteção**	Isolamento adicional ao isolamento básico Classe de proteção II
	Isolamento básico e **condutor de proteção**	Corpos condutores precisam ser conectados a um condutor de proteção; no caso de falha, o equipamento deve ser desligado em tempo especificado. Classe de proteção I
Adicional	Dispositivo de proteção contra **corrente de fuga**	Complementação das medidas contra contato direto, não admissível como medida isolada.

Exemplos de medidas de proteção

Rede TN-S (veja página 42)

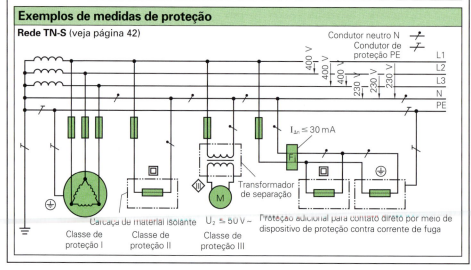

44

1.19 Fundamentos de química

Conceitos básicos da química

Conceito	Explicação
Átomo	A menor partícula a que um elemento pode ser quimicamente decomposto.
Valência	• Número de elétrons que um átomo pode dar ou receber na combinação com outro átomo. • Número dos átomos de hidrogênio com os quais um átomo pode fixar ou substituir.
Elemento (substância básica)	Substância que não pode mais ser decomposta por meios químicos. Existem 92 elementos naturais e 13 produzidos artificialmente por meio de transformação atômica.
Química	A química se ocupa com a síntese ou com a análise das substâncias e de suas propriedades mutáveis.
Composto químico	Substância elaborada a partir de vários elementos que possui propriedades inteiramente diversas destes.
Molécula	A menor unidade de um composto químico ou grupo atômico, constituída por vários átomos.
Macromolécula	Molécula muito grande, constituída por muitos monômeros.
Síntese	Produção (elaboração) de um composto químico.
Análise	Decomposição de um composto químico (também a determinação da sua composição).
Oxidação	• Combinação de uma substância com o oxigênio • Remoção de elétrons de um átomo ou íon
Redução	• Subtração de oxigênio • Adição de elétrons a um átomo ou íon
Mistura	Associação de duas ou mais substâncias em proporções arbitrárias.
Dispersão	Misturas nas quais as substâncias não se encontram diluídas, mas, sim, apenas distribuídas.
Solução	Um líquido no qual se encontram bem distribuídas (como moléculas individuais) uma ou mais substâncias.
Liga	Soluções sólidas de metais que foram diluídos entre si em estado de fusão.
Ácido	Compostos capazes de acumular íons positivos de hidrogênio.
Base (lixívia)	Compostos que em solução podem formar íons hidróxidos; lixívia é a solução de uma base em água.
Sal	Compostos que contém íons metálicos positivos ou íons NH4 e íons negativos residuais de ácidos.
Valor pH	O valor indica quão ácida ou básica é uma solução. A água destilada possui um valor pH = 7 (neutro).

1.19 Fundamentos de química

TABELA PERIÓDICA DOS ELEMENTOS

A tabela periódica dos elementos fornece informações sobre a valência, sobre a massa atômica e sobre a estrutura dos átomos.

Explicação:

26 Ferro — II, III — **Fe** — 55,847	Número atômico = número de prótons e número de elétrons / Nome do elemento / Valência do elemento / **Símbolo do elemento** / **Massa atômica**
103 Lawrencium — Lr	Número dos períodos = número de camadas de elétrons / Número do grupo = número de elétrons na camada externa / Letra vazada = elemento produzido artificialmente

Grupos principais — I, II, III, IV, V, VI, VII, VIII
Grupos secundários — IIIa, IVa, Va, VIa, VIIa, VIIIa, Ia, IIa
Períodos — 1 a 7

Grupos principais e secundários

Período	I	II	IIIa	IVa	Va	VIa	VIIa	VIIIa	VIIIa	VIIIa	Ia	IIa	III	IV	V	VI	VII	VIII
1	1 H																	2 He
2	3 Li	4 Be											5 B	6 C	7 N	8 O	9 F	10 Ne
3	11 Na	12 Mg											13 Al	14 Si	15 P	16 S	17 Cl	18 Ar
4	19 K	20 Ca	21 Sc	22 Ti	23 V	24 Cr	25 Mn	26 Fe	27 Co	28 Ni	29 Cu	30 Zn	31 Ga	32 Ge	33 As	34 Se	35 Br	36 Kr
5	37 Rb	38 Sr	39 Y	40 Zr	41 Nb	42 Mo	43 Tc	44 Ru	45 Rh	46 Pd	47 Ag	48 Cd	49 In	50 Sn	51 Sb	52 Te	53 I	54 Xe
6	55 Cs	56 Ba	57 La	72 Hf	73 Ta	74 W	75 Re	76 Os	77 Ir	78 Pt	79 Au	80 Hg	81 Tl	82 Pb	83 Bi	84 Po	85 At	86 Rn
7	87 Fr	88 Ra	89 Ac	104 Ku	105 Ha													

Série dos lantanídeos

58 Cério — III, IV — Ce — 140,12	59 Praseodímio — III, IV — Pr — 140,907	60 Neodímio — III, IV — Nd — 144,24	61 Promécio — III — Pm — (147)	62 Samário — II, III — Sm — 150,35	63 Európio — II, III — Eu — 151,96	64 Gadolínio — III — Gd — 157,25	65 Térbio — III, IV — Tb — 158,924	66 Disprósio — III — Dy — 162,50	67 Hólmio — III — Ho — 164,93	68 Érbio — III — Er — 167,26	69 Túlio — III — Tm — 168,93	70 Itérbio — II, III — Yb — 173,04	71 Lutécio — III — Lu — 174,970

Série dos actinídeos

90 Tório — IV — Th — 232,04	91 Protactínio — IV, V — Pa — (231)	92 Urânio — VI, IV, V, III — U — 238,03	93 Netúnio — VI, V, IV, III — Np — (237)	94 Plutônio — VI, V, IV, III — Pu — (242)	95 Amerício — III, IV, V, VI — Am — (243)	96 Cúrio — III — Cm — (247)	97 Berquélio — III, IV — Bk — (247)	98 Califórnio — III — Cf — (249)	99 Einstênio — Es — (254)	100 Férmio — Fm	101 Mendelévio — Md	102 Nobélio — No	103 Laurêncio — Lr

Dados dos elementos dos grupos principais

Grupo I: 1 Hidrogênio (I) H 1,00797; 3 Lítio (I) Li 6,939; 11 Sódio (I) Na 22,9898; 19 Potássio (I) K 39,102; 37 Rubídio (I) Rb 85,47; 55 Césio (I) Cs 132,905; 87 Frâncio (I) Fr (223)

Grupo II: 4 Berílio (II) Be 9,0122; 12 Magnésio (II) Mg 24,312; 20 Cálcio (II) Ca 40,08; 38 Estrôncio (II) Sr 87,62; 56 Bário (II) Ba 137,34; 88 Rádio (II) Ra (226)

Grupo III: 5 Boro (III) B 10,81; 13 Alumínio (III) Al 26,9815; 31 Gálio (III) Ga 69,72; 49 Índio (III) In 114,82; 81 Tálio (I, III) Tl 204,37

Grupo IV: 6 Carbono (±IV, II) C 12,01115; 14 Silício (IV) Si 28,086; 32 Germânio (IV) Ge 72,59; 50 Estanho (IV, II) Sn 118,69; 82 Chumbo (IV, II) Pb 207,19

Grupo V: 7 Nitrogênio (±III, V, IV, II) N 14,0067; 15 Fósforo (±III, V, IV) P 30,9738; 33 Arsênio (±III, V) As 74,922; 51 Antimônio (±III, V) Sb 121,75; 83 Bismuto (III, V) Bi 208,98

Grupo VI: 8 Oxigênio O 15,9994; 16 Enxofre (±II, IV, VI) S 32,064; 34 Selênio (IV, VI, II) Se 78,96; 52 Telúrio (−II, IV, VI) Te 127,6; 84 Polônio (II, IV) Po (210)

Grupo VII: 9 Flúor (−I) F 18,9984; 17 Cloro (±I, V, VII) Cl 35,453; 35 Bromo (I, V) Br 79,909; 53 Iodo (±I, V, VII) I 126,9; 85 Astato (±I, III, V) At (210)

Grupo VIII: 2 Hélio He 4,0026; 10 Neônio Ne 20,183; 18 Argônio (0) Ar 39,948; 36 Criptônio (0, II) Kr 83,80; 54 Xenônio (0) Xe 131,3; 86 Radônio (0) Rn (222)

Dados dos elementos dos grupos secundários

IIIa: 21 Escândio (III) Sc 44,96; 39 Ítrio (III) Y 88,905; 57 Lantânio (III) La 138,91; 89 Actínio (III) Ac (227)

IVa: 22 Titânio (IV, III) Ti 47,90; 40 Zircônio (IV) Zr 91,22; 72 Háfnio (IV) Hf 178,49; 104 Kurtschatovium Ku (261)

Va: 23 Vanádio (V, IV, II) V 50,942; 41 Nióbio (V, III) Nb 92,906; 73 Tântalo (V) Ta 180,948; 105 Hahnium Ha (262)

VIa: 24 Cromo (VI, III, II) Cr 51,996; 42 Molibdênio (VI, V, IV, III, II) Mo 95,94; 74 Tungstênio (VI, V, IV, II) W 183,85

VIIa: 25 Manganês (II, III, IV, VI, VII) Mn 54,938; 43 Tecnécio (VII) Tc (98); 75 Rênio (VII, VI, IV, II) Re 186,2

VIIIa: 26 Ferro (II, III) Fe 55,847; 44 Rutênio (III, IV) Ru 101,07; 76 Ósmio (VII, VI, IV, III, II, VIII) Os 190,2; 27 Cobalto (II, III) Co 58,933; 45 Ródio (III) Rh 102,905; 77 Irídio (IV, III, VI) Ir 192,2; 28 Níquel (II, III) Ni 58,71; 46 Paládio (II, IV) Pd 106,4; 78 Platina (IV, II) Pt 195,09

Ia: 29 Cobre (I, II) Cu 63,54; 47 Prata (I) Ag 107,87; 79 Ouro (III, I) Au 196,967

IIa: 30 Zinco (II) Zn 65,37; 48 Cádmio (II) Cd 112,40; 80 Mercúrio (II, I) Hg 200,59

1.19 Fundamentos de química

Estrutura atômica dos elementos químicos

Componentes do átomo		Modelo atômico de Rutherford-Bohr
Próton	Componente do núcleo com massa de $1,6725 \cdot 10^{-24}$ g e carga elementar positiva	
Nêutron	Componente do núcleo com massa de $1,6748 \cdot 10^{-24}$ g e sem carga elétrica	
Elétron	Partícula do envoltório do átomo com massa em repouso de $9,1089 \cdot 10^{-28}$ g e carga elementar negativa	

Número atômico = número de prótons + nêutrons

Número de prótons = número de ordem na tabela periódica

Exemplo: Alumínio

Envoltório de elétrons

Núcleo do Átomo

Símbolo:
Número de prótons — 13
Número atômico — 27 **Al**
Símbolo químico

Elementos (seleção pela sequência do número de ordem)

Hidrogênio	**H**	gás incolor, inodoro	Potássio	**K**	metal mole de fácil inflamação
Carbono	**C**	sólido: diamante, grafite, carvão	Cálcio	**Ca**	metal mole, solúvel em água
			Titânio	**Ti**	metal leve muito duro
Nitrogênio	**N**	gás incolor, inodoro	Cromo	**Cr**	metal resistente à corrosão
Oxigênio	**O**	gás incolor, inodoro	Ferro	**Fe**	metal pesado, quebradiço, magnético
Flúor	**F**	gás amarelo muito venenoso			
Sódio	**Na**	metal mole de fácil inflamação	Níquel	**Ni**	metal pesado resistente à corrosão
Magnésio	**Mg**	metal de fácil inflamação	Cobre	**Cu**	metal vermelho vivo, boa condutividade elétrica
Alumínio	**Al**	metal leve maleável			
Silício	**Si**	substância sólida, de difícil inflamação	Zinco	**Zn**	metal branco-azulado
			Prata	**Ag**	metal nobre, condutividade elétrica extremamente alta
Fósforo	**P**	substância venenosa, sólida, inflamável	Estanho	**Sn**	metal branco-prata
Enxofre	**S**	substância amarela, sólida	Ouro	**Au**	metal mole, amarelo avermelhado
Cloro	**Cl**	gás de cor verde, odor sufocante	Chumbo	**Pb**	metal pesado branco

Ligações químicas

Ligações por par de elétrons	Ligação iônica	Ligação metálica
Não metal + não metal	Metal + não metal	Metal + Metal
CH_4		
A camada externa dos parceiros na ligação não é completamente ocupada por elétrons. Pelo compartilhamento de elétrons ocorre um equilíbrio e, consequentemente, uma ligação.	Na transferência ou recebimento de elétrons são gerados íons. Devido às cargas opostas dos íons, formam-se forças de atração entre eles em todas direções e com isso, os cristais.	Nos metais em estado sólido os elétrons se deslocam livremente (nuvem de elétrons). A ligação metálica se baseia na atração entre os resíduos atômicos positivos e a nuvem de elétrons. São criados cristais.

1.19 Fundamentos de química

Ligações orgânicas (resumo)

Nome do grupo	Arranjo atômico típico/ Grupo de funções		Exemplo
Alcanos	$C-C$	Ligação simples	Etano, metano, propano, butano, pentano; Alcanos halogenados: triclorometano, tetracloroetano.
Alquenos	$C=C$	Ligação dupla	Eteno, propeno, buteno, butadieno
Alquinos	$C\equiv C$	Ligação tripla	Etino (acetileno), butino, propino
Aromáticos	⬡	Anel benzeno	Benzol, naftalina, toluol, estirol, fenol
Alcoóis	$-OH$	Grupo hidroxila	Metanol, etanol, propanol, butanol, pentanol, álcool (etanol e aditivos)
Aldeídos	$-C\!\!{\stackrel{\displaystyle =O}{\scriptstyle -H}}$	Grupo aldeído	Metanal, (formaldeído), etanal
Cetonas	$-\!\!\underset{O}{\overset{\|}{C}}\!\!-$	Grupo cabonila	Acetona, butanona, ciclo-hexanona
Ésteres	$-C\!\!{\stackrel{\displaystyle =O}{\scriptstyle -O-}}$	Grupo éster	Éster metílico do ácido etano, éster metílico do ácido buteno, éster metílico do ácido butano
Éter	$-O-$		Éter dietílico, metilglicol e butilglicol
Aminas	$-NH_2$	Grupo amina	Ureia, anilina

Ligações macromoleculares

Macromoléculas são combinações de **monômeros** (moléculas individuais) com diversos mecanismos de reação. Como estas substâncias são constituídas por um número muito grande de moléculas individuais elas são chamadas de **polímeros**.

Polimerização

Monômeros insaturados são combinados em macromoléculas filamentares, pela quebra das ligações duplas – polimerizadas – Exemplo: Formação de polieteno (polietileno)

Eteno   Eteno   Eteno   Polieteno (polietileno)

Policondensação

Diferentes tipos de moléculas se combinam, sob a desagregação de uma substância de baixo peso molecular, p.ex., água, em macromoléculas – policondensadas – Exemplo: formação de poliéster

Ácido tereftálico   Etanodiol   Poliéster   Água

Poliadição

Macromoléculas – poliadicionadas – filamentosas ou espacialmente encadeadas são criadas a partir de monômeros iguais ou diferentes, sem a desagregação de subprodutos. Exemplo: Formação de poliuretano

Diol   Di-isocianato   Poliuretano

1.19 Fundamentos de química

Óxidos (seleção)

Designação	Fórmula	Observação
Água	H_2O	combinação química mais disseminada na natureza (veja abaixo)
Peróxido de hidrogênio	H_2O_2	líquido pouco azulado, grande tendência à decomposição; H_2O_2 concentrado apresenta risco de explosão, soluções para branqueamento
Monóxido de carbono	CO	gás inodoro, incolor e muito venenoso, inflamável
Dióxido de carbono	CO_2	gás incolor, inodoro e não venenoso, não inflamável, 1,5 vezes mais pesado do que o ar, em elevadas proporções no ar dificulta a respiração
Óxido de ferro	Fe_2O_3	ocorre como ferrugem (substância vermelho amarronzada) e minério de ferro (hematita vermelha)

Química da água

A água que ocorre na natureza não é a água H_2O quimicamente pura, pelo contrário, ela contém uma série de substâncias.

A água quimicamente pura possui uma densidade (a 4 °C) de $\varrho = 1$ g/cm³ e é um líquido incolor, inodoro e insípido.

Faixa de dureza 1
Mole ...1,3 mmol/l

Faixa de dureza 2
Média 1,3 mmol/l ... 2,5 mmol/l

Faixa de dureza 3
Dura 2,5 mmol/l ... 3,8 mmol/l

Faixa de dureza 4
Muito dura 3,8 mmol/l

Substâncias presentes nas águas subterrâneas e superficiais

Substâncias insolúveis e coloidais (substâncias em suspensão)	Areia, argilas, silicatos, húmus, algas, bactérias, vírus
Substâncias dissolvidas em nível molecular:	
Não eletrólitos	Ácido silícico Húmus CO_2, O_2, N_2
Cátions	Na^+, Mg^{2+}, Ca^{2+}, K^+, Fe^{2+}, Mn^{2+}
Ânions	HCO_3^-, CO_3^{2-}, NO_3^-, SO_4^{2-}, HPO_4^{2-}

Valor pH

O valor pH (potencial de hidrogênio) é uma medida para a potência de uma base ou de um ácido. Ele indica a concentração dos íons H^+ em uma solução. Numa solução neutra (pH = 7) a quantidade de íons H^+ e de íons HO^- são iguais.

Tipo de solução	crescentemente ácida ⟵							neu-tra	crescentemente básica ⟶						
Valor pH	0	1	2	3	4	5	6	7	8	9	10	11	12	13	14
concen-tração H^+ em g/l	10^0	10^{-1}	10^{-2}	10^{-3}	10^{-4}	10^{-5}	10^{-6}	10^{-7}	10^{-8}	10^{-9}	10^{-10}	10^{-11}	10^{-12}	10^{-13}	10^{-14}
	forte ácido					fraco		água	fraca base						forte

Indicação: Os ácidos colorem o papel tornassol neutro de vermelho e as bases de azul.

1.19 Fundamentos de química

• Ácidos

Ácidos são soluções aquosas que contêm íons de hidrogênio. Formação dos ácidos:

Óxido não metálico + água	água →	ácido
Hidrogênio halógeno + água	⟶	ácido

Ácidos no tratamento da madeira		Propriedades e aplicação
Ácido acético	CH_3COOH	levemente volátil, para neutralização de resíduos de lixívia na madeira, diluído para remoção de penetrações de cola de caseína
Ácido tânico		extraído de substâncias vegetais – tanino, pirogalol, catequina, cautchu – presente em diversas madeiras (EI, NB)
Ácido oxálico		(bioxalato de potássio KHC_2O_4) venenoso, para branqueamento do carvalho e remoção de resíduos de cola de glutina
Ácido carbônico	H_2CO_3	surge da dissolução de gás CO_2 na água (umidade do ar), ácido muito fraco, remoção de penetrações de cola de glutina
Ácido oxálico	$(COOH)_2$	muito venenoso, comercializado na forma cristalina, branqueamento de madeiras com teor de tanino
Ácido clorídrico	HCl	venenoso, corrosivo, incolor, diluído para neutralização de resíduos de lixívia, ácido diluído e isento de ferro para remoção de manchas, branqueamento de madeiras resinosas
Ácido sulfúrico	H_2SO_4	ácido forte, transparente, oleoso, fluido pesado, altamente corrosivo e ataca a maioria dos metais
Ácido cítrico	$C_6H_8O_7$	não venenoso, branqueamento de madeiras com teor de tanino

• Lixívias (bases)

Lixívias são soluções aquosas de hidróxidos metálicos. Formação das lixívias:

Óxido metálico + água	água →	lixívia
Metal comum + água	água →	lixívia + hidrogênio

Lixívias no tratamento da madeira		Propriedades e aplicação
Lixívia de cal	$Ca(OH)_2$	fraca, dá manchas escuras em madeiras com teor de tanino
Lixívia de potassa	KOH	(potassa cáustica) mesmas propriedades da lixívia de soda
Lixívia de soda	NaOH	(soda cáustica) lixívia forte, para lixiviação de madeira de carvalho, ataca a maioria dos metais e o vidro
Amônia	NH_4OH	(água amoniacal), lixívia fraca, para fumigação de madeira de carvalho, aditivo no branqueamento

As bases são lixívias concentradas por evaporação, portanto substâncias sólidas.

• Sais

Os sais consistem de um íon de metal e de um íon de ácido. Formação dos sais:
→ Neutralização de um ácido com uma lixívia
→ Combinação de metal com restos de ácido
→ Efeito de um ácido sobre um metal ou óxido de metal
→ Reações de sais diferentes

Sais	Exemplo	Sais	Exemplo
Carbonatos	Carbonato de cálcio $CaCO_3$ (calcário) carbonato de potássio K_2CO_3 (potássio) e carbonato de sódio Na_2CO_3 (soda) para decapagem	Nitratos	Nitrato de potássio KNO_3+ (fertilizante), nitrato de prata $AGNO_3$+
		Fosfatos	Fosfato de cálcio $Ca_3(PO_4)_2$
Cloretos	Cloreto de cálcio $CaCl_2$, Cloreto de sódio NaCl (sal de cozinha)	Silicatos	Silicato de alumínio $Al_2(SiO_2)_3$
		Sulfatos	Sulfato de cobre $CuSO_4$ (vitríolo azul) para decapagem, sulfato de cálcio $CaSO_4$ (gesso)
Cromatos	Cromato de potássio K_2CrO_4 e bicromato de potássio $K_2Cr_2O_7$ para decapagem		
Fluoretos	Fluoreto de cálcio CaF_2 (fluorita)	Sulfitos	Sulfito de sódio Na_2SO_3

1.20 Tecnologia do calor

Temperatura e calor

Calor é uma forma de energia – energia cinética das moléculas.
unidade: 1 J (Joule) = 1 Ws = 1 Nm

Temperatura é a condição térmica de um corpo.

Escalas de temperatura

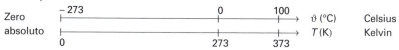

Conversão: $T = 273\ K + \vartheta$

Diferenças de temperatura são indicadas em Kelvin, p.ex., $\Delta\vartheta = \vartheta_1 - \vartheta_2 = 45\ °C - 20\ °C = 25\ K$

Temperatura normal: $\vartheta_n = 0\ °C$; $T_n = 273{,}15\ K$ Pressão normal: $p_n = 1013\ hPa = 1{,}013\ bar$

Ponto de inflamação é temperatura na qual um corpo gera gases inflamáveis.

Temperatura crítica é a temperatura acima da qual um gás, mesmo com a elevação da pressão, não mais se liquidifica

Quantidades de temperatura

na alteração da temperatura	na fusão e vaporização	através da combustão
Quantidade de calor	Calor de fusão e de vaporização	Calor de combustão
$Q = c \cdot m \cdot \Delta\vartheta$	$Q = q \cdot m$ $Q = r \cdot m$	$Q = H \cdot m$ $Q = H \cdot V$
c Capacidade térmica específica em kJ/kg · K	q, r Calor específico de fusão e calor específico de vaporização em kJ/kg	H Poder calorífico específico em MJ/kg ou MJ/m³ para gases

Valores característicos dos materiais para c veja página 160	Valores característicos de q e r em kJ/kg (seleção):
	
	              q r
	Ferro 332
	Alumínio 356
	Aço 205
	Água 2256
	Gasolina 419
	Álcool 95% 854
		Valores característicos de H (seleção):
		Madeira 15 MJ/kg ...17 MJ/kg
		Carvão mineral
		                  30 MJ/kg ... 34 MJ/kg
		Óleo combustível 40 MJ/kg ... 43 MJ/kg
		Gasolina 43 MJ/kg
		Gás natural 34 MJ/m³ ...36 MJ/m³
		Acetileno 57 MJ/m³

Dilatação por calor

Dilatação linear

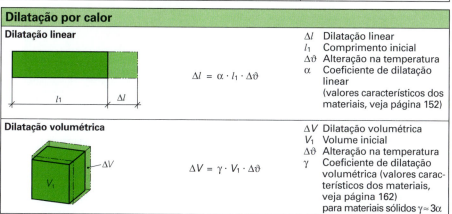

$\Delta l = \alpha \cdot l_1 \cdot \Delta\vartheta$

Δl Dilatação linear
l_1 Comprimento inicial
$\Delta\vartheta$ Alteração na temperatura
α Coeficiente de dilatação linear (valores característicos dos materiais, veja página 152)

Dilatação volumétrica

$\Delta V = \gamma \cdot V_1 \cdot \Delta\vartheta$

ΔV Dilatação volumétrica
V_1 Volume inicial
$\Delta\vartheta$ Alteração na temperatura
γ Coeficiente de dilatação volumétrica (valores característicos dos materiais, veja página 162) para materiais sólidos $\gamma \approx 3\alpha$

1.21 Fundamentos de acústica

Termos técnicos do som

Termo	Explicação		
Som	Vibrações mecânicas produzidas por um corpo com propriedade vibratória e que se propagam em meios sólidos, líquidos e gasosos.		
Frequência f	Número de vibrações por segundo, unidade 1/s = 1 Hz (Hertz) A altura do tom depende da frequência – frequência alta = tom mais alto		
	Faixa audível		
	infrassom 0 Hz ... 16 Hz	Som normal 16 Hz ... 16 kHz	Ultrassom > 16 kHz
Comprimento de onda λ	Uma vibração sonora, comprimento de onda λ = velocidade de propagação/frequência $\lambda = c/f$ em m		
Velocidade de Propagação c	Também velocidade do som; é diferente em meios diferentes, p.ex., em madeira dura 3400 m/s, vidro 5200 m/s, aço 5000 m/s, água 1450 m/s, ar 340 m/s		
Tipo de som Propagação	Som do ar por meio da vibração de moléculas de ar	Som de sólidos em corpos sólidos	Som de passos ao andar sobre uma cobertura ou piso
Barulho Ruído	Som composto de diversos tons. Barulho incômodo e irritante.		

Pressão sonora, nível do som

A **pressão sonora** p é uma pressão alternada gerada por vibrações que se sobrepõe à pressão atmosférica.
Unidade: $1 N/m^2 = 10 \mu bar$

O **nível do som** é uma medida da intensidade do som. A grandeza de referência é o limiar auditivo do ouvido humano de $p_0 = 2 \cdot 10^{-5} N/m^2 (2 \cdot 10^{-4} \mu bar)$ a uma frequência f de 1000 Hz.

Unidade: Decibel (dB)

$$L = 20 \lg \frac{p}{p_0}$$

Explicação: um nível de som de, p.ex., 50 dB, significa que a intensidade do som é 316 vezes a pressão sonora capaz de provocar uma sensação auditiva. Um aumento de 10 dB no nível do som dobra a sensação subjetiva da intensidade dele.

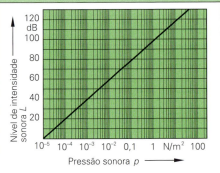

Nível de intensidade sonora L em função da pressão sonora

A **intensidade do som** é uma grandeza subjetiva e leva em conta a peculiaridade individual do ouvido humano, que percebe a intensidade dos tons em dependência da frequência deles. **Unidade: fon**
É difícil medir com exatidão a intensidade do som, por isso os barulhos são determinados por um **nível de intensidade sonora padronizado**, em dB(A), sendo os valores medidos corrigidos pela curva padronizada **A** (DIN 45633).

dB (A)	Limites de intensidade sonora/barulho
0 ... 6	Limiar de audição
35	Limite superior de barulho noturno em áreas residenciais/conversação em voz baixa
45	Limite superior de barulho diurno em áreas residenciais/entretenimento normal
65	Início de danos ao sistema nervoso vegetativo/rua barulhenta
90	Início dos danos auditivos/serra circular
120	Limiar da dor/avião a motor (3 m)

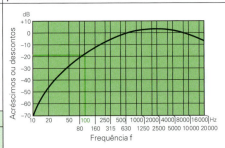

Curva padronizada A para correção do nível de intensidade sonora

Exemplo: Valor de correção 19 dB (pela curva)
Nível de intensidade sonora A:
(70 − 19) dB = 51 dB(A)

2 Madeira e derivados de madeira

2.1 Estrutura e corte

A madeira é um material que cresce naturalmente. Ela é basicamente não homogênea porque é constituída de diversos tipos de células. O material é pronunciadamente anisotrópico já que suas propriedades no sentido das fibras são totalmente diversas das que têm no sentido transversal às fibras. Também no sentido tangencial e radial as propriedades divergem entre si.

Composição química da madeira

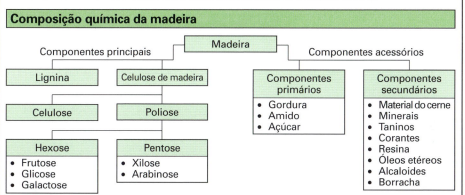

Componentes principais — Madeira — Componentes acessórios

- Lignina
- Celulose de madeira
  - Celulose
  - Poliose
    - Hexose
      - Frutose
      - Glicose
      - Galactose
    - Pentose
      - Xilose
      - Arabinose
- Componentes primários
  - Gordura
  - Amido
  - Açúcar
- Componentes secundários
  - Material do cerne
  - Minerais
  - Taninos
  - Corantes
  - Resina
  - Óleos etéreos
  - Alcaloides
  - Borracha

Estrutura e direção dos cortes da madeira

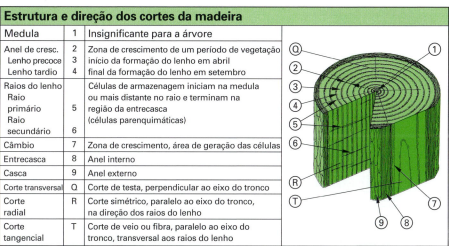

Medula	1	Insignificante para a árvore
Anel de cresc.	2	Zona de crescimento de um período de vegetação
Lenho precoce	3	início da formação do lenho em abril
Lenho tardio	4	final da formação do lenho em setembro
Raios do lenho Raio primário Raio secundário	5 6	Células de armazenagem iniciam na medula ou mais distante no raio e terminam na região da entrecasca (células parenquimáticas)
Câmbio	7	Zona de crescimento, área de geração das células
Entrecasca	8	Anel interno
Casca	9	Anel externo
Corte transversal	Q	Corte de testa, perpendicular ao eixo do tronco
Corte radial	R	Corte simétrico, paralelo ao eixo do tronco, na direção dos raios do lenho
Corte tangencial	T	Corte de veio ou fibra, paralelo ao eixo do tronco, transversal aos raios do lenho

Esquema da estrutura microscópica da madeira

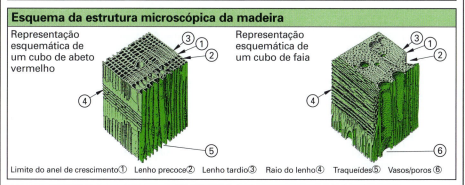

Representação esquemática de um cubo de abeto vermelho

Representação esquemática de um cubo de faia

Limite do anel de crescimento① Lenho precoce② Lenho tardio③ Raio do lenho④ Traqueídes⑤ Vasos/poros⑥

2.1 Estrutura e cortes

Em virtude das diversas regiões de origem, é praticamente impossível uma descrição inequívoca. A descrição macroscópica, portanto, só pode ser feita de forma genérica. O presente fluxograma para determinação corresponde aos processos comuns obtidos por experiência e comparação nas indústrias de processamento e aparelhamento de madeiras. Ele não corresponde aos processos científicos de determinação.

Características para determinação da madeira

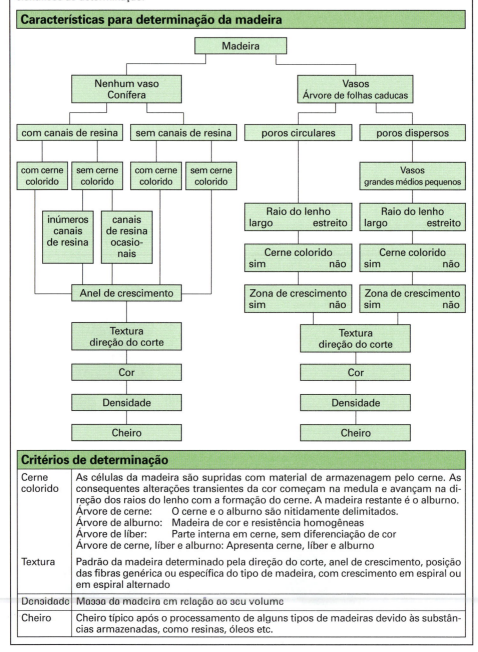

Critérios de determinação

Cerne colorido	As células da madeira são supridas com material de armazenagem pelo cerne. As consequentes alterações transientes da cor começam na medula e avançam na direção dos raios do lenho com a formação do cerne. A madeira restante é o alburno. Árvore de cerne: O cerne e o alburno são nitidamente delimitados. Árvore de alburno: Madeira de cor e resistência homogêneas Árvore de líber: Parte interna em cerne, sem diferenciação de cor Árvore de cerne, líber e alburno: Apresenta cerne, líber e alburno
Textura	Padrão da madeira determinado pela direção do corte, anel de crescimento, posição das fibras genérica ou específica do tipo de madeira, com crescimento em espiral ou em espiral alternado
Densidade	Massa da madeira em relação ao seu volume
Cheiro	Cheiro típico após o processamento de alguns tipos de madeiras devido às substâncias armazenadas, como resinas, óleos etc.

2.2 Tipos de madeiras

Os tipos de madeiras são diferenciados segundo seu gênero botânico entre madeira de coníferas e madeira de árvores de folhas caducas. Outra característica de diferenciação é a procedência, como madeiras europeias ou de países fora da Europa.

2.2.1 Madeira de coníferas/de gimnospermas/softwood

As coníferas pertencem ao grupo das plantas de sementes nuas, e sua madeira tem uma estrutura relativamente simples e regular.

Madeiras de coníferas (seleção)		
1 Tipo Sigla 2 Nome botânico 3 Outros nomes 4 Disseminação 5 Cultivo	Características e propriedades K: Cerne S: Alburno G: Vasos H: Raios lenhosos	Aplicação
1 DOUGLASIA DGA 2 Pseudotsuga menzieslie Franco 3 Pinheiro do Oregon 4 América do norte 5 Europa	K: marrom avermelhado, escurece com o tempo S: branco – amarelado H: finos, linhas claras, irregulares canais de resina bom para trabalhar irritações na pele	madeira para estrutura e construções em interiores e exteriores Parquetes, revestimento de paredes e forros
1 FABETO DO NORTE HEM 2 Picea abies 3 – 4 Europa 5 –	Líber e alburno sem diferenciação na cor S: amarelado – branco H: irregulares, linhas muito finas canais de resina visíveis no lenho tardio bom para trabalhar	madeira para estrutura e construções em interiores e exteriores, cumeeiras, assoalhos, construções de sustentação, instrumentos musicais
1 TSUGA HEM 2 Tsuga heterophylla Sarg. 3 Tsuga Ocidental 4 América do Norte 5 Grã-Bretanha	Cerne e alburno não diferenciáveis S: cinza acastanhado claro Sem canais de resina, pobre em resina bom para trabalhar	construções pouco solicita-das, janelas, tábuas perfila-das
1 PINHO SILVESTRE KI 2 Pinus sylvestrris L. 3 Pinho 4 Europa 5 –	K: branco avermelhado, escurece muito com o tempo S: branco amarelado – branco avermelhado H: muito finos, irregulares inúmeros canais de resina, irritações na pele, muito bom para trabalhar	madeira para estruturas e construções em interiores, móveis, assoalhos, folhea-dos, placas folheadas
1 PINHO BRANCO KIW 2 Pinus strobus L. 3 Pinho 4 Leste da América do Norte 5 Europa	K: vermelho claro – marrom avermelhado S: branco amarelado – avermelhado H: muito finos, irregulares inúmeros canais de resina muito bom para trabalhar	madeira de construção para interiores, madeira para moldes com boa esta-bilidade
1 LARIÇO EUROPEU LA 2 Larix decidua Mill. 3 – 4 Europa, Japão 5 –	K: marrom avermelhado, escurece com o tempo S: branco amarelado – amarelo H: finos, irregulares canais de resina predo-minantemente no lenho tardio, bom para trabalhar	madeira para estruturas e construções muito solicita-das em interiores e exterio-res, móveis, folheados
1 CEDRO VERMELHO RCW 2 Thuja plicatta D.Don 3 Tuia gigante 4 Noroeste da América do Norte 5 –	K: canela, escurece com o tempo S: branco – cinza acastanhado H: finos, irregulares nenhum canal de resina irritações na pele fácil de trabalhar	madeira para construções pouco solicitadas em exte-riores e interiores, revesti-mento de paredes e forros, ripas de telhados
1 ABETO TA 2 Abiies alba Mill. 3 Abeto branco 4 Europa, América do Norte 5 –	Cerne e alburno sem diferenciação de cor S: quase branco – cinza branco avermelhado H: finos, irregulares nenhum canal de resina muito bom para trabalhar	madeira para construções em interiores, móveis, folheados, é geralmente co-mercializada com o nome pinho/abeto

2.2 Tipos de madeiras

2.2.2 Madeiras de árvores de folhas caducas/de angiospermas-eudicotiledôneas/hardwood

Árvores de folhas caducas pertencem ao grupo das plantas de sementes cobertas, e suas madeiras têm diferentes estruturas.

Madeiras de árvores de folhas caducas (seleção)

Tipo / Nome botânico / Outros nomes / Disseminação / Cultivo	Características e propriedades	Aplicação
1 Tipo Sigla 2 Nome botânico 3 Outros nomes 4 Disseminação 5 Cultivo	K: Cerne S: Alburno G: Vasos H: Raios lenhosos	

1 SAMBA ABA
2 Triplochiton scleroxylon K. Schum.
3 Wawa, Obeche
4 Leste da África
5 –
	Cerne e alburno quase sem diferença de cor
	
	S: amarelo pálido – amarelo acastanhado
	G: médios, esparsos
	H: finos, claros, irregulares
	    irritação das mucosas
	    muito bom para trabalhar
		revestimentos,
		molduras,
		réguas, folheados,
		apoio central de placas

1 AFZELIA AZF
2 Afzelia bipindensis Harms
3 Doussie
4 Leste da África
5 –
	K: marrom-claro – canela, escurece com o tempo
	S: cinza-branco – cinza amarelado
	G: grandes, esparsos
	H: muito fino, claro
	    irritações
	    razoavelmente bom para trabalhar
		madeira para construções internas e externas com fortes solicitações, parquetes, janelas, degraus, folheados

1 BORDO AH 2 Acer pseudoplatanus L. 3 Pseudo plátano, acer 4 Europa 5 –	S: branco – branco amarelado, branco cinza, escurece com o tempo G: muito fino, esparso H: largos, densos, regulares fácil para trabalhar, exceto com crescimento transversal das fibras	tampos de mesa revestimentos, parquetes, folheados de móveis, peças torneadas

1 AZOBE AZO
2 Lophira alata Banks ex Gaertn.
3 Bongossi, Ekki
4 Leste da África
5 –
	K: marrom-escuro profundo com alguns tons violeta
	S: marrom avermelhado claro – canela-claro
	G: grandes, ovais, esparsos
	H: finos, claros, irregulares
	    irritações na pele
	    madeira úmida é boa para trabalhar
		madeira para estruturas e construções altamente solicitadas, predominantemente externas, soleiras

1 BÉTULA BI 2 Betula pubescens Ehrh. 3 Bétula comum 4 Europa 5 –	K: nenhuma diferença de cor com o alburno S: branco amarelado – branco avermelhado G: pequeno, esparsos aos pares, H: bem finos, claros bom para trabalhar	mesas, cadeiras, parquetes, folheados, placas
1 PEREIRA BB 2 Pirus communis L. 3 Pereira suíça 4 Europa central e sul 5 –	K: nenhuma diferença de cor com o alburno S: marrom avermelhado claro, escurece com o tempo G: muito finos, esparsos H: muito finos, quase invisíveis bom para trabalhar	móveis, folheados, peças torneadas

1 FAIA BU
2 Fagus sylvatica L.
3 Faia vermelha
4 Europa
5 –
	K: nenhuma diferença de cor com o alburno
	S: amarelado – marrom avermelhado
	G: muito finos, esparsos
	H: largos e muito finos
	    irritações
	    bom para trabalhar
		móveis, folheados, escadas, parquetes, placas

1 CARVALHO ALVARINHO EI 2 Quercus robur L. 3 Carvalho roble 4 Europa 5 –	K: amarelado – marrom-claro, forte escurecimento com o tempo S: amarelado – branco cinza G: muito grandes ao lado de muito pequenos H: irritações bom para trabalhar	madeira para estruturas e construções internas e externas, parquetes, móveis, folheados, placas

56

2.2 Tipos de madeiras

Madeiras de árvores de folhas caducas (seleção)

1 Tipo Sigla 2 Nome botânico 3 Outros nomes 4 Disseminação 5 Cultivo	Características e propriedades K: Cerne S: Alburno G: Vasos H: Raios lenhosos	Aplicação

1 AMIEIRO ER
2 Alnus glutinosa (L.)
  Gaertn.
3 –
4 Europa
5 –
	K: nenhuma diferença de cor com o alburno
	S: amarelo avermelhado – marrom averme-
	  lhado, escurece com o tempo
	G: finos, poros circulares e esparsos
	H: muito fino, raios perfeitamente visíveis
	  irritações, fácil de trabalhar
		folheados, madeira não
		visível, peças torneadas e
		cortadas, madeira para
		substituição

1 FREIXO ES
2 Fraxinus exelsior L.
3 Freixo alemão
4 Europa
5 –
	K: nenhuma diferença de cor com o alburno,
	  cerne falso
	S: branco – amarelado claro
	G: grandes, poros circulares
	H: finos, irregulares
	  bom para trabalhar
		madeira para construções
		altamente solicitadas,
		móveis, folheados, parque-
		tes, aparelhos esportivos

1 MOGNO AFRICANO
  MAA
2 haja ivorensis A. Chev.
  e outras
3 Khaja, African Mahagony
4 África ocidental e oriental
5 –
	K: claro – canela, escurece com o tempo
	S: cinza-claro – cinza amarelado
	G: grandes, esparsos
	H: médios, irregulares
	  irritações
	  bom para trabalhar
	  fibras em espiral alternadas
		ampliações internas, folhea-
		dos, parquetes, janelas

1 CEREJEIRA KB 2 Prunus avium L. 3 – 4 Europa 5 –	K: marrom amarelado, marrom averme- lhado, escurece com o tempo S: amarelado – branco avermelhado G: finos, poros circulares e esparsos H: finos, ondulados bom para trabalhar	ampliações internas, móveis, folheados, instru- mentos musicais, peças torneadas

1 KOTO KTO
2 Pterygota macrocarpa
  K. Schum.
3 –
4 África ocidental
5 –
	K: nenhuma diferença de cor com o alburno
	S: amarelo palha – branco amarelado
	G: grandes, esparsos
	H: largura variada, ondulados
	  bom para trabalhar
		ampliações internas,
		móveis, folheados,
		peças torneadas

1 LIMBA LMB
2 Terminalia superba
  Engl. & Diels
3 –
4 África ocidental
	K: amarelo-claro ou marrom-escuro – cinza
	  oliva
	S: amarelo cinza – amarelo esverdeado
	G: grandes, esparsos
	H: muito finos, irregulares bom para trabalhar
		ampliações internas,
		móveis, folheados, réguas

1 MERANTI, DR MER
2 Shorea curtisii Dyer
  ex King
3 Merani preto vermelho
4 Sudoeste da Ásia
5 –
	K: marrom avermelhado – canela
	S: branco avermelhado – cinza avermelhado
	G: grandes, esparsos
	H: estreitos, irregulares
	  irritações, bom para trabalhar
		madeira para construções
		com solicitações médias,
		janelas, portas, escadas,
		móveis, folheados

1 NOGUEIRA NB 2 Juglas regia L. 3 Nozes européias 4 Europa 5 –	K: cinza – marrom-escuro, geralmente listrado S: branco – amarelo cinza G: grandes – médios, dispersos H: muito finos, irregulares bom para trabalhar	ampliações internas, móveis, folheados, parquetes, peças torneadas

1 CHOUPO PA
2 Populus canescens Sm.
  P. nigra L., P. alba L.
3 Choupo preto, branco e
  prata; Álamo
4 Europa, oriente médio
	K: marrom-claro, cinzento, esverdeado
	S: cinza branco – branco amarelado
	G: médios – pequenos, dispersos
	H: finos, claros
	  irritações
	  bom para trabalhar
		tampos de mesas de
		desenho, folheados, peças
		de móveis, madeiras não
		visíveis

57

2.2 Tipos de madeiras

Madeiras de árvores de folhas caducas (seleção)

1 Tipo / Sigla 2 Nome botânico 3 Outros nomes 4 Disseminação 5 Cultivo	Características e propriedades K: Cerne S: Alburno G: Vasos H: Raios lenhosos	Aplicação
1 **GUÁIACO POH** 2 Guaiacum guatemalense Pl. und andere 3 – 4 América do Norte, Central e do Sul	K: marrom esverdeado – marrom oliva, escurece com o tempo S: amarelado – amarelo G: diversamente pequenos, esparsos H: muito finos, muito estreitos difícil para trabalhar	madeira especial para peças com fortes solici- tações mecânicas
1 **RAMIN RAM** 2 Gonystylus bancanus Kurz 3 Melawis 4 Sudoeste da Ásia, Malásia 5 –	K: amarelado – branco acastanhado claro, escurece com o tempo S: branco amarelado G: médios, dispersos H: finos, claros, regulares possíveis dermatites; bom para trabalhar	réguas, tábuas perfiladas, placas, folheados cegos
1 **ROBÍNIA ROB** 2 Robinia pseudoacacia L. 3 Pseudo acácia 4 Leste da América do Norte 5 Europa	K: marrom esverdeado – marrom oliva, escu- rece com o tempo S: branco esverdeado – amarelo-claro G: grandes, poros circulares dispersos no lenho tardio H: estreitos, irregulares irritações; bom para trabalhar	madeira de construção para fortes solicitações, janelas
1 **CARVALHO VERMELHO EIR** 2 Quercus ruba L. 3 Carvalho americano 4 América do Norte 5 –	K: rosa – acastanhado, escurece um pouco com o tempo S: claro – cinza amarelo avermelhado G: grandes, poros circulares H: largos, irregulares bom para trabalhar	madeira de construção para fortes solicitações, móveis, folheados
1 **ULMEIRO RU** 2 Ulmus carpinifolia Gled. 3 Ulmeiro do campo, ulmeiro vermelho 4 Europa	K: marrom-claro – marrom S: marrom amarelado G: grandes, poros circulares H: estreitos, regulares satisfatório para trabalhar	móveis, folheados, parquetes
1 **SAPELLI MAS** 2 Entandrophragma cylindricum Sprague 3 Sapele 4 África ocidental e central	K: marrom avermelhado – castanho, escurece com o tempo S: cinza-claro – cinza amarelado G: médios, dispersos H: estreitos, irregulares satisfatório para traba- lhar, fibras helicoidais alternadas	madeira de construção para solicitações médias, escadas, folheados
1 **SIPO MAU** 2 Entandrophragma utile Sprague 3 Utile, Sipo 4 África ocidental e oriental	K: rosa – castanho, sombreado S: claro, cinza avermelhado G: médios, dispersos H: finos, ondulados, irregulares irritações na pele; bom para trabalhar; fibras helicoidais alternadas	madeira de construção para solicitações médias, janelas, escadas, folhea- dos, parquetes, contrução naval
1 **TECA TEK** 2 Tectona grandis L. f. 3 – 4 Sul da Ásia 5 Demais trópicos	K: marrom amarelado – marrom médio, escu- rece com o tempo S: cinza amarelado – cinza G: grandes – médios, dispersos ou aos pares H: estreitos, irregulares irritações; bom para trabalhar	construções internas, es- cadas, móveis, folheados, construção naval
1 **WENGE WEN** 2 Millettia laurentii De Wild. 3 – 4 África ocidental e oriental 5 –	K: marrom preto, claro, escuro, escurece com o tempo S: cinza – branco amarelado G: grandes, dispersos H: muito finos irritações bom para trabalhar, formação de ferpas	construções internas, móveis, folheados, parquetes

2.2 Tipos de madeiras

Madeiras de árvores de folhas caducas madeiras para janelas (seleção)

1 Tipo Sigla 2 Nome botânico 3 Outros nomes 4 Disseminação 5 Cultivo	Características e propriedades K: Cerne S: Alburno G: Vasos H: Raios lenhosos	Valores característicos (seleção)		
		DIN 4076 densi- dade[1] g/cm^3	DIN 68364 densi- Módulo dade[2] elasticidade $E_{\parallel}$ (E_m) g/cm^3 N/mm^2	DIN EN 350[3] Classe de coesão permanente
1 CEDRO CED 2 Cedrela L. 3 Cedrela, Tabasko 4 América Central, América do Sul Tropical	K: vermelho – marrom, escurece com o tempo S: vermelho-claro – marrom-claro G: médios, poros circulares H: médios, quase regulares	0,40 ... 0,48	0,49 7200	2
1 FRAMIRE FRA 2 Terminalia ivoransis A. Chev 3 Black afra, Idigbo, Emeri 4 África Tropical 5 –	K: amarelo esverdeado - marrom- claro, escurece com o tempo S: como madeira de cerne G: grandes, dispersos H: muito finos, irritações na pele, bom para trabalhar	0,45 ... 0,50	0,55 9600	2 ... 3
1 IROKO, KAMBALA IRO 2 Milicia excelsa (Welw) C.C.Berg 3 cambala 4 África Tropical 5 –	K: amarelado – marrom oliva, escurece com o tempo S: branco amarelado - cinza G: grandes, dispersos H: fino bom para trabalhar	0,60 ... 0,65	0,65 13000	1 ... 2
1 MOGNO AMERICANO. MAE 2 Swietenia macrophylla King 3 Tabasco 4 Américas Central e do Sul Tropical	K: castanho, sombreado forte S: cinza G: grandes, dispersos H: muito finos difícil de trabalhar	0,48 ... 0,54	0,55 9500	2
1 MAKORE MAC 2 Tieghemella africana Pierre T. heckelii Pierre ex A. Chev. 3 Baku, Douka 4 África Tropical 5 –	K: avermelhado – marrom-escuro S: marrom avermelhado G: médios, dispersos H: médios, regulares difícil de trabalhar tendência a lascar	0,62	0,66[4] 11000[4]	1
1 MENGKULANG MEN 2 Heritiera simplicifolia (Mast.) Kosterm. 3 Palapi 4 Sudoeste da Ásia 5 –	K: castanho – violeta, escurece com o tempo S: castanho-claro G: médios, dispersos H: largos difícil de trabalhar	0,60 ... 0,65	0,66 13000	4
1 MERBAU MEB 2 Intsia bijuga O.Ktze. (Colebnr.) 3 Ipil, Kwila 4 Sudoeste da Ásia, Nova Guiné 5 –	K: claro – marrom avermelhado, escurece com o tempo S: branco amarelado G: grandes, dispersos H: muito finos bom para trabalhar	0,77	0,80 16000	1 ... 2
1 NIANGON NIA 2 Tarrietia utilis, Heritiera utilis 3 Ogoue, Wishmote 4 África Ocidental 5 –	K: claro – castanho-escuro S: cinza avermelhado G: grandes, dispersos H: médios, regulares fibras helicoidais alternadas	0,62 ... 0,68	0,68 11000	3
1 WHITE SERAYA SEW 2 Parashorea malaanoan Merr. u.a. 3 Urato 4 Bornéus, Malásia 5 –	K: claro – castanho rosa, marrom oliva S: cinza-claro G: médios, dispersos H: médios, regulares bom para trabalhar	0,43 ... 0,60	*0,46* *...* *0,70* *10000*	4 ... 5

[1] Densidade com $u = 0\%$ [2] Densidade com $u = 12\%$ [3] veja página 68   [4] DIN EN 350
Itálico = Indicações do Instituto Federal de Pesquisas para a Indústria Florestal e Madeireira (Alemanha)

2.2 Tipos de madeiras

2.2.3 Valores característicos

Os valores característicos são valores de cálculo para os tipos individuais de madeiras com uma determinada qualidade e umidade.

Valores característicos para madeiras de boa qualidade para marcenaria (seleção)

Madeira	DIN 4076		DIN 68364	DIN 68100		DIN 68364			DIN EN 350
				Medida de contração diferencial V em % para cada % de alteração da umidade da madeira		Resistência média à ruptura N/mm²		Módulo de elasticidade	Classe
	Sigla	Densidade[1] g/cm³	Densidade média[2] g/cm³	radial	tangential	Pressão f_c	Flexão f_m	$E_\parallel$ (E_m) N/mm²	de coesão permanente[3]
Coníferas	NH								
Douglásia, Pinheiro do Oregon	DGA	k 0,52	0,58	0,15	0,27	54	100	13000	3 3...4
Abeto do norte	FI	0,43	0,46	0,19	0,39	45	80	11000	4
Tsuga ocidental	HEM	0,46	0,49	*0,21*	*0,33*	47	85	10000	4
Pinho silvestre	KI	0,48	0,52	0,19	0,36	45	80	9100	3...4
Pinho branco (Strobe)	KIW	0,37	0,41	*0,08*	*0,20*	34	58	9000	4
Lariço europeu	LA	0,55	0,60	0,14	0,30	55	99	13800	3
Abeto	TA	0,43	0,46	0,14	0,28	40	68	10000	4
Cedro,vermelho, Tuia gigante	RCW	0,34	0,37	*0,08*	*0,20*	35	54	8000	2 k 3
Folhosas	LH								
Samba	ABA	0,36	0,39	*0,11*	*0,19*	35	65	6000	4
Bordo, Acer	AH	0,57	0,63	*0,20*	*0,30*	50	95	10500	5
Afzélia	AFZ	0,76...0,76	0,80	0,11	0,22	70	115	13500	1
Azobé	AZO	1,04	1,06	0,31	0,40	95	180	17000	2 v
Bétula[4]	BI	0,61	0,66	0,29	0,41	60	120	14000	5
Pereira	BB	0,66	*0,69*	*0,18*	*0,33*	*54*	*98*	*8000*	*4*
Faia	BU	0,66	0,71	0,20	0,41	60	120	14000	5
Carvalho alvarinho	EI	0,62...064	0,71	0,16	0,36	52	95	13000	2
Amieiro	ER	0,49	0,53	*0,20*	*0,31*	51	*80*	9500	5
Freixo	ES	0,65	0,70	0,21	0,38	50	105	13000	5
Mogno africano	MAA	0,45...0,55	0,52	0,12	0,22	43	75	9500	3
Cerejeira	KB	0,54	*0,57*	*0,14*	*0,33*	50	*98*	10200	*3...4*
Koto	KTO	0,58...0,63	0,56	*0,19*	*0,38*	49	*86*	9000	5
Limba	LMB	0,52	0,55	*0,17*	*0,26*	45	*85*	10500	4
Meranti (Dark Red)	MER	0,55...0,70	0,68	0,11	0,25	63	119	14500	2...4
Nogueira	NB	0,61	0,67	0,18	0,29	65	133	11850	3
Choupo	PA	0,40...0,45	0,44	0,13	0,31	32	60	8800	5
Guáiaco	POH	1,23	*1,22*	*0,35*	*0,46*	*105*	*130*	*12500*	*1*
Ramin	RAM	0,58	0,63	*0,19*	*0,38*	71	*110*	15500	5
Robínia	ROB	0,69	0,74	*0,26*	*0,38*	73	150	13500	1...2
Carvalho americano	EIR	0,66	0,70	*0,20*	*0,36*	55	125	13000	4
Ulmeiro	RU	0,61	0,65	0,20	0,23	51	81	11000	4
Sapelli	MAS	0,63	0,65	0,24	0,32	58	105	10500	3
Sipo	MAU	0,60	0,59	0,20	0,25	58	100	11000	2...3
Teca	TEK	0,63	0,68	0,16	0,26	58	100	13000	1 k 1...3
Wengé	WEN	0,79	0,85	0,22	0,34	80	145	16000	2

Definições compare página 60
[1] Densidade com $u = 0\%$ [2] Densidade com $u = 12\%$ [3] Compare página 68
[4] As resistências indicadas são válidas para uma densidade de 0,65 g/nm³
k = cultivada   v = muito variável
Itálico = Indicações do Instituto Federal de Pesquisas para a Indústria Florestal e Madeireira, Hamburgo

2.2 Tipos de madeiras

Conceitos dos valores característicos dos tipos de madeiras

Densidade $\varrho = \dfrac{m}{V}$	Quociente da massa m pelo volume V. A densidade para a madeira está entre 0,1 g/cm³ (Balsa) e 1,3 g/cm³ (Guáiaco) a com grau de secagem u_0 = seco em estufa. Densidade de madeiras leves $\quad\quad\quad \varrho < 0,5$ g/cm³ Densidade de madeiras médias $\quad\quad\quad \varrho < 0,8$ g/cm³ Densidade de madeiras pesadas $\quad\quad\quad \varrho > 0,8$ g/cm³ A densidade líquida é a densidade da substância da madeira pura e corresponde a 1,5 g/cm³ para todas as madeiras.
Umidade $\quad\quad u$ u_N u_0	Taxa de umidade da madeira em % em relação à madeira secada em estufa. Umidade de equilíbrio que se estabelece na madeira num clima normal, p.ex., 20/65 (20 °C a 65% de umidade relativa do ar). Seca em estufa, os corpos de prova são secos a 103 °C até a estabilidade do peso.
Umidade relativa do ar	Em % como relação entre a massa de vapor existente no ar e a massa máxima de vapor no ar saturado
Tensão de ruptura $\quad \beta_D$ Pressão Tensão de ruptura $\quad \beta_B$ Flexão	A resistência à pressão β_D é a força máxima F_{max} na seção transversal inicial A, na solicitação por pressão. A resistência à flexão β_B é a maior tensão de flexão exercida até a ocorrência da ruptura; ela é calculada.
Módulo de elasticidade E	A capacidade de resistência contra uma deformação sob uma determinada carga é a grandeza característica para a resistência à deformação no campo elástico.

Valores característicos para madeiras de construção (DIN 1052)

Estes valores são válidos para o cálculo e a execução de estruturas e para elementos portantes e de suporte.
Madeira maciça: toras descascadas e toras aparelhadas de madeira de coníferas e folhosas
Madeira - tábua sem camadas: de, no mínimo, três tábuas de conífera costadas, coladas paralelamente às fibras

Módulo de elasticidade e de cisalhamento em MN/m² para madeira maciça e camadas de tábuas

Madeira *Umidade u < 20%*		Classes selecionadas conforme DIN 4074-1[2]	Módulo de elasticidade		Módulo de cisalhamento G
			paralelo à direção das fibras $E_\parallel$	perpendicular à direção das fibras $E_\perp$	
Coníferas	Abeto-do-norte, Pinho-branco, Abeto, Lariço europeu, Tsuga ocidental, Southern Pine Pinheiro do Oregon Cedro-amarelo	S 7 ou MS 7	8 000	250	500
		S 10 ou MS 10	10 000[3][4]	300	500
		S 13	10 500[3][4]	350	500
		MS 13	11 500[3]	350	550
		MS 17	12 500[3]	400	600
	Tipos de madeira conforme linha 1 para uso como lamelas para tábuas em camadas	S 10 ou MS 10	11 000	350	550
		S 13	12 000	400	600
		MS 13	13 000	400	650
		MS 17	14 000	450	700
Folhosas	A Carvalho, Faia, Teca, Keruing (Yang)	Qualidade média[5]	1 500	600	1 000
	B Azefélia, Merbau, Angélica	Qualidade média[5]	13 000	800	1 000
	C Azobé (Bongossi), Greenhart	Qualidade média[5]	17 000[6]	1 200[6]	1 000[6]

1) Os valores dos módulos de elasticidade e cisalhamento devem ser reduzidos em 1/6 para madeira maciça ou sanduíche de tábuas expostos por todos os lados ao clima ou se estiverem temporariamente umedecidas; em 1/4 para umedecimento prolongado.
2) As classes selecionadas S 7, S 10 e S 13 correspondem às classes de qualidade III, II ou I da DIN 4074-2.
3) Para madeira instalada com umidade $\leq$ 15%, os valores para os cálculos de deformação por flexão podem ser aumentados em 10%. De acordo com a DIN 1052-05/2000 as medidas nominais da seção da madeira são relativas a uma umidade de 20%.
4) Para toras de construção: $E_\parallel$ = 12 000 MN/m².
5) No mínimo, classe selecionada S 10 nos termos da DIN 4074-1 ou classe de qualidade II nos termos da DIN 4074-2.
6) Esses valores são válidos independentemente da umidade da madeira.

2.2 Tipos de madeira

Medidas da seção transversal e valores estáticos de madeira de coníferas (DIN 4070)

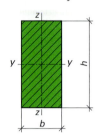

$$W_y = \frac{b \cdot h^2}{6}$$

$$W_z = \frac{h \cdot b^2}{6}$$

$$I_y = W_y \cdot \frac{h}{2}$$

$$I_z = W_z \cdot \frac{b}{2}$$

$$i_y = \sqrt{\frac{I_y}{A}}$$

$$i_z = \sqrt{\frac{I_z}{A}}$$

Seção transversal composta

$$I_y = \sum_{i=1}^{n}(I_{yi} + A_i \, z_{s_i}^2) \qquad I_z = \sum_{i=1}^{n}(I_{zi} + A_i \, z_{s_j}^2)$$

- $y-y$ Eixo y
- $z-z$ Eixo z
- b Largura em cm
- h Altura em cm
- A $b \cdot h$ Área em cm^2
- W Momento de resistência em cm^3
- I Momento de inércia (de área) em cm^4
  Com o índice i são denominadas as seções individuais. As coordenadas dos centros de gravidade das seções individuais são y_{si} e z_{si}.
- i Raio de inércia em cm

Denominação	Largura/altura b/h cm/cm	Área A cm²	W_y cm³	I_y cm⁴	W_z cm³	I_z cm⁴	i_y cm	i_z cm
Madeira esquadrejada	8/8	64	85	341	85	341	2,31	2,31
	8/10	80	133	667	107	427	2,89	2,31
	8/12	96	192	1 152	128	512	3,46	2,31
	8/16	128	341	2 731	171	683	4,62	2,31
	10/10	100	167	833	167	833	2,89	2,89
	10/12	120	240	1 440	200	1 000	3,46	2,89
	12/16	192	512	4 096	384	2 304	4,62	3,46
	14/14	196	457	3 201	457	3 201	4,04	4,04
	16/18	288	864	7 776	768	6 144	5,20	4,62
Vigas	10/20	200	667	6 667	333	1 667	5,78	2,89
	10/22	220	807	8 873	367	1 833	6,35	2,89
	12/20	240	800	8 000	480	2 880	5,78	3,46
	12/24	288	1 152	13 824	576	3 456	6,93	3,46
	16/20	320	1 067	10 667	853	6 827	5,78	4,62
	18/22	396	1 452	15 972	1 188	10 692	6,35	5,20
	20/20	400	1 333	13 333	1 333	13 333	5,78	5,77
	20/24	480	1 920	23 040	1 600	16 000	6,93	5,77

Tensões admissíveis para madeira maciça em MN/m² (DIN 1052)

Tipo da solicitação		Madeira maciça (coníferas) Abeto-do-norte, Pinho-branco, Abeto, Lariço europeu, Tsuga ocidental, Southern Pine, Pinheiro do Oregon, Cedro-amarelo				Madeira maciça (folhosas) Carvalho, Faia, Teca, Keruing (Yang)	Azefélia, Merbau Angélica	Azobé (Bongossi) Greenhart
		Classe selecionada conforme DIN 4074				Grupo de madeiras		
		S7/ MS7	S10 MS10	S13	MS13	MS17	A	B	C
							Qualidade mediana		
Flexão	zul* $_B$	7	10	13	15	17	11	17	25
Tração	zul $_{Z\parallel}$	0	7	9	10	12	10	10	15
Tração	zul $_{Z\perp}$	0	0,05	0,05	0,05	0,05	0,05	0,05	0,05
Pressão	zul $_{D\parallel}$	6	8,5	11	11	12	10	13	20
Pressão	zul $_{D\perp}$	2 2,5	2 2,5	2 2,5	2,5 3	2,5 3	3 4	4 –	8 –
Cisalhamento	zul $_a$	0,9	0,9	0,9	1	1	1	1,4	2
Cisalhamento por força transversal	zul $_\delta$	0,9	0,9	0,9	1	1	1	1,42	
Torção	zul $_T$	0	1	1	1	1	1,6	1,6	2

* zul ~ permissível

2.2 Tipos de madeiras

Prova de flambagem para caibros inteiriços (pressão média)
Para dimensionar um caibro submetido à flambagem deve ser fornecida a tensão de flambagem σ_k em função da esbeltez λ. **Caibros inteiriços $\lambda \leq 150$.**
O comprimento de flambagem s_k depende do posicionamento do caibro flambado (►página 39).
O grau de esbelteza λ é determinado pelo raio **de inércia i** e pelo **comprimento de flambagem s_k** do caibro. Dependendo do material e das respectivas normas, há tabelas que fornecem um coeficiente de **flambagem ω** em função do grau de esbeltez. A **tensão σ_D** resultante da multiplicação da força pelo coeficiente ω (carga útil) não pode ultrapassar o valor admissível estabelecido pelas normas.

$$\lambda = \frac{s_K}{i} \qquad i = \sqrt{\frac{I}{A}} \qquad \sigma_K = \frac{zul\ \omega_{D\,II}}{\omega} \qquad \frac{F_K/A}{\sigma_K} \leq 1$$

σ_K Comprimento de flambagem (cm)
i Raio de inércia

I Momento de inércia (de área) (cm4)

ω Coeficiente de flambagem
F_K Força de flambagem (N)
A Área da seção transversal (cm²)

Coeficientes de flambagem ω (DIN 1052)

Grau de esbelteza	Madeira maciça de coníferas[1]	Camada de tábuas Madeira de coníferas[1]	Madeira maciça de árvores folhosas[2]			Madeira maciça de coníferas[1] Classes selecionadas S7/MS7 ... S13/MS17 corresponde à DIN 1052-1 Valores intermediários interpolados em linha reta								
λ	S/MS 13 ..7	BS 11	BS 14 BS 16	Grupo de madeiras			1	2	3	4	5	6	7	8	9
				A	B	C									
0	1,00	1,00	1,00	1,00	1,00	1,00	1,00	1,01	1,01	1,02	1,02	1,02	1,03	1,03	1,04
10	1,04	1,00	1,00	1,04	1,03	1,03	1,04	1,05	1,05	1,06	1,06	1,06	1,07	1,07	1,08
20	1,08	1,00	1,00	1,08	1,08	1,07	1,09	1,09	1,10	1,11	1,11	1,12	1,13	1,13	1,14
30	1,15	1,00	1,00	1,15	1,15	1,15	1,16	1,17	1,18	1,19	1,20	1,21	1,22	1,24	1,25
40	1,26	1,03	1,03	1,25	1,27	1,29	1,27	1,29	1,30	1,32	1,33	1,35	1,36	1,38	1,40
50	1,42	1,13	1,11	1,40	1,45	1,50	1,44	1,46	1,48	1,50	1,52	1,54	1,56	1,58	1,60
60	1,62	1,28	1,25	1,59	1,69	1,79	1,64	1,67	1,69	1,72	1,74	1,77	1,80	1,82	1,85
70	1,88	1,51	1,45	1,83	2,00	2,17	1,91	1,94	1,97	2,00	2,03	2,06	2,10	2,13	2,16
80	2,20	1,92	1,75	2,13	2,38	2,67	2,23	2,27	2,31	2,35	2,38	2,42	2,46	2,50	2,54
90	2,58	2,43	2,22	2,48	2,87	3,38	2,62	2,66	2,70	2,74	2,78	2,82	2,87	2,91	2,95
100	3,00	3,00	2,74	2,88	3,55	4,17	3,06	3,12	3,18	3,24	3,31	3,37	3,44	3,50	3,57
110	3,63	3,63	3,32	3,43	4,29	5,05	3,70	3,76	3,83	3,90	3,97	4,04	4,11	4,18	4,25
120	4,32	4,32	3,95	4,09	5,11	6,01	4,39	4,46	4,54	4,61	4,68	4,76	4,84	4,92	4,99
130	5,07	5,07	4,63	4,79	5,99	7,05	5,15	5,23	5,31	5,39	5,47	5,55	5,63	5,71	5,80
140	5,88	5,88	5,37	5,56	6,95	8,18	5,96	6,05	6,13	6,22	6,31	6,39	6,48	6,57	6,66
150	6,75	6,75	6,17	6,38	7,98	9,39	6,84	6,93	7,02	7,11	7,21	7,30	7,39	7,49	7,58
160	7,68	7,68	7,02	7,26	9,08	10,68	7,78	7,87	7,97	8,07	8,17	8,27	8,37	8,47	8,57
170	8,67	8,67	7,92	8,20	10,25	12,06	8,77	8,88	8,98	9,08	9,19				
175	9,19	9,19	8,39	8,69	10,68	12,78	–	–	–	–	–	9,29	9,40	9,51	9,61
180	9,72	9,72	8,88	9,19	11,49	13,52	9,83	9,94	10,05	10,16	10,27	10,38	10,49	10,60	10,72
190	10,83	10,83	9,89	10,24	12,80	15,06	10,94	11,06	11,17	11,29	11,41	11,52	11,64	11,76	11,88
200	12,00	12,00	10,96	11,35	14,18	16,69	12,12	12,24	12,36	12,48	12,61	12,73	12,85	12,98	13,10
210	13,23	13,23	12,08	12,51	15,64	18,40	13,36	13,48	13,61	13,74	13,87	14,00	14,13	14,26	14,39
220	14,52	14,52	13,26	13,73	17,16	20,19	14,65	14,79	14,92	15,05	15,19	15,32	15,46	15,59	15,73
230	15,87	15,87	14,50	15,01	18,76	22,07	16,01	16,15	16,29	16,43	16,57	16,71	16,85	16,99	17,14
240	17,28	17,28	15,78	16,34	20,43	24,03	17,42	17,57	17,71	17,86	18,01	18,15	18,30	18,45	18,60
250	18,75	18,75	17,13	17,73	22,16	26,08	–	–	–	–	–	–	–	–	–

1) Tipos de madeiras de coníferas, veja página 61   2) Tipos de madeiras árvores folhosas, veja página 61

Classes de resistência (DIN EN 338)
A classificação de madeira para construção com finalidade portante é feita de acordo com os valores característicos da madeira para resistência, rigidez e densidade bruta de cada classe. Os valores do respectivo universo de madeiras são determinados pelo tipo, grupo e origem da madeira e pela classe selecionada.

2.2 Tipos de madeiras

Cálculo de construções de madeira conforme DIN 1052-(2004)

O objetivo do planejamento, projeto e execução de uma construção é atender bem aos requisitos de uso preestabelecidos. Com relação a isso, o conceito de segurança na indústria da construção foi revisto em toda a Europa e substancialmente unificado. Com as novas abordagens foi possível desenvolver processos assemelhados de aprovação para todos os materiais de construção. A utilização de símbolos matemáticos em fórmulas também foi unificada.

Até então, para o dimensionamento de elementos construtivos, era comparada a tensão presente (σ presente) com a tensão admissível (σ admissível). Com a introdução da nova DIN EN 1055-(2004), o conceito de dimensionamento se baseia na comprovação de que as condições limites não serão ultrapassadas. São diferenciadas as condições limites para capacidade de carga (p.ex., capacidade de carga $\sigma_{t,d}$), condições limites para usabilidade (deformação por flexão u_{lim}) e os requisitos de coesão permanente das fibras (p.ex., formação de fissuras).

O Código Europeu EC5 (construções de madeira) e a DIN 1052-(2004) são paralelamente válidas; DIN 1052 (04.88) estava em vigência na época da criação do código.

Não é admitido o uso simultâneo da DIN 1052 (04.88) e do EC5 numa construção (proibição de uso concomitante).

As capacidades de solicitação R_d correspondem às tensões admissíveis sob a ação dos efeitos considerados no dimensionamento. Elas dependem do tipo da solicitação $f_{m,k}$, $f_{t,D,k}$ ... e com o fator de modificação k_{mod} dependem também da classe de utilização NK e da classe de duração do efeito da carga KLED.

Na combinação de vários efeitos a duração mais breve dos efeitos combinados é determinante para obter a classe de duração do efeito da carga.

No dimensionamento, as capacidades de solicitação (tensões admissíveis) são calculadas com

$$R_d = k_{mod} \cdot \frac{f_k}{\gamma_M}$$ A comprovação terá sido dada se a condição $\dfrac{S_d}{R_d} \le 1$ estiver satisfeita.

As resistências características fk são indicadas para madeira maciça de coníferas **(C)**, madeira maciça de folhosas **(D)** e camadas de tábuas (GL) com h homogênea e c combinada.

Valores característicos de resistência em MN/m² e densidade em kg/m³ para madeira maciça e camadas de tábuas conforme a classe selecionada ou a classe de resistência

Designação	Tipo da solicitação	Madeira maciça de coníferas			Madeira maciça de folhosas		Camada de tábuas	
		S7	S10	S13	LS10	LS10	BS11	BS14
		C16	C24	C30	D30	D35	GL24c	GL28c
$f_{m,k}$	Tensão de flexão	16	24	30	30	35	24	28
$f_{t,0,k}$	Tensão de tração paralela II_{Fa}	10	14	18	18	21	14	16,5
$f_{t,90,k}$	Tensão de tração perpendicular $\perp_{Fa}$	0,4	0,4	0,4	0,5	0,5	0,5	0,5
$f_{c,0,k}$	Pressão paralela II_{Fa}	17	21	23	23	25	21	24
$f_{c,90,k}$	Pressão perpendicular $\perp_{Fa}$	2,2	2,5	2,7	8	8,4	2,4	2,7
$f_{v,k}$	Cisalhamento	2,7	2,7	2,7	3	3,4	3,5	3,5
γ_k	Densidade bruta	310	350	380	530	560	350	380

Índice de segurança parcial γ_M para comprovação da capacidade de carga		Fator de modificação k_{mod} para madeira maciça VH e camada de tábuas (h homogêneo, c combinado)					
Madeira e derivados de madeira		Classe de duração do efeito da carga	Permanente	Longa	Média	Curta	Muito curta
Aço para	1,3	1	0,6	0,7	0,8	0,9	1,1
Ligações	1,1	2	0,6	0,7	0,8	0,9	1,1
Placas pregadas	1,25	3	0,5	0,55	0,65	0,7	0,9

2.3 Defeitos da madeira

Defeitos da madeira são desvios de crescimento, de propriedades e de características em relação à madeira desenvolvida normalmente.

Defeitos no formato do tronco

	Conicidade Diminuição do diâmetro do tronco de mais de 1 cm por metro linear.		**Tortuosidade** Crescimento tortuoso do tronco. Estrangulado, tronco curvado para um lado. Não é possível serrar cortes planos através do tronco.
	Bifurcação Nascem dois brotos principais. Pode ocorrer em todos os tipos de madeira.		**Tronco acanalado** Depressões ou partes ocas que ocorrem abaixo dos pontos de início dos galhos, também dos mortos. São frequentes na faia.

Defeitos na seção transversal

	Sapopemas Protuberâncias na direção do eixo do tronco, provocam uma disposição irregular dos anéis de crescimento.		**Crescimento excêntrico** Medula deslocada do centro do tronco, geralmente associado a um pronunciado desvio da forma circular.

Defeitos na estrutura anatômica da madeira

	Lenho de reação, compressão Na parte inferior de coníferas tortas forma-se um lenho de reação, no caso, de compressão, de cor avermelhada. Não há diferenciação entre o lenho precoce e o lenho tardio.		**Lenho de reação, tração** Na parte superior de árvores folhosas forma-se um lenho de reação, no caso, de tração, de cor branca ou prateada (lenho branco).
	Nodosidade Número, tamanho, formato e posição de nós no tronco ou na madeira aparelhada. Nós circulares, irregulares, orlados		**Fibras espiraladas/torcidas** Desenvolvimento espiralado das fibras em torno do eixo do tronco. Podem ser no sentido horário ou anti-horário.
	Bolsas Espaços vazios da madeira preenchidos com resina. Bolsas de resinas, praticamente só nas coníferas.		**Bolsas** Espaços vazios preenchidos com minerais. Geralmente incluem dióxido de silício (SiO_2) e carbonato de cálcio ($CaCO_3$).
	Bulbos Brotos lesados que não crescem provocam desenvolvimento irregular (entrelaçado) das fibras.		**Cerne falso** Da formação de tilos e da oxidação resulta um cerne escuro em árvores desprovidas de cor. Cerne vermelho, cerne marrom.
	Crescimento selvagem Designação genérica para alguns defeitos, como crescimento pronunciado das fibras em espiral com grandes deformações.		**Anomalia na estrutura** Desenvolvimento irregular, ondulado das fibras ou dos anéis de crescimento.

Defeitos devidos a ações externas

	Régua de geada Engrossamento longitudinal provocado por constantes fissuras de geada.		**Anéis de lua** Devido à ação de geada por vários anos, a formação do cerne ficou reprimida. Defeitos em forma de anel ou foice resultam em madeira com pouca utilidade.
	Fissuras Fissuras de seca, de cerne e de reação têm sentido radial. Fissuras de anel ocorrem ao longo dos anéis de crescimento.		**Compressão das fibras** Fibras sobrecarregadas pela pressão do vento ou da neve, resultam numa fissura transversal. A ruptura influencia a resistência.

2.3 Defeitos da madeira

Pragas da madeira pragas da madeira são parasitas vegetais ou animais que infectam a madeira. Os prejuízos causados à madeira pelas pragas são variados, eles vão desde furos insignificantes até a destruição total do lenho.

Parasitas animais da madeira

Leptópteros	Diversos tipos de falenas, cujas lagartas comem as folhas e as agulhas das árvores.
Vespas	Vespas da madeira que põem seus ovos preferencialmente em lenho fresco das coníferas. Seu desenvolvimento leva de 2 a 4 anos, podendo encontrar-se na madeira já em uso. O buraco que elas fazem pode ter um diâmetro de 4 a 10 mm.
Besouros	Diversos tipos de besouros (xilófagos) que fazem um caminho entre o lenho e a casca e põem seus ovos neste espaço. As larvas cavam seus próprios caminhos. Os caminhos ficam entre as diferentes camadas ou no alburno.
	Diversos tipos de besouros cujas larvas abrem caminho pela casca. No início vivem nas camadas externas, depois avançam para o alburno e, em parte, também para o cerne. O tempo de desenvolvimento das larvas depende do tipo e varia de 1 a 4 anos.
	Besouro que põe seus ovos nas fendas de madeira de coníferas já em uso em construções. A larva abre seus caminhos no alburno e no lenho tardio sem destruir a camada externa. Seu desenvolvimento leva de 3 a 6 anos. Os buracos ovais para saída têm de 5 a 10 mm. As melhores condições ambientais para ele são 28 a 30º C e 30 % de umidade da madeira.
	Besouro bastante comum (Anobium) cujas larvas abrem caminho no lenho precoce do alburno, tanto em madeira de coníferas como de folhosas. Ocorre com frequência em móveis, escadas e revestimentos. O seu desenvolvimento leva de 1 a 3 anos, sendo para ele as melhores condições ambientais: temperatura de ± 22º C e umidade da madeira de 23%. O buraco de saída tem 1 a 2 mm de diâmetro.
	Besouro marrom do alburno ou besouro do parquete – ele ataca principalmente madeira de árvores folhosas que tenham bastante amido e albumina no lenho precoce. O desenvolvimento leva 1 ano com umidade da madeira de 7%. O buraco de saída tem de 1 a 1,5 mm de diâmetro.

Pragas vegetais da madeira = fungos

Fungo caseiro	O emaranhado branco com aspecto de chumaço de algodão que o fungo faz, cresce sobre a superfície e por dentro da madeira. Ataca quase todos os tipos de madeira, sobretudo a de coníferas, gerando podridão das paredes das células da madeira pela redução da celulose. A madeira muda de cor (marrom) e se desmancha em forma de cubos secos. As melhores condições ambientais para a ação do fungo são 20º C e 28% umidade na madeira. É obrigatória a notificação dele!
Fungo de porão	O emaranhado superficial é, inicialmente, amarelo esbranquiçado e depois escurece (preto). Ele também gera podridão com grande poder de destruição com seu crescimento rápido, preferencialmente com umidade da madeira entre 50 e 60 % e temperatura entre 22 e 24º C. O fungo não resiste a períodos mais longos de seca.
Outros Fungos	Eles atacam especialmente madeira de construção em uso no ambiente externo, especialmente se não protegida. A destruição da madeira começa com a podridão interna; a superfície permanece inicialmente intacta; por fim ocorre a podridão destrutiva total. As melhores condições ambientais lhe são dadas com 40 a 60 % de umidade na madeira e temperaturas entre 29 e 34º C. Eles sobrevivem a uma estiagem de 4 anos.
Fungo azulante	Ele ataca o alburno de abeto e pinheiro, raramente madeira de coníferas. Ele se alimenta das substâncias contidas nas células, as membranas são pouco danificadas. Como não se trata de podridão, não ocorre uma redução da resistência. Madeira atacada e tratada pode ser coberta por pintura. Condições ótimas para seu desenvolvimento são umidade da madeira entre 28 e 30 % e temperatura de 15º C. Madeira seca dificulta o crescimento do fungo.

2.4 Proteção da madeira

Proteção da madeira um termo superior que abrange três grandes áreas de atuação no processamento da madeira. Ele tem a mesma validade tanto na prevenção como no combate.

Proteção da madeira		
Proteção contra insetos	**Proteção contra fungos**	**Proteção contra incêndio**
DIN 68800 DIN EN 335 DIN EN 350 DIN EN 351 DIN EN 460 DIN EN 599	DIN 68800 DIN EN 335 DIN EN 350 DIN EN 351 DIN EN 460 DIN EN 599	DIN 68800 DIN 4102

Definições relacionadas à proteção da madeira

Proteção da madeira	São medidas construtivas e/ou químicas, preventivas ou de combate, para manutenção da madeira aplicada em construções.
Proteção natural	Consideração dos componentes e propriedades dos tipos de madeiras.
Proteção construtiva	Cuidados na construção e uso de materiais especializados, principalmente tendo em vista a sobrecarga de umidade.
Proteção física	Impregnação hidrofóbica e materiais de pintura impedem a penetração da água na madeira: Processos de ar quente servem para combater pragas.
Proteção química	O uso de materiais fungicidas e biocidas (inseticidas), bem como de meios proteção contra o fogo.

2.4.1 Proteção contra insetos e fungos

A melhor proteção contra pragas da madeira é não lhes proporcionar os meios para se desenvolverem, tais como umidade, oxigênio, temperatura e alimentação.

Classes de risco

As condições de uso em que as madeiras são atacadas por organismos destruidores foram subdivididas em cinco classes de risco.

Síntese das condições de umidade e da ocorrência de organismos em classes de risco para madeira maciça (DIN EN 335)

Classe de risco	Condições gerais de uso	Descrição da exposição contato com umidade na utilização	Teor de umidade da madeira u %	Ocorrência de organismos				
				Fungos destruidores de madeira		Fungos que alteram a cor da madeira	Insetos	
				Basidio-micetos	Ascomi-cetos		Besou-ros[1]	Térmites (cupins)
1	sem contato com o solo, coberto, seco	nenhum	máx. 20%	–	–	–	U	L
2	sem contato com o solo, coberto (risco de exposição à umidade)	ocasional	às vezes - > 20%	U	–	U	U	L
3	sem contato com o solo, descoberto	frequente	muitas vezes > 20%	U	–	U	U	L
4	em contato com o solo e água doce	permanente	sempre > 20%	U	U	U	U	L
5	em contato com a a água do mar	permanente	sempre > 20%	U	U	U	U	L

U: ocorre universalmente em toda Europa   L: ocorre em pontos isolados na Europa
1) Sob determinadas condições de uso, o risco de ataque pode ser insignificante.

2.4 Proteção da madeira

Classes de coesão duradoura da madeira

Há sistema de classificação da coesão duradoura natural da madeira maciça, baseado na capaci dade de resistência contra um ataque por diferentes organismos destruidores de madeira. O lenho do alburno de todos os tipos de madeiras deve ser considerado como pertencente à classe de coesão duradoura 5. A durabilidade de uma peça de madeira em uso depende de vários fatores, não apenas da classe de coesão duradoura resistindo a organismos destruidores.

Uso de proteção da madeira contra fungos para as classes de risco (DIN EN 460)

Classe de risco	Classe de coesão duradoura					Símbolos	Descrição
	1	2	3	4	5		
1	O	O	O	O	O	O	A coesão duradoura natural é suficiente.
2	O	O	O	(O)	(O)	(O)	A coesão duradoura natural geralmente é suficiente; para aplicações em situações mais exigentes, é recomendável o uso de protetores para a madeira.
3	O	O	(O)	(O)–(X)	(O)–(X)	(O)–(X)	A coesão duradoura natural pode ser suficiente; dependendo da aplicação, pode ser necessário um tratamento de proteção.
4	O	(O)	(X)	X	X		
5	O	(X)	(X)	X	X	(X)	Geralmente é recomendável um tratamento de proteção.
						X	É necessário um tratamento de proteção.

Exemplo: Numa casa unifamiliar isolada devem ser instaladas janelas de madeira de lariço. Sob que condições a instalação é viável?

Para a determinação do risco é definida a classe de risco. As janelas são expostas ao clima, mas nem sempre à chuva (lado de que vêm as mudanças do tempo). Disso resultam as classes de risco 2 e 3 com medidas de proteção contra fungos azuis e mofo. A madeira de lariço possui a classe de coesão duradoura 3, e pode ser utilizada com um tratamento de proteção.

Agentes de proteção da madeira (seleção)

Agente	Descrição
Agentes de proteção da madeira	São preparados químicos que, devido à sua composição específica, servem para evitar ou combater um ataque por fungos ou insetos e proteger a madeira contra futura destruição. O agente é composto de pelo menos uma substância ativa e de um solvente. As substâncias ativas são sais inorgânicos de metais ou combinações orgânicas.
Fundo de proteção da madeira	São preparados à base de agentes de proteção da madeira com aditivos que influenciam positivamente a adesão de camadas posteriores.
Polidores com proteção da madeira	Por intermédio de pigmentos insensíveis à luz a superfície da madeira é protegida e ao mesmo tempo embelezada. Por meio de ligações químicas a região impregnada é protegida contra pragas.
Protetores contra intempéries	Preparados pigmentados e repelentes de água protegem a superfície. Eles servem para polimento ou cobertura.
Sais	São substâncias inorgânicas à base de sais metálicos solúveis em água, usados como solução aquosa. Os sais podem ser aplicados com pincel, pistola, por imersão, impregnação por caldeira de pressão ou vácuo, eles são parcialmente laváveis e não fixáveis. A umidade da madeira pode ser de até 30%. As peças tratadas só podem ser expostas às condições climáticas com restrições. A quantidade aplicada e o processo de aplicação são baseados nas exigências posteriores. Os sais metálicos são altamente tóxicos. Sal CF: Combinações de cromo e flúor; Sal CK, CKA, CKB, CKF ou CFB: bicromatos e sais de cobre com combinações de arsênio, boro ou flúor; sais SF e HF: fluoreto de silício ou fluoreto de hidrogênio, eles são corrosivos e não podem entrar em contato com alimentos ou rações. Sais B: combinações orgânicas de boro, quase não venenosos, substituem as combinações de cromo.
Agentes de proteção oleosos em solventes	Óleo de alcatrão ou preparados de carvão mineral contendo óleo de alcatrão, permitido apenas para uso em exteriores. Substâncias ativas orgânicas (inseticidas e fungicidas) em solventes orgânicos. Para madeira seca e meio seca em interiores e exteriores, em geral, polidores com pigmentos. Inadequado para proteção geral de superfícies.

2.4 Proteção da madeira

Profundidade de impregnação exigida (DIN EN 351)

Classe de profundidade	Profundidade mínima de impregnação	Classe de profundidade	Profundidade mínima de impregnação
P 1	nenhuma	P 6	$\geq$ 12 mm lateral no alburno
P 2	$\geq$ 3 mm lateral; $\geq$ 4 mm dentro $\geq$ 40 mm axial no alburno	P 7	$\geq$ 20 mm lateral no alburno só em toras
P 3	$\geq$ 4 mm lateral no alburno	P 8	alburno total
P 4	$\geq$ 6 mm lateral no alburno	P 9	total no alburno e $\geq$ 6 mm no cerne destacado
P 5	$\geq$ 6 mm lateral e > 50 mm dentro $\geq$ 50 mm axial no alburno		

Conceitos da distribuição dos agentes de proteção da madeira (DIN 52175, DIN 68 800)

Distingue-se: proteção das superfícies, das bordas, profunda e parcial

Requisitos dos agentes de proteção da madeira (DIN 68800)

Classe de risco	Requisitos a que o agente de proteção da madeira deve atender	Predicado do teste	Classe de risco	Requisitos a que o agente de proteção da madeira deve atender	Predicado do teste	Sigla do predicado	Descrição do predicado
0	não necessários	–	3	Previne contra insetos. É adverso a fungos. Resiste a intempéries.	Iv P W	Iv	eficaz na prevenção contra insetos
1	Previne contra insetos.	Iv				P	eficaz na prevenção contra fungos
2	Previne contra insetos. É adverso a fungos.	Iv P	4	Previne contra insetos. É adverso a fungos. Resiste a intempéries.	Iv P W E	W	resistente às intempéries
						E	resistente em contato com o solo

Atualmente, na aplicação das normas DIN EN deve ser verificado, no caso particular, se já foram introduzidas na legislação sobre construções. A DIN EN e a DIN 68 800 formam uma unidade.

2.4.2 Proteção contra incêndio em elementos de madeira

A proteção contra incêndio, ao lado da proteção contra insetos e fungos, integra a proteção da madeira. Ela pode ocorrer de duas formas, por meio de agentes de proteção contra incêndio ou por revestimento. A execução e a classificação estão descritas na DIN 68000 "Proteção da madeira em superestruturas" e na DIN 4102 "Comportamento da combustão de materiais e elementos de construção" (veja capítulo 6).

Os agentes de proteção contra incêndio são diferenciados por duas formas de processamento

Agentes de proteção salinos	A madeira e o material derivado da madeira são tratados pela impregnação sob pressão. Esse tratamento provoca uma rápida carbonização da madeira, proporcionando, assim, uma proteção contra a combustão.
Agentes de proteção contra incêndio geradores de camada protetora	Devido à ação do calor o revestimento superficial se transforma em espuma, evitando o contato direto da chama com a madeira. O agente de proteção deve ser aplicado em todos os lados do elemento de madeira, desde que este não esteja com a superfície totalmente assentada e fixada sobre uma base mineral. Antes da aplicação do agente protetor deve ser testada sua aderência no substrato.

Os agentes de proteção contra incêndio podem influenciar o comportamento da madeira e de materiais derivados de madeira em incêndios de tal forma que eles atendam aos requisitos dos materiais de construção das classes B1 ou B2 conforme DIN 4 102 (veja capítulo 6). As madeira possuem diferentes comportamentos perante o fogo. Madeira de coníferas, devido à sua estrutura, queimam mais facilmente do que a madeira de árvores folhosas. **Madeiras de baixa densidade queimam melhor do que madeiras de alta densidade.**

$\varrho \leq$ 300 kg/m³ combustão muito boa

ϱ > 300 kg/m³ e $\varrho \leq$ 1000 kg/m³ combustão regular

ϱ > 1000 kg/m³ combustão ruim

2.5 Umidade da madeira

Após o corte a madeira possui ainda uma umidade de 18 a 30% em relação ao peso depois de seca em estufa. Para continuar o processamento é necessário que ela esteja bem mais seca. A umidade u desejada na madeira é baseada no clima esperado durante o uso.
Entre o clima (umidade relativa do ar e temperatura) e a umidade da madeira u estabelece-se um equilíbrio – a **umidade de equilíbrio higroscópico da madeira u_{gl}**.

Tabela para determinação da umidade de equilíbrio higroscópico da madeira segundo Egner

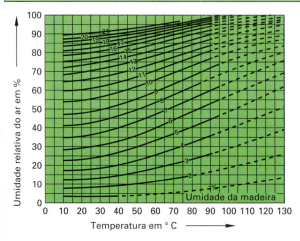

Exemplo:

Em um ambiente foi medida uma temperatura de 22 °C e uma umidade relativa do ar de 42%.

Qual é a umidade da madeira u_{gl}?

Umidade da madeira u_{gl} = 8%

Clima normal ou clima normalizado

Sob essas condições, os corpos de provas são armazenados para que a umidade da madeira u_{gl} entre em equilíbrio; durante o ensaio o clima não é alterado.

Clima normal (DIN 50 014)

Abreviação	Temperatura do ar	Umidade relativa do ar	Umidade da madeira u_{gl} %
23/50	23 °C	50%	9
20/65	20 °C	65%	12
27/65	27 °C	65%	11,6

Umidade relativa do ar média em várias áreas de aplicação (DIN 68 100)

área de aplicação		umidade rel. do ar média %	área de aplicação	umidade rel. do ar média %
recintos fechados	com aquec. central	40	recinto aberto, coberto	75
	com aquec. de estufa	50	ao ar livre, exposto às intempéries	80
	com aquecimento	65	valores grosseiros para a Europa Central	

Curva climática e umidade de equilíbrio higroscópico da madeira para a Alemanha

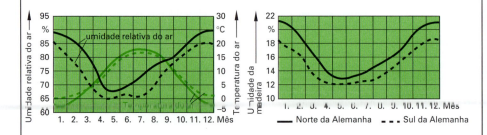

2.5 Umidade da madeira

Umidade (ou teor) de equilíbrio higroscópico

A umidade de equilíbrio higroscópico é a umidade u_{gl} que permanece constante na madeira devido ao equilíbrio higroscópico com um determinado clima; o fator decisivo é a umidade relativa do ar. A umidade de equilíbrio higroscópico pode chegar à saturação das fibras.

Umidade média da madeira (DIN 1052)

Aplicação	Umidade da madeira u_{gl}	Aplicação	Umidade da madeira u_{gl}
Construções fechadas por todos os lados[1] com aquecimento	6% ... 12%	construções abertas, cobertas[2]	12% ...18%
Construções fechadas por todos os lados[1] sem aquecimento	9% ... 15%	construções[3] expostas às intempéries por todos os lados	12% ... 24%

Umidade média da madeira e (DIN 18355 VOB/ATV)

Aplicação	Umidade da madeira u_{gl}	Aplicação	Umidade da madeira u_{gl}
Construções /divisões internas[1]	6% ... 10%	elementos[2] expostos ao ar externo	10% ...15%

Umidade média da madeira (DIN EN 942)

Condições de uso	Umidade da madeira u_{gl}	Condições de uso	Umidade da madeira u_{gl}
prédios aquecidos, interior[1] temperatura ambiente 12°C...21°C	9% ...13%	prédios sem aquecimento, interior[1]	12% ...16%
prédios aquecidos, interior[1] temperatura ambiente > 21 °C	6% ...10%	área externa[2, 3]	12% ...19%

Exemplos explicativos

1) Construções internas: portas de quartos, armários embutidos, revestimentos de paredes e forros, móveis
2) Elementos protegidos: janelas e portas de externas
3) Elementos ao relento: pérgula

Alterações dimensionais por contração e dilatação

Pela absorção ou perda de umidade a madeira altera suas dimensões. As medidas de contração e/ou as medidas de dilatação são muito diferentes para as três direções anatômicas da madeira e se comportam mais ou menos como:

1 : 10 : 17 (valores médios)
 1 ≙ longitudinal   (paralelo às fibras da madeira)
10 ≙ radial   (paralelo ao raio da madeira)
17 ≙ tangencial   (paralelo ao anel de crescimento)
medidas de contração concretas,
veja capítulos 2.2.3 e 4.9.3

Deformação de seções de madeira
por contração
(segundo For. Prod. Lab. 1974)

Cálculo da umidade da madeira:

Umidade da madeira $u = \dfrac{m_u - m_o}{m_o} \cdot 100$ em %

m_u Peso do corpo de prova úmido
m_o Peso do corpo de prova seco em estufa

Exemplo:

O corpo de prova úmido pesa 230 g; e o corpo de prova seco em estufa pesa 200 g.

$u = \dfrac{230 - 200}{200} \cdot 100$

$u = \dfrac{30}{200} \cdot 100$

$u = 15\%$

2.5 Umidade da madeira

Valores selecionados para o teor de umidade da madeira e suas normas

Identificação TG: Usos e costumes do comércio de madeira	DIN	Umidade u %
secada em estufa	–	0
parquete no momento do fornecimento	280	7 …11
madeira de folhosas esquadrejada para construção de escadas	68 368	10 …14
tábua perfilada com rasgo, seca para plaina	68 126	12 …16
tábuas normalizadas, rodapés, pranchas umidade de referência, preferencialmente	4071 … 4073 68 122 … 68 128	16 … 18
madeira de folhosas esquadrejada, umidade de referência	TG	18
madeira secada ao ar	EN 844-4	< 20
madeira de coníferas e folhosas, umidade de referência	EN 1313	20
limite para o desenvolvimento de fungos – (Se este valor não for ultrapassado, não há risco de ataque de fungos.)	68 364	20
limite para a designação "seca" – (Se o teor médio de umidade da madeira de construção e da madeira esquadrejada de coníferas não ultrapassar este limite, é considerada seca.)	4074 68 365 TG	20
madeira seca para embarque	EN 844-4	< 25
umidade de saturação da fibra, umidade de equilíbrio higroscópico da madeira com umidade relativa do ar de aproximadamente 100%	–	25 ..32
limite para a designação "semi-seca" para madeira de construção, medidas e itens de estoque com seções transversais pequenas ≤ 200 cm²	4074, TG 68 365	30
madeira fresca, saturação da fibra	EN 844-4	≈ 30
limite para a designação "semisseca" para madeira de construção, medidas e itens de estoque com seções transversais grandes > 200 cm²	4074, TG 68 365	35

Delimitação entre qualidade da madeira e secagem da madeira

A qualidade da madeira é influenciada pelas propriedades naturais da matéria-prima madeira antes de sua secagem. A qualidade da secagem é influenciada pela condução do processo de secagem.

Qualidade da madeira	Qualidade da secagem[1]

Danos na madeira, causados pelas propriedades da madeira	Defeitos e/ou danos na madeira causados pelas propriedades da madeira sob determinadas condições de secagem	Defeitos causados por condições inadequadas de secagem

Resumo das características específicas da madeira e propriedades da madeira esquadrejada condicionadas pelas condições de secagem

Propriedades da madeira ou qualidade da madeira	Propriedades influenciadas pela secagem

Propriedades mecânicas
Densidade bruta
Contração/retração
Desvio das fibras
Crescimento espiralado
Crescimento espiralado alternado
Lenho de reação (tração ou compressão)
Juvenile wood (madeira juvenil)
Nós/galhos
Tensões de crescimento
Casca de anéis
Bolsas/bolhas
Fissuras: fissuras da medula
        fissuras da fibra em espiral
        fissuras de crescimento
	Umidade média da madeira
	Dispersão da umidade da madeira:
	    • ao longo da espessura da tábua
	    • ao longo do comprimento da tábua
	    • no lote do fornecimento
	Tensão residual de secagem –> formação de casca
	Fissuras internas
	Fissuras de testa
	Colapso
	Empenamentos específicos
	Deformação por empilhamento irregular
	Coloração ou alterações na cor:
	    • coloração da superfície e interior
	    • coloração em manchas ou listras
	    • coloração/manchas das travessas na pilha

1) No momento estão sendo elaboradas diretrizes e/ou normas para especificação e determinação da qualidade da secagem.

2.5 Umidade da madeira

Secagem da madeira
designa a alteração da umidade da madeira entre o ponto de saturação das fibras, em média a $u \leq 30\%$, e a umidade de processamento, até $u = 8\%$. A secagem pode ser alcançada por meio de dois processos: secagem ao ar livre e secagem técnica.

Secagem ao ar livre	
Secagem natural ao ar livre	A madeira é empilhada sobre réguas e dotada de um telhado (proteção contra o tempo). Por intermédio do clima ambiente e do vento a madeira, dependendo do tipo e da espessura, seca até aproximadamente $u_{gl} = 5\%$ ... 20%, num período de 60 a 300 dias.
Secagem ao ar livre acelerada	A madeira é empilhada sobre réguas num galpão e durante a secagem é ventilada por meios mecânicos (ventilador). Isso faz com que o tempo de secagem seja reduzido para a metade ou a um terço em relação à secagem natural ao ar livre. Essa secagem precisa ser monitorada regularmente para que não haja danos de secagem.

Secagem técnica
é uma secagem totalmente controlada por meio de fornecimento de energia térmica simultaneamente com ar forçado. O tempo de secagem se baseia no tipo de madeira, na umidade da madeira e na espessura do material. Uma secagem rápida leva a danos de secagem, como, tensões residuais e a formação de cascas, alteração de cor, fissuras de testada etc. Para evitar danos, deve ser observada a relação entre a umidade momentânea e a umidade de equilíbrio higroscópico no clima da câmara de secagem, chamada de declínio da secagem, e que não pode ultrapassar o valor 4.

$$\text{Declínio da secagem} = \frac{u_m}{u_{gl}}$$

u_m = umidade média da madeira no momento
u_{gl} = umidade de equilíbrio higroscópico nas condições climáticas da câmara

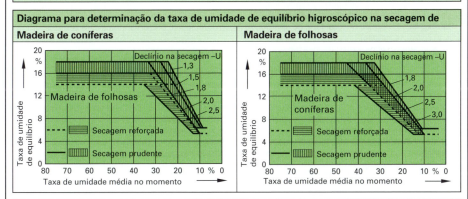

Diagrama para determinação da taxa de umidade de equilíbrio higroscópico na secagem de
Madeira de coníferas — Madeira de folhosas

Valores de referência para o declínio da secagem				
Espessura da madeira em mm	< 30	> 30 ... < 50	> 50	**Exemplo**
Secagem difícil	3	2,5	2	Carvalho
Secagem mediana	3,5	3	2,5	Faia
Secagem fácil	4	3,5	3	Abeto

Direções da corrente de ar na secagem da madeira
Ventilação transversal — Ventilação longitudinal

réguas onduladas — defletores de ar

2.5 Umidade da madeira

- **Secagem ar fresco – exaustão**
A maioria dos equipamentos de secagem trabalha segundo esse princípio. O ar úmido é removido e substituído por ar fresco e seco. O movimento da umidade na madeira ocorre por difusão.
Sequência:
A madeira é aquecida a uma temperatura de 30 °C ...100 °C, o ideal é de 60 °C .. 80 °C. A umidade de equilíbrio da madeira u_{gl} é elevada em 4% acima da umidade inicial da madeira. Na secagem a u_{gl} momentânea é mais baixa do que a umidade da madeira. Ao final da secagem, a umidade de equilíbrio da madeira será elevada um pouco para equilibrar as tensões de secagem e evitar secagem mais intensa.

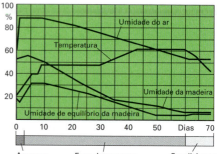
Representação esquemática do processo de secagem

Vantagem: secagem econômica, adequada para quase todos os tipos e espessuras de madeira
Desvantagem: madeiras claras perdem facilmente a cor por oxidação, madeiras difíceis de secar levam muito tempo.

- **Secagem a alta temperatura**
O princípio de trabalho é o mesmo da secagem ar fresco – exaustão. Nesse caso, é feita uma distinção entre a secagem por ar quente (ar seco e quente) e a secagem por vapor quente (vapor-d'água superaquecido). A madeira é aquecida entre 100 °C e 130 °C e a velocidade da corrente do ar é aumentada. O movimento da umidade na madeira ocorre por difusão e fluxo de vapor.
Vantagem: necessita pouca energia, secagem cuidadosa, preservando as características do recurso.
Desvantagem: secagem viável apenas até u = 12%, tempos de secagem mais longos.

- **Secagem por condensação**
Aqui se trabalha segundo o princípio de uma câmara climática, com uma seção quente e uma seção fria. O movimento da umidade na madeira ocorre por difusão. A temperatura de secagem fica abaixo de 55 °C. O ar quente úmido é resfriado na região fria, a água se condensa, o ar é reaquecido e reconduzido à madeira. Trata-se de um circuito controlado.
Vantagem: pouca necessidade de energia, secagem cuidadosa, preservando as características do recurso.
Desvantagem: altos custos de investimento.

- **Secagem a vácuo**
É feita uma distinção entre secagem contínua (processo com placas) e descontínua (processo sem placas). Na secagem contínua, a madeira aparelhada fica entre placas aquecidas. Após o aquecimento, a câmara é parcialmente evacuada. O vácuo é mantido durante toda a secagem. A movimentação da umidade na madeira ocorre por fluxo de vapor. A temperatura de secagem fica entre 30 °C ... 70 °C. Na secagem descontínua a madeira é empilhada normalmente. A madeira é aquecida por circulação de ar e para desumidificação é produzido o vácuo. A secagem ocorre na alternância entre aquecimento/desumidificação. A movimentação da umidade na madeira ocorre por fluxo de vapor e difusão. A temperatura de secagem fica entre 35 °C ... 75 °C.
Vantagem: curto tempo de secagem, nenhuma alteração de cor da madeira, para todos os tipos e espessuras de madeira
Desvantagem: altos custos de investimento

- **Secagem por vapor quente – vácuo**
A madeira empilhada é aquecida por atmosfera de vapor praticamente pura. São necessárias correntes de ar com velocidades muito altas, no mínimo 10 m/s ... 15 m/s. A movimentação da umidade na madeira ocorre por fluxo de vapor. A temperatura de secagem fica entre 50 °C e 90 °C, em geral em 60 °C. A pressão interna da câmara está entre 80 mbar e 180 mbar.
Vantagem: secagem curta e cuidadosa, nenhuma alteração de cor, para quase todos os tipos de madeiras
Desvantagem: altos custos de investimento, restritamente adequada para madeiras muito permeáveis com pequenas dimensões.

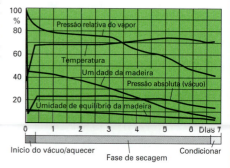

2.6 Madeira como produto comercial

Para que a madeira aparelhada possa ser comercializada, é feita uma triagem do tronco na floresta (selecionado por grossura e/ou classe de qualidade). Na serraria, a madeira é então cortada de acordo com a futura finalidade de uso.

Madeira em tora é a madeira maciça sem tratamento, como, troncos, postes, etc. Para o dimensionamento, grossuras e classificação de qualidade são importantes diversas regulamentações.
- Diretriz EWG 68/69 de 28/01/1968
- Lei sobre as classes comerciais legais para madeira bruta (HKIG) de 25/02/1969
  Madeira bruta: madeira derrubada, sem copa e sem galhos, podendo ser descascada ou fatiada
  Característica mínima: seleção por finalidade de uso, qualidade, grossura e comprimento.
- Decreto sobre classes comerciais legais para madeira bruta (HKIVO) de 31/07/1969
  Classes comerciais: seleção dos tipos de madeira por grossura, qualidade e finalidade de uso
  Identificação: madeira longa correspondente às classes de qualidade com letras A, B, C ou D
- Decreto sobre classes comerciais legais para madeira bruta (Forst-HKS) de 31/07/1969
- Determinações complementares de cada Estado da Federação

Classes comerciais para madeira bruta (Forst-HKS – da silvicultura)

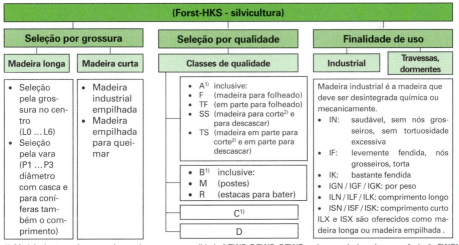

1) Madeira bruta, assim como classes de grossura e qualidade A/EWG, B/EWG, C/EWG podem ser designadas como "seleção EWG".
2) Madeira para corte: boa madeira de tronco da classe de qualidade A

Seleção pela grossura no centro			
Classe	Diâmetro no centro sem casca em cm	Classe	Diâmetro no centro sem casca em cm
L0	< 10	L3a	30 … 34
L1a	10 … 14	L3b	35 … 39
L1b	15 … 19	L4	40 … 49
L2a	20 … 24	L5	50 … 59
L2b	25 … 29	L6	≥60

Classes de qualidade (Forst-HKS)	
Classes	Requisitos
A	madeira saudável, sem defeitos ou apenas defeitos insignificantes
B	madeira de qualidade normal, com pequenos defeitos
C	madeira defeituosa, acima dos limites da classe de qualidade B
D	no mínimo, 40 % industrialmente aproveitável

Identificação e pontos de medição para seleção de madeiras longas

Exemplo para identificação do tronco
1 Classe de qualidade (divergindo de B)
2 Número do tronco
3 Comprimento do tronco (m)
4 Diâmetro do centro (cm)

Pontos de medição na madeira longa
1 seleção pela vara
2 seleção pela grossura no centro

2.6 Madeira como produto comercial

Delimitação das classes de qualidade para madeira do tronco (Forst-HKS, seleção, preferencialmente coníferas)

Característica	Classes de qualidade			
	A	B	C	D
	exigida ou permitida			
Camadas isentas de nós	2/3 a 1/2 da árvore (i.é., fora do terço interno ou da metade interna em relação ao ∅)	$^{1}/_{2}$ a 0 da árvore	nenhuma	Madeira que, devido aos seus defeitos, não entrou nas classes A/EWG, B/EWG, C/EWG; ainda precisa ser 40% industrialmente aproveitável
Diâmetro do nó	comprimento e posição do nó são mais importantes do que o diâmetro do nó (diâmetro máximo do nó em madeiras de coníferas 2 cm, em folhosas, ≈ 3 cm	nós saudáveis – até ≈ 5 cm, 2 nós/m.linear nós decompostos – 1 nó/m. linear, 3 cm... 5 cm	nós grossos de, no mínimo, 8 cm...12 cm de diâmetro nó decomposto 1 nó > 8 cm em 4 m.linear	
Vestígios de nós	vestígios de nós e formas de nós cuja proporção do comprimento para a largura corresponda a 1:4 ou mais, além disso, um vestígio visível na seção reta	todos (exceto abaulamentos muito grandes, veja C)	abaulamento muito grande ou cicatrizes	
Curvaturas	≤ 2 cm/ metro linear (LA ≤ 3 cm/metro linear)	≤ 4 cm/m. linear (para ∅ abaixo de 20 cm, 2 cm já pode ser curvatura grave)	> 4 cm/metro linear	
Grã espiral	≤ 6 cm/metro linear	≤ 15 cm/metro linear	> 15 cm/metro linear	
Conicidade	NH ≤ 1 cm /metro linear LH ≤ 2 cm /metro linear	NH ≤ 2 cm /metro linear LH ≤ 3 cm /metro linear	NH ≤ 2 cm /m. linear LH ≤ 3 cm /m. linear	
Formato da seção transversal	≤ 1 : 1,2 entre o maior e o menor diâmetro	1 : 1,2 ...1,5 entre o maior e o menor diâmetro	nenhuma restrição	
Saúde	Secagem do tronco sem danos secundários	Secagem do tronco sem danos consequentes, leves mudanças de coloração, pequenas manchas, pontos de decomposição na entrada da raiz	putrefação vermelho-branco, destruição considerável por fungos, danos profundos por insetos	
Cicatrizes isoladas	no terço mais interno e imediatamente abaixo da superfície do tronco	nenhuma restrição	nenhuma restrição	
Fissuras e fendas entre os anéis	no terço mais interno, maiores só no final da seção; fissuras retas frontais como única falha nas seções retas	como A, adicionalmente fissuras no manto > 3 cm no terço mais externo do tronco, fissuras na medula > 3 cm	separação dos anéis no terço mais interno ou mais externo do raio; fissuras na medula acima de ½ comprimento do raio interno; grandes fissuras no cerne	
Pequenas mudanças de coloração	no terço mais interno e imediatamente abaixo da superfície do tronco	nenhuma restrição	totalmente manchada, manchas fortes ou listras, cerne injetado na faia	
Anel de crescimento	nenhuma formação de reação; largura do anel de crescimento tem diferentes significados por tipo de madeira	formação de reação dentro da deformação da seção transversal aceita, porém, não maior do que ½ do ∅	nenhuma restrição	Coeficiente de proporcionalidade para medidas espaciais ▶ p. 86
Outros	Características que não afetem o uso são admissíveis	os limites admissíveis de uma das características acima podem ser ultrapassados quando a qualidade em geral for boa	para faia e carvalho há descrição complementar	

Cada estado da federação aprovou determinações administrativas e operacionais internas adicionais para seleção. A triagem pelo departamento florestal se baseia na Forst-HKS e complementações.

2.6 Madeira como produto comercial

Regras para seleção do Carvalho (Quercus, DIN EN 1316)

Características ↓ Classes →	Q-A	Q-B	Q-C	Q-D
Medidas mínimas[1), 2)]; comprimento Diâmetro no centro →	2,5 m 40 cm sem casca	3 m 35 cm sem casca	2 m 30 cm sem casca	ilimitado
Alburno	≤ 3 cm	≤ 4 cm	admissível	
Largura do anel de crescimento	≤ 4 cm	admissível	admissível	
Cor	homogênea[2)]	admissível[2)]	admissível	
Nós	saudável, cicatrizado	≤15 cm / 2,5 m[3)]	[4)]	admissível	
	nó cariado, não cicatrizado	inadmissível		≤ 50 cm / 2 m	
Marcas na casca (n°/metro) (lesões, erupções e semelhantes)	1 lesão / 2,5 m[3)]	1 lesão =nó com 5 mm ∅		admissível, não pode ser
Fibras espiraladas	≤ 5 cm/m	≤ 9 cm/m	admissível	
Excentricidade	< 10 %	< 20 %	admissível	incluído em outra classe
Forma oval	< 10 %	admissível	admissível	
Curvatura simples	≤ 2 cm/m	≤ 4 cm/m	≤ 10 cm/m	≥ 40% do volume
Anel de lua, mofo brando	inadmissível	inadmissível	inadmissível[2)]	precisa ser utilizável
Fissuras simples do cerne	admissível no 1/3 interno do ∅	nenhuma fissura contínua	admissível	
Fissuras estrela	inadmissível	admissível no 1/5 interno do ∅	admissível no 2/3 interno do ∅	
Fissura de geada	inadmissível	inadmissível	inadmissível[2)]	
Fissuras de contração	inadmissível	admissível	admissível	
Separação do anel de crescimento	inadmissível	admissível no 1/5 interior do ∅, na extremidade maior	admissível na extremidade maior	
Buraco de larvas	inadmissível	inadmissível	admissível no alburno	
Manchas de decomposição	inadmissível	admissível em 15% do ∅ no cerne	admissível	
Cerne marrom	inadmissível	inadmissível	admissível no 1/3 interno do ∅	

Regras para seleção da Faia (Fagus, DIN EN 1316)

Características ↓ Classes →	F-A	F-B	F-C	F-D
Medidas mínimas[1)2)]: comprimento Diâmetro no centro →	3 m 35 cm sem casca	3 m 30 cm sem casca	2 m 25 cm sem casca	ilimitado[2)]
Largura do anel de crescimento	≤ 4 cm	admissível	admissível	
Cor	homogênea[2)]	admissível[2)]	admissível	
Nós	cicatrizados, não cicatrizados	inadmissível	3 nós / 3 m	admissível nós saudáveis	
	destes ... cicatrizados		[5)]	[6)]	admissível, não pode ser
Fibra retorcida	≤ 5 cm/m	≤ 9 cm/m	admissível	
Excentricidade (cerne)	< 10 %	< 20 %	admissível	incluído em outra classe
Forma oval	< 15 %	admissível	admissível	
Curvatura	≤ 2 cm/m	≤ 4 cm/m	≤ 8 cm/m	≥ 40% do volume
Tensão residual	inadmissível	inadmissível[1)]	admissível	precisa ser utilizável
Fissuras simples no cerne	inadmissível	admissível	admissível	
Fissuras estrela	inadmissível	inadmissível	admissível	
Buraco de larvas	inadmissível	admissível	inadmissível	
Mofo branco	≤ 10% do ∅ do cerne	≤ 15% do ∅ do cerne	≤ 25% do ∅ do cerne	
Cerne vermelho	≤ 20% do ∅[7)]	≤10% do ∅[7)]	admissível	
Cerne injetado	inadmissível	≤10% do ∅	≤ 4% do ∅	
Alteração de cor/Manchas	inadmissível	inadmissível	admissível	
Manchas de podridão	inadmissível	no cerne 15%	admissível	

[1] As medições e avaliações das características são feitas conforme DIN EN 1309, DIN EN 1310, DIN EN 1311.
[2] Se nada diferente tiver sido estabelecido em contrato. [3] Desde que nenhuma outra característica depreciativa esteja disponível.
[4] Soma máxima: 100 mm / 3 m para nós (todas as características), nó saudável, cicatrizado não pode ter mais de 60 mm
de ∅ e a soma dos nós cariados deve ter ≤ 20 mm ∅.
[5] Σ dos diâmetros ≤ 200 mm / 3 m (desta, 40 mm no máximo de nós doentes / 3 m)
[6] Σ dos diâmetros dos nós decompostos e doentes ≤ 200 mm / 3 m
[7] Uma subclasse "A vermelho" ou "B vermelho" permite 100% do cerne vermelho, saudável e homogêneo.

2.6 Madeira como produto comercial

Para que a madeira aparelhada possa ser comercializada, o tronco é cortado na serra de acordo com a futura utilização. É feita uma diferenciação entre os seguintes desdobramentos da tora:

Desdobro para vigas e caibros   Desdobro para tábuas, assoalhos, prancha

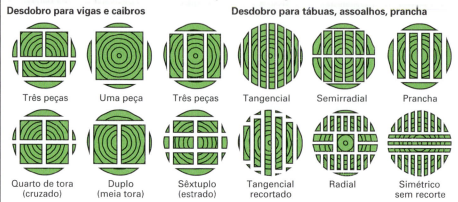

Três peças | Uma peça | Três peças | Tangencial | Semirradial | Prancha

Quarto de tora (cruzado) | Duplo (meia tora) | Sêxtuplo (estrado) | Tangencial recortado | Radial | Simétrico sem recorte

A madeira aparelhada é obtida da tora ou de seções maiores de madeira por meio de processamento na serra no sentido longitudinal e é eventualmente aplainada ou trabalhada para atingir uma determinada precisão dimensional.

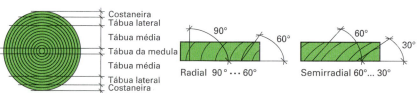

Radial 90° ··· 60°   Semirradial 60°... 30°

Madeira aparelhada

Classes de qualidade

DIN	Descrição	DIN	Descrição
(TG)	Usos e costumes do comércio da madeira	EN 350	Durabilidade natural, madeira maciça
4074	Seleção de madeiras de coníferas	EN 338	Classes de resistência
52181	Determinação das propriedades de crescimento	EN 518	Madeira de construção para finalidades portantes
68126	Seleção de tábuas perfiladas	EN 519	Madeira de construção para finalidades portantes
68252	Definições para madeira aparelhada, parcial	EN 844	Toras e madeira aparelhada
68256	Características de qualidade da madeira aparelhada	EN 942	Madeira para marcenaria
		EN 975	Seleção para carvalho, faia
68365	Madeira de construção para carpintaria	EN 1310	Medição de características
68367	Determinações para madeira de folhosas	EN 1611	Seleção para madeira aparelhada de coníferas
68368	Madeira de folhosas para construção de escadas	EN 12246	Madeira para paletes

Formato e dimensões

DIN	Descrição	DIN	Descrição
(TG)	Usos e costumes do comércio da madeira	EN 1309	Medição das dimensões
68250	Medição da madeira aparelhada de coníferas	EN 1310	Medição das características
V 68371	Medição da madeira aparelhada de folhosas	EV 1311	Medição do ataque de pragas
EN 336	Medidas, desvios admissíveis	EN 1312	Determinação do volume do lote
EN 844	Definições sobre medidas	EN 1313	Medidas preferenciais de madeiras de coníferas e de folhosas

(TG) Usos e costumes do comércio madereiro[1]
Os usos e costumes são válidos para o comércio interno (Alemanha) de madeiras em toras, aparelhadas, materiais derivados da madeira e outros produtos semiacabados de madeira. Elas são práticas comerciais[2] e devem ser usadas como tal, a não ser que tenham sido rejeitados em contrato. Eles não são válidos nas transações entre a indústria florestal e seus consumidores.
1) Coeditor: Federação Alemã dos Comerciantes de Madeira e.V, Wiesbaden (Alemanha)
2) A seleção TG não corresponde à seleção conforme DIN.

2.6 Madeira como produto comercial

Classes de seleção conforme DIN 4074 (predominantemente caibros retangulares, pranchas e tábuas submetidas à flexão)

Características de seleção (seleção visual)	Classes de seleção (madeira aparelhada de coníferas)		
	S 7, S7K	S 10, S10K	S13, S13K
Nós	nodosidade ≤ 3/5	nodosidade ≤ 2/5	nodosidade ≤ 1/5
Inclinação da fibras	≤16 %	≤ 12 %	≤ 7 %
Canal da medula	admissível	admissível	inadmissível[1]
Largura do anel de cresc. – geral – Pinheiro do Oregon	≤ 6 mm ≤ 8 mm	≤ 6 mm ≤ 8 mm	≤4 mm ≤ 6 mm
Fissuras – de contração[2] – no anel de crescimento	≤3/5 do bordo mais curto inadmissível	≤ 1/2 do bordo mais curto inadmissível	≤ 2/5 do bordo mais curto inadmissível
Falha nos cantos[3]	≤ 1/3 do lado da seção	≤ 1/3 do lado da seção	≤1/4 do lado da seção
Curvatura[2] – longitudinal – retorcida	≤ 12 mm para 2 m comprimento ≤2 mm cada 25 mm largura / 2 m	≤ 8 mm para 2 m comprimento ≤ 1 mm cada 25 mm largura / 2 m	≤8 mm para 2 m comprimento ≤1 mm cada 25 mm largura / 2 m
Alteração de cor – azulado – listras marrons e verme- lhas, resistentes à unha – mofo vermelho/ branco	admissível ≤ 3/5 perímetro inadmissível	admissível ≤ 2/5 perímetro inadmissível	admissível ≤ 1/5 perímetro inadmissível
Lenho de compressão	≤ 3/5 perímetro	≤2/5 perímetro	≤1/5 perímetro
Marcas de insetos	Admissíveis furos de larvas de até 2 mm de comprimento no lenho precoce		
Outras características	Devem ser consideradas com base nas demais características de seleção.		

[1] Admissível para madeira esquadrejada com largura < 120 mm .
[2] Para madeiras selecionadas não secas essas características são desconsideradas.
[3] Critérios adicionais de seleção visual de madeira aparelhada, selecionada mecanicamente, veja DIN 4074-1 tabela 5.

Classes de seleção DIN 4074 (pranchas, tábuas)

Características de seleção (seleção visual)	Classes de seleção (madeira aparelhada de coníferas)		
	S 7	S 10	S13
Nós – nó individual – acúmulo de nós – nó no lado estreito	≤ 1/2 da largura ≤ 2/3 da largura –	≤ 1/3 da largura ≤ 1/2 da largura ≤ 2/3 da largura	≤ 1/5 da largura ≤1/3 da largura ≤ 1/3 da largura
Inclinação da fibra	≤16 %	≤ 12 %	≤ 7 %
Canal da medula	admissível	admissível	inadmissível[1]
Largura do anel de cresc. – geral – Pinheiro do Oregon	≤6 mm ≤ 8 mm	≤ 6 mm ≤8 mm	≤ 4 mm ≤ 6 mm
Fissuras – de contração[2] – no anel de crescimento	admissível inadmissível	admissível inadmissível	admissível inadmissível
Falhas nos cantos[3]	≤1/3 do lado da seção	≤1/3 do lado da seção	≤1/4 do lado da seção
Curvatura[2] – longitudinal – retorcida – transversal	≤ 12 mm para 2 m comprimento ≤ 2 mm cada 25 mm largura/2 m ≤ 1/20 da largura	≤ 8 mm para 2 m comprimento ≤ 1 mm cada 25 mm largura / 2 m ≤ 1/30 da largura	≤ 8 mm para 2 m comprimento ≤ 1 mm cada 25 mm largura/2 m ≤ 1/50 da largura
Alteração de cor – azul – listras marrons e verme- lhas, resistentes à unha – mofo vermelho/ branco	admissível ≤ 3/5 perímetro inadmissível	admissível ≤2/5 perímetro inadmissível	admissível ≤ 1/5 perímetro inadmissível
Lenho de compressão	≤ 3/5 perímetro	≤ 2/5 perímetro	≤ 1/5 perímetro
Marcas de insetos	Admissíveis furos de larvas de até 2 mm de diâmetro no lenho precoce		
Outras características	Devem ser consideradas com base nas demais características de seleção.		

[1] Esta característica de seleção não vale para tábuas para camadas.
[2] Para madeiras selecionadas não secas essas características são desconsideradas.　　　[3] veja página 81

79

2.6 Madeira como produto comercial

Classes de seleção DIN 4074 (predominantemente caibros retangularoo, pranchas e tábuas submetidas à flexão)

Características de seleção (seleção visual)	Classes de seleção (madeira de folhosas)		
	LS 7, LS7K	LS 10, LS10K	LS13, LS13K
Nós – geral – Carvalho	nodosidade $\leq$ 3/5 nodosidade $\leq$ 3/5	nodosidade $\leq$ 2/5 nodosidade $\leq$ 2/5	nodosidade $\leq$ 1/5 nodosidade $\leq$ 1/5
Inclinação das fibras [1]	$\leq$ 16 %	$\leq$ 12 %	$\leq$ 7 %
Canal da medula	inadmissível[2]	inadmissível[2]	inadmissível
Largura do anel de cresc.	–	–	–
Fissuras – de contração[3] – de geada / no anel de crescimento	$\leq$ 3/5 do bordo mais curto inadmissível	$\leq$ 1/2 do bordo mais curto inadmissível	$\leq$2/5 do bordo mais curto inadmissível
Falhas nos cantos[4]	$\leq$ 1/3 do lado da seção	$\leq$ 1/3 do lado da seção	$\leq$ 1/3 do lado da seção
Curvatura[3] – longitudinal – retorcida	$\leq$ 12 mm para 2 m comprimento $\leq$2 mm cada 25 mm largura/2 m	$\leq$ 8 mm para 2 m comprimento $\leq$1 mm cada 25 mm largura/2 m	$\leq$8 mm para 2 m comprimento $\leq$1 mm cada 25 mm largura / 2 m
Coloração, mofo – listras vermelhas e marrons resistentes à unha – mofo	$\leq$ 3/5 perímetro inadmissível	$\leq$ 2/5 perímetro inadmissível	$\leq$ 1/5 perímetro inadmissível
Marcas de insetos	São admissíveis furos de larvas de até 2 mm de comprimento no lenho precoce.		
Outras características	Devem ser consideradas com base nas demais características de seleção.		

[1] Essa característica não é considerada para a faia.
[2] Para caibros com uma largura > 100 mm é admissível.
[3] Para madeiras selecionadas não secas essas características são desconsideradas.
Critérios adicionais de seleção visual de madeira aparelhada, selecionada mecanicamente, veja DIN 4074-1 tabela 5

Classes de seleção DIN 4074 (pranchas, tábuas)

Características de seleção (seleção visual)	Classes de seleção (madeira de folhosas)		
	S 7	S 10	S13
Nós – nó individual – acúmulo de nós – nó no lado estreito[1]	$\leq$ 1/2 da largura $\leq$ 2/3 da largura –	$\leq$ 1/3 da largura $\leq$ 1/2 da largura $\leq$ 2/3 da largura	$\leq$ 1/5 da largura $\leq$ 1/3 da largura $\leq$ 1/3 da largura
Inclinação da fibra[2]	$\leq$ 16 %	$\leq$ 12 %	$\leq$ 7 %
Canal da medula	inadmissível[3]	inadmissível[3]	inadmissível
Largura do anel de cresc.	–	–	–
Fissuras – de contração – de geada/ no anel de crescimento	admissível inadmissível	admissível inadmissível	admissível inadmissível
Falhas nos cantos[4]	$\leq$ 1/3 do lado da seção	$\leq$ 1/4 do lado da seção	$\leq$ 1/8 do lado da seção
Curvatura[5] – longitudinal – retorcida – transversal	$\leq$12 mm para 2 m comprimento $\leq$ 2 mm cada 25 mm largura / 2 m $\leq$ 1/20 da largura	$\leq$ 8 mm para 2 m comprimento $\leq$ 1 mm cada 25 mm largura / 2 m $\leq$ 1/30 da largura	$\leq$ 8 mm para 2 m comprimento $\leq$ 1 mm cada 25 mm largura / 2 m $\leq$ 1/50 da largura
Coloração, mofo – listras vermelhas e marrons, resistentes à unha – mofo	$\leq$ 3/5 perímetro inadmissível	$\leq$ 2/5 perímetro inadmissível	$\leq$ 1/5 perímetro inadmissível
Marcas de insetos	São admissíveis furos de larvas de até 2 mm de comprimento no lenho precoce.		
Outras características	Devem ser consideradas com base nas demais características de seleção.		

[1] Esta característica de seleção não vale para tábuas para camadao.
[2] Essa característica não é considerada para a faia.
[3] É admissível para o carvalho.
[4] veja página 81
[5] Para madeiras selecionadas não secas essas características são desconsideradas.

2.6 Madeira como produto comercial

Relação das classes de seleção e resistência

Madeiras	Classes de seleção[1] DIN 4074	Classes de resitência[2] DIN EN 338	Características de seleção[3] DIN 4074, p.ex., canto da árvore
Abeto vermelho	S 7	C 16	
Abeto	S 7	C 16	
Pinho	S 7	C 16	
Lariço	S 7	C 16	
Pinheiro do Oregon ≥60 mm	S 7	C 16	
Abeto vermelho	S 10	C 24	
Abeto	S 10	C 24	
Pinho	S 10	C 24	
Lariço	S 10	C 24	
Pinheiro do Oregon ≥ 60 mm	S 10	C 24	
Abeto vermelho	S 13	C 30	
Abeto	S 13	C 30	
Pinho	S 13	C 30	
Lariço	S 13	C 30	
Pinheiro do Oregon ≥ 60 mm	S 13	C 30	

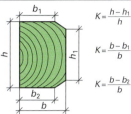

$K = \dfrac{h - h_1}{h}$

$K = \dfrac{b - b_1}{b}$

$K = \dfrac{b - b_2}{b}$

K: Fração perdida da respectiva face da seção transversal

Exemplo:

$K = \dfrac{h - h_1}{h} = \dfrac{20 - 16}{20} = \dfrac{1}{5} \leq \dfrac{1}{3}$

A classificação é feita conforme DIN EN 1912. Predominantemente pranchas e tábuas submetidas à flexão devem ser selecionadas como madeiras esquadrejadas (caibros). 1) veja páginas 61 e 62 2) veja página 64 3) veja páginas 79/80

Conformidade dimensional DIN 4074 (conforme DIN EN 336)

Classe de tolerância dimensional 1	Largura ≤ 100 mm + 3 mm ... – 1 mm	Largura ≤ 100 mm + 3 mm ... – 2 mm
Classe de tolerância dimensional 2	Largura ≤ 100 mm + 1 mm ... – 1 mm	Largura ≤ 100 mm + 1,5 mm ... – 1,5 mm

Desvios negativos no comprimento não são permitidos. A umidade de referência para medição é de 20% TS: Madeira aparelhada seca, que foi selecionada com umidade ≤ 20%. O valor de cálculo para a medida média de contração e dilatação na direção radial/tangencial é 0,24% a cada 1% de variação na umidade da madeira para madeira de coníferas europeias.

Descrição das classes especiais DIN 4074

S7, S7K, LS7, LS7K	Madeira esquadrejada com baixa capacidade de carga
S10, S10K, LS10, LS10K	Madeira esquadrejada com capacidade de carga comum
S13, S13K, LS13, LS13K	Madeira esquadrejada com capacidade de carga acima da média
MS17	Madeira esquadrejada com capacidade de carga excepcionalmente alta

M: identificação adicional para madeira selecionada mecanicamente; L: identificação adicional para madeira de folhosas
K: identificação adicional para tábuas e pranchas que são selecionadas como madeira esquadrejada

Designação da madeira aparelhada (Exemplo)

Madeira esquadrejada DIN 4074 – S 10TS-FI	Madeira esquadrejada, classe de seleção S10, selecionada seca (TS), Abeto vermelho
Prancha DIN 4074 – S 13K-KI	Prancha, classe de seleção S13, selecionada como madeira esquadrejada (K), Pinho
Tábua DIN 4074 – C 40M-LA	Tábua, classe de resistência C40, selecionada mecanicamente (M), Lariço

Identificação da madeira aparelhada

Produtos de construção conforme esta norma precisam ser identificados no produto ou na nota fiscal com o selo de conformidade (selo Ü).

Madeira maciça para construção (KVH®) é a madeira aparelhada para construção, sem medula, com medidas invariáveis, todos as faces aplainadas, $u = 12\%$ ...18% na classe de seleção S10 conforme DIN 4074-1.

Madeira térmica é a que teve suas propriedades alteradas por um tratamento específico a alta temperatura (170 °C ... 230 °C. Devido ao tratamento em alta temperatura alteram decisivamente a absorção de água, as propriedades mecânicas e melhora-se a coesão duradoura. Existem diversos processos para a produção de madeira térmica.

Propriedades positivas

Coesão duradoura elevada
Redução da contração e dilatação
Baixa umidade de equilíbrio da madeira
Elevada estabilidade dimensional
Novas tonalidades de cores

Propriedades negativas

Elevada fragilidade, elasticidade,
Nenhum canto vivo (lascas)
Maior ângulo para corte de cavaco na ferramenta
Maior velocidade de corte para a ferramenta
Menor passo dos dentes na ferramenta

2.6 Madeira como produto comercial

Seleção pela TG [1] (seleção)

Característica	Tábuas e pranchas em bruto						
	Abeto vermelho / Abeto			Fl / LA / Pinho / Lariço / Pinheiro do Oregon			Madeira de folhosas
	0	I	II	III	IV	Aplainado bruto[2]	
Cor	liso [3]	ocasionalmente colorido leve	colorido leve	colorido médio	colorido, pinho	ocasional colorido leve, pinho pouco azulado	pontos mofos, medição por abate
Nós	por m 1 nó pequeno, $\leq$ 5 cm de comprimento	pequenos bem cicatrizados $\leq$ 5 cm de comprimento por m 1 pequeno nó solto	a cada metro 2 nós soltos, nós saudáveis cicatrizados em ambas as faces < 10 cm, na melhor face, nenhum nó posicionado simetricamente a outro	ocasionais, médios, porém saudáveis	idem classe III	médio, saudável $\geq$ 7 cm, nenhum nó solto	nós podres, medição por abate
Bolsas de resina	pequenas ou nó pequeno	ocasionais, pequenas	pequenas	poucas, médias	idem classe III	pequenas, sem perturbações	
Fissuras	pequenas, ocasionais	pequenas, ocasionais, fissuras curtas nas extremidades não são consideradas	pequenas, ocasionais, fissuras curtas nas extremidades não são consideradas	médias	idem classe III	pequenas, ocasionais, fissuras curtas nas extremidades não são consideradas	medição por abate
Falhas nos cantos	pequenas, ocasionais	pequenas, ocasionais	pequenas	médias	grandes	pequenas	medição por abate
Pontos de ataque de insetos				poucos	idem classe III		medição por abate
Outras características	não é lenho vermeho[4]	não é lenho vermeho			pode ser recortada	espessura $\leq$ 55 mm	umidade de referência para medição 18%
Comprimento normal	3 m ... 6 m	3 m ... 6 m	3 m ... 6 m	3 m ... 6 m	2 m ... 6 m	2 m ... 6 m	3 m ... 6 m 15 % também pode ter 2,5 m...2,9 m de comprimento
Largura	8 cm para cima	8 cm para cima	8 cm para cima	8 cm para cima	8 cm para cima sem DB[5]	8 cm ...18 cm	medir meio canto da árvore
Laterais recortadas			curvatura < 2 cm a cada metro		idem classe III		
Laterais não recortadas	curvatura < 2 cm a cada metro	curvatura < 2 cm a cada metro	curvatura de um lado < 3 cm a cada metro	curvatura	idem classe III		
Medição	por tábua	por tábua	por tábua	por tábua ou medida de área	por tábua ou medida de área	por tábua	por tábua comprimento em décimos ou quartos de m

[1] As regras de seleção da TG não têm aplicação na legislação de construções. A legislação de construções está nas normas DIN 1052 e DIN 4074; ambas são adotadas para fiscalização de construções.

[2] Aplainado bruto é madeira aparelhada não padronizada para a fabricação de artigos aplainados.

[3] Como liso é designado o artigo sem alteração na cor.

[4] Lenho de reação escuro, lenho de pressão também são designados como lenho vermelho, difícil de trabalhar.

[5] DB: Largura média

2.6 Madeira como produto comercial

Tamanhos de madeiras aparelhadas

Madeira	Classificação da madeira aparelhada					
	DIN 4074		TG		DIN 68252	
	Espessura/altura	Largura	Espessura/altura	Largura	Espessura/altura	Largura
Vigas	–	–	–	–	Seção transversal > 200 cm²	
Madeira em quarto de tronco	–	–	Seção transversal > 32 cm²		Seção transversal > 32 cm² 4 peças separadas do cerne	
Esquadrejado	$b \leq h \leq 3$ b	$b > 40$ mm	–	–	$d \geq 60$ mm	$b \leq 3$ d
Prancha	$d \leq 40$ mm	$b > 3$ d	Seção transversal > 32 cm²	$b > 80$ mm	$d \geq 40$ mm	$b > 2$ d
Tábua	$d \leq 40$ mm	$b \geq 80$ mm	Seção transversal > 32 cm²	$b > 80$ mm	8 mm ...40 mm	> 80 mm
Sarrafo	$d \leq 40$ mm	$b < 80$ mm	Seção transversal > 32 cm²	$b > 80$ mm	Seção transversal > 32 cm²	$b > 80$ mm

Vigas p.ex. 10/20 — Quarto de tronco — Vigota p.ex. 8/10 — caibro 4/6 — Prancha — Tábua

TG: Usos e costumes   b: largura   d: espessura   h: altura

Madeira para trabalho de carpintaria

Na seleção de um tipo de madeira ou de uma peça do tronco alguns pontos precisam ser considerados: Estética, economia, durabilidade (DIN EN 350), solicitação, trabalhabidade, O peso de cada um é baseado nas exigências individuais do elemento construtivo.

Seleção dos tipos de madeira para trabalho de marcenaria	
Seleção pela estética	Cor, granulação, textura fina, média, grossa adequado para tratamento de superfície
Seleção pela economia	Disponibilidade como madeira maciça ou folheada: permanente, oscilante, limitada medidas comerciais custos: baixos, médios, altos
Seleção pelas características mecânicas	Densidade: leve, média, pesada Resistência (DIN EN 338, DIN 1052) Propriedades de crescimento, largura do anel de crescimento, desenvolvimento das fibras (DIN 52181) Dureza (resistência contra abrasão da superfície)
Seleção pela trabalhabilidade	Comportamento na secagem: fácil a difícil, rápido a demorado Dureza: muito boa a difícil de trabalhar Colagem: boa a problemática Flexibilidade: muito boa a insuficiente
Seleção pela praticidade	Alteração das medidas (dilatação, contração) após a secagem: pequena, média, grande Condições de risco após a montagem (DIN EN 335)
Seleção pela coesão duradoura	Coesão duradoura natural, veja página 60 Absorção de agente de proteção (DIN EN 350-2) Reação com outros materiais (metal)

Nem todos os critérios de seleção são válidos para todas as aplicações; os critérios exercem influências diferenciadas.

Informações para pedido (DIN EN 942)	
1.	Nome da madeira solicitada,
2.	Classe de acordo com a seleção exigida,
3.	Teor de umidade de acordo com a respectiva finalidade de uso, veja página 70,
4.	Finalidade de uso após a montagem,
5.	Revestimento transparente ou opaco.

2.6 Madeira como produto comercial

Características da madeira para trabalhos de carpintaria (DIN EN 942)

Características		Superfícies aparentes					Superfícies encobertas
		Classe J2	Classe J10	Classe J30	Classe J40	Classe J50	
Nós		max. 2 mm	30% max. 10 mm	30% max. 30 mm	40% max. 40 mm	50% max. 50 mm	Nas superfícies encobertas são admissíveis todas as características discriminadas desde que não afetem as propriedades mecânicas nem a utilização do produto final de madeira.
Fissuras	Largura máxima	inadmissível	0,5 mm		1,5 mm, se restauradas		
	Profundidade máxima		1/8 da espessura da peça		1/4 da espessura da peça		
	Comprimento individual máx.		100 mm	200 mm	300 mm		
	Comprimento total em cada superfície		10%	25%	50%		
Bolsas de resina e inclusão da casca		inadmissível	admissível até 75 mm de, comprimento, se restauradas e estiver previsto um revestimento opaco	admissível, se restaurada			
Alterações de cor no alburno (inclusive azuis)		inadmissível	admissível se for invisível após um tratamento decorativo ou se a característica for desejada				
Medula exposta		inadmissível	admissível, se restaurada				
Danos causados por besouro Ambrósia		inadmissível	admissível, se restaurados				

Classificação das características visíveis da madeira (DIN EN 942, DIN 18355)

Designação	Descrição
Classes de madeira	Características, veja tabela na página 76
J	joinery, carpintaria
10	10 mm, medida limite para o $\varnothing$ do nó, se $\varnothing$ < 10 mm, medido conforme DIN EN 1310; nós com $\varnothing$ > 10 mm precisam ter um afastamento longitudinal > 150 mm.
30%	percentagem de nós na largura ou espessura total do produto final de madeira sobre o qual aparecem o nó ou o acúmulo de nós.
J10, J30, J40, J50	Colagem na largura ou em camadas, ensambladura admissível
Tipos de madeiras	Precisam ser adequadas à finalidade de uso; testar a coesão duradoura (DIN EN 350-2,DIN EN 351-1, DIN EN 460); propriedades de contração e dilatação devem ser observadas.
Restaurações	Permitidas com tampões ou produtos de preenchimento, veja tabela na página 76
Umidade da madeira	Nenhum valor individual pode ultrapassar o teor máximo de umidade média em mais de 3 por cento; valores veja página 71
Alburno	Permitido; exigências especiais sobre o acerto da cor devem ser combinadas.
Cantos da árvore	Permitidos, se ficarem encobertos na montagem da peça pronta.
Dimensões	Para a espessura da madeira trabalhada só são admissíveis desvios estabelecidos na DIN 4073, veja página 80.
Superfícies aparentes/ descobertas	Superfícies que após a montagem não ficam permanentemente cobertas. Superfície de peças móveis (folha de portas, batentes) que são visíveis quando abertas, são consideradas superfícies aparentes.
Superfícies encobertas	Superfícies que após a montagem são permanentemente encobertas por outro elemento ou peça individual (metal, plástico).

2.6 Madeira como produto comercial

Mediada excedente de madeiras aparelhadas (DIN EN 1309, DIN 68250, DIN 68371, Tegernseer Gebräuche (TG))

Excedente	Descrição	Ilustração	Excedente	Descrição	Ilustração
Espessura t em 0,1 mm	em 3 pontos; no mínimo, a 150 mm das extremidades; o terceiro ponto aleatório		**Largura** b madeira aparelhada, cortada paralela em 0,1 mm	em 3 pontos; sem cantos de árvore, em ângulo reto, a pelo ao menos 150 mm das extremidades; 3º ponto aleatório	
Largura b madeira aparelhada sem recortes; tábua em 0,1 mm	medida na face mais estreita espessura DIN < 40 mm Espessura TG < 35 mm arredondado para cm inteiro		**Largura** b madeira aparelhada sem recortes; prancha em 0,1 mm	Média das larguras de ambas as faces ou do bloco Espessura DIN < 40 mm Espessura TG < 35 mm	
Comprimento l em 0,1 mm	menor distância entre as extremidades em ângulo reto; medição TG é feita em décimos e quartos de metro.		**Volume** de 0,001 m³	calculado a partir da espessura, largura, comprimento em m³ $V = t \cdot b \cdot l$	
Bloco	para produtos de tronco ou bloco, as tábuas ou pranchas só são medidas na face superior (pela posição em blocos corretamente empilhado). A metade superior do bloco é medida na face estreita e a metade inferior, na face larga		**Produtos em bloco**	peças empilhadas em blocos de tábuas ou pranchas e que geralmente também são comercializadas por bloco, isto é, como blocos integrais	

Observação: a medida excedente da largura não vale para produtos dimensionados e madeiras de coníferas conforme DIN 4071
Produtos dimensionados: produtos manufaturados em espessuras, larguras e/ou comprimentos encomendados

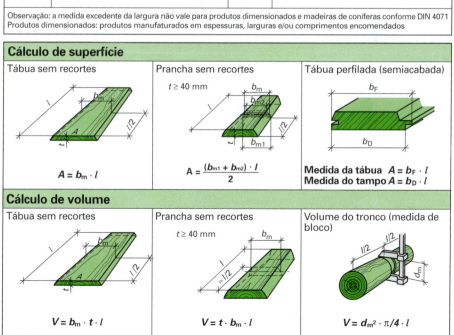

Cálculo de superfície

Tábua sem recortes	Prancha sem recortes	Tábua perfilada (semiacabada)
$A = b_m \cdot l$	$t \geq 40$ mm $A = \dfrac{(b_{m1} + b_{m2}) \cdot l}{2}$	Medida da tábua $A = b_F \cdot l$ Medida do tampo $A = b_D \cdot l$

Cálculo de volume

Tábua sem recortes	Prancha sem recortes	Volume do tronco (medida de bloco)
$V = b_m \cdot t \cdot l$	$t \geq 40$ mm $V = t \cdot b_m \cdot l$	$V = d_m^2 \cdot \pi/4 \cdot l$

2.6 Madeira como produto comercial

Cálculo de perdas (resíduo)

Volume bruto	R	é o volume da madeira a ser trabalhada.
Volume acabado	F	é o volume de madeira da peça pronta.
Perda de corte	S	é o volume do resíduo gerado pelo trabalho e processamento de um volume bruto S = R – F
Desconto de resíduo	V	é a perda de corte (S) em %, quando o ponto de partida para o cálculo for o volume bruto (cálculo pelo bruto)
Acréscimo de resíduo	Z	é a perda de corte (S) em %, quando o ponto de partida para o cálculo for o volume acabado (cálculo pelo líquido)

Existem dois processos para o cálculo da perda de corte

Desconto de resíduo $V(\%) = \dfrac{(R-F) \cdot 100\%}{R}$ **Acréscimo de resíduo** $Z(\%) = \dfrac{S \cdot 10\%}{F}$

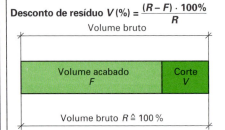
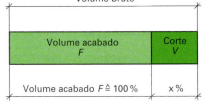

Exemplo: Para orçamento prévio, o volume acabado de madeiras foi calculado em 1,27 m³. O acréscimo de resíduo corresponde a 58%.

Volume bruto $R = F \cdot \dfrac{(100\% + S\%)}{100\%}$ Volume bruto $R = F + \dfrac{F \cdot S\%}{100\%}$

$= 1{,}27 \text{ m}^3 \cdot \dfrac{100 + 58}{100} = 2{,}007 \text{ m}^3$ $= 1{,}27 \text{ m}^3 + \dfrac{1{,}27 \text{ m}^3 \cdot 58}{100} = 2{,}007 \text{ m}^3$

Relações entre medidas de capacidade

Maciça: metro cúbico maciço (fm)	**Pilha:** metro cúbico espacial (rm)	**Cavaco:** metro cúbico aparente (sacudido) (Srm)
1 fm ≈ 1,4 rm ≈ 2,5 Srm	1 rm ≈ 0,7 fm ≈ 1,8 Srm	1 Srm ≈ 0,4 fm ≈ 0,6 rm

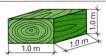
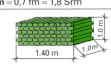
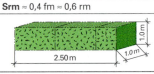

Definições complementares

- Madeiras nórdicas são madeiras aparelhadas provenientes da Noruega, Suécia, Finlândia, assim como as madeiras comercializadas com o termo "produto marítimo russo".

- Umidade de referência para medição é o teor de umidade da madeira no qual as medidas estabelecidas na norma devem ser comprovadas. Ela não precisa, portanto, corresponder ao teor de umidade no fornecimento ou na instalação. O teor de umidade parte de semisseco para plaina, geralmente $u = 12\%$ ... $u = 16\%$. As medidas indicadas valem para $u = 14\%$ ... 20% para DIN 4071, DIN 4072, DIN 4073, DIN 68122, DIN 68123, DIN 68125, DIN 68126 e DIN 68127 – para DIN EN 1313-1 vale $u = 20\%$.
Pela DIN 1052-05/2000 as medidas nominais da seção transversal das madeiras aparelhadas têm como referência uma umidade da madeira de 20%.

- Condições de qualidade se baseiam nas descrições da DIN 68365, DIN EN 975 e DIN EN 942. Para tábuas perfiladas com ranhura sombreada estão estabelecidos na DIN 68126 os requisitos para a seleção A e B.
Tábuas com ranhura ensamblada, ensambla bruta, tábua com chanfro, tábua acanalada, e tábuas perfiladas também são oferecidas em outras espessuras e larguras.

2.6 Madeira como produto comercial

Dimensões preferenciais de madeira aparelhada de folhosas (DIN EN 1313-2) em mm

Espessuras	Tolerâncias permissíveis	comprimentos	escalonamento	Tolerâncias permissíveis	larguras	escalonamento	Tolerâncias permissíveis
18, 20, 22, 24, 25, 27, 30, 32	− 1 ou + 3	M. aparelhada < 1 m	50	− 0, + 3% no máximo	50 … 90	10	b < 100 − 2 ou + 6
35, 40, 45, 50, 52, 60, 63, 65 70, 80, 100	− 2 ou + 4	M. aparelhada < 1 m	100		100 …	20	b > 100 − 3 ou + 9
		Produtos em bloco sem recortes	100 90		145	0	b < 200 − 3 ou + 9 b > 200 − 4 ou + 12

Tábuas e pranchas de coníferas sem aplainamento (DIN 4071) cortadas paralelamente em mm

	Espessuras	Tolerâncias permissíveis	Comprimentos (tábuas, pranchas)	escalonamento	Tolerâncias permissíveis	Largura (tábuas, pranchas)	Tolerâncias permissíveis
Tábuas	16, 18, 22, 24, 28, 36	±1	1500 …6000	250 300	+ 50 − 25	75, 80	± 2
Pranchas	44, 48, 50 63, 70, 75	±1,5 ±2				100, 115, 120, 125, 140, 150, 160, 175, 180, 200, 220, 225, 240, 250, 260, 275, 280, 300	± 3

Escalonamento do comprimento: produtos do tronco e em blocos: 100 mm   Produtos dimensionados 10 mm

Madeira aparelhada de coníferas, medidas preferenciais da seção (DIN EN 1313-1) em mm

Espessura ↓/largura →	60	80	100	120	125	140	150	160	175	180	200	225	240	260
38		X		X		X								
40	O													
50			X		X		X		X		X	X		
60		O		O		O		O		O		O		
63			X		X		X	X						
75							X	X		X	X			
80		O	O		O		O		O		O		O	
100			O	O							X			
120			O	O							O		O	
140														
160							O						O	O

X Medidas preferenciais   O medidas preferenciais adicionais na Alemanha
Tolerâncias permissíveis: espessura e largura ≤ 100 mm + 3 mm… −1 mm, comprimento ± 0; espessura e largura > 100 mm + 4 mm… −1 mm, comprimento ±0;

Tábuas e pranchas aplainadas de coníferas (DIN 4073) em mm

	Espessuras	Tolerâncias permissíveis	Comprimentos	Escalonamento	Tolerâncias permissíveis	Larguras	Tolerâncias permissíveis
Madeiras europeias	13,5; 15,5; 19,5	±0,5	> 1500 …6000	250 300	+ 50 − 25	75, 80	± 2
	25,5; 35,5; 41,5; 45,5	±1				100, 115, 120, 125, 140, 150,	
Madeiras nórdicas	9,5; 11; 12,5; 14; 16; 19,5	±0,5				160, 175, 180, 200, 220, 225,	± 3
	22,5; 25,5; 28,5; 40; 45	±1				240, 250, 260, 275, 280, 300	

Escalonamento do comprimento: produtos do tronco e em bloco: 100 mm   Produtos dimensionados 10 mm
As tábuas e pranchas são aplainadas lisas de um lado e aparelhadas no lado de trás numa espessura regular, as superfícies das bordas não são aplainadas nem perfiladas.

Tábuas acústicas (DIN 68127) em mm

Tábua com topos lisos	Madeiras europeias	Tolerâncias	Madeiras nórdicas	Tolerâncias	Madeiras de ultramar	Tolerâncias
Espessuras t	17 19,5 21	±0,5	16 19,5 22	± 0,5 ± 1	16 19,5 22	± 0,5 ± 1
Larguras b	78 94	± 1 ± 1,5	70 95	± 1 ± 1,5	68 94	± 1 ± 1,5

Madeiras europeias			Madeiras nórdicas			Madeiras de ultramar		
Comprimentos	Escalonamento	Tolerâncias	Comprimentos	Escalonamento	Tolerâncias	Comprimentos	Escalonamento	Tolerâncias
>1500..>3000	500	+ 50 − 25	1800 … 6300	300	± 50	1520 … 6400	300 310	± 50
>3000..>4500	250							
>4500..>6000	500							

Peças de encaixe: larguras b = 30 mm para 10 mm de espaço entre as tábuas
b = 35 mm para 15 mm de espaço entre as tábuas

Tábua acústica com topos lisos

Tábua acústica perfilada

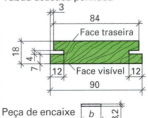

Peça de encaixe

2.6 Madeira como produto comercial

Tábuas para sacadas (DIN 68 128)

Espessura, largura em mm

	Madeiras europeias		Madeiras nórdicas		Madeiras de ultramar	
		Tolerâncias		Tolerâncias		Tolerâncias
Espessura t	26	± 1	27	± 1	26	± 1
Largura b	150 190	± 2	143 193	± 2	140 190	± 2

Comprimentos em mm

Madeiras europeias			Madeiras nórdicas			Madeiras de ultramar		
Compri-mento	Escalo-namento	Tolerân-cia	Compri-mento	Escalo-namento	Tolerân-cia	Compri-mento	Escalo-namento	Tole-rância
≥ 1500 ≤ 4500	250	+ 50 − 25	1800 ... 6300	300	± 50 − 25	1830 ... 6100	300 310	+ 50 − 25
> 4500 ≤ 6000	500							

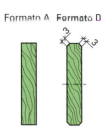

Formato A Formato B

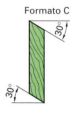

Formato C

Rodapés (DIN 68 125)

Espessura, largura em mm

Madeiras europeias				Madeiras nórdicas			
Espessura t	Tole-rância	Largura b	Tole-rância	Espessura t	Tole-rância	Largura b	Tole-rância
15		73				58	
19,5	± 0,5	42	± 1	12	± 0,5		± 1
21		42				70	

Comprimentos em mm

Madeiras europeias				Madeiras nórdicas			
Comprimentos	Escalo-namento	Tole-rância		Comprimentos	Escalo-namento	Tole-rância	
≥ 1500 ... ≤ 3000	500	+ 50 − 25		1800 ... 6000	300	+ 50 − 25	
> 3000 ... ≤ 4500	250
> 4500 ... ≤ 6500	500

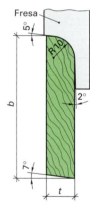

Tábuas macho-fêmea de coníferas (DIN 4072)

Espessuras, larguras em mm

Madeiras europeias				Madeiras nórdicas			
Espessura t	Tole-rância	Largura b	Tole-rância	Espessura t	Tole-rância	Largura b	Tole-rância
15,5	± 0,5	95	± 2,5	19,5	± 0,5	96	± 1,5
19,5		115		22,5		111	
25,5	± 1	135	± 2	25,5	± 1	121	± 2
35,5		155					

Comprimentos em mm

Madeiras europeias				Madeiras nórdicas			
Comprimento	Escalo-namento	Tole-rância		Comprimento	Escalo-namento	Tole-rância	
≥ 1500 ... ≤ 4500	250	+ 50 − 25		1800 ... 6000	300	+ 50 − 25	
> 4500 ... ≤ 6000	500

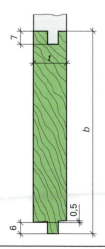

2.6 Madeira como produto comercial

Tábua chanfrada de coníferas (DIN 68 122)

Espessuras, larguras em mm						
Madeiras europeias			Madeiras nórdicas		
Espessura t	Tolerância	Largura b	Tolerância	Espessura t	Tolerância	Largura b	Tolerância
15,5	± 0,5	95	± 1,5	12,5	± 0,5	96	± 1,5
19,5		115			111	
Comprimentos em mm						
Madeiras europeias			Madeiras nórdicas		
Comprimentos	Escalonamento	Tolerância	Comprimentos	Escalonamento	Tolerância
≥ 1500 ... ≤ 4500	250	+ 50	1800 ... 6000	300	+ 50
> 4500 ... ≤ 6000	500	− 25			− 25

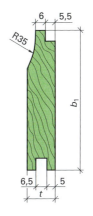

Tábua acanalada de coníferas (DIN 68 123)

Espessuras, larguras em mm						
Madeiras europeias			Madeiras nórdicas		
Espessura t	Tolerância	Largura b	Tolerância	Espessura t	Tolerância	Largura b	Tolerância
19,5	± 0,5	115	± 1,5	19,5	± 0,5	111	± 1,5
		135	± 2			121	± 2
		155					146	
Comprimentos em mm						
Madeiras europeias			Madeiras nórdicas		
Comprimentos	Escalonamento	Tolerância	Comprimentos	Escalonamento	Tolerância
≥ 1500 ... ≤ 4500	250	+ 50	1800 ... 6000	300	+ 50
> 4500 ... ≤ 6000	500	− 25			− 25

Tábua perfilada com ranhura de madeira de coníferas e folhosas (DIN 68 126)

Espessuras, larguras em mm						
Madeiras europeias			Madeiras nórdicas		
Espessura t	Tolerância	Largura b	Tolerância	Espessura t	Tolerância	Largura b	Tolerância
12,5	− 0,5	96	− 1	12,5	− 0,5	71	− 1
15,5					14			96	
19,5	− 1	115			19,5	− 1	146	− 2
Comprimentos em mm						
Madeiras europeias			Madeiras nórdicas		
Comprimentos	Escalonamento	Tolerância	Comprimentos	Escalonamento	Tolerância
≥ 1500 ... ≤ 4500	250	+ 50	1800 ... 6000	300	+ 50
> 4500 ... ≥ 6000	500	− 25			− 25
Espessuras, larguras em mm			Comprimentos em mm		
Madeiras de ultramar			Madeiras de ultramar		
Espessura t	Tolerância	Largura b	Tolerância	Comprimentos	Tolerância
9,5	− 0,5	69	− 2	1830, 2130, 2440, 2740, 3050,	+ 50
11		94		3350, 3660, 3960, 4270, 4570	
12,5					4880, 5180, 5490, 5790, 6100	− 25

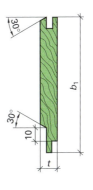

2.7 Folheados

Folheados são folhas de madeira com até 5 mm de espessura, produzidas por meio de corte em serra, desenrolamento ou laminação de troncos ou segmentos cozidos ou tratados em vapor. Os folheados são diferenciados pelo processo de fabricação ou pela aplicação.

Folheados segundo a fabricação

Desenrolamento centralizado	Folheado que é produzido por meio do desenrolamento de um tronco que gira centralizado. A face direita ou face aberta é fissurada. A textura é irregular, o padrão dos veios não tem valor decorativo.
Desenrolamento excêntrico	Folheado que é produzido por meio do desenrolamento de um tronco ou segmento de tronco que gira excentricamente. A face direita ou face aberta é fissurada. A textura se assemelha a do folheado por laminação.
Laminação	Folheado originário da laminação da metade ou de um segmento do tronco. A face inferior aberta é fissurada. A textura, dependendo da direção do corte, é lisa (corte simétrico ou em quartos) ou com veios (corte tangencial).
Corte em serra	Folheado produzido por meio de serra alternativa ou serra circular para folheado. Nenhuma das faces é fissurada. A textura é a mesma da laminação. O folheado mantém sua coloração natural.

Folheado segundo a aplicação

Cobertura	A camada decorativa externa do folheado	Face direita	Face voltada para o centro do tronco
Contrafolheado	Sem pretensão decorativa, deve evitar uma deformação	Face esquerda	Face voltada para fora do centro do tronco
Folheado externo-interno	Folheado de cobertura em superfícies internas de móveis	Face aberta	Na laminação ou desenrolamento a face voltada para a faca
Contenção	Em ângulo de 90° em relação ao folheado de cobertura	Face fechada	A face oposta à face aberta, voltada para o lado oposto da faca

Defeitos ao folhear materiais em placas

Defeito	Causa	Eliminação
Película de cola	Cola já havia secado Pouca ou nenhuma cola Pouca ou nenhuma pressão	Partir o folheado, aplicar cola e pressionar a área toda.
Protuberâncias	Aplicação irregular de cola; cola muito viscosa; muita cola	Para cola KPVAc, umedecer as superfícies e prensar novamente, tempo mais longo de pressão
Penetração de cola no folheado	Folhado muito poroso Folhado muito fissurado Cola com pouca viscosidade	Para cola KPVAc, imediatamente após a prensagem escovar com água quente e escova de cerdas de latão.
Pontos de compressão	Irregularidades no folheado Resíduos de folheado ou cavacos entre a peça e o folheado	Dilatar os locais com umidade e calor.
Fissuras no folheado	Folheado muito ondulado Tensão no folheado Papel de proteção não oferece segurança suficiente Tempo de armazenamento demasiadamente longo	Preencher as fissuras grandes com folheado ajustado. Calafetar as fissuras pequenas.
Alteração na cor do folheado	Temperatura de prensagem muito alta Tempo de prensagem muito longo Reação devida à cola (valor pH) Reação devida às camadas adicionais ou ao solvente	Por meio de lixamento Por meio de descoloração
Substrato visível através do folheado	Folheado claro muito fino Fios de cola muito grossos; resíduos entre o substrato e o folheado	Não é mais possível. Se necessário, decapar a superfície.

2.7 Folheados

Espessura nominal de folheados em mm (DIN 4079, seleção)

Lâminas (sigla L)

Tipo de madeira	Sigla	Espessura nominal	Tipo de madeira	Sigla	Espessura nominal
Samba (Wawa, Oboché)	ABA	0,70	Mogno. africano	MAA; MAK;	
Afromosia (Asamela)	AFR	0,55		MAS; MAT	0,55; 0,50[1]
Bordo Pseudoplátano	AH	0,60		MAU	
Acer saccharum	AHZ	0,60	Mogno, verdadeiro	MAE	0,55
Aningeria (Aningré)	ANI	0,55	Makoré	MAC	0,50
Antiaris (Bonkonko, Ako)	AKO	0,60	Mansonia altissima	MAN	0,55
Bétula	BI	0,55	Bengé	MUT	0,55
Pino	BB	0,55	Nogueira	NB	0,50
Bubinga (kevazingo)	BUB	0,55	Okoume	OKU	0,60
Faia	BU	0,55	Palissandra Índia oriental	POS	0,55; 0,50[1]
Dibetou (Dibolo)	DIB	0,55	Rio	PRO	0,50
Pinho do Oregon	DGA	0,85	Choupo	PA	0,60
Ébano	EBE	0,60	Pinheiro-vermelho (P.Carolina)	PIR	0,85
Castanheiro	EKA	0,65	Ulmeiro	RU	0,60
Carvalho-Alvarinho	EI	0,65; 0,60[1]	Cetim, Índia oriental	SAO	0,55
Amieiro	ER	0,60	Kalopanax pictus (Sem)	SEN	0,60; 0,55[1]
Freixo (genérico)	ES	0,60	Liquidambar styraciflua	SWG	0,55
Abeto-do-Norte	FI	1,00	Abeto	TA	1,00
Pinho Silvestre	KI	0,9	Tchitola Oxystigma oxyphyllum	TCH	0,55
Cerejeira	KB	0,55	Teca	TEK	0,60; 0,55[1]
Koto	KTO	0,60	Wengé	WEN	0,75
Lariço Europeu	LA	0,90	Tulipeiro	WIW	0,55
Limba	LMB	0,60	Zingana (zebrano)	ZIN	0,55
Tília	LI	0,65	[1] Desdobro simétrico		

Laminados com veios (M)

Bordo	AH	0,55	Nogueira	NB	0,50
Carvalho	ES	0,60	Choupo	PA	0,65
Morangueiro, Pacific Madrona	MAD	0,55	Ulmeiro	RU	0,60
Murta comum	MYR	0,55			

Quantidade de cola, tempo de prensagem

Para a colagem de folheados sobre materiais de madeira são usadas, via de regra, dois grupos de cola, a cola de acetato de polivinil (KPVAc) e a cola de ureia-formaldeído (KUF).
A quantidade aplicada se baseia na superfície e na capacidade de sucção da placa de base.
Para a colagem numa placa de aglomerado padrão valem os seguintes valores de referência.

Quantidade média para aplicação, tempo em aberto, pressão[1]

Tipo de cola		Umidade da madeira u %	Quantidade aplicada em g/m²	Tempo em aberto em min	Pressão em N/mm²	Temperatura em °C	Tempo mínimo de prensagem em min
KPVAc padrão		6 ... 10	100 ... 160	6 ... 8	0,2 ... 0,4	20	20
		6 ... 10	100 ... 160	6 ... 8	0,2 ... 0,4	50	4
	Cola de folheados	6 ... 10	80 ... 150	5 ... 7	0,2 ... 0,4	20	2 ... 5
		6 ... 10	80 ... 150	5 ... 7	0,2 ... 0,4	50	1 ... 2
		6 ... 10	80 ... 150	5 ... 7	0,2 ... 0,4	90	1
KUF padrão		6 ... 10	100 ... 150	20 ... 25	> 0,2	80	6
		6 ... 10	100 ... 150	20 ... 25	> 0,2	100	3
		6 ... 10	100 ... 150	20 ... 25	> 0,2	120	1
	rápida	6 ... 10	100 ... 150	10	> 0,2	100	1,5
		6 ... 10	100 ... 150	10	> 0,2	120	0,5
KMF		6 ... 10	80 ... 130	15 ... 20	0,2	60	12
[1] A folha de dados técnicos do fabricante deve ser considerada.							

2.8 Parquete

Parquete é um piso de madeira feito de parquete com encaixe fêmea, parquete com encaixe macho-fêmea, placas para parquete, lamelas para parquete de mosaico, assoalho de parquete, elementos de parquete.

Madeiras de parquete estão discriminadas na DIN 280.

Parquete fêmea	parquete com ranhura em todo perímetro, na colocação é unido com régua de madeira
Parquete macho-fêmea	em duas das laterais (longitudinal e transversal) possui encaixe macho nas outras, encaixe fêmea (ambos os topos podem ter encaixe fêmea).
Placas para parquete	elementos fabricados conforme desenho ou amostra, em diversos tipos de madeira, formas e medidas.

Perfil do parquete fêmea   Perfil do parquete macho-fêmea

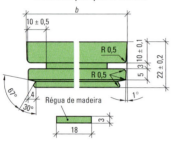
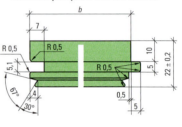

Medidas em mm para taco fêmea e macho-fêmea Tolerância dimensional ± 0,2 mm							
Larguras	45	50	55	60	65	70	75	80
comprimentos	250 280 300 320 350 360 400 420 450 460 490 500 550 560 600 até 1000, escalonado de 50 em 50 mm							

Exemplos: Designações

Parquete fêmea DIN 280 - ST - 50 X 350 EI-G
Parquete macho-fêmea DIN 280 - RI - 60 X 500 BU-N
Placa DIN 280 - TA

O parquete folheado precisa ter uma camada de folheado faqueado de pelo menos 5 mm de espessura.

Assoalho de parquete maciço (V)	elementos, que são unidos entre si no comprimento e na largura, de tal forma formam um assoalho, as laterais longitudinais são dotadas de encaixe macho-fêmea, os topos possuem encaixe fêmea, macho e fêmea têm cantos lisos.
Assoalho de parquete de várias camadas (M) Placas de parquete de várias camadas (M)	os elemento são colados sobre uma base (assoalho ou placas), as laterais são dotadas de encaixe fêmea em todo o perímetro ou têm em duas laterais opostas encaixe macho e as outras, encaixe fêmea

Nos dois tipos de parquete o acabamento superficial não está concluído.

Perfil e dimensões de **assoalho de parquete** e **placas de parquete**

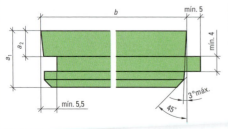

	Espessura em mm		Dimensões em mm	
	a_1	a_2	b	l
Assoalho	13 a 26	5 a 10	100 a 240	a partir de 1200
Placas			200 a 650	200 a 650

A superfície superior no fornecimento deve corresponder, no mínimo, a 4 mm. A espessura útil não precisa necessariamente ser igual à medida a_2.

Na DIN 280 é usado a para a espessura. Internacionalmente é usado o t.

Exemplo: Designação

Assoalho de parquete M 24 X 200 X 1600 DIN 280 - EI-E

2.8 Parquete

Lamelas para parquete de mosaico	pequenas peças de madeira com laterais estreitas lisas são compostas com elementos planos em diversos padrões.

Largura *b*: até 25 mm   Comprimento *l*: até 165 mm

Exemplo: Designação
Lamela DIN 280 - ML - 25 X 165 - EI-G

Elementos acabados de parquete	Elementos de piso fabricados industrialmente, com superfície acabada, de derivados de madeira e outros materiais de construção, superfície superior de madeira; geralmente no formato quadrado ou retangular.

Formato	Espessura em mm	Dimensões do piso em mm	
		Largura	Comprimento
Comprido		100 a 240	acima de 1200
Curto	7 a 26	100 a 400	acima de 400
Quadrado		200 a 650	200 a 650

Medidas predefinidas pelo fabricante.

Exemplo: Designação
Elemento acabado de parquete DIN 280 - FE - 14 X 200 X 2000 - EI - X

Espessura da camada útil, no mínimo, 2,0 mm
Diferença entre as laterais dos elementos assentados lado a lado, no máximo, 0,2 mm

Características de seleção das madeiras para parquete

Madeira	Parquete fêmea, macho-fêmea, placas para parquete	Lamelas para parquete	Assoalho de parquete, placas	Elementos de parquete
Carvalho (EI)	Carvalho natural (EI-N) Carvalho listrado (EI-G) Carvalho rústico (EI-R)	Carvalho natural (EI-N) Carvalho listrado (EI-G) Carvalho rústico (EI-R)	Aparência da superfície como no parquete fêmea, vale a seleção conforme DIN 280, parte 1	Carvalho XXX (EI-XXX) Carvalho XX (EI-XX) Carvalho X (EI-X)
Faia vermelha (BU) tratada no vapor sem tratamento no vapor	Faia natural (BU-N) Faia rústica (BU-R)			
Pinho (KI)	Pinho natural (KI-N) Pinho rústico (KI-R)	Natural (N) Rústico (R)	Aparência da superfície como para lamelas para parquete de mosaico, vale seleção conforme DIN 280, parte 2	XXX pode ser complementado com as indicações da fábrica; nos outros tipos de madeira conforme se apresentam
Freixo e outras madeiras europeias	conforme se apresenta a respectiva madeira			
Coníferas e folhosas de ultramar	Natural (N) Rústico (R)			

Pisos laminados (DIN EN 13329)

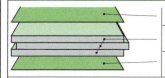

Camada de cobertura	Camada decorativa, dura, resistente, de papéis impregnados (HPL, CPL ou DPL; página 125/127)
Material de suporte:	Camada do núcleo, geralmente de placa de aglomerado (EN 309), placa de fibra MDF (EN 316) ou HDF
Camada inferior:	Camada para estabilização do produto, de HPL, CPL, papéis impregnados ou chapeados

Último lançamento: cobertura de camada de acrilato com teor de minerais, endurecida por feixe de elétrons

Classificação (excerto) DIN EN 685

Classes de solicitação	Residencial			Comercial		
	Moderado	Normal	Intenso	Moderado	Normal	Intenso
Classe	21	22	23	31	32	33
Resistência à abrasão	AC1	AC2	AC3		AC4	
Identificação e símbolo de classificação (exemplos)	Residencial			Comercial		

2.9 Materiais derivados da madeira

Materiais de madeira são materiais prensados, constituídos de camadas de madeira, cavacos de madeira ou fibras de madeira. As normas DIN foram parcialmente substituídas por normas EN, que são aqui consideradas. Os inúmeros materiais de madeira podem ser divididos em 4 grupos de acordo com a estrutura.

Materiais em camadas	Materiais compostos	Aglomerados	Materiais de fibras

Compensados prensados
• Compensado folheado
• Compensado
• Compensado conformado
	Compensado com miolo
	• Compensado sarrafeado
	• Compensado multis-
	  sarrafeado
		Placas de aglomerado
		
		Peças moldadas de
		aglomerado
			• Placa de fibras porosas
			• Placa de fibras de
			  dureza média
			• Placas de fibras duras

Compensado comprimido • Compensado de resina sintética	Compensado combinado	Placas extrudadas densidade	Placas de fibras de média densidade

Classes dos materiais derivados de madeira (DIN 68800-2)

Classe	20	100	100G
Aplicação	Ambientes com baixa umidade do ar	Ambientes ocasionalmente com alta umidade do ar	Ambientes com alta umidade do ar por período prolongado, áreas externas
Propriedade	não resistente à umidade Umidade da placa $u_{máx}$ = 15% (Placas HF $u_{máx}$ = 12%)	não à prova d'água Umidade da placa u_{max} = 18%	proteção adicional contra ataque por fungos Umidade da placa u_{max} = 21%
Designação:	A classe é precedida pela sigla do material. p.ex., STAE 20. Na falta da sigla é escrito V para aglutinada, p.ex. V 100.		

Classificação dos materiais derivados da madeira (DIN 68705)

Material	Tipo de placa para classe		
	20	100	100G
Compensado laminado para construções Compensado laminado para construção civil	BFU 20 –	BFU 100 BFU-BU 100	BFU 100 G BFU-BU 100 G
Placas planas para construção civil	V 20	V 100	V 100 G
Placas duras de fibras para construção civil Placas meio duras de fibras para construção civil	HFH 20 HFM 20	– 	–

2.9.1 Materiais em camadas e materiais compostos

Materiais em camadas consistem de folheados colados em camadas simétricas.

Tipos	Sigla	Descrição sucinta
Compensado laminado	FU	laminado colado em cruz
Compensado para construções	BFU	alta resistência
Placas multiplex		compensado de muitas camadas, até 80 mm de espessura
Madeira laminada	SCH	fibras das camadas laminadas predominantemente na mesma direção
Compensado moldado		peças moldadas de compensado e madeira laminada
Madeira prensada com resina sintética	KP	disposição das lâminas paralelas, cruzadas ou em estrela

Materiais compostos são construídos a partir de um miolo com revestimento nas duas faces.

Tipos	Sigla	Descrição sucinta
Placa sarrafeada	SR[1]	miolo composto por sarrafos de madeira maciça não colados entre si
Compensado sarrafeado	ST	miolo de sarrafos colados uns aos outros
Compensado multi sarrafeado	STAE	miolo de lâminas perpendiculares coladas umas às outras
Compensado sarrafeado e multis- sarrafeado para construção	BST BSTAE	propriedades elásticas e mecânicas especiais para fins de escoramento na construção civil
Compensado combinado		portas, placas para parquete
[1] sigla não normalizada		

2.9 Materiais derivados da madeira

Compensado

(Terminologia e classificação conforme EN 313) – é um material de madeira, constituído de delgadas camadas de madeira, comprimidas e coladas umas às outras, de modo que as fibras das camadas subsequentes se entrecruzem, geralmente em ângulo reto.

Classificação	

1. Segundo a **aparência geral**
Segundo a **estrutura da placa**
• Compensado laminado
• Compensado com miolo
  Compensado sarrafeado
  Compensado multissarrafeado
• Compensado composto
Segundo a **forma**
• Plano
• Moldado
	2. Segunda as **propriedades principais**
	Segundo a **coesão duradoura**
	• Utilização em áreas secas e úmidas
	• Utilização em áreas externas
	Segundo a **aparência da superfície**
	Segundo as **propriedades mecânicas**
	Segundo as **condições da superfície**
	• lixado, não lixado
	• com fundo, revestido
	3. Segundo as **exigências do consumidor**

Classificação do compensado segundo a aparência da superfície (DIN EN 635)

Categoria dos defeitos	Classes de aparência				
	E	I	II	III	IV
Defeitos naturais, próprios da madeira: Nós e furos, fissuras Ataque por insetos, ataque por fungos e plantas parasitárias Bolsas de resina, zonas de resina, penetração da casca, manchas na coloração, estrutura irregular do lenho	Os defeitos e características em relação à quantidade, tamanho e dilatação estão definidas na DIN EN 635-2 DIN EN 635-3 **Madeira de folhosas** **Madeira de coníferas** A classe **E** é praticamente perfeita.				
Defeitos condicionados pela fabricação: Fendas abertas, sobreposições, bolhas, falhas, rugosidade, partículas estranhas, reparações, defeitos nos bordos da placa	A classe expressa primeiramente o estado da face frontal. *Nota:* Marcas e características próprias da madeira são admissíveis desde que não afetem a utilização.				

Classes de liberação de formaldeído para compensados (DIN EN 1084)

Classe de liberação	Resultados da análise do gás em mg HCHO/m² h	Observações
A	≤ 3,5	Determinado segundo o método de análise gasosa da DIN EN 717-2
B	< 8	Classes de liberação de formaldeído B e C
C	≥ 8	não são permitidas na Alemanha.

Compensado para aplicações gerais
são placas de compensado laminado **FU**, compensado sarrafeado **ST** e compensado multissarrafeado **STAE**

Compensado Laminado **FU**
Lâminas coladas superpostas em cruz, laminadas em torno 3 ou 5,7 ... camadas

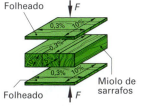

Compensado sarrafeado **ST**
Sarrafos 7 mm a 30 mm de largura

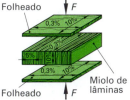

Compensado multissarrafeado **STAE**
Lâminas torneadas de até 7 mm de espessura, perpendiculares ao plano da placa

2.9 Materiais derivados da madeira

Medidas preferenciais para compensados (para o fabricante não obrigatórias)

Medidas em mm	Compensado laminado	Compensado sarrafeado e multissarrafeado
Espessura	4, 5, 6, 8, 10, 12, 15, 18, 20, 22, 25, 30, 35, 40, 50	13, 16, 19, 22, 25, 28, 30, 38
Comprimento[1]	1220, 1250, 1500, 1530, 1830, 2050, 2200, 2440, 2500, 3050	1220, 1530, 1830, 2050, 2500, 4100
Largura	1220, 1250, 1500, 1530, 1700, 1830, 2050, 2440, 2500, 3050	2440, 2500, 3500, 5100, 5200, 5400

[1] O comprimento é medido no sentido longitudinal da camada de cobertura. Por isso, a largura pode ser maior do que o comprimento. Sequência de indicação das medidas: espessura, comprimento, largura

Requisitos do compensado (DIN EN 636)

Finalidade geral		Finalidade portante
Uso em		
Áreas secas	Áreas úmidas	Áreas externas
Condições identificadas pela taxa de umidade do material a		
Temperatura 20 °C. Umidade relativa do ar que só em algumas semanas do ano ultrapassa 65%	Temperatura 20 °C. Umidade relativa do ar que só em algumas semanas do ano ultrapassa 85%	Condições climáticas que provocam taxas de umidade mais elevadas do que a classe de utilização 2
Classe de utilização 1	Classe de utilização 2	Classe de utilização 3

Classes de colagem para compensados (DIN EN 314-2, DIN EN 636)

Classe	Definição
Classe 1: **áreas secas**	Clima normal, uso interno sem risco de umidade penetrante
Classe 2: **áreas úmidas**	Para clima externo com proteção contra intempéries, resistente também contra efeitos passageiros do tempo, uso interno se a umidade ultrapassar o nível da classe 1.
Classe 3: **áreas externas**	Para uso externo com efeitos prolongados do tempo.

Compensado para construções – para finalidades portantes ou de escoramento na construção civil.

Pela DIN 69705 diferenciam-se:
Compensado laminado para construções **BFU**
Compensado laminado de faia para construções **BFU-BU**
Compensado sarrafeado ou multissarrafeado para construções **BST** ou **BSTAE**

As **medidas da placa** são determinadas pela finalidade de uso (dimensões máximas pelo fabricante). Espessura nominal mínima corresponde 4 mm.

Tipo de placa	Estrutura da placa	Resistência à flexão	Inflamabilidade
BFU	Lâmina de cobertura máx. 3,2 mm Lâminas estruturais e internas máx. 4,4 mm	40 N/mm² longitudinal; 15 N/mm² transversal às fibras da lâmina de cobertura	
BFU-BU	Espessura das lâminas até 3,7 mm Geralmente 1,5 mm a 3,2 mm Número mínimo de lâminas depende da espessura da placa	veja tabela na página 97	B2 inflamabilidade normal (sem comprovação)
BST/BSTAE	Lâmina de cobertura, máx. 2,5 mm Lâmina inferior, máx. 3,7 mm placas de 3 camadas acima de 16 mm: 1,5 mm	20 N/mm² transversal e longitudinal às fibras da lâmina de cobertura	

Classe de material de madeira 20, assim como 100 e 100G
BFU-BU somente nas classes de material de madeira 100 e 100G

2.9 Materiais derivados da madeira

Classen BFU-BU

Resistência mínima longitudinal e transversal em relação às fibras para a lâmina de cobertura (em N/mm²)

Propriedade	Classe				
	1	2	3	4	5
Resistência à flexão, longitudinal	54	60	68	79	88
Resistência à flexão, transversal	51	44	37	24	15
Resistência à pressão, longitudinal	21	26	26	31	26
Resistência à pressão, transversal	22	21	17	14	17

Exemplo: Designação

Compensado DIN 68705 - BSTAE 20 - 18
Compensado para construção do tipo BSTAE 20 com 18 mm de espessura

Compensado DIN 68705 - BFU-BU100-18-2
Compensado de faia,
Classe de material da madeira 100,
com 100 mm de espessura,
classe de resistência 2

Exemplo: Identificação

(Fabricante)- DIN 68705 - BST 20-18 -
(selo do órgão de inspeção)

Portas semiocas

são folhas de porta lisas, constituídas por montante, enchimento e placas de capa. A DIN 68706 é válida para portas ensambladas ou não, para uso geral em instalações internas.

Características construtivas
- Montante: deve garantir a instalação de fechadura embutida e dobradiças
- Enchimento: de madeira, materiais de madeira ou outros materiais adequados, eventualmente com espaços vazios
- Contracapa: placas laminadas, duas lâminas coladas cruzadas, placas prensadas, placas de fibra de madeira ou placas de fibra de madeira revestida com plástico decorativo
- Capa: folheados, placas HPL, laminado plástico
- Colagem: da camada de cobertura, no mínimo D2 conforme DIN EN 204

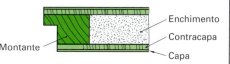

Classes de solicitações para portas semiocas

Solicitação		normal	média	alta
Mecânica	Classe	N	M	S
Higrotérmica	Classe	I	II	III

Placas multiplex (não normalizada)

Designação comum no comércio para compensados de qualidade padrão

Execução: AW ou BFU 100	Espessura das lâminas: 2,5 mm ou 3 mm	Espessuras: até 80 mm (multicamadas)

Tipos de placas (usuais no comércio)

	Placas multiplex		
com camadas internas sem requisitos especiais	com camadas internas selecionadas, bastante densa, estrutura das lâminas visível	com lâminas de capa de qualidade selecionada, camadas internas sem requisitos especiais	com lâminas de capa e camadas internas de qualidade selecionada
Madeira para moldes	Lâminas de faia, espessura aproximada de 1,6 mm, capa e camada interna de qualidade selecionada		
Madeira fina	Lâminas a partir de 0,2 mm, camadas muito finas		
Placas de bordo	Lâminas com espessura aproximada de 1,6 mm, lâminas combinadas e de qualidade selecionada		

2.9 Materiais derivados da madeira

2.9.2 Materiais de aglomerados de madeira

são materiais de madeira em forma de placas, fabricados a partir da compressão de pequenos fragmentos de madeira e/ou outras partículas contendo lignocelulose, unidos com colas (resinas).

Classificação das placas de aglomerado conforme DIN EN 312 – (2003) (excerto)

Esta norma estabelece os requisitos para placas aglomeradas com resinas sintéticas, sem revestimento.

Tipos de placa	P1	P2	P3	P4	P5	P6	P7
Aplicação	Uso geral	Elementos internos (móveis)	Finalidade não portante	Finalidade portante		Finalidade portante com alta capacidade de carga	
	Áreas secas		Áreas úmidas[1]	Áreas secas	Áreas úmidas[1]	Áreas secas	Áreas úmidas[1]

[1] A área úmida é definida pela classe de utilização 2 conforme ENV 1995-1, temperatura de 20 °C e umidade relativa do ar ambiente, que somente em algumas semanas do ano ultrapassa o valor de 85%.

Requisitos gerais no fornecimento para todos os tipos de placas (excerto)

Limite de tolerância
– Espessura (placas lixadas) ± 0,3 mm
– Comprimento e largura ± 5 mm
Umidade da placa 5 % a 13 %

Liberação de formaldeído conforme DIN EN 13986
– Classe **E1** teor $\leq$ 8 mg / 100 g
Valor perfurador placa absolutamente seca
– Classe **E2** teor > 8 mg / 100 g
Valor perfurador $\leq$ 30 mg/100g
placa absolutamente seca

Requisitos às propriedades mecânicas e ao inchamento

(DIN EN 312) – valores selecionados para 2 tipos de placas (P2 e P5)

Tipo de placa	Propriedades	Unidade	Faixa de espessura (mm, medida nominal)							
			> 3 até 4	> 4 até 6	> 6 até 13	> 13 até 20	> 20 até 25	> 25 até 32	> 32 até 40	> 40
P2	Resistência à flexão	N/mm²	13	14	13	13	11,5	10	8,5	7
P5			20	19	18	16	14	12	10	9
P2	Resistência à tração transversal	N/mm²	0,45	0,45	0,40	0,35	0,30	0,25	0,20	0,20
P5			0,50	0,50	0,45	0,45	0,40	0,35	0,30	0,25
P2	Inchamento na espessura	%	–	–	–	–	–	–	–	–
P5			13	12	11	10	10	10	9	9

Identificação:
– Fabricante, marca comercial ou logotipo
– Número EN 312
– Tipo da placa
– Espessura nominal
– Classe de liberação de formaldeído
– Número da lote ou semana e ano de fabricação

Cores indicativas das placas de aglomerado (voluntária):
branco, branco, azul	P1
branco, azul	P2
branco, verde	P3
branco, verde	P3
amarelo, amarelo, verde	P5
amarelo, azul	P6
amarelo, azul	P7

Propriedades físicas gerais das placas de aglomerado

Propriedades	Faixas de espessuras nominais em mm				
	até 13	> 13 … 20	> 20 … 25	> 25 … 32	> 32 … 40
Densidade bruta (kg/m³)	750…680	720…620	700… 600	680… 580	650… 550
Umidade (%)	5…10	6…11	6…11	7… 12	7… 12
Condutibilidade térmica (W/mK)	0,13				
Fator de resistência à-difusão de vapor-d'água μ interno externo	50 100				
Dilatação linear em clima alternante (%)	0,3…0,4				
Resistência térmica por longo período (°C)	50…60				
Resistência térmica por período curto (°C)	100…120				
Comportamento frente a fogo (incêndio)	devem corresponder, no mínimo, à classe de materiais de construção B2				

2.9 Materiais derivados da madeira

As normas DIN 68761 e DIN 68763 foram canceladas sem reposição. Entretanto, os termos continuam sendo empregados pelos fabricantes e no uso prático.

Placas prensadas planas para uso geral (DIN 68 761)

FPY	cavacos preponderantemente paralelos ao plano da placa, camada única, múltipla ou com transição contínua na estrutura	para móveis e instalações internas, aparelhos e recipientes
FPO	com superfície de cavacos finos na superfície para pintura direta, aplicação de película, revestimento prensado e similares	

Placas prensadas planas para uso na construção civil (DIN 68763)

V20	Resistente em ambientes com umidade do ar frequentemente baixa	não resistente às intempéries	para finalidades portantes e de escoramento
V100	resistente à alta umidade do ar	resistência às	
V100G	como V100, mas com proteção contra fungos	intempéries	

Placas de cavacos longos, finos, orientados (DIN EN 300)

cavacos planos longos, colados em direção orientada, estrutura de 3 camadas, cavacos nas camadas externas, paralelos ao comprimento ou à largura da placa

Placas OSB (Oriented Strand Board)

OSB/1	para uso geral em áreas secas, instalações internas e móveis	(listras: branca, azul)
OSB/2	para finalidade portante em áreas secas, paredes internas em casas pré-fabricadas	(listras: amarela, amarela, azul)
OSB/3	para finalidade portante em áreas úmidas	(listras: amarela, amarela, verde)
OSB/4	placa de alta capacidade de carga para finalidades portantes em áreas úmidas, paredes	(listras: amarela, verde)

Requisitos gerais para placas OSB

Tolerâncias	Umidade da placa	Teor de formaldeído (EN 300)
Espessura (lixada) ± 0,3 mm Espessura (não lixada) ± 0,8 mm Comprimento e largura ± 3,0 mm	OSB/1, OSB/2 2% ..12% OSB/3, OSB/4 5% ..12%	para placas sem revestimento classe E1 de liberação de formaldeído ($\leq$ 8 mg/100g; valor perfurador)

Requisitos às propriedades mecânicas e ao inchamento

Faixa de espessura em mm	Resistência à flexão (eixo principal) em N/mm^2				Resistência à tração transversal em N/mm^2				Inchamento na espessura (24 h) em %			
	OSB/1	OSB/2	OSB/3	OSB/4	OSB/1	OSB/2	OSB/3	OSB/4	OSB/1	OSB/2	OSB/3	OSB/4
6 ...10	20	22	22	30	0,30	0,34	0,34	0,50	25	20	15	12
> 10 < 18	18	20	20	28	0,28	0,32	0,32	0,45				
18 ...25	16	18	18	26	0,26	0,30	0,30	0,40				

Formatos padrões de placas OSB mais comuns no comércio

Tipo de placa	Espessura em mm	Formato em mm
Placa padrão	6 a 25	2440 x 1220, 4880 x 2440
Placas de revestimento (macho-fêmea)	15, 18, 22	2440 x 590

Liberação de formaldeído em placas de aglomerado e de fibras (EN 312-1/EN 622-1)

Gás nocivo à saúde liberado durante o endurecimento de determinadas colas.

Requisitos quanto à liberação de formaldeído (HCHO)

Tipo de placa	Valor perfurador (mg HCHO/100 g placa)		Valor do gás analisado (mg HCHO/m^{2}h)
	Valor individual	Valor médio	Valor individual
Placa de aglomerado, sem revestimento	$\leq$ 8,0	$\leq$ 6,5	$\leq$ 3,5
Placa de fibras, sem revestimento	$\leq$ 8,0	$\leq$ 7,0	para placas revestidas
Na Alemanha só é permitida a classe de emissão E1 (< 0,1 ppm).			

2.9 Materiais derivados da madeira

Placas extrudadas para construção civil (DIN 68764)

SV	Placa maciça, partículas predominantemente perpendiculares em relação ao plano da placa	para elementos de paredes, para fins especiais na construção
SR	Placa com espaços tubulares vazios na direção de fabricação	
SV1 SR1	Placa entabuada, colagem entre a placa bruta e o entabuamento resistente em ambientes com umidade do ar frequentemente baixa	
SV2 SR2	Como acima, porém, colagem resistente contra elevada umidade do ar (não resistente a intempéries); deve ser instalada proteção contra umidade em todas as bordas.	
TSV1 TSV2	Placas entabuadas para construção em lambris, com folheado de faia TSV2 com montantes de madeira maciça de pelo menos 15 mm em todas as bordas	
TSV1	Como acima, com placas de fibra de madeira reforçadas	

Valores mínimos para resistência à flexão e resistência à tração

Tipo de placa	Espessura em mm	Resistência à flexão N/mm²	Resistência à tração N/mm²
SV	< 16	5	0,4
	> 16 ... 25	4	0,35
SR	< 30	4	0,4
	> 30 ... 45	2,5	0,3
	> 45 ... 70	1	0,2

Valores característicos de placas extrudadas

Tipo de placa	Entabuamento Tipo	Espessura[2] (mm)	Espessura da placa bruta (mm)	Resistência à flexão[1] N/mm² ‖	⊥
TSV1 e TSV2	Faia	1,0	12	35	5
		1,5	12	45	4,5
		1,0	16	28	5,5
		1,5	16	38	5
TSV1	HB	2,0	12	20	23
		2,0	16	17	20

[1] paralelo e perpendicular à direção de fabricação das placas brutas   [2] espessura mínima

Placas de aglomerado para fins especiais na construção civil (DIN 68762)

LF	Placa leve prensada plana com alto índice de absorção do som, com ou sem revestimento ou entabuamento	para revestimento acústico e/ou decorativo de paredes e forros
LRD	Placa extrudada com espaços tubulares longitudinais com superfície perfurada e alto índice de absorção do som, ambos os lados revestidos ou entabuados	
LMD	Como LDR, porém, placa extrudada maciça	
LR	Placa extrudada com espaços tubulares longitudinais com superfície fechada, ambos os lados revestidos ou entabuados	

Densidade bruta e absorção do som de placas extrudadas para fins especiais

Tipo de placa	Densidade kg/m³	Grau de absorção do som Hz	α_S	
LF	250 ... 500	125 ... 250	0,2[1]	[1] Valor mínimo para a média de absorção do som na respectiva faixa de frequência.
		250 ... 4000	0,5	[2] Os valores para o grau de absorção do som de placas com a superfície totalmente apoiada também não podem ser ultrapassados numa faixa de frequência de, no mínimo, duas oitavas de amplitude.
LRD	300 ... 600		0,5[2]	
LMD	550 ... 850		0,2	

Pisos placas de aglomerado de madeira (DIN 68771)

válido para pisos em recintos destinados à permanência prolongada de pessoas.

Podem ser usados os seguintes tipos de placas

V100	Geral
V20	Somente sob a condição de que a umidade da placa durante o armazenamento, transporte, instalação e utilização não ultrapasse os valores estabelecidos nas normas DIN
V100G	Em casos especiais (p.ex., no caso de ventilação insuficiente)

2.9 Materiais derivados da madeira

Dimensões de placas usuais no comércio em mm

Espessuras nominais: 6, 8, 10, 13, 16, 19, 22, 25, 28, 32, 36, 40, 45, 50, 60, 70

	Tipo de placa	Espessuras	Comprimentos	Larguras
Placas de aglomerado	Placas prensadas planas	3, 4, 8 10, 13, 16, 19, 22, 25, 28 32, 36	2820 5200 4100	2100 2050 1850
	MFB	8, 10, 13, 16, 19, 20, 25	2670	2050
	Placas para piso	10, 13, 16, 19, 22, 25, 28	2050	950
Placas de fibras	Placas de dureza média Placas duras MFB	1,6; 2,0; 2,5 3,0; 3,2; 3,5 4, 5, 6, 8	1300, 1730, 2600, 5200 2550, 5100	2050 1830
	Placas porosas	6, 8, 10, 12, 15 20, 25, 30, 35, 40, 50	1250, 2000, 2500, 2750 3000, 3500, 5000	1000, 1250 1500, 2000

Na tabela não há associação entre espessuras e comprimentos ou larguras.

Placas com revestimento de melamina para áreas internas   DIN EN 14322

Esta norma é válida para placas de aglomerado e de fibras com revestimento decorativo de melamina (não para pisos laminados).

MFB	**Placas com revestimento de melamina** Placas revestidas de um ou de ambos os lados por prensagem direta com papéis impregnados com resina aminoplástica endurecível. As placas podem ter num ou em ambos os lados revestimento liso ou com texturas e apresentar cores ou padronagens decorativas.

Requisitos gerais (MFB)

Tolerâncias para comprimento e largura: – dimensões comerciais ± 5 mm – recortes ± 2,5 mm	Dilatação/contração ≤ 2 mm/m (espessura ≥ 15 mm)

Classe de liberação de formaldeído **E1** ou **E2** (método de ensaio ENV 717-1 ou ENV 717-2)
A placa revestida de melamina vale como E1 se a placa de suporte é classificada como E1.

Em geral usa-se como placa de suporte uma placa de aglomerado (P2) conforme EN 312, uma placa de fibra dura (HB) conforme EN 622-2 ou uma placa de fibra de densidade média (MDF) conforme EN 622-5. Por isso, são indicadas as propriedades mecânicas e as tolerâncias dimensionais nessas normas.

Classificação quanto à resistência à abrasão					Informações sobre outras propriedades, p.ex., comportamento perante brasa de cigarro, solicitação por choque, grau de brilho etc., são fornecidas pelo fabricante. Os métodos de ensaio estão estabelecidos a DIN EN 14323.
Classe	1	2	3A	3B	4
Determinação da resistência à abrasão (WR) e do ponto de início da abrasão (IP)					

Processamento de placas com revestimento de melamina (MFB)

Formato adequado dos dentes
1° dente   Aresta de   Aresta de ataque
    2° dente ataque oca   oca + dorso chanfrado

dente alternado   dente oco   dente oco chanfrado

Ângulo de entrada e saída dos dentes da serra

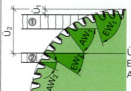

Ü Sobressalente
EW Ângulo de entrada
AW Ângulo de saída

101

2.9 Materiais derivados da madeira

2.9.3 Materiais de fibras de madeira

Placas de fibras com uma espessura de 1,5 mm para cima, fabricadas com fibras de lignocelulose com aplicação de pressão e/ou calor. A união das fibras ocorre por emaranhamento, assim como pela propriedade adesiva inerente ou adição de substâncias adesivas.

Classificação das placas de fibra pelo processo de fabricação (DIN EN 316)						
pelo **processo úmido**			pelo **processo seco**			
Placas duras **HB**	Placas meio duras **MB**	Placas porosas **SB**	HDF	**MDF** MDF leve	MDF ultraleve	
Densidade em kg/m³						
≥ 900	≥ 400 até 900	≥ 230 até 400	≥ 800	≤ 650	≤ 550	

Outros critérios de classificação para placas de fibras (DIN EN 316)			
Condições de uso	Sigla	**Finalidade de uso**	Sigla
Áreas secas	–	Uso geral	–
Áreas úmidas	H	Uso estrutural	L
Áreas externas	E	– todas as categorias de duração do esforço	A
		– só para esforço momentâneo e de curta duração	S

Placas de fibra (tipos de placa, siglas) (DIN EN 316)		
Tipos de placa de fibra	Siglas	Observação, propriedades adicionais
Placas duras	**HB**	Proteção contra fogo, resistência à umidade, resistência contra ataques biológicos, fácil de trabalhar, tratamento especial (endurecimento), aditivos.
Placas meio duras, baixa densidade	**MBL**	400 kg/m³ a 560 kg/m³ — Proteção contra fogo
Placas meio duras, alta densidade	**MBH**	560 kg/m³ a 900 kg/m³ — Resistência à umidade
Placas porosas	**SB**	Propriedades isolantes térmicas e acústicas Proteção contra fogo, resistência à umidade melhorada
Placas pelo processo seco	**MDF**	Proteção contra fogo, resistência à umidade, resistência contra ataque biológico

---

Exemplo: Siglas

MDF.HLS — MDF para uso estrutural em áreas úmidas, somente para esforço momentâneo e de curta duração

HB.HLA2 — Placa de elevada capacidade de carga para uso estrutural em áreas úmidas, para todas as categorias de duração do esforço

---

Requisitos gerais às placas de fibra (DIN EN 622-1)

Esta norma estabelece os requisitos para algumas propriedades que são iguais para toda os tipos de placas de fibra não revestidas.

Propriedade	Tipo de placa			
	HB	**MB**	**SB**	**MDF**
Tolerâncias em mm: – espessura (depende da nominal) – comprimento e largura	+ 0,3 a 0,7	± 0,7 a 0,0	± 0,7 a 1,8	± 0,2 a 0,3
	± 2 mm/m, no máximo ± 5			
Umidade da placa	4 % a 9 %			4 % a 11 %

2.9 Materiais derivados da madeira

Requisitos para placas duras (DIN EN 622-2)
(resumo para o tipo **HB** e **HB.H**)

Tipo	Propriedade	Unidade	Faixas de espessuras nominais em mm		
			≤ 3,5	> 3,5 até 5,5	> 5,5
HB	Inchamento na	%	37	30	25
HB.H	espessura		25	20	20
HB	Resistência	N/mm²	30	30	25
HB.H	à flexão		35	32	30

Requisitos a placas meio-duras (DIN EN 622-3)
(Extrato para tipo **MBH.LA1** e **MBH.HLS2**)

Propriedade	Unidade	Faixas de espessuras nominais em mm Tipo de placa			
		≤ 10		> 10	
		MBH.LA1	**MBH.HLS2**	**MBH.LA1**	**MBH.HLS2**
Inchamento na espessura	%	15	9	15	9
Resistência à flexão	N/mm²	18	28	15	25

Observação:	**MBH.LA1**	finalidade estrutural, áreas secas, para todas as classes de duração do esforço
	MBH.HLS2	finalidade estrutural, alta capacidade de carga, áreas secas
Propriedades:		Resistência à extração de parafuso 30 N/mm
		Indicações de capacidade de transmissão de calor, passagem de vapor-d'água e comportamento em incêndio conforme EN 13986

Placas de fibras porosas (DIN EN 622-4)

Tipos de placa: **SB, SB.H, SB.E, SB.LS, SB.HLS**
Inchamento na espessura 10% a 6%   Resistência à flexão 0,8 a 1,3 N/mm²
(valores dependentes do tipo da placa e da espessura nominal)

Placas de fibras pelo processo seco tipo MDF (DIN EN 622-5)

Placas de fibra com estrutura homogênea, boas trabalhabilidade, bem como, possibilidades de revestimento e pintura

Utilização	Área seca	Área úmida	MDF ultraleve	Placas de cobertura
Uso geral (móveis, instalações internas)	**MDF**	**MDF.H**	**UL-MDF** Densidade bruta	(para cobertura de telhados e paredes)
Finalidades estruturais	**MDF.LA**	**MDF.HLS**	450 kg/m³	**MDF.RWH**
MDF leve	**L-MDF**	**L-MDF.H**	500 kg/m³	

Requisitos a placas tipo MDF (DIN EN 622-5)

Propriedade	Unidade	Faixas de espessuras nominais em mm								
		1,8 a 2,5	> 2,5 a 4,0	> 4 a 6	> 6 a 9	> 9 a 12	> 12 a 19	> 19 a 30	> 30 a 45	> 45
Inchamento na espessura	%	45	35	30	17	15	12	10	8	6
Resistência à tração transversal	N/mm²	0,65	0,65	0,65	0,65	0,60	0,55	0,55	0,50	0,50
Resistência à flexão	N/mm²	23	23	23	23	22	20	18	17	15
Módulo de elasticidade (flexão)	N/mm²	–	–	2700	2700	2500	2200	2100	1900	1700

3 Materiais

3.1 Placas de materiais minerais

Materiais em placas compostas predominantemente por componentes minerais podem ser dividi-das da seguinte forma:

- Placas de mineral e plástico (veja capítulo 3.5)
- Placas de gesso cartonado
- Placas de fibrocimento
- Placas de fibra de gesso
- Placas de aglomerado de madeira e cimento
- Placas leves de lã de madeira para construção

3.1.1 Placas de gesso cartonado

Placas de gesso envoltas em cartão: Classe de material de construção B1/A2 (comportamento em incêndios)

Sigla	Designação	Aplicação
GKB	Placa de gesso cartonado B	construção seca para revestimentos decorativos de paredes e forros
GKF	Placa de gesso cartonado F Placas de proteção contra fogo	como placas GKB com requisitos especiais à duração da resistência contra fogo e para o entabuamento de paredes esteio
GKBI	Placa de gesso cartonado B impregnada	como placas GKB, porém com retardo na absorção de água
GKFI	Placa de gesso cartonado F impregnada	como placas GKB, porém com retardo na absorção de água
GKP	Placas de gesso cartonado – base para reboco	como base para reboco, geralmente em construções por baixo
	Placas compostas de gesso cartonado DIN 18134	placas de gesso cartonado com placas de espuma plástica para maior proteção térmica

Dimensões (DIN 18180)

Espessura (mm)	Largura (mm)	Comprimento (mm)
9,5 12,5	1250	2000; 2250; 2500; 2750; 3000; 3500; 3750; 4000
15	1250	2000; 2250; 2500; 2750; 3000
18	1250	2000; 2250; 2500
25	600	2500; 2750; 3000; 3250; 3500
9,5	400	1500; 2000

Formação das bordas

Gesso — Envoltório de cartão

borda longitudinal plana

borda longitudinal para placas de construção

borda longitudinal de uma placa de base para reboco

seção transversal de uma placa acústica

3.1.2 Placas de fibrocimento

Placas de fibras sintéticas e minerais, cimento e água

Aplicação e processamento:

- Revestimento de paredes e forros em ambientes úmidos
- Usinável com ferramentas HM
- Elementos de fixação inoxidáveis

Modelos quadrados

Dimensões: 30 cm x 60 cm; 40 cm x 40 cm; 20 cm x 40 cm; 30 cm x 30 cm; 30 cm x 20 cm; 30 cm x 15 cm;
Fixação: 2 pregos (pinos) e 1 gancho de placa

Modelos segmento de arco

Dimensões:
30 cm x 30 cm
40 cm x 40 cm
$ü = 5$ cm ... 12 cm

3.1 Placas de materiais minerais

3.1.3 Placas de fibra de gesso

Placas de gesso e fibras de celulose (papel velho, reciclado), sem aglomerantes adicionais, reforço contínuo de fibras

Tipo	Propriedades especiais, aplicação
Placa de construção Placa sem juntas Placas compostas (10 mm + 15 mm … 50 mm de espuma plástica)	Classe de material de construção A2, F30...F90, elevada isolação do som do ar e de choque, isolação sonora e térmica, com e sem bloqueio de vapor (película de alumínio)
Formatos	**Processamento**
150 cm x 100 cm; 200 cm x 124,5 cm 250 cm x 124,5 cm; 254 cm x 124,5 cm 275 cm x 124,5 cm; 300 cm x 124,5 cm Espessuras em mm: 10; 12,5; 15; 18	até a 10 cm da borda da placa bom para parafusar ou pregar. na instalação, observar o disposto nas normas DIN 16181 e DIN 18183

3.1.4 Placas de aglomerado de madeira e cimento

Placas de aglomerado de madeira conforme DIN EN 633 e DIN EN 634.

Placas de madeira (63,5%), cimento (25%), água (10%) e aditivos (1,5%)

Aplicação:
- paredes de uma e duas capas
- construções em sótãos, revestimento de teto
- elementos de piso
- construção de recintos úmidos
- elementos de parapeito
- agricultura

Formatos padrão		Propriedades especiais	
	2600 mm x 1250 mm 3100 mm x 1250 mm	Resistência à flexão mínima	$9,0$ N/mm^2 (em ângulo reto com o plano da placa)
Espessuras em mm:	8; 16; 24; 40 10; 18; 28 12; 20; 32	Resistência à tração Resistência à tração transversal	$4,0$ N/mm^2 (no plano da placa) $0,4$ N/mm^2
		Inchamento na espessura	$1,0\%$ … $2,0\%$
Placas para piso (com encaixe macho-fêmea) Espessuras em mm:	625 mm x 1250 mm 18; 22; 25	Densidade bruta 1250 kg/m^3 Coeficiente de condução térmica 0,35 W/mk Comportamento em incêndio B1/A2	
Placas para forro:	620 mm x 620 mm 10 mm espessura	resistente a intempéries e à prova de apodrecimento resistente contra ataque de fungos e térmites (cupins)	

3.1.5 Placas leves de lã de madeira

Placas de lã de madeira com fibras longas e aglomerantes minerais (argamassa de carbonato de magnésio, cimento e gesso)

Placas leves de lã de madeira **HWL** (DIN 1101)	Placas leves com multicamadas para construção **ML**	
Classe de material de construção B1 Formatos em mm: 2000 x 500; 2000 x 600 Espessuras em mm: 15; 25; 35; 50; 75; 100	Placa ML- de espuma rígida **HS-ML**	Placas ML de fibras minerais **Min-ML**
Placas para absorção de som (acústicas)	Classe de material de construção B1/B2	

Formatos em mm: 600 x 600; 600 x 1200
      625 x 625; 625 x 1250
Espessuras em mm: 25, 35 e 50
	HS-ML 15/2; 25/2; 35/2; 50/2 75/2;
	             25/3 …150/3 (em intervalos de 25 mm)
	Min-ML 50/2; 75/2
	(designação pela espessura total em mm/
	número de camadas)	

Processamento conforme DIN 1102		

3.2 Vidro

Vidro é um produto orgânico de fundição e é constituído principalmente de areia de quartzo, cal e soda.

3.2.1 Tipos de vidro e produtos de vidro

Tipos de vidro e produtos de vidro – Conceitos (DIN 1259)			
Vidro chato	Termo genérico para todos os vidros planos ou curvados			
Vidro para janelas	É plano e transparente, com espessura regular e ambas superfícies lisas são quase planas; designação antiga: vidro em chapas	
Vidro para espelhos	Após a fundição o vidro atinge, por meio de escoamento sobre um banho de metal líquido ou por laminação e outros processos mecânicos, suas superfícies planas, paralelas e polidas.	
Cristal para espelhos	Uma designação valorizada do vidro para espelhos	
Vidro de flotação	Vidro para espelhos fabricado por meio do escoamento do vidro fundido sobre um banho de estanho.	
Vidro fosco	Por intermédio de uma superfície regularmente áspera a luz é dispersa. A superfície áspera é obtida por meio de corrosão em banho ou por jato de areia.	
Vidro aramado	Vidro fundido no qual é incorporada uma tela de arame. As faces podem ser paralelas (vidro aramado plano), com textura (vidro aramado) ou com relevos (vidro aramado ornamental).	
Vidro ornamental	Vidro fundido fabricado pelo processo de laminação mecânica. Pode ser incolor com relevos numa ou nas duas faces.	
Vidro catedral	Vidro ornamental. As superfícies são irregulares, com abaulados finos ou grosseiros.	
Vidro térmico	Vidro plano ou combinação de vidros planos. Ele pode transmitir bem ou não as ondas do espectro visível (luz) e tem alta reflexão na faixa das ondas infravermelhas (calor).	
Vidro de proteção contra o fogo	Vidro plano, composto por chapas de vidro de silicatos com camadas intermediárias de proteção contra o fogo. Ele é adequado para vidraças das classes de resistência ao fogo G, F, T. Na instalação, devem ser observadas as regulamentações para homologação.	
Vidro de segurança	Vidro chato que se diferencia por sua estrutura ou efeitos de segurança em:	
	Vidro aramado	Devido à incorporação da tela de arame, a estrutura do vidro é mantida no caso de quebra.
	Vidro Temperado (uma folha)	Dispõe de uma elevada resistência ao choque, à flexão e ao choque térmico devido à tensão interna. No caso de quebra ele se parte em milhares de pequenos pedaços.
	Vidro composto	As placas de vidro são unidas por meio de películas orgânicas intermediárias, geralmente de Polivinil Butiral. No caso de quebra os pedaços de vidro ficam presos na película.
	Vidro blindado	Antiga designação: vidro para carros de guerra. A estrutura em uma ou várias camadas se baseia nas classes de resistência conforme DIN EN 356, DIN EN 1063 e DIN EN 13541. Vidro resistente ao choque, resistente à perfuração, resistente a balas ou vidro resistente a explosões.
Vidro acústico	Em geral um vidro isolante de várias camadas com certa espessura das placas e espaços intermediários, como vidro composto com camada orgânica intermediária. Os requisitos de todas as classes de isolação do som estão estabelecidos na DIN 4109 ou na diretriz VDI 2719. Para o vidro isolante de múltiplas camadas deve ser utilizada a DIN EN 1279.	

Recorte

Uma placa retangular de vidro solicitada precisa estar inscrita num retângulo cujos lados correspondam às medidas máximas admissíveis e circunscrever um retângulo cujos lados correspondam às medidas mínimas admissíveis. Para vidros isolantes de múltiplas camadas deve ser usada a DIN EN 1276.

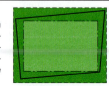

– – – medida máxima admissível
– · – medida mínima admissível
——— possível formato da placa de vidro

3.2 Vidro

3.2.2 Vidro plano

Propriedades	Valores de referência (DIN EN 572)
Densidade	2,5 kg/m² por mm de espessura
Resistência à pressão	700 N/mm² ... 900 N/mm²
Resistência à flexão	45 N/mm²
Tensão de flexão (vidro flotado)	30 N/mm² valor de cálculo para determinação da espessura do vidro
Dureza (seg. Knoop) (seg. Vickers)	470 HK 0,1/20 4,93 ± 0,34 kN/mm²
Dureza esclerométrica (riscar, arranhar) (em Mohs)	6 unidades
Módulo de elasticidade E	$7 \cdot 10^{10}$ Pa
Coeficiente de dilatação linear a	$9,0 \cdot 10^{-6}$ K^{-1}
Transmissão térmica específica c	0,8 W (m K) $0,72 \cdot 10^3$ J(kgK)
Transparência τ	89% ... 93%
Coeficiente de condutibilidade térmica "Valor U"	5,8 W/m²K
Condutibilidade energética total "Valor g"	87% até 3 mm de espessura do vidro
Fator médio de f-permeabilidade "Valor b"	$b = \dfrac{g}{0,87}$
Medida de isolação do som R$_w$	22 dB ... 34 dB (3 mm ... 5 mm de espessura)

Tipos de vidros - Dimensões (DIN EN 572)

Tipo de vidro	Espessura	Tamanho da placa Comp. H	Larg. B	Tolerâncias dimensionais
		em mm	em mm	em mm
em mm				
Vidro plano laminado	2, 3, 4, 5, 6, 8, 10, 12	1600 ... 2160	2440 ... 2880	± 5
Vidro flotado	2, 3, 4, 5, 6, 8, 10, 12, 15, 19, 25	4500 5100 6000	3120	± 5
Vidro aramado (D)	6 10	1650 ... 3820	1980 ... 2540	± 4
Vidro aramado ornamental (DO)	6, 7, 8, 9	1380 ... 4500	1500 ... 2520	±4
Vidro ornamental (O)	3, 4, 5, 6	2100 ...	1260 ...	± 3
	8, 10	4500	2520	±4
Vidro de segurança de camada única (ESG)	4, 5, 6	correspondente aos produtos básicos		< 500 ± 1
	8, 10, 12, 15			> 3500 ± 5
				< 1500 ± 2 ...
				> 3500 ± 5
Vidro fino (não nor-malizado)	0,5; 0,7; 0,9; 1,1; 1,3; 1,6	Especificado pelas empresas		

Bordas de vidros (DIN 1249)

Denominação	Sigla	Descrição	Exemplo: Vidro composto de segurança
Cortadas	KG	As bordas cortadas são bordas de cantos vivos, cortadas sem ácabamento. Elas apresentam linhas onduladas transversais às arestas.	
Chanfradas	KGS	As bordas chanfradas correspondem às bordas cortadas cujos cantos vivos foram mais ou menos quebrados com a esmerilhadora.	
Retificadas na medida	KMG	As placas são retificadas até chegarem às dimensões necessárias. Pontos brilhantes são admissíveis.	
Retificadas	KGN	As superfícies das bordas são totalmente trabalhadas com retífica. Elas apresentam uma aparência fosca e nenhum ponto brilhante.	
Polidas	KPO	DBordas polidas são as bordas retificadas com acabamento mais fino	
de meia-esquadria	GK	A borda meia-esquadria tem um ângulo $\alpha = 45° ± 3°$. Por motivos técnicos de fabricação permanece um resto de borda (chanfro).	
Bordas facetados	FK	Faceta chata – como GK com ângulo $\alpha < 45°$ Faceta pontiaguda – como GK com ângulo $\alpha > 45°$	

3.2 Vidro

3.2.3 Vidro isolante de multicamadas (MIG)

O vidro isolante multicamadas é uma unidade de envidraçamento fabricada a partir de duas ou mais placas de vidro de mesmo tipo ou de tipos diferentes. O vidro isolante é dividido em três sistemas em função das diferentes junções das bordas:

- Vidro integral: Duas chapas de vidro são aquecidas na região das bordas, rebordadas e soldadas entre si.
- Vidro soldado Ambas chapas são revestidas de cobre nas bordas e soldadas com um aro de chumbo.
- Junção das bordas com adesivo orgânico:
  Um plano de vedação: a moldura de distanciamento perfurada é enchida com absorvente altamente ativo, o espaço entre a moldura e a borda da placa é preenchido com material de vedação de elasticidade permanente.
  Dois planos de vedação: entre as placas de vidro e a moldura de espaçamento perfurada é aplicada uma camada de material de vedação com plasticidade permanente; o espaço restante é selado nas bordas.

Estrutura do vidro multicamadas de acordo com sua finalidade de uso

Finalidade de uso	Descrição	Representação
Vidro com função térmica	A placa interna recebe na face interna uma camada com função térmica, geralmente de prata com uma espessura de 0,010 μm ... 0,012 μm; o espaço entre as placas é preenchido com gás nobre, via de regra, argônio.	
Vidro de proteção contra a luz solar	A placa externa recebe na face interna uma camada de óxido de metal nobre reflexiva ou reflexiva e absorvente; o espaço entre as placas é preenchido com gás nobre.	
Vidro de proteção acústica	As espessuras das duas placas são diferentes, a placa voltada para a fonte sonora é uma placa de vidro para janelas ou uma placa composta de resina fundida; o espaço entre as placas é preenchido com gás nobre.	
Vidro de segurança em camadas (VSG)	A placa externa é constituída por vidro de segurança composto de duas ou mais camadas unidas com película ou resina fundida; a execução é baseada na classe de segurança.	
Vidro de proteção contra incêndio	O lado voltado para o fogo é composto de várias placas de vidro de silicato com camadas intermediárias de proteção contra fogo; em caso de incêndio, a placa mais externa salta e a camada de proteção contra fogo transforma-se em espuma.	

Valores característicos do vidro isolante multicamadas (seleção)

Sistema	Vidro estrutural/ SZR[1] Vidro em mm	Peso kg/m²	Valor U_g W/m²K	Medida de isolação do som R_w em dB	Sistema	Vidro estrutural/ SZR/ Vidro em mm	Peso kg/m²	Valor U_g W/m²K	Medida de isolação do som R_w em dB
Padrão	4/12/4 (L)[2]	20	3,0	32	Vidro com função térmica	4/14/4 (L)	20	1,9	32
	5/12/5 (L)	25	3,0	32		4/16/4 (L)	20	1,8	32
	6/12/6 (L)	30	3,0	32		6/12/6 N.[3] (G)	30	1,6	32
	8/12/8 (L)	40	3,0	32		6/12/6 T.[4] (G)	30	1,4	32
	10/12/10 (L)	50	3,0	32		6/12/6 S.[5] (G)	30	1,4	32
Vidro de proteção acústica	6/12/4 (G)[2]	25	1,8	37	Vidro de segurança composto	(Typ W[6])			
	8/14/4 (G)	30	1,8	38		A1-20 (G)	30	1,3	36
	12/20/4 (G)	40	1,9	42		A3-25 (G)	30	1,3	36
	GH 9,5/16/6 (G)	40	1,2	41		(A3/EH01)			
	GH 9,5/20/10 (G)	50	1,7	47		A-20 (G)	32	1,1	37
	GH 11,5/20/9,50 (G)	55	1,7	52		(P5A)			

[1] SZR Espaço entre as placas
[2] Enchimento do espaço intermediário: L (ar) G (gás)
[3] N Revestimento neutro
[4] T Revestimento de titânio
[5] S Revestimento de prata
[6] W Classes de resistência

3.2 Vidro

Valores para cálculo dos coeficientes de permeabilidade térmica (Ug) (DIN 4108 e DIN EN ISO 10077)

Descrição do envidraçamento com vidro normal	Envidraçamento U_g W/m²K	Descrição do envidraçamento com vidro normal	Envidraçamento U_g W/m²K
Vidro simples (DIN V 4108-4)	5,8	Vidro isolante com dois LZR	2,3
Vidro isolante 4-6-4	3,3	4-6-4-6-4	
Vidro isolante 4-9-4	3,0	Vidro isolante com dois LZR	2,0
Vidro isolante 4-12-4	2,9	4-9-4-9-4	
Vidro isolante 4-15-4	2,7	Vidro isolante com dois LZR	1,9
Vidro isolante 4-20-4	2,7	4-12-4-12-4	
LZR espaço intermediário com ar. Exemplo: 4-6-4 espessura do vidro 4 mm – LZR 6 mm – Espessura do vidro 4 mm			

Classes de proteção acústica e associação entre vidros e janelas (VDI 2719)

Classe de proteção acústica	Medida estimada de isolação do som R'w da janela instalada na construção em dB	Valor R'w necessário para o vidro em dB	Medida estimada de isolação do som R'w da janela instalada na construção em dB	Valor R'w necessário para o vidro em dB	Cada classe de proteção acústica abrange a faixa de 5 dB da medida de isolação do som Rw. A classificação é feita conforme a tabela.
1	25 ... 29	> 27	25 27	27 29	R'_w: medida estimada de isolação do som em dB com transmissão do som através dos elementos flanqueados
2	30 ... 34	> 32	30 34	32 36	
3	35 ... 39	> 37	35 39	37 42	R_w: medida estimada de isolação do som em dB sem transmissão do som através dos elementos flanqueados
4	40 ... 44	> 45	43	46	
5	45 ... 49	–	46	49	R_{wR}: valor para cálculo da medida estimada de isolação do som em dB
6	> 50	–	–	–	
A VDI 2719 não tem poder para homologação de obras.					

Classes de resistência

Se um envidraçamento pode ser classificado pela sua eficácia em relação à proteção oferecida, então ele pode ser associado às classes de resistência correspondentes.

- DIN EN 356: Vidro resistente ao choque; Eficácia P1A baixa ... P15 alta
  Vidro resistente à perfuração; Eficácia P6B baixa ... P8B alta
- DIN (52 290): Vidro resistente à perfuração

O índice mostra o tipo e a abrangência do método de teste. Com elevação da classe de resistência aumenta a eficácia da resistência de um envidraçamento. Vidro aramado e os denominados vidros de segurança (vidro temperado, vidro de segurança monolítico) não valem como vidros resistentes à perfuração. As diretrizes VdS contêm os requisitos mínimos de um vidro resistente à perfuração.

Associação das classes de resistência aos usos

Classes de resistência			Áreas de aplicação	Classes de resistência			Áreas de aplicação
DIN EN 356	VdS	DIN (52 290)		DIN EN 356	VdS	DIN (52 290)	
P1A	–	–	Nenhuma associação direta	P6B	EH1	B1	Seções de lojas de departamento, lojas de fotografia e vídeo, farmácias, centros de computação
P2A	–	A1	Condomínios verticais em bairro de alta densidade				
P3A	–	A2	Condomínios verticais	P7B	EH2	B2	Lojas de departamentos, galerias, lojas de antiguidades, museus
P4A	EH01	A3	Casa individual				
P5A	EH02	–	Casa individual com instalações de alto valor e casas de férias em locais remotos	P8B	EH3	B3	Joalherias, casas de peles
				VdS Associação das Empresas de Seguros e.V, Colônia. As classes DIN e as classes VdS são só aproximadamente iguais. As diretrizes normativas são obrigatórias.			

3.3 Metais

3.3.1 Normalização de materiais por meio de números

Metais e materiais de todos os tipos podem ser designados pelos números do material conforme DIN 17007. Esse sistema de classificação também é adequado para o processamento de dados.

Dígitos   1   2 3 4 5   6 7

Grupos principais de materiais		Número de gênero	Número suplementar
Índice	Grupos principais	Para os grupos principais 0 e 1:	Dígito 6: Método de fusão e fundição
0	Ferro bruto, ferro fundido, ligas de ferro	Dígitos 2 e 3: classe Dígitos 4 e 5: número sequencial	Dígito 7: Grau de tratamento
1	Aço, aço fundido		
2	Metais pesados não ferrosos	**Exemplo: Grupo principal 1**	
3	Metais leves	Dígitos 2 e 3:	
4 a 8	Materiais não metálicos	11...12 Aço estrutural 15...18 Aço para ferramentas	Não incluso na DIN EN 10 027
9	Uso livre	32...33 Aço rápido	

3.3.2 Normalização de aços

Sistema de designação DIN EN 10027 (substitui DIN 17006 e EURONORM 27).

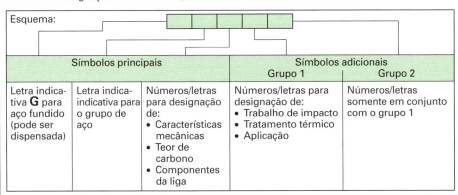

Símbolos principais			Símbolos adicionais	
			Grupo 1	Grupo 2
Letra indicativa **G** para aço fundido (pode ser dispensada)	Letra indicativa para o grupo de aço	Números/letras para designação de: • Características mecânicas • Teor de carbono • Componentes da liga	Números/letras para designação de: • Trabalho de impacto • Tratamento térmico • Aplicação	Números/letras somente em conjunto com o grupo 1

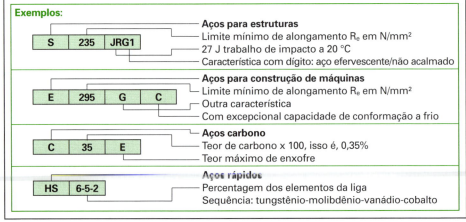

Exemplos:

S 235 JRG1
— Aços para estruturas
— Limite mínimo de alongamento R_e em N/mm²
— 27 J trabalho de impacto a 20 °C
— Característica com dígito: aço efervescente/não acalmado

E 295 G C
— Aços para construção de máquinas
— Limite mínimo de alongamento R_e em N/mm²
— Outra característica
— Com excepcional capacidade de conformação a frio

C 35 E
— Aços carbono
— Teor de carbono x 100, isso é, 0,35%
— Teor máximo de enxofre

HS 6-5-2
— Aços rápidos
— Percentagem dos elementos da liga
— Sequência: tungstênio-molibdênio-vanádio-cobalto

3.3 Metais

Exemplos (continuação):

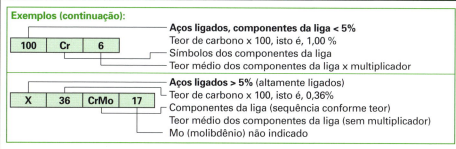

Aços ligados, componentes da liga < 5%
Teor de carbono x 100, isto é, 1,00 %
Símbolos dos componentes da liga
Teor médio dos componentes da liga x multiplicador

Aços ligados > 5% (altamente ligados)
Teor de carbono x 100, isto é, 0,36%
Componentes da liga (sequência conforme teor)
Teor médio dos componentes da liga (sem multiplicador)
Mo (molibdênio) não indicado

Componentes da liga (somente para aços de baixa liga)

Multiplicador 4	Cr Cromo Si Silício	Co Cobalto W Tungstênio	Mn Manganês	Ni Níquel
Multiplicador 10	Al Alumínio Ta Tântalo	Cu Cobre Ti Titânio	Mo Molibdênio V Vanádio	Pb Chumbo
Multiplicador 100	C Carbono	S Enxofre	N Nitrogênio	

Influência sobre as propriedades (seleção)

Propriedade	Componente da liga					+ aumenta		– diminui
	Cr	Ni	Al	W	V	Mo	Si	Mn
Resistência à tração	+	+		+	+	+	+	+
Resistência ao desgaste	+	–		+	+	+	–	–
Conformabilidade a frio				–		–	–	–
Resistência à corrosão	+				+			
Soldabilidade	–	–	+		+		–	–

3.3.3 Classificação dos aços

Aços conforme DIN EN 10 020

Classes de qualidade principais		Composição química	
Aços não ligados	Aços ligados	Aços não ligados	Aços ligados
		Determinados limites de teor dos componentes da liga não podem ser ultrapassados.	O limite do teor de pelo ao menos um elemento da liga é ultrapassado.

Aços básicos	Aços de qualidade	Aços finos/nobres	Aços de qualidade	Aços finos/nobres
não destinado para tratamento térmico	tratamento térmico não assegurado	destinado a tratamento térmico	não se destina a tratamento térmico	destinado a tratamento térmico
nenhuma propriedade de uso excepcional	propriedades de uso especiais	destinado ao refino e à têmpera das bordas	semelhante aos aços não ligados de qualidade, mas com determinadas propriedades	composição química precisa com propriedades excepcionais

Aços conforme a finalidade de uso

Aços estruturais	Aços para ferramentas
aço estrutural genérico, aço de grão fino, aço para tornos automáticos, aços para cementação	aços para trabalho a frio, aços para trabalho à quente, aços rápidos

111

3.3 Metais

Aços estruturais não ligados DIN EN 10 025 (seleção)

Designação do tipo de aço		Resistência à tração R_m	Limite de alongamento R_e em N/mm² com espessuras do produto (mm)			Alonga-mento na ruptura	Aplicação
nova	antiga		< 16	> 16 < 40	> 40 < 63		
DIN EN 10027	DIN 17100	N/mm²				%	
S185	St 33	290 a 510	185	175	–	18	Peças secundárias
S235JR	St 37-2	340 a 470	235	225	–	26	Peças de baixa à media solicitação
S275JR	St 44-2	410 a 560					
S355JO	St 52-3 U	490 a 630	355	345	335	22	Altas solicitações
E295	St 50-2	470 a 610	295	285	275	20	Peças de média a alta solicitação
E335	St 60-2	570 a 710	335	325	315	16	
E360	St 70-2	670 a 830	360	355	345	11	

Aços para ferramentas DIN 17 350 (seleção de aços finos/nobres ligados e não ligados)

Sigla	Número do material	Dureza (HB)	Designação no ramo madeireiro[1]	Composição		Aplicação
Aços não ligados para trabalho a frio						
C 60 W	1.1740	222	Aço de ferramenta WS	Teor de carbono entre 0,5 e 1,4%		Peças estruturais e hastes de ferramentas HSS e HM
C 85 W	1.1830	231				
Aços ligados para trabalho a frio						
21 MnCr 5	1.2162	212	Aço especial SP	Componentes da liga menos do que 5%		Ferramentas para usinagem de plásticos
100 Cr 6	1.2067	223				Ferramentas para madeira
115 CrV 3	1.2210	223				Formões, serras de corrente
105 WCr 6	1.2419	229				Ferramentas para madeira
X 155 CrV Mo 12 1	1.2379	–	Aço de alta performance HL	Componentes da liga acima de 5%		Ferramentas para madeira altamente solicitadas
X 210 CrW 12	1.2436	255		preferido para trabalho madeira: 2% C, 12% Cr		(ferramentas inteiriças para plainas e tupias)
Aços rápidos						
S 6-5-2	1.3343	240	Aço rápido de alta performance HSS	Componentes da liga no mínimo 12%		Brocas, discos para serra circular e outras ferramen-tas altamente solicitadas
S 6-5-2-5	1.3243	bis				
S 10-4-3-10	1.3207	300				

[1] As designações não podem ser atribuídas diretamente a um tipo de aço mas apenas aos grupos.

Chapas de aço

Tipos	Nº DIN	Siglas Exemplos	Espessura em mm	Descrição
Chapa finíssima	EN 10205	T50 ... T65	até	Produto semiacabado laminado a frio de aço não ligado com revestimento de estanho
Folha de flandres	EN 10203		0,5	
Chapa fina	1623	FE 360 B	0,5 a	De aço não ligado destinado à posterior tratamento de superfície
	EN 10130	FE P01	3	
Chapa média	–		3 até 4,75	Predominantemente aços estruturais genéricos também aços de cementação e revenimento
Chapa bruta			> 4,75	
Produtos planos de aços para recipientes de pressão	EN 10028	P235GH 13 Mo3	–	Antiga chapa de caldeira aços de qualidade não ligados ou aços finos ligados (alta solicitação, resistente ao calor)

3.3.4 Materiais ferrosos fundidos (seleção)

Ferro fundido com lamelas de grafite (GG)	Ferro fundido temperado (GT)	Aço fundido (GS)
Ferro cinzento, teor de C 2,6% a 3,6%	Tratamento térmico após fundição	Aços fundidos em moldes

3.3 Metais

Produtos acabados de aço

Formato	Nº DIN	Designação, sigla Faixa de medidas nominais	Formato	Nº DIN	Designação, sigla Faixa de medidas nominais
	1013	Barra de aço redonda para d = 20 : Rd20 ou ∅ 20 8 mm até 200 mm		1022	Ferro L, abas iguais, cantos vivos para a = 25 e s = 4 : LS 25 × 4 a = 20 mm até 50 mm
	1014	Barra de aço quadrada para a = 40: 4kt 40 ou □ 40 8 mm até 120 mm		1028	Cantoneira de abas iguais para a = 50 e s = 6 : L 50 × 6 a = 20 mm até 200 mm
	1015	Barra de aço sextavado para s = 13 : 6kt 13 13 mm até 103 mm		1029	Cantoneira de abas desiguais para a = 80, b = 40 e s = 8 : L 80 × 40 × 8 $a \times b$ = 30 mm x 20 mm até 200 mm x 100 mm
	1017	Aço chato para b = 60 e s = 10 Chato × 60 × 10 ou Fl 60 × 10 10 mm x 5 mm até 150 mm x 60 mm		1025 T1	Viga I estreita para h = 180 : I 180 h = 80 mm até 600 mm
	2440 2391 2448 2458	Tubo para rosca meio pesado bitola nominal = ∅ interno d Tubo de precisão de aço sem costura Tubo de aço sem costura Tubo de aço com costura bitola nominal = ∅ externo D		T5	Viga I média com superfícies paralelas para h = 140 : IPE 140 h = 80 mm até 600 mm
	59410	Perfilado oco quadrado: a = 40 mm até 400 mm		T2	Ferro U para h = 200 : IPB 200 h = 100 mm até 1000 mm
		Retangular: $a \times b$ = 50 mm 2 20 mm até 400 mm × 260 mm		1026	Aço em U para h = 100 : U 100 h = 30 mm até 400 mm
	1024	Ferro T, alma alta: para h = 50 : T50 b = h = 20 mm até 140 mm		1027	Aço em ⌐ para h = 120 : ⌐120 h = 30 mm até 200 mm
		Ferro T, aba larga: para h = 40 : TB 40 $b \times h$ = 60 mm×30 mm …120 mm x 60 mm		EN 10029 10131	Chapa, fita Espessuras de 0,35 até 3 mm Espessuras acima de 3 mm até 250 mm
	59051	Ferro T com cantos vivos para h = 30 : TPS 30 b=h=20 mm até 40 mm		177	Arame em rolos ou bobinas com diâmetro de 0,1 mm até 20 mm

113

3.3 Metais

3.3.5 Metais não ferrosos

Metais não ferrosos

Metais pesados
e suas ligas
Densidade $\varrho > 5$ kg/dm³

Metais amarelos	Cu	e suas ligas
	Ni	
	Zn	
Metais brancos	Pb	e suas ligas
	Sn	
Ligas metálicas	W, Mo, Ta	
Fundibilidade altíssima, alta e baixa	Cr, Mn, V, Co	
	Cd, Bi	
Metais preciosos	Au, Ag, Pt	

Metais leves
e suas ligas
Densidade $\varrho < 5$ kg/dm³

Alumínio	Al	Ligas com Mg, Cu, Si, Sn
Magnésio	Mg	Ligas com Al, Zn, Si
Titânio	Ti	Ligas com Al, V, Mo etc.

Metais não metálicos importantes

Nome	Sigla	Densidade kg/dm³	Ponto de fusão (°C)	Resistência à tração N/mm²	Alongamento %	Propriedades
Cobre	Cu	8,93	1083	200 ... 300	50 ... 35	resistente à corrosão alta condutividade
Níquel	Ni	8,90	1455	400 ... 500	50 ... 40	branco prata, resistente à corrosão de diversas substâncias químicas
Zinco	Zn	7,10	419	30	1	prata azulado brilhante, alta dilatação térmica
Chumbo	Pb	11,30	327	15 ..20	50 ... 30	cinza fosco, resistente contra várias substâncias químicas
Estanho	Sn	7,30	232	40 ... 50	40	branco prata a cinza, boa fusão
Alumínio	Al	2,70	658	90 ... 120	25 ... 3	branco prata, bom condutor de eletricidade e calor
Magnésio	Mg	1,75	650	100 ... 130	10 ... 5	cinza prata, queima com facilidade na forma de cavacos e de pó
Titânio	Ti	4,50	1650 ... 1700	290 ... 740	30 ... 15	branco prata, resistente à corrosão, elevada dureza, tenaz

Ligas de metais não ferrosos

Por intermédio das ligas, as propriedades dos materiais são alteradas. Metais puros geralmente possuem uma resistência menor do que suas ligas e são moles. Nas ligas o alongamento e a condutividade elétrica são reduzidas e o ponto de fusão é mais baixo.

3.3 Metais

Exemplos: Designação de ligas de metais não ferrosos

Ligas fundidas			Ligas trabalhadas		
Fundição sob pressão	Metal básico	Metais da liga	Metal básico	Metais da liga	Resistência à tração 490 N/mm²
	GD-MgAl6Zn1			**CuAl9Mn2F49**	
93% magnésio	6% alumínio	1% zinco	89% cobre	9% alumínio	2% manganês

- Uma liga de metais não ferrosos é designada pelo metal básico (metal com maior percentagem na liga).
- Nas ligas trabalhadas são dispensadas as siglas para fabricante e aplicação.
- O metal básico geralmente é escrito sem a indicação de percentual.

Seleção de ligas de metais não ferrosos

Exemplos (siglas)	Resistência à tração N/mm²	Propriedades	Aplicação
Ligas de cobre-zinco (latão)			
CuZn36Pb3	290 ... 440	boa conformação e usinagem, resistente à corrosão	parafusos, guarnições, objetos decorativos
Ligas de cobre-estanho (bronze)			
CuSn8	390 ... 690	resistente à corrosão, resistente ao desgaste, bom para polir	guarnições decorativas, armações, mancais
Ligas de alumínio			
AlCuMg2	440 ... 470	resistente à corrosão, bom para polir, fácil conformação a frio	perfis para portas e janelas, fachadas, peitoris, guarnições

Perfis de alumínio e de ligas de alumínio (medidas em mm)

Perfis L	$h \times b \times s$	Perfis U	$h \times b \times s \times t$	Perfis T	$h \times b \times s$
	10 x 10 x 1,5		40 x 20 x 2 x 2		20 x 30 x 2
	20 x 10 x 2		40 x 20 x 3 x 3		25 x 40 x 3
	20 x 20 x 2,5		40 x 30 x 3 x 3		30 x 30 x 3
	30 x 20 x 3		40 x 40 x 4 x 4		30 x 45 x 4
	40 x 20 x 4		40 x 40 x 5 x 5		30 x 60 x 5
	40 x 40 x 5		50 x 30 x 3 x 3		40 x 40 x 4
	50 x 25 x 4		50 x 30 x 4 x 4		40 x 60 x 5
	50 x 30 x 5		50 x 40 x 5 x 5		40 x 80 x 7
	60 x 30 x 4		60 x 30 x 4 x 4		50 x 50 x 4
	60 x 60 x 5		60 x 40 x 5 x 5		50 x 70 x 6
	80 x 40 x 6		80 x 45 x 6 x 8		80 x 80 x 9
	80 x 80 x 8				

3.3.6 Metais duros

Metais duros são materiais sinterizados, compostos de

- Aglomerante: Cobalto e níquel
- Carbonetos: Carboneto de tungstênio (WC), carboneto de titânio, (TiC) e carboneto de tálio (TaC)

Propriedades: Extremamente duros, quebradiços, sensíveis a choques e impactos

Fabricação: Fabricação dos pós – mistura dos pós – prensagem – **sinterização**
Na **sinterização** é criada uma estrutura cristalina pela incandescência dos pós metálicos prensados.

Tipos de metais duros para o trabalho em madeiras DIN ISO 513

Grupo principal de corte **K**, cor de identificação **vermelha** (classificação para determinados grupos de materiais)

Grupos de aplicação 01...50	(número adicional maior = maior resistência)
Materiais em placas	Madeira maciça
K 01 ... K 10	K 20 ... K 40

3.3 Metais

3.3.7 Corrosão e proteção contra corrosão

A corrosão é o ataque e a destruição dos materiais metálicos por processos químicos ou eletroquímicos com agentes corrosivos.
Agentes corrosivos: substâncias ativas do ambiente, p.ex., ar, água, terra, substâncias químicas, etc.

Causas da corrosão

Corrosão eletroquímica		Corrosão química
O processo transcorre sobre a superfície do metal num líquido condutor de eletricidade, o eletrólito.		O material reage diretamente com a substância corrosiva ativa, sem a participação da água.
nos elementos de corrosão	corrosão por oxigênio sobre superfícies úmidas de aço	p.ex.: oxidação do aço

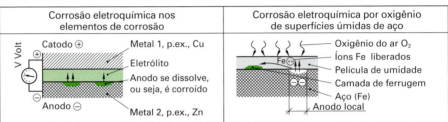

Corrosão eletroquímica nos elementos de corrosão — Corrosão eletroquímica por oxigênio de superfícies úmidas de aço

Séries eletroquímicas

Potencial normal: Tensão entre um eletrodo de platina banhado em hidrogênio e um material eletrodo

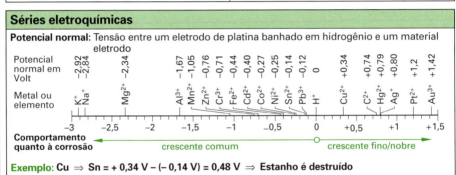

Exemplo: Cu $\Rightarrow$ Sn = + 0,34 V − (− 0,14 V) = 0,48 V $\Rightarrow$ Estanho é destruído

Medidas de proteção contra corrosão

Medida	Descrição
Seleção do material correto	materiais que sejam resistentes às possíveis influências do ambiente; levar em conta a série eletroquímica
Projetos voltados para a proteção	evitar pontos de corrosão por contato; evitar brechas, superfícies lisas
Camadas protetoras	olear e engraxar
	pintar
	aplicação de plásticos
	revestimentos metálicos: zincar a fogo, revestimento galvânico (níquel, cromo)
Anodização	Por meio de anodização pode ser criada no alumínio uma camada de óxido de alumínio (Al_2O_3), que é duro e resistente à corrosão.
Proteção catódica	O componente é protegido por um anodo de metal menos nobre.

3.4 Elementos de ligação

3.4.1 Pinos de arame e grampos (seleção)

DIN EN 10230-1   Prego   3,8 · 100   Cabeça chanfrada   Haste lisa   Ponta em diamante   Sem revestimento

DIN EN 10230-1	Tipo	Medida nominal (característica) em mm	Comp. em mm	Cabeça/ tipo e superfície	Formato da haste	Ponta/ tipo e formato	Revestimento superficial

Resumo/definição/conceitos (seleção)

Cabeças (seleção)		Pontas		Designação no prego
Chata redonda		Diamante		1. Cabeça
Chanfrada		Diamante deslocada		2. Haste
Chanfrada plana		Redonda		3. Comprimento
Recalcada redonda		De cinzel		4. Diâmetro
Recalcada oval		De corte liso		Medida nominal (característica)

Execução	Ilustração	Comp. em mm	Execução	Ilustração	Comp. em mm
Prego haste lisa cabeça chata cabeça chanfrada cabeça chanfrada com entalhe DIN EN 102 0-1		10/15/20/25 30/40/45/50 60/70/80/90 100/110/120 140/150/160 180/200/280	Prego haste anelada cabeça chata redonda cabeça chanfrada redonda DIN EN 10230-1		20/25/30/40/50 60/70/80/90/100 110/120/130/140 150/160/170 180/200/220 250/280/200
Prego haste quadrada cabeça chata cabeça chanfrada redonda DIN EN 10230-1		15/20/25/30/35 40/45/50/55/60 65/75/80/90/95 100/125/130/150 160/175/180/190 200/210/260	Prego haste lisa cabeça redonda recalcada DIN EN 10230-1		10/15/20/25 30/40/50/60 60/70/80/90 100/110/120/140
Prego haste anelada cabeça recalcada DIN EN 10230-1		20/25/30/35/40 50/60/70/80/90 100/110/120 130/140/150	Prego haste quadrada cabeça redonda recalcada DIN EN 10230-1		15/20/25/30/35 40/45/50/55/60 65/75/80/90 95/100/125
Prego cabeça chata extra grande DIN EN 10230-1		20/25/30 35/40/50 60	Prego haste lisa, cabeça chanfrada 32° DIN EN 10230-1		15/20/25 30/40
Cabeça com mola haste retorcida DIN EN 10230-1		50/60/70 75/80/80 100	Prego haste lisa, oval cabeça recalcada oval, entalhado		20/25/30/40 45/50/60/65 75/90/100 125/150
Prego fino para placas leves haste lisa DIN EN 10230-1		20/25/30/35 40/45/50/65 75/100	Prego para placas de gesso, haste lisa DIN EN 10230-1		40/50/60 70/80 90/100
Prego (placas de gesso) DIN 18182 liso		37 ... 70	Prego (gesso cartonado) DIN 18182 anelado		28 ... 70
Prego fino DIN 1143		35/40/45/50 55/60/65/70 80/90	Prego de tapeceiro DIN 1157		10/13/16 20/25
			Prego antirachadura haste helicoidal DIN 68163		38/70 90 Formato A
Prego com anéis convexos DIN 68163 Formato Kt		38/70 90	Prego para taco DIN 1158		30/35/50 65/80
Gancho (grampo) DIN 1159		16/20/25 31/34/38 42/46	Grampo (não normalizado)		$b = 1{,}8 \dots 25$ $l = 3 \dots 100$
			Pregos na execução conforme DIN EN 10230-1 são fabricados com diferentes diâmetros para o mesmo comprimento.		

3.4 Elementos de ligação

3.4.2 Parafusos para madeira

Designação   Parafuso para   DIN 7996 — 4 × 40 — St — H
              madeira

Denominação	Número DIN	⌀ da rosca d em mm	Comp. nominal l em mm	Superfície do material	Formato da fenda em cruz
St Aço; CuZn Liga de cobre-zinco; Al-Leg Liga de alumínio; A Aço fino inoxidável

Superfície de acionamento: Fenda | Fenda cruzada Formato H Formato Z | Sextavado | Sextavado interno | Estrela interno

Superfície: lisa, zincada, niquelada, brunida, galvanizada

Rosca, ponta do parafuso

Designação no parafuso
1. ⌀ da cabeça   4. ⌀ da rosca
2. Comprimento   ⌀ da haste
3. ⌀ do núcleo

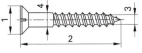

Parafusos para madeira (excerto)

Execução	Compr. em mm	⌀ da rosca d em mm						Execução	Compr. em mm	⌀ da rosca d em mm						
		2,5	3,0	3,5	4,0	4,5	5,0	6,0			4,0	5,0	6,0	8,0	10	12	16	20
com fenda	10	•							Parafusos com cabeça sextavada para madeira DIN 571 (parafusos de chave)	16	•	•						
	12	•	•	•	•					20	•	•	•					
DIN 95	16	•	•	•	•	•				25	•	•	•	•				
	20	•	•	•	•	•	•	•[1]		30	•	•	•	•	•			
DIN 96	25	•	•	•	•	•	•	•[1]		35	•	•	•	•	•	•		
	30	•	•	•	•	•	•	•[1]		40	•	•	•	•	•	•		
DIN 97 com fenda cruzada	35		•	•	•	•	•			45		•	•	•	•	•		
	40		•	•	•	•	•	•		50			•	•	•	•	•	
DIN 7995	45			•	•	•	•	•		55			•	•	•	•	•	
	50			•	•	•	•	•		60			•	•	•	•	•	•
DIN 7996	60				•	•	•	•		65				•	•	•	•	•
	70						•	•		70				•	•	•	•	•
DIN 7997	80						•	•		75				•	•	•	•	•
										80				•	•	•	•	•
										90				•	•	•	•	•
										100					•	•	•	•
										110						•	•	•
										120						•	•	•
										130							•	•
										140							•	•
										150							•	•
										160							•	•
										170								•
										180								•
										190								•
										200								•

[1] só com cabeça chanfrada

Cabeça	com fenda	com fenda cruzada
Cabeça de lentilha chanfrada	DIN 95	DIN 7995
Cabeça abaulada	DIN 96	DIN 7996
Cabeça chanfrada	DIN 97	DIN 7997

Diâmetro da cabeça ≈ 2 · d
Diâmetro do núcleo da rosca ≈ 0,7 · d

3.4 Elementos de ligação

Parafusos para placas de aglomerado (não normalizados, excerto)

Cabeça chanfrada							Rosca parcial						Cabeça de lentilha						Cabeça redonda					
Rosca inteira																								
Compr. em mm	Diâmetro em mm																							
	2,3	3,0	3,5	4,0	4,5	5,0	6,0	3,0	3,5	4,0	4,5	5,0	6,0	3,0	3,5	4,0	4,5	5,0	6,0	3,0	3,5	4,0	4,5	5,0	6,0
13	•		•	•												•				•	•	•	•	•	
15	•	•	•	•	•	•								•	•					•	•	•	•	•	
17		•	•	•	•	•								•	•	•				•	•	•	•	•	
20		•	•	•	•	•		•	•	•				•	•	•				•	•	•	•	•	•
25		•	•	•	•	•		•	•	•				•	•	•				•	•	•	•	•	
30		•	•	•	•	•		•	•	•	•	•		•	•	•				•	•	•	•	•	•
35		•	•	•	•	•		•	•	•	•	•		•	•	•				•	•	•	•	•	
40		•	•	•	•	•	•	•	•	•	•	•	•	•	•	•	•				•	•	•	•	
45		•	•	•	•	•		•	•	•	•	•	•	•	•	•	•				•	•	•	•	
50			•	•	•	•		•	•	•	•	•	•	•	•	•	•	•			•		•	•	
55			•	•	•	•			•	•	•	•		•	•	•	•						•		
60			•	•	•	•			•	•	•	•	•	•	•	•	•						•	•	
65			•	•	•	•				•	•	•		•	•	•	•								
70			•	•	•	•				•	•	•	•	•	•	•	•						•	•	•
75				•	•	•				•	•	•			•	•	•								
80				•	•	•	•			•	•	•	•		•	•	•								•
90					•	•				•	•	•				•	•								
100					•	•				•	•	•				•	•								
110										•	•	•				•	•								
120										•	•	•				•	•								
130										•	•	•				•	•								
140										•	•	•				•	•								
150										•	•	•				•	•								
160										•	•	•				•	•								
180											•														
200											•														
220											•														
240											•														
260											•														

Parafusos prato/parafusos para parede traseira

Compr. em mm	Ø da rosca em mm		
	3,0	3,5	4,0
20	•		•
25	•	•	•
30	•	•	•
35	•	•	•
40			•
45			•

Parafuso para dobradiça de piano (com cabeça pequena)

Compr. em mm	Ø em mm
	3,0
10	•
12	•
16	•
20	•
25	•

Parafuso para placa de aglomerado

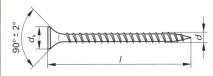

Canto arredondado
Diâmetro da cabeça = $2 \cdot d$
Diâmetro do núcleo ≈ $0,65 \cdot d$

3.4 Elementos de ligação

Parafusos para instalação rápida (DIN 18182 seleção)

Cabeça	Formato	Ilustração	Tipo de rosca	Tamanho em mm	
				∅	l
Cabeça de trompete	TN		dupla entrada	3,5; 4,0; 4,3	25, 35, 45, 55
			dupla entrada ou uma entrada	5,1; 5,5	70, 80, 90, 100 110, 120, 130
Cabeça redonda chata	FN		dupla entrada ou uma entrada	4,3; 5,1; 5,5	3,5
Cabeça de trompete	TB		Rosca de parafuso para chapas ST 3,5 DIN EN ISO 1478	3,5	25, 35, 45, 55
Cabeça chanfrada	SN		Rosca de parafuso para chapas ST 3,5 DIN EN ISO 1478	3,5	30, 35
Cabeça de lentilha (DIN ISO 7049)	LB		Rosca de parafuso para chapas ST 3,5 DIN EN ISO 1478	3,5	9,5

Tipos de roscas: uma entrada — dupla entrada

d Diâmetro externo, medida nominal
p Passo

Ganchos com rosca (DIN 81408 seleção)

Tipo de gancho	Formato	Ilustração	Tamanho em mm	Execução
Gancho para utensílios	A		∅ interno 25, 35	Latão polido, niquelado, cromado, fosco ou alto brilho
Rosca sem flange com flange	B C		∅ interno 24	Alumínio polido, anodizado
Gancho para chaves	D		$l = 22$	Só em latão
Gancho com rosca	não normalizado		$l = 15 \ldots 140$	Aço zincado, anodizado
Gancho L com ou sem fenda	não normalizado		$l = 15 \ldots 150$	Aço zincado, anodizado

Olhal com rosca

Olhal	Ilustração	Tamanho em mm $l \cdot d$	Execução
Olhal com rosca		$6 \cdot 3 \ldots 160 \cdot 30$	Aço zincado, encapado com plástico

Parafusos batoque

Parafuso	Ilustração	Tamanho em mm	Execução
Parafuso batoque		$d = M4 \ldots M12$ $l = 40 \ldots 120$	Aço zincado

3.4 Elementos de ligação

3.4.3 Parafusos
Designação (DIN 962)

Parafuso sextavado DIN EN 24014 – M 10 × 60 – 8.8

Denominação	Número DIN	Rosca métrica ∅ d em mm Rosca normal Rosca fina	Compr. nominal l em mm	Classe de resistência

Parafusos (seleção)

Execução	Ilustração	Tamanho em mm	Execução	Ilustração	Tamanho em mm
Parafuso sextavado rosca normal DIN EN 24014		d = 1,6 ... 64 l = 12 ... 500	Parafuso sextavado rosca fina DIN EN 28765		d = 8·1 ... 64·4 l = 35 ... 500
Parafuso sextavado rosca normal DIN EN 24017		d = 1,6 ... 60 l = 2 ... 200	Parafuso sextavado rosca fina DIN EN 28676		d = 8·1 ... 60·4 l = 16 ... 500
Parafuso cilíndrico com fenda DIN EN ISO 1207		d = 1,6 ...10 l = 2 ... 80	Parafuso cilíndrico com sextavado interno DIN EN ISO 4762		d = 1,4 ... 64 l = 2 ... 300
Parafuso chanfrado com rasgo DIN EN ISO 2009		d = 1,6 ...10 l = 2,5 ... 80	Parafuso chanfrado com fenda cruzada DIN EN ISO 7046		d = 2 ...10 l = 3 ... 60
Parafuso chanfrado com sextavado interno DIN EN ISO 10642		d = 3 ... 20 l = 8 ... 100	Parafuso cabeça de lentilha chanfrado com fenda DIN EN ISO 2010		d = 1,6 ...10 l = 2,5 ... 80
Parafuso cabeça de lentilha chanfrado com fenda cruzada DIN EN ISO 7047		d = 1,6 ...10 l = 3 ... 60	Parafuso francês com apêndice quadrado DIN 603		d = 5 ... 20 l = 16 ... 200
Barra com rosca DIN 976-1		d = 2; 2,5; 3; 4; 5; 6; 8; 10; 12; 16; 20; 24; 30; 36; 42; 48; 56; 64 l = 1000	Parafuso meia calota com orelha DIN 607		d = 8 ...16 l = 16 ...160

3.4 Elementos de ligação

3.4.4 Porcas e arruelas

Designação (DIN 962, designação simplificada)

Porca sextavada DIN EN 24032 – M10 – 8.8

Denominação	Número DIN	Rosca métrica $\varnothing$ d em mm Rosca normal Rosca fina	Classe de resistência

A classe de resistência da porca é baseada na classe de resistência do parafuso que será utilizado. Para porcas de metais não ferrosos o material é especificado.

Porcas (seleção)

Execução	Ilustração	Tamanho	Execução	Ilustração	Tamanho
Porca sextavada $m \geq 0,8 \times d$ DIN EN 24032		M 1,6 … M 64	Porca sextavada rosca fina DIN EN 28673		M 8 3 1 … M 64 3 4
Porca sextavada $m \geq 0,5 \times d$ DIN EN 24035		M 1,6 … M 64	Porca borboleta DIN 315		M 4 … M 24
Porca chapéu DIN 917		M 4 … M 48	Porca chapéu DIN 1587		M 4 … M 24
Porca com trava DIN EN ISO 7040		M 3 … M 36	Diâmetro da rosca d Altura da porca m		

Arruelas (seleção)

Execução	Ilustração	Tamanho	Execução	Ilustração	Tamanho
Arruela para construções em madeira formato R DIN 440		$d_1 = 5,5 \dots 56$ $d_2 \cong 3 \times d_1$	Arruela para construções em madeira formato V DIN 440		$d_1 = 5,5 \dots 24$ $d_2 \cong 3 \times d_1$
Arruela para construções em madeira DIN 436		$d_1 = 11 \dots 56$ $d_2 \cong 3 \times d_1$	Arruela para parafuso cilíndrico e de meia calota DIN EN ISO 7092		$d_1 = 1,7 \dots 37$ $d_2 \cong 2 \times d_1$
Arruela para parafuso sextavado DIN 125		$d_1 = 1,7 \dots 37$ $d_2 \cong 2 \times d_1$	Arruela para parafuso sextavado DIN 125-1		$d_1 = 5,3 \dots 165$ $d_2 \cong 2 \times d_1$
Arruela de pressão formato A DIN 128		$d_1 = 2,1 \dots 36,5$	Arruela dentada formato A DIN 6798		$d_1 = 1,7 \dots 31$
Arruela dentada formato A DIN 6797		$d_1 = 1,7 \dots 31$	Diâmetro interno d_1 Diâmetro externo d_2 Espessura da arruela h		

3.4 Elementos de ligação

3.4.5 Roscas, furos, chanfros

Rosca métrica ISO (DIN 13) (seleção)

Designação da rosca	Passo P	∅ do núcleo Macho d_1	∅ do núcleo Fêmea D_1	∅ da broca do furo de núcleo	∅ do furo passante para parafuso fino	∅ do furo passante para parafuso médio	Abertura da boca da chave sextavada
M 1	0,25	0,693	0,729	0,75	1,1	1,2	3
M 1,2	0,25	0,893	0,929	0,95	1,3	1,4	3,5
M 1,6	0,35	1,170	1,221	1,3	1,7	1,8	3,5
M 2	0,4	1,50	1,567	1,6	2,1	2,4	4
M 3	0,5	2,387	2,459	2,5	3,2	3,4	5,5
M 4	0,7	3,141	3,242	3,3	4,3	4,5	7
M 5	0,8	4,019	4,134	4,2	5,3	5,5	8
M 6	1	4,773	4,917	5,0	6,4	6,6	10
M 8	1,25	6,466	6,647	6,7	8,4	9	13
M 10	1,5	8,160	8,376	8,5	10,5	11	17
M 12	1,75	9,853	10,106	10,2	13	14	19
M 16	2	13,546	13,835	14	17	18	24

Diâmetro nominal $d = D$ Passo P
∅ do núcleo da rosca macho $d_1 = d - 1{,}2269 \cdot P$
∅ do núcleo da rosca fêmea $D_1 = d - 1{,}0825 \cdot P$
∅ da broca do furo e núcleo $t = d - P$

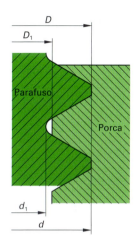

Rosca para tubos (DIN EN ISO 228, DIN 2999) (seleção)

DIN ISO 228 rosca cilíndrica interna e externa	Siglas DIN 2999 Rosca externa cônica	Siglas DIN 2999 Rosca interna cilíndrica	Diâmetro externo $d = D$	Diâmetro do núcleo $d_1 = D_1$	Passo P	Nº de fios por 25,4 mm Z
1/16	R 1/16	Rp 1/16	7,72	6,56	0,91	28
1/8	R 1/8	Rp 1/8	9,73	8,57	0,91	28
1/4	R 1/4	Rp 1/4	13,16	11,45	1,34	19
3/8	R 3/8	Rp 3/8	16,66	14,95	1,34	19
1/2	R 1/2	Rp 1/2	20,96	18,63	1,81	14
3/4	R 3/4	Rp 3/4	26,44	24,12	1,81	14
1	R 1	Rp 1	33,25	30,29	2,31	11
1 1/4	R 1 1/4	Rp 1 1/4	41,91	38,95	2,31	11
1 1/2	R 1 1/2	Rp 1 1/2	47,80	44,85	2,31	11
2	R 2	Rp 2	59,61	56,66	2,31	11

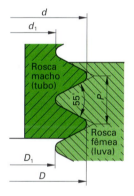

Furos e chanfros (DIN 74) (seleção)

	Para ∅ da rosca		2	3	4	5	6	8	10	12	16	20
Formato A	Médio (m)	d_1	2,4	3,4	4,5	5,5	6,6	9	11	13,5	17,5	22
		d_2	4,6	6,5	8,6	10,4	12,4	16,4	20,4	23,9	31,9	40,4
		$t_1 \approx$	1,1	1,6	2,1	2,5	2,9	3,7	4,7	5,2	7,2	9,2
Formato B	Médio (m)	d_1	–	3,4	4,5	5,5	6,6	9	11	13,5	17,5	22
		d_2	–	6,6	9	11	13	17,2	21,5	25,5	31,5	38
		$t_1 \approx$	–	1,6	2,3	2,8	3,2	4,1	5,3	6	7	8
	Para ∅ nominal		2,2	2,9	3,5	3,9	4,2	4,8	5,5	6,3		
Formato C		d_1	2,4	3,1	3,7	4,2	4,5	5,1	5,8	6,7		
		d_2	4,6	5,9	7,2	8,1	8,7	10,1	11,4	13		
		$t_1 \approx$	1,3	1,7	2,1	2,3	2,5	3	3,4	3,8		

Designação de um chanfro no formato B, execução média para rosca ∅ 4 mm:
Chanfro DIN 74 – B m 4

Formato A e B:
Execução média (m)

Formato C 80°

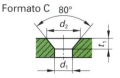

3.4 Elementos de ligação

3.4.6 Parafusos para chapas, parafusos autoperfurantes e rebites cegos

Parafusos para chapas (seleção)

Execução	Ilustração	⌀ da rosca em mm				ST – Designação das roscas para chapas				
		ST 2,2	ST 2,9	ST 3,5	ST 4,2	ST 4,8	ST 5,5	ST 6,3	ST 8,0	ST 9,5
Cabeça sextavada DIN ISO 1479		l = 4,5 ... 16	l = 6,5 ... 19	l = 6,5 ... 22	l = 9,5 ... 25	l = 9,5 ... 32	l = 13 ... 32	l = 13 ... 38	l = 13 ... 50	l = 16 ... 50
Cabeça cilíndrica com fenda DIN ISO 1481		4,5 ... 16	6,5 ... 19	6,5 ... 22	9,5 ... 25	9,5 ... 32	13 ... 32	13 ... 38	16 ... 50	16 ... 50
Cabeça chanfrada com rasgo DIN ISO 1482		4,5 ... 16	6,5 ... 19	9,5 ... 25	9,5 ... 32	9,5 ... 32	13 ... 38	13 ... 38	16 ... 50	19 ... 50
Cabeça de lentilha chanfrada com fenda DIN ISO 1483		4,5 ... 16	6,5 ... 19	9,5 ... 22	9,5 ... 25	9,5 ... 32	13 ... 32	13 ... 38	16 ... 50	19 ... 50
Cabeça de lentilha com fenda cruzada DIN ISO 7049		4,5 ... 16	6,5 ... 19	9,5 ... 25	9,5 ... 32	9,5 ... 38	13 ... 38	13 ... 38	16 ... 50	16 ... 50
Cabeça chanfrada com fenda cruzada DIN ISO 7050		4,5 ... 16	6,5 ... 19	9,5 ... 25	9,5 ... 32	9,5 ... 32	13 ... 38	13 ... 38	16 ... 50	16 ... 50
Cabeça de lentilha chanfrada com fenda cruzada DIN ISO 7051		4,5 ... 16	6,5 ... 19	9,5 ... 25	9,5 ... 32	9,5 ... 32	13 ... 38	13 ... 38	16 ... 50	16 ... 50

Escalonamento da medida nominal l em mm: 4,5; 6,5; 9,5; 13; 16; 19; 22; 25; 32; 38; 45; 50

Formatos dos parafusos DIN ISO 1478 — Formato C — Formato F — Formato da fenda cruzada H ou Z

Parafuso autoperfurante com rosca para chapas, medidas em mm

Medida	Execução	Ilustração	Execução	Ilustração
d = 2,9; 3,5 4,2; 4,8; 5,5; 6,3	Parafuso sextavado DIN EN ISO 15480		Parafuso cabeça chanfrada com fenda cruzada DIN EN ISO 15482	
l = 9,5; 13; 16; 19; 22; 25; 32; 38; 45; 50	Parafuso cabeça chata com fenda cruzada DIN EN ISO 15481		Parafuso cabeça de lentilha chanfrada com fenda cruzada DIN EN ISO 15483	
Fenda cruzada formato H ou Z			Propriedades funcionais e mecânicas DIN EN ISO 10666	

Rebite cego (DIN 7337, seleção) dimensões em mm

	Medida nominal d_1 Série		d_2 Formato		⌀ do furo do rebite	Bucha do rebite Al l		Comprimento de fixação	
	1	2	A	B		Formato A	Formato B	Formato A	Formato B
Formato A Cabeça chata	–	2,4	5,0	–	2,5	4	–	0,5 ... 6,0	–
	3	–	6,5	6,0	3,1	4 ... 25	4 ... 25	0,5 ... 22,0	0,5 ... 22,0
	–	3,2	6,5	6,0	3,3	4 ... 25	4 ... 22	0,5 ... 22,0	0,5 ... 22,0
	4	–	8,0	7,5	4,1	6 ... 25	4 ... 25	1,5 ... 21,5	1,5 ... 21,5
Formato B cabeça chanfrada		4,8	9,5	9,0	4,9	6 ... 50	6 ... 50	2,0 ... 45,0	2,0 ... 45,0
	5	–	9,5	9,0	5,1	6 ... 50	6 ... 50	2,0 ... 45,0	2,0 ... 45,0
	6	–	12,0	–	6,1	8 ... 50	–	2,0 ... 44,0	–
	–	6,4	13,0	–	6,5	12 ... 30	–	2,0 ... 23,0	–

Escalonamento do comprimento nominal l em mm: 4, 6, 8, 10, 12, 16, 20, 25, 30, 35, 40, 45, 50
Série 1: métrica   Série 2: derivada das medidas em polegadas

3.4 Elementos de ligação

3.4.7 Cavilha de madeira, cantoneira e bucha aparafusada

Cavilhas de madeira (DIN 68150)

Diâmetro em mm	Comprimento em mm									
	25	30	35	40	45	50	60	80	120	140	160
5	•	•	•								
6	•	•	•	•	•						
8	•	•	•	•	•	•	•				
10		•	•	•	•	•	•				
12			•	•	•	•	•	•			
14					•	•	•	•	•		
16						•	•	•	•	•	
18							•	•	•	•	
20								•	•	•	

Formatos

Formato A — Cavilha estriada
Formato B — Cavilha lisa
Formato C — Cavilha recartilhada

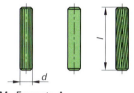

AM Formato A processamento mecânico
BU Faia

Cavilhas de plástico não são normalizadas.

Barra redonda (faia)

Formato	Diâmetros em mm	Compr. em mm
Lisa 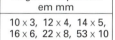	3, 4, 5, 6, 8, 10, 12, 14, 16, 18, 20, 22, 25, 30, 35	1000

Barra de cavilha (faia)

Formato	Diâmetros em mm	Compr. em mm
Estriada	6, 8, 10, 12, 14, 16, 18, 20	1000

Cantoneiras

Compensado	Largura × espessura em mm	Plástico	Largura × espessura em mm
	10 × 3, 12 × 4, 14 × 5, 16 × 6, 22 × 8, 53 × 10		15 × 2

Cavilhas planas (faia, seleção)

Tamanho/ Material	Medidas l × b × d em mm	∅ da ferramenta em mm	Profundidade do rasgo em mm	Comprimento do rasgo em mm
0/BU	47 × 15 × 4	100	8,0	54
10/BU	53 × 19 × 4	100	10,0	60
20/BU	56 × 23 × 4	100	12,3	66
1/BU	43 × 18 × 4	75	9,5	50
2/BU	49 × 24 × 4	75	12,5	56
3/BU	55 × 30 × 4	75	15,5	61
H9/BU	38 × 12 × 3	78	6,5	44
C20/PP	61 × 23 × 4	100	12,3	66
S6/BU	85 × 30 × 4	100	20,0	90
K20/POM	60 × 24 × 4	100	12,3	66

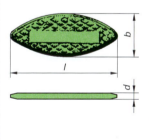

Bucha aparafusada (porca aparafusada, DIN 7965)

Rosca interna	M3	M4	M5	M6	M8	M10	M12	M16	M20
Compr. em mm	8	10	12	15	18	25	30	30	30
d_1 em mm	4,5	5,5	7,5	9,5	10,2	15	18	20,5	24
d_2 em mm	6	8	10	12	16	18,5	22	25	29

As buchas aparafusadas são empregadas de preferência para aplicação em madeira ou materiais semelhantes à madeira.

3.4 Elementos de ligação

3.4.8 Buchas de fixação

Material da construção (base de ancoragem)

O tipo e as características do material da construção no qual será feita a ancoragem determinam decisivamente a escolha do sistema de fixação.

Concreto
O concreto compreende os dois subgrupos, concreto leve e concreto normal.

Alvenaria
É um material composto de tijolos e argamassa. Como a resistência à pressão dos tijolos das construções de alvenaria antigas normalmente é mais alta do que a da argamassa, a ancoragem deve ser feita no tijolo.

Tijolos maciços de estrutura compacta
Esse material da construção é muito adequado para buchas de fixação pois em geral não possui espaços vazios e suporta muita pressão.

Tijolos furados de estrutura compacta (tijolos furados e com espaços ocos)
Geralmente são dos mesmos materiais resistentes à pressão usados nos tijolos maciços, porém com espaços vazios. Se forem fixadas cargas elevadas nesse material, devem ser utilizadas buchas de fixação especiais, capazes de ultrapassar ou preencher os espaços vazios.

Materiais maciços com estrutura porosa
Esses materiais em geral possuem baixa resistência à pressão e muitos poros. Adequadas são as buchas de fixação com longa zona de expansão ou buchas chumbadas.

| Tijolo maciço de concreto leve (e.g. designados como pedra-pomes, tijolo de argila expandida, p.ex., "Liapor", "Leca") | Concreto poroso ("Ytong", "Hebel2", "Sporex", "Durox", "Greisel") |

Material furado com estrutura porosa (tijolo furado leve)
Geralmente possuem baixa resistência à pressão, espaços vazios e poros. Adequadas são as buchas de fixação com longa zona de expansão ou buchas chumbadas por injeção com efeito de fechamento por forma.

| Tijolo leve de furos longos (p.ex., Unipor, Poroton) | Blocos de concreto leve perfurado (p.ex., de pedra-pomes ou argila expandida) |

Placas e painéis (elementos pré-fabricados)
A esse grupo pertencem os sistemas de construção de paredes finas que geralmente possuem baixa resistência. Adequadas são as buchas de fixação com longa zona de expansão ou buchas chumbadas (buchas para espaços vazios).

Processos de furação

Furar Normal   Furar com Impacto   Furar martelando

O material da construção determina o processo de furação. Basicamente vale: material maciço com estrutura compacta → furar com impacto e furar martelando. Tijolos furados, materiais de baixa resistência e concreto poroso, furar somente em modo normal para que o furo não fique demasiado largo e as almas do tijolo não se quebrem.

Instalação

Distância da borda e dos eixos, espessura do tijolo
Para evitar rachaduras ou que o material da construção arrebente e permitir a transferência da carga necessária pela bucha, é preciso que sejam mantidas as distâncias das bordas e dos eixos, assim como a espessura e largura do elemento, de acordo com as especificações. Para buchas plásticas pode ser tomada como base uma distância da borda $c_3 \geq 2 \times h_v$ (h_v profundidade de ancoragem) e uma distância entre eixos $s \geq 4 \times h_v$.

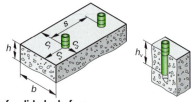

Profundidade do furo
A profundidade do furo precisa ser maior do que a profundidade de ancoragem. Após a furação os resíduos devem ser totalmente removidos do furo. Um furo com sujeira reduz a capacidade de retenção!

Comprimento útil
O comprimento útil (espessura de fixação) corresponde em geral à espessura do objeto instalado. Se a base de ancoragem for revestida com reboco ou material de isolação, devem ser escolhidos parafusos ou buchas de fixação cujo comprimento útil corresponda no mínimo à espessura do reboco e à espessura do objeto instalado.

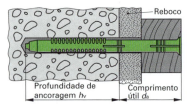

Profundidade de ancoragem h_v Comprimento útil d_a Reboco

Profundidade de ancoragem
A profundidade de ancoragem h_v corresponde, nas buchas plásticas e metálicas, à distância entre a borda superior do elemento de construção até à borda inferior da peça distendida.

3.4 Elementos de ligação

Natureza das solicitações

Além das dimensões da base de ancoragem, são igualmente importantes, para escolha da bucha de fixação, as cargas ou as forças que ocorrem na fixação de um objeto.

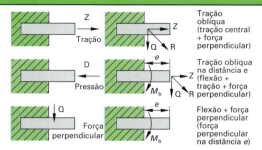

Classificação das ancoragens e modo de atuação das buchas de fixação

Mecanismos de sustentação	Efeito	Exemplos
Fechamento por atrito	O segmento de expansão da bucha é pressionado nas paredes do furo e suporta, por atrito as cargas externas de tração.	
Fechamento por forma	A geometria da bucha se ajusta à forma inferior da base ou do furo.	
Fechamento por material	Argamassa ou resina sintética se ligam com a bucha de fixação e a base de ancoragem.	

Regulamentações para o uso de buchas de fixação (seleção)

Área de aplicação Ancoragem de	Regulamentos para o uso	Declaração sobre a ancoragem
Construções estruturais	Regulamentação de obras de 11/12/1992 Parágrafo 3(1) "Cláusula geral"	Instalações prediais ... devem ser organizadas, equipadas, reformadas e mantidas em condições tais que a segurança ou a ordem pública, principalmente a vida ou a saúde ou os princípios vitais naturais, não sejam colocados em risco; isso significa que a utilidade do material de construção ou do elemento construtivo devem ser comprovados, p.ex., pela homologação do órgão de fiscalização de obras.
Sistemas compostos de isolação térmica com materiais isolantes de fibra mineral, assim como WDVS com isolação de espuma rígida e carga própria acima de 0,1 kN/m²	Memorando IfTB IfBt: Instituto Técnico de Obras	Para prédios com altura superior a 8 m são necessárias buchas de fixação para a ancoragem da isolação homologadas pelo órgão de fiscalização de obras.
Placas de construção leve de fibras de madeira em forros	DIN 1102	Necessária a homologação para forros suspensos. Exceção: Placas HWL sem reboco até 0,15 kN/m².
Placas de construção leve de fibras de madeira em paredes	DIN 1102	Necessária a homologação para fachadas acima de 8 m de altura. Para fachadas até 8 m e paredes internas consulte DIN.
Dutos de ventilação com proteção contra fogo e equipamentos de instalação L 30 até L 120	DIN 4102	Bucha de metal $\geq$ M8, dupla profundidade, todavia 6 cm de ancoragem, carga teórica máxima de 500 N por bucha e máx. 6 N/mm² em relação à seção de aço, homologada pelo órgão de inspeção de obras ou certificado de inspeção de incêndio por órgão reconhecido.
Revestimentos leves para tetos e forros	DIN 18 168	Necessária a homologação para forros suspensos.
Batentes de janelas	DIN 18056	A ancoragem deve ser estaticamente comprovada.

3.4 Elementos de ligação

▲ = Aprovação DIBt   ■ = Aprovação ETA   • bem adequado

DIBt   Instituto Alemão de Engenharia Civil
ETA   europen technique aprrovment
(aprovação técnica européia)

	Aprovado para					Material			Base para ancoragem													
	Concreto fissurado	Concreto não fissurado	Fixação de fachadas	Forros suspensos	Alvenarias	Aço galvanizado zincado	Aço fino A4	Aço de alta resistência à corrosão	Concreto	Placas ocas de concreto	Pedra natural de estrutura compacta	Tijolo maciço	Tijolo calcário maciço	Bloco maciço de concreto leve	Concreto poroso	Placa maciça de gesso	Tijolo de furos altos	Tijolo calcário furado	Blocos ocos de concreto leve	Lajes ocas de tijolo, concreto etc.	Gesso cartonado e placas de fibra de gesso	Compensados
Fixações genéricas																						
Bucha SX — SX									•	•	•	•	•	•	•	•	•	•	•	•		
Bucha S — S									•	•	•	•	•	•	•	•	•	•	•	•		
Bucha universal — UX									•	•	•	•	•	•	•	•	•	•	•	•	•	•
Bucha universal — FU									•	•	•	•	•	•	•	•	•	•	•	•	•	•
Bucha para concreto expandido — GB						▲	▲								•							
Bucha para material de isolamento FID																						
Âncora para concreto poroso FTP/FTPK															•							
Bucha de metal — FMD									•	•	•	•	•	•	•	•	•	•	•	•		
Kit de reparos — FIX.it									•	•	•	•	•	•	•	•	•					
Fixação de corrimão com capa BBF																						
Fixação de escadas — TB/TBB									•			•	•	•	•							
Fixações em espaços ocos																						
Bucha de metal para espaços ocos — HM				•																	•	•
Bucha para gancho — KD				•								•									•	•
Bucha para placas — PD																					•	•
Bucha para gesso acartonado — GK																					•	
Bucha para gesso acartonado — GKM																					•	

3.4 Elementos de ligação

Bucha Fisher S

Bucha S — Parafuso para madeira — Parafuso para compensados

	Aprovado para		Material			Base para ancoragem															
	Concreto fissurado	Concreto não fissurado	Fixação de fachadas	Forros suspensos	Alvenarias	Aço galvanizado zincado	Aço fino A4	Aço de alta resistência à corrosão	Concreto	Placas ocas de concreto	Pedra natural de estrutura compacta	Tijolo maciço	Tijolo calcário maciço	Bloco maciço de concreto leve	Concreto poroso	Placa maciça de gesso	Tijolo de furos altos	Tijolo calcário furado	Blocos ocos de concreto leve	Lages ocas de tijolo, concreto etc.	Gesso cartonado e placas de fibra de gesso	Compensados

Buchas de haste longa

Bucha de haste longa SXS	▲	▲				•	•		•		•	•	•	•		•			•			
Bucha universal para esquadrias FUR		▲				•	•		•		•	•	•	•		•	•	•	•			
Bucha para esquadrias S-R		▲				•	•		•		•	•	•	•		•			•			
Bucha para esquadrias S-H-R		▲				•	•					•	•	•	•	•						
Bucha para pregos N/NU						•	•		•		•	•	•	•	•	•	•					
Bucha lisa para pregos FNH									•			•	•	•	•							
Parafuso para janelas FS 45						•																
Bucha para esquadrias de janelas F-S						•			•		•	•	•	•	•	•	•	•	•			
Bucha para esquadrias metálicas F-M						•			•		•	•	•	•	•	•	•	•	•			
Parafuso para esquadrias de janelas FFS/FFSZ						•			•		•	•	•	•	•	•	•	•	•			
Bucha de ajuste S 10 J						•			•		•	•	•	•	•	•	•					
Parafuso de ajuste JUSS JS						•																
Parafuso distanciador universal ASL						•																

Fixações de elementos elétricos – E-fix

Gancho fechado para condutor SF plus LS; gancho simples ES; gancho gêmeo ZS	•	•	•	•					•	•	•	•										
Bucha de encaixe SD; Bucha para cabo KB; Clipe para tubo SF plus RC	•	•	•	•					•	•	•	•										
Braçadeira para cabo KB; Suporte SHA; Clipe para tubo RC	•	•	•																			
Abraçadeira para prego NS; União para cabo BN	•	•																				
Dispositivo ED; Insertos SZE									•	•	•	•										

Retardador de chamas conforme:
VCE 0471
DIN IEC 695-2

3.4 Elementos de ligação

▲ = Aprovação DIBt   ■ = Aprovação ETA   ● bem adequado

	Aprovado para					Material			Base para ancoragem														
	Concreto fissurado	Concreto não fissurado	Fixação de fachadas	Forros suspensos	Alvenarias	Aço galvanizado zincado	Aço fino A4	Aço de alta resistência à corrosão	Concreto	Placas ocas de concreto	Pedra natural de estrutura compacta	Tijolo maciço	Tijolo calcário maciço	Bloco maciço de concreto leve	Concreto poroso	Placa maciça de gesso	Tijolo de furos altos	Tijolo calcário furado	Blocos ocos de concreto leve	Lages ocas de tijolo, concreto etc.	Gesso cartonado e placas de fibra de gesso	Compensados
Fixações para cargas pesadas - aço																						
Pino de ancoragem FAZ	■	■				●	●	●	●		●											
Pino FBN		■				●	●		●		●											
Bucha para carga pesada TAM		■				●			●		●											
Chumbador EA	▲		▲			●	●		●		●											
Âncora para pregos FNA			▲			●	●	●	●		●	●	●	●	●							
Âncora para pregos FDN			▲			●			●			●	●	●	●							
Parafuso para concreto FBS	▲	▲	▲			●			●			●	●	●	●							
Âncora para forros ocos FHY						●			●				●	●	●							
Fixações para cargas pesadas - química																						
Ancoragem FHB / FIS HB	▲	▲				●	●	●	●													
Ancoragem reativa RM (Eurobond) RG M						▲■			●		●	●	●		●							
Sistema de injeção FIS A para concreto FIS V						▲■			●		●	●	●		●							
Sistema de injeção FIS V para alvenaria FIS E / FIS G / FIS H M					▲	●	●		●		●	●	●		●	●	●		●	●	●	
Sistema de injeção PBB para concreto FIS G poroso					▲	●	●										●					

130

3.5 Plásticos

Plásticos são substâncias macromoleculares fabricadas por meio de síntese química (polimerização, policondensação e poliadição) ou pela transformação de substâncias naturais.

Resumo e siglas (DIN 7728)

Substância natural modificada	Material sintético		
	Polimerizado	Policondensado	Poliadicionado
CN Nitrato de celulose **CA** Acetato de celulose **CS** Plástico de caseína	**PAN** Poliacrilonitrila **PE** Polietileno **PIB** Poli-isobutileno **PMMA** Polimetacrilato de metila **POM** Polioximetileno **PP** Polipropileno **PS** Poliestireno **PTFE** Politetrafluor-etileno **PVAC** Poliacetato de vinila **PVC** Policloreto de vinila Copolímeros: **ABS** Acrilonitrila/butadieno/estireno	**PA** Poliamida **PC** Policarbonato	**PETP** Politereftalato de etileno (poliuretano linear)
	Termorrígidos		
	UP Poliéster insaturado	**MF** Melenina-formaldeído **PF** Fenolformaldeído **RF** Resorcinol-formaldeído **UF** Ureiaformaldeído **SI** Silicone	**EP** Resina epóxi **PUR** Poliuretano rígido
	Elastômeros		
CR Borracha policloropreno **SI** Borracha de silicone	**IIR** Borracha de butila **SR** Borracha de polissulfito		**PUR** Borracha de poliuretano

Classificação segundo o grau de entrelaçamento

Termoplásticos		Termorrígidos		Elastômeros	
macromoléculas filamentosas não entrelaçadas (amorfa e parcialmente cristalina)		macromoléculas entrelaçadas em malhas apertadas		macromoléculas entrelaçadas em malhas largas	

Propriedades especiais

Letra indicativa	Propriedade	Letra indicativa	Propriedade	Letra indicativa	Propriedade
C	clorado	I	tenaz	R	elevado, Resol
D	densidade	L	linear, baixo	U	ultra, isento de amaciante
E	espumado	M	massa, médio	V	muito
F	flexível, líquido	N	normal, Novolak	W	peso
H	alto	P	com amaciante	X	em rede, pode formar rede

Exemplos: **PE-LLD** Polietileno, linear com baixa densidade
 PVC-P Policloreto de vinila, com amaciante

3.5 Plásticos

Características distintivas dos principais plásticos

Sigla do plástico	Densidade g/cm³	Comportamento na queima	Som ao cair	Comportamento mecânico
ABS	1,06 a 1,12	continua a queimar após inflamar, fuligem forte, chama de brilho amarelo	soa abafado	tenaz, flexibilidade
CA	1,20 a 1,30	difícil de inflamar, goteja e espirra, chama amarela, cheira a ácido acético	abafado	tenaz, alta capacidade de conformação, flexibilidade média, toque agradável
PA	1,02 a 1,14	difícil de atear a chama, continua a queimar crepitando depois de inflamar, goteja e forma fios, chama azul com bordas amarelas, cheira a chifre	abafado	tenaz duro, alta capacidade de conformação, inquebrável
PC	1,20	queima em chama soltando fuligem, a chama se extingue exteriormente, é amarela brilhante, cheira a fenol	soa tilintante	rijo, tenaz ao choque, inquebrável
PE	0,92 a 0,96	queima gotejando após inflamar, chama amarela com núcleo azul		inquebrável
PMMA	1,18	fácil de inflamar, continua a queimar crepitando com chama luminosa, cheira a frutas	abafado	rijo, sólido, difícil de quebrar
POM	1,41	queima com chama fraca azul, goteja, cheira a formaldeído	soa tilintante	tenaz duro, rijo, inquebrável
PP	0,91	queima gotejando após inflamar, chama amarela com núcleo azul	abafado	tenaz, flexível a rígido, inquebrável
PS	1,05	queima com forte fuligem (flocos), chama cintilante, luminosa, amarela, odor doce	como chapas metálicas	rijo, frágil, quebrável
PTFE	2,20	dificílimo de inflamar, carboniza		flexível, maleável
PVC-P (flexível)	1,20 a 1,25	queima com a chama soltando fuligem, chama amarela luminosa, PVC rígido difícil de inflamar, forte cheiro de ácido clorídrico		muito flexível, rígido, tenaz duro
PVC-U (rígido)	1,38 a 1,40		tilintante (PVC-U)	rígido, tenaz duro
EP	1,20	continua a queimar após inflamar, soltando fuligem, chama amarela		de elástico até tenaz duro;
PUR	1,14 a 1,26	queima luminoso amarelo, espumante, cheiro ardido, penetrante		dureza controlável (espuma)
MF	1,50	dificílimo de inflamar, extingue-se externamente, carboniza, cantos brancos, cheira a peixe	tilintante	rijo, quebradiço, inquebrável (em referência ao MF puro)
PF	1,40	difícil de inflamar, extingue fora da chama, solta fuligem	tilintante	rijo, quebradiço, difícil de quebrar
UF	1,50	como MF	tilintante	como MF
UP	1,20	continua a queimar na chama soltando fuligem	tilintante	rijo, quebradiço, difícil de quebrar

Indicações se referem ao plástico puro (sem materiais de carga e reforços)

Teste de flutuação	PE e PP não flutuam

3.5 Plásticos

Plásticos para uso com madeira (seleção)

Nome	Sigla	Propriedades mecânicas	Propriedades térmicas	Aplicação	Nome comercial
Termoplásticos					
Consistem de macromoléculas lineares ou ramificadas que amolecem quando aquecidas e endurecem quando resfriadas, podendo repetir-se esse processo várias vezes. Os polímeros ramificados podem se apresentar amorfos ou parcialmente cristalinos.					
Acrilonitrila/ butadieno/ estirol	**ABS**	rijo, tenaz, elevada dureza, resistência ao impacto e entalhe	boa estabilidade térmica, aplicável de $-40\,°C$ até $+85\,°C$	cadeiras, assentos, elementos de armários, bordas plásticas	Novodur Terluran
Poliamida	**PA**	boa resistência com alta tenacidade, boa característica de deslizamento, resistência ao desgaste (conforme o tipo)	temperatura de uso de 80°C até 120°C, por curto período muito mais alta	dobradiças de porta e trincos, puxadores de portas, guarnições deslizantes, buchas de fixação, encostos, móveis de jardim revestidos	Trogamid T Durethan Ultramid Vestamid
Polietileno	**PE-LD** (rígido)	dependendo do tipo, de flexível a rígido	temperatura de uso 80°C até 95°c	guarnições, trilhos de corrediças, gavetas, recipientes, películas	Hostalen Baylon
	PE-HD (flexível)	Resistência depende do grau de cristalinidade	até 105°C		Lupolen Vestolen
Policarbonato	**PC**	alta resistência, alta tenacidade ao impacto, elevada dureza com boa tenacidade	estabilidade da forma até 130°C	guarnições de móveis, peças transparentes, envidraçamentos (alta resistência e segurança no fechamento)	Makrolon Orgalan
Polimetacrilato de metila (acrílico)	**PMMA**	Boa resistência, baixa capacidade de conformação, rígido, duro	temperatura de uso 65 °C, para determinados tipos até 95 °C	envidraçamentos, coberturas de proteção, camada intermediária em vidros laminados	Plexiglas Deglas Resartglas
Polipropileno	**PP**	resistência e dureza um pouco mais altas do que PE	temperatura superior de uso 110 °C	caixas de ferramentas, recipientes	Novolen Vestolen P Hostalen PP
Poliestireno	**PS**	duro, quebradiço, rígido, sensível a entalhes	aplicável até 70 °C	guarnições, gavetas, isolação térmica (espuma)	Polystyrol Hostyren Vestyron
Politetrafluor-etileno	**PTFE**	flexível e tenaz, baixa dureza e solidez (depende da cristalinidade)	temperatura de uso $-270\,°C$ até $+80\,°C$	revestimentos	Hostaflon Teflon
Policloreto de vinila	**PVC-P** (flexível)	elasticidade de borracha, resistente à abrasão	aplicável até 60 °C, quebradiço a $-10\,°C$ até $-50\,°C$	vedações para portas e janelas, colagem de bordas, películas para revestimento de superfícies, revestimento de couro sintético, perfis ornamentais	Hostalit Vestolit Trosiplast
	PVC-U (rígido)	duro, rígido alta resistência	aplicável até 60 °C (90 °C)	perfis para janelas, etc. revestimentos	

133

3.5 Plásticos

| Nome | Sigla | Propriedades | | Aplicação | Nome |
		mecânicas	térmicas		comercial
Plásticos termorrígidos/duroplásticos					
Consistem de macromoléculas intimamente entrelaçadas. A dureza, que nos plásticos termorrígidos endurecidos é irreversível, é consideravelmente independente da temperatura até a sua degradação termoquímica.					
Resina epóxi	EP	rígida a elástica, tenaz, resistente à abrasão, alta resistência	temperatura de uso 80 °C (endurecida a frio) e até 180 °C (endurecida a quente)	tintas, adesivos	Araldit Epoxin Hostapox
Resina de ureia	UF	dura, quebradiça, rígida	uso até 80 °C	tintas, adesivos, placas prensadas em camada, espumas	
Resina de melamina	MF		uso até 130 °C		
Resina fenólica	PF	dura, quebradiça	temperatura de uso 100 °C até 150 °C	adesivos, madeira prensada em camadas, placas prensadas em camadas, espumas	Bakelite Trolitan Pertinax
Resina de poliuretano	PUR	dura a elástica	temperatura superior de uso 110 °C (entrelaçada)	tintas, adesivos, espumas (rígidas) como espuma "in loco" e isolante térmico ou espumas (flexíveis) para estofados	
Resina de poliéster insaturado	UP	elástica a rígida, tenaz a quebradiça, (dependendo da estrutura)	temperatura-limite dependendo do tipo 80 °C a 160 °C	tintas, colas, laminados para poltronas e sofás, peças GFK	Alpodit Leguval Palatal
Elastômeros					
São macromoléculas entrelaçadas em malhas largas que resultam em materiais sintéticos elásticos e semelhantes à borracha. Essa elasticidade é consideravelmente independente da temperatura.					

Nome	Sigla	Propriedades	Aplicação
Borracha butilo	IIR	boa resistência ao envelhecimento e a produtos químicos	massas de vedação, fitas de vedação de juntas
Borracha de policloropreno	CR	tenacidade de couro, resistente ao tempo	massas de vedação, adesivos, perfis de vedação
Borracha polissulfeto	SR	muito resistente a solventes e ao envelhecimento, com um ou dois componentes	juntas de movimento e fechamento, selagem de janelas
Borracha de poliuretano	PUR	resistente ao envelhecimento, boa resistência a produtos químicos	espumas
Borracha de silicone	SI	resistente ao calor, resistente ao envelhecimento, repelente de água	selagem de janelas, juntas de ligação resistentes à água

Reconhecimento dos tipos de plásticos pela aparência externa

Aparência	Toque com os dedos	Dobrar e quebrar com a mão				Comportamento ao aquecer
límpida, colorida, transparente	turva	sensação de cera: PE; PP; POM; PTFE	flexível	rígido	tenaz	quebradiço	termoplásticos amolecem e se fundem, termorrígidos e elastômeros se decompõem sem amolecer
CA, EP, PC PS, PMMA, PVC, UP	ABS; PA, PE POM, PP, PTFE	riscar com a unha: PE, PP (parcialmente) CA	PE flexível PVC flexível PA; ABS	PVC rígido POM PC; PS PMMA	PE PP PA ABS POM	PS PMMA GFK	

134

3.5 Plásticos

Estabilidade química (contra agentes selecionados)
A estabilidade pode variar devido a alterações da estrutura ou devido a misturas adicionadas.
Assim, materiais de carga e amaciantes podem reduzir a estabilidade ou resistência contra produtos químicos.

Plástico \ Agente	Acetona	Álcool	Bebidas alcoólicas	Gasolina	Ácido acético (10%)	Hidrofluorcarbono	Sucos de frutas	Detergentes domésticos	Leite	Óleo mineral, graxa	Ácido clorídrico (25%)	Ácido sulfúrico (40%)	Óleo de mesa	Tolueno	Água fria	Água quente
ABS	○	◑	●	●	●	○	●	●	●	●	◑	◑	●	○	●	●
PA	●	●	●	●	○	●	●	◑	●	●	○	○	●	●	●	◑
PE	◑	●	●	◑	●	○	●	●	●	●	●	●	●	◑	●	●
PC	○	●	●	●	●	○	●	◑	●	●	◑	●	●	○	●	◑
PMMA	○	●	●	●	●	○	●	●	●	●	○	○	●	○	●	●
PP	●	●	●	◑	●	◑	●	●	●	●	◑	◑	●	○	●	●
PS	○	●	●	○	●	●	●	●	●	◑	◑	●	○	○	●	●
PTFE	●	●	●	●	●	●	●	●	●	●	●	●	●	●	●	●
PVC-P	○	○	◑	○	●	○	◑	◑	◑	◑	◑	◑	◑	○	●	◑
PVC-U	○	●	●	●	●	○	●	●	●	●	●	●	●	○	●	◑
EP	○	●	●	●	○	◑	◑	◑	●	●	●	●	●	◑	●	◑
UF	◑	●	◑	●	◑	◑	◑	●	●	●	○	○	●	●	●	◑
MF	◑	●	◑	●	◑	◑	◑	●	●	●	○	○	●	●	●	●
PF	◑	●	◑	●	◑	◑	◑	●	●	●	○	○	●	●	●	◑
PUR	◑	◑	◑	◑	◑	○	◑	●	◑	●	○	○	●	◑	●	○
UP	○	◑	◑	●	●	◑	●	◑	●	●	○	○	●	◑	●	○

● = resistente   ◑ = condicionalmente resistente   ○ = não resistente

valores característicos (seleção)

Plástico (sigla)	Cor	Estrutura	Resistência à tração (sem material de carga ou reforço) N/mm²	Condutibilidade térmica λ W/m K	Estabilidade da forma na presença de calor ISO/R75 °C	Material de carga e material de reforço
PA	leitosa, opaca, quase límpida (amorfa)	parcialmente cristalina a amorfa, conforme o tipo	50 a 90	0,21 a 0,35	50 a 110	fibras de vidro e carbono, pós minerais, giz
PE	branca leite	p. cristalina	8 a 30	0,29 a 0,51	35 a 50	fibras de vidro
PC	límpida	amorfa, não ramificada	55 a 70	0,21 a 0,23	130 a 140	fibras de vidro minerais
PMMA	límpida	amorfa	50 a 80	0,18 a 0,19	80 a 105	
PP	pouco transparente, opaca	parcialmente cristalina	25 a 40	0,20 a 0,22	48 a 65	fibras de vidro, talco, negro de fumo serragem
PS	límpida	amorfa, espumada	40 a 60	0,15 a 0,17	70 a 90	fibras de vidro
PVC-P	geralmente transparente	amorfa, amaciante estratificado	15 a 25	0,12 a 0,15		areia de quartzo, negro de fumo, caulim
PVC-U	límpida ou transparente	amorfa	40 a 80	0,14 a 0,16	60 a 75	
EP	clara	entrelaçada, em rede	30 a 50	0,13 a 0,24	60 a 110	fibras de vidro, cargas minerais, carbono

3.5 Plásticos

Outros valores característicos (continuação)

Plástico (sigla)	Cor	Estrutura	Resistência à tração (com carga ou reforço N/mm²	Condutibilidade térmica λ W/m K	Estabilidade da forma na presença de calor ISO/R75 °C	Material de carga e material de reforço
UF	incolor	entrelaçada, geralmente com carga		0,35	130	celulose,
MF			15 a 30	0,35 a 0,70	180	serragem, fibras de vidro
PF	amarelo-claro a marrom	entrelaçada, geralmente com carga	15 a 100	0,30 a 0,70	150	celulose, serragem, pó de pedra, mica, fibra de vidro
PUR	translúcida, acastanhada	termoplástica ou de pouco a muito entrelaçada	25 a 55 (sem carga)			
UP	quase límpida a amarelada	entrelaçada, geralmente com material de reforço	20 a 1000	0,11 a 0,20	55 a 90	fibra de vidro

Materiais laminados (seleção)

Papel duro (Hp), Tecido duro (Hgw) DIN 7735

Tipo	Resina	Resistência à flexão (N/mm²)	Limite de temperatura (°C)
Hp 2061	Resina fenólica	150	120
Hp 2063		80	120
Hgw 2072		200	130
Hgw 2082		130	110
Hgw 2272	Resina de melamina	270	130
Hgw 2372	Resina epóxi	350	130
Hgw 2572	Resina de silicone	125	180

Madeira laminada com resina sintética DIN 7707

	Camadas		
KP 20211	paralelas	120	90
KP 20217		180	120
KP 20221	cruzadas	70	90
KP 20226		110	120
KP 20236	em estrela	110	120
KP 20237		100	120

Laminados de faia vermelha são colados com resina sintética, no mínimo 5 camadas por cm de espessura

Placas compostas: mineral e plástico

Nome comercial: Corian, Varicor
Estrutura: Hidróxido de alumínio (aprox. 2/3) e resina sintética (aglomerante)

Propriedades:
Densidade 1,78 g/cm³
Resistência à tração 34,9 a 39,5 N/mm²
Resistência à flexão 57 a 66 N/mm²
Coeficiente de dilatação linear 30,5 × 10⁻⁶/K
Resistente à água fervente
Resistência a altas temperaturas
Resistente a intempéries
Alta resistência à abrasão
Resistente a uma ampla gama de produtos químicos
Baixa inflamabilidade B1

Transformação: Temperatura de transformação de, no mínimo, + 17 °C
Corte com ferramentas HM
Retifica com K80 a K2400
Conformação a 150 até 160 °C
Colagem com cola especial (tempo de cura aprox. 45 min)

Placas comuns no comércio em mm:
Espessura: 6; 12; 13; 18; 19
Largura × comprimento: 760 × 2490 e 760 × 3680

Laminados decorativos

Placas de laminados decorativos de alta pressão HPL	Laminados contínuos CPL	Laminados de poliéster DPL
Faixas de celulose impregnadas com resinas sintéticas endurecíveis o comprimidas sob calor e pressão (aprox. 100 bar), uma ou ambas as faces da placa apresentam propriedades decorativas	Laminados decorativos enroláveis. Forma de comercialização: rolos Espessuras de 0,3 mm até 1,3 mm	
	Estrutura como HPL	Papéis decorativos e de miolo impregnados com resina de poliéster, boa conformação

3.5 Plásticos

Laminados decorativos de alta pressão HPL (DIN EN 438-1)

Tipo S **B2**	Qualidade padrão		
	laminados compactos com qualidade padrão		
Tipo P **B2**	pode ser remoldado a determinadas temperaturas (postformig)		
Tipo F **B1**	características especiais quanto ao fogo		
	também como laminados compactos		
Classes de aplicação (dígitos 1...4)			
1. índice	comportamento quanto à abrasão		
2. índice	comportamento quanto a choques		
3. índice	comportamento quanto a riscos		

Estrutura:
- Papéis impregnados Resina
- Cobertura (Overlay) — MF
- Decoração — MF
- Barreira (vedação) — MF
- Miolo — PF
- Eventual contra-capa — MF

Chapas de pressão

Perfil dos requisitos (exemplos)		Designação
111	baixa resistência à abrasão	corpo do móvel
	baixa resistência ao choque	
	baixa resistência a riscos	
434	altíssima resistência à abrasão	balcão de caixa
	alta resistência ao choque	
	altíssima resistência a riscos	

Os materiais podem ser designados tanto pelo tipo/índice como pelo sistema de classificação alfabético.
Exemplo: (Tipo/índice)
HPL-EN-438-P333

Valores especificados para as classes de aplicação				
Classe	Abrasão Número de rotações	Choque Força da mola (N)	Riscos Força peso (N)	
1	> 50	> 12	> 1,5	
2	> 150	> 15	> 1,75	
3	> 350	> 20	> 2,0	
4	> 1000	> 25	> 3,0	

Medidas preferenciais
(Medidas comuns no comércio em mm)

Espessura: 0,6; 0,8; 1,2
1,5 ..20 (compacto)
Formatos: 3550 × 1300
2600 × 2040
5200 × 1300

Materiais de vedação

Base	Propriedades	Absorção de movimento prolongado	Aplicação
Silicone	curado com ácido ou entrelaçamento neutro, elástico Classe E conforme DIN 18 545	15 a 25%	selagem de janelas vedação de juntas de dilatação (entrelaçamento neutro também em áreas externas)
Polissulfito	com um ou dois componentes, elástico	15 a 25%	selagem de janelas (Thiokol), vedação de juntas
Acrilato	elástico-plástico polímero acrílico elastificado	10 a 20%	massa para juntas com pouca dilatação
Polímero híbrido	elástico cura pela umidade (umidade do ar) DIN 18 545 E	20 a 25%	selagem de janelas, vedação de juntas de fechamento de janelas, rejuntes em superestruturas
Butilo/Poli-iso-bubutileno	plástico	0 a 5%	massas de vedação para juntas
Poliuretano	com um ou dois componentes, elástico	20 a 25%	vedação e colagem de diversos materiais

Grupos de materiais de vedação (DIN 18 545)					
Grupos	A	B	C	D	E
Propriedades	Determinados requisitos em relação à capacidade de se recompor, comportamento quanto à fixação e dilatação, coesão, alteração de volume e capacidade de preservação				

Espumas de montagem: PUR, com um ou dois componentes, com e sem gás propulsor, espumas de dois componentes curam mais rápido, dependendo do tipo, em cerca de 15 min ou 120 min a 20 °C

3.6 Adesivos

Termos técnicos da área de adesivos

Substância adesiva	Material não metálico com o qual outros materiais são solidamente ligados entre si por meio de adesão e coesão. Substância adesiva é o termo genérico para colas e adesivos.
Material de carga	Substância triturada sem força natural de adesão (giz, pó de pedras, serragem etc.).
Diluente	Substância orgânica capaz de inchar, com força natural de adesão (farinha de trigo, amido etc.) Finalidade: reduzir os custos da cola, regular a viscosidade do banho de cola, elevar a força de enchimento, evitar o traspasse de cola, melhorar as características da junta.
Tempo de maturação	Tempo da aplicação de um adesivo até o estado de pronto para processamento
Intervalo para uso (tempo no recipiente)	Tempo do estado pronto para aplicação do adesivo até o início da pega dele no recipiente
Tempo de espera: aberto	Tempo entre a aplicação do adesivo e a união das peças
Tempo de espera: fechado	Tempo desde a união das peças até o atingimento da pressão total de compressão
Tempo de pega	Tempo até que a resistência da junta seja atingida e a pressão possa ser suprimida
Temperatura de cura	Temperatura durante o tempo de cura ou de endurecimento – colagem a frio 5 a 25 °C – colagem a quente acima de 90 °C – colagem morna 40 a 70 °C
Pressão de compressão	Pressão sobre a junta durante o tempo de pega
Tempo de prensagem	Tempo entre o início e o fim da pressão total de compressão
Adesão	Força de atração entre as moléculas de materiais diferentes, p.ex., forças entre substância adesiva e o material de madeira ou peça de junção
Coesão	Força de atração entre moléculas do mesmo tipo, p.ex., forças no interior de uma camada de cola
Dispersão	Estado de distribuição de uma substância não dissolvida num líquido, no qual essa substância se encontra finamente distribuída (dispersa).
Espessura da junta	Juntas de cola finas, máximo 0,1 mm; juntas de cola grossas, acima de 0,1 mm.
Endurecedor	Ácidos ou sais que iniciam a condensação interrompida
Processo misturado	Cola e endurecedor são misturados na aplicação da cola
Processo pré-aplicado	Aplicação separada da cola e do endurecedor, em um dos lados da junta

Grupos de solicitações (DIN EN 204)

Grupos de solicitações	Condições climáticas e áreas de aplicação
D1	Áreas internas onde a temperatura apenas ocasionalmente e por curto período chega a 50 °C e a umidade do ar a, no máximo, 15%.
D2	Áreas internas com ocorrências ocasionais de água escorrendo (p. ex., água de condensação) de curta duração e/ou o nível de umidade do ar por um curto período eleva a umidade da madeira até, no máximo, a 18%.
D3	Áreas internas com ocorrências frequentes de água escorrendo (p. ex., água de condensação) de curta duração e/ou ocorrência de elevada umidade do ar por longo período. Áreas externas protegidas de intempéries.
D4	Áreas internas com forte e frequente ocorrência de água corrente ou água de condensação; áreas externas expostas às intempéries mas com proteção adequada das superfícies

Substâncias adesivas naturais (colas)

Cola de gluteína KG	Cola de caseína KC
Cola para montagem e laminados, apenas para recintos internos secos; adesivo a quente ou a frio com ou sem endurecedor	Cola de montagem para áreas internas e externas (não expostas às intempéries)
elástica, não resistente à umidade e ao calor, sujeita a ataques de fungos	elástica, a prova de umidade e fungos, boa resistência

3.6 Adesivos

Processo de cura ou endurecimento

Tipo de adesivo	físico	químico
Adesivo de dispersão	Migração da água e interação (proximidade) das partículas da substância adesiva, formação das forças de coesão e adesão, ancoragem mecânica adicional	
Adesivos de condensação	Como acima	Reação química pela adição de endurecedor e/ou calor, entrelaçamento
Adesivos de contato com solvente	Evaporação do solvente, interação (proximidade) das moléculas da substância adesiva, após arejar, prensar – forças de adesão entre as moléculas da superfície	Com endurecedor, entrelaçamento parcial
Adesivo de dois componentes isento de solvente		Reação química entre os componentes
Adesivo fundido	Fixação imediata após a temperatura cair abaixo do ponto de fusão	Nas colas fundidas reativas, entrelaçamento adicional

Adesivos usuais na tecnologia da madeira

Adesivos			Grupo conforme EN 204	Resistência à temperatura (°C)	Aplicação
Adesivos de dispersão	1	Acetato de polivinila PVAC	D2/D3	– 20 até 100	Cola para montagem, superfícies, revestimentos
	2	Acetato de polivinila PVAC dois componentes	D4	– 20 até 120	Colagens à prova d'água e resistentes ao tempo
Adesivos de condensação	3	Resina de ureia (com carga)	D2/D3	– 20 até 150	Colagem de laminados e superfícies
	4	Resina de ureia e melamina	D3		Cola para laminados
	5	Resina de fenol/ resorcinol	D3/D4		Colagens resistentes à água e ao tempo
Adesivos de contato	6	sem endurecedor	nenhuma classificação	– 20 até 70	Colagem de diversos materiais
	7	com endurecedor		– 20 até 100	Como 6, porém, melhor resistência à umidade e ao calor
Adesivos de reação	8	Cola epóxi	D3/D4	– 20 até 100	Colagens especiais
	9	Cola de poliuretano PUR			Colagens com alta resistência à água e à temperatura
Adesivos fundidos	10	Etileno acetato de vinila EVA	nenhuma classificação	– 10 até 60	Colagem e pré-revestimento de diversos materiais para bordas
	11	Poliamida		– 20 até 130	
	12	Poliolefina			
	13	PUR		< 150	

Adesivos sintéticos e suas siglas (DIN 4076)

Acetato de polivinila	KPVAC	Resina fenolformaldeído	KPF	Resina epóxi	KEP
Resina ureia-formaldeído	KUF	Resina resorcinol-formaldeído	KRF	Polimetilmetacrilato	KPMMA
Resina melamina-formaldeído	KMF	Policloropreno	KPCP	Cola quente (fundida)	KSCH

3.6 Adesivos

Valores de referência dos adesivos mais usados no processamento da madeira

Tipo do adesivo		Aplicação	Adição de endurecedor	Quantidade aplicada (g/m²)	Tempo aberto (min)	Compressão		
						Pressão (N/cm²)	Tempe-ratura (°C)	Tempo (min)
Cola PVAC (cola branca)	1	Montagem		150 ..200 100 ..150	± 10		20	6 ..12
		Adesivo rápido (juntas, corpos)		130 ..200 100 ..120	± 5		20	3 ..5
		Revestimentos		150	6 ..8		20	> 15
		Laminados		150 100 ..120	até 20	20 ..50	20 70	> 20 6
Cola PVAC (à prova d'água)	2	Geral	5%	120 ..200	6 ..10	70 ...100	20 80	> 15 > 2
Cola de resina de ureia	3	Laminados		80 ..120	max. 10 ..15	20 ..60	70 120	10 3
Cola de resina de melamina	4	Laminados	15 GT	140 ..180	± 10	20 ..70	90 110	7 3,5
Cola de resina de fenol	5	Laminados	10%	160 ..200	até 15	40	90 140	10 5
Cola de contato	6	sem endurecedor		125 ..150 cada lado	18 ..25	30 ..50	20	curto
	7	com endurecedor	3%		8 ...15			
Cola PUR	9	1 componente		100 ..200	± 90	60	20 60	360 ... 420 60 ..120
Cola quente / fundível	10	Copolímero EVA	Temperatura de trabalho 200°C ..240 °C, temperatura ambiente > 18°C Velocidade de avanço 8 m/min ... 40 m/min					
Os valores de referência são as médias dos adesivos comuns no comércio.								

Propriedades dos adesivos acima (junta)

Tipo do adesivo		Descrição
Cola PVAC	1	Alta resistência de adesão conforme DIN EN 205, boa resistência à umidade, D2 tenaz elástica, preserva as ferramentas
Cola PVAC (à prova d'água)	2	monocomponente D3, tenaz elástica, incolor dois componentes D4, tenaz dura, levemente amarela
Cola de resina de ureia	3	Qualidade da colagem IF, pouco formaldeído, quebradiça, límpida
Cola de resina de melamina	4	Qualidade da colagem A100 e D4, dura, quebradiça, límpida
Cola de resina de fenol	5	Qualidade da colagem AW100 e D4 (resistente ao tempo e nos trópicos) elástica, marrom-escuro
Cola de contato	6	sem endurecedor termoeslástica,
	7	com endurecedor elástica, alta resistência ao calor e à água
Cola PUR	9	junta termorrígida, alta resistência à temperatura, resistente ao tempo D4 altos coeficientes de resistência, preenche bem as fendas
Cola quente	10	resistência a temperaturas de –20 °C até 80 °C, resistente à água por curto período

Comparação das colas quentes

Sistema de cola	EVA	Poliamida	Poliolefina (APAO)	Poliuretano
Temperatura de trabalho	180 °C até 210 °C	190 °C até 210 °C	120 °C até 150 °C	120 °C até 150 °C
Propriedades da junta	à prova de umidade, resistente ao calor até aprox. 70 °C (110°C)	maior resistência à ruptura e dilatação, melhor resistência ao calor, até 130 °C	alta coesão e resistência ao calor	resistências mais altas, resistência ao calor de –40 até 140 °C
Descrição	processamento sem problemas, boa característica de fusão, barata	processamento sensível, custos mais elevados	boa adesão à quente e boa pega inicial	cola quente reativa, máquina com tecnologia especial, gás de proteção

3.7 Produtos para superfícies

O tratamento de superfícies tem a função de proteger a madeira de impurezas, da umidade e dos ataques mecânicos e químicos, vitalizar a superfície e emprestar-lhe uma aparência decorativa.

3.7.1 Produtos para pré-tratamento

Lixamento	Madeira maciça	Granulação P80, P100, P120, P150, P180 escalonada em função de outros tratamentos, pré ou pós lixamento
	Folheado	Granulação P100, P120, P150, P180 escalonada, pré ou pós lixamento
	Lâminas	Granulação P180 ..P220 retificar
	MDF	Granulação P150 ..P220 lixar plano e retificar
	Tinta	Granulação P220 ..P320 ..P400 escalonada em função da próxima demão de tinta (fosca ou brilhante)
Enxágue	Madeira maciça Folheado	Portas e peças similares, enxaguar ambos os lados **Água quente**, remover imediatamente o excesso de água, secar por 12 horas, lixar P120 ... P180 **Água morna**, remover imediatamente o excesso de água, secar por 12 horas, lixar P150 ... P180
Remoção de sina	Madeira maciça Folheado	**Com solventes de resina**: terebintina, álcool, acetona etc., redeixar atuar, limpar com água morna e escova **Por saponificação**: solução a 3% ... 4% de sabão doméstico, neutro, em pasta, etc. em água quente, deixar atuar por 10 min ... 15 min, limpar com escova e água morna, se necessário neutralizar com ácido acético diluído. Removedor de resina com solvente, escovar vigorosamente e em seguida limpar as superfícies.
Desengraxe	Madeira maciça Folheado	Tratar com diluente de celulose, acetona, benzina etc., primeiro as manchas e depois a superfície inteira; lavar em seguida com solução de sabão a 3%.
Cola	PVAC	Remover com escova e água morna a cola ainda não endurecida.
	KPF, KUF, KMF	Cola por condensação de resina não é removível.
Branqueamento	Madeiras ricas em tanino	**Clarear:** ácido oxálico ou bioxalato de potássio, 30 g ... 50 g de pó em 1 litro de água quente, cuidado: venenoso, limpar as superfícies úmidas com água quente. Ácido cítrico 30 g ... 50 g em 1 litro de água quente, trabalhar com uma escova de plástico, limpar as superfícies úmidas com água quente. Aplicar ácido clorídrico isento de ferro (1:10), secar (3 a 4 horas), limpar com água morna ou ácido acético diluído (1:20).
	Madeiras pobres em tanino	Peróxido de hidrogênio e 3% ... 5% de hidróxido de amônia, para pequenas superfícies usar processo de mistura direta, para grandes superfícies aplicar sucessivamente (úmido em úmido), pinceis separados, tempo de reação aproximado de 12 horas; verificar compatibilidade com o decapante e a tinta. Cuidado, "material corrosivo".
Textura	Escovação	Pela escovação manual ou à máquina com escova de aço há um desgaste do lenho precoce macio, dependendo do tempo de processamento, resulta um relevo mais ou menos profundo.
	Areação	Com jato de areia de quartzo com arestas vivas, granulação 0,5 ... 1,0, o lenho precoce macio é retirado do lado esquerdo da madeira.
	Queima	Com soldador ou maçarico a gás com chama larga o lado direito é levemente carbonizado; em seguida, trabalhando-se com uma escova de aço, obtém-se o efeito desejado. Peróxido de hidrogênio melhora o efeito da queima, as superfícies ainda úmidas são trabalhadas com o maçarico.

141

3.7 Produtos para superfícies

3.7.2 Produtos para pátina e colorização

Pátina: Reação de soluções de substâncias químicas com as substâncias reativas adicionadas ou próprias da madeira, que provoca uma coloração controlada das fibras da madeira. Atualmente o termo "pátina" é empregado para os dois processos.

Colorização: Pátina de pigmentos ou corantes – pela aplicação de corantes nas fibras da madeira, o corante só se acumula na superfície externa da celulose; nas madeiras de coníferas o resultado é uma "imagem negativa".

Pátina	Pátina dupla (pátina química)		Pré-pátina: Substâncias tânicas, como tanino, parmin, pirogalol, pirocatecol, são dissolvidas em água fervente, aplicadas até a saturação, reaplicadas; depois de secar não lixar mais, a solução só dura 12 horas. Rendimento: 7 m²/litro ... 10 m²/litro
			Pós-pátina: Sais metálicos dissolvidos em água fervente, solução a 5%; a toda solução de sais isentos de ferro acrescenta-se 10% de amoníaco; aplicar frio até a saturação; após a secagem esfregar a superfície com escova de decapagem ou de crina de cavalo; tempo de reação cerca de 24 h. Rendimento: 7 m²/litro... 8 m²/litro
	Pátina com corante	Pátina em água	Decapagem de madeira de lei, de conífera, decapagem colorida, decapagem positiva, em pó ou pronta para uso e dissolvida em água, geralmente miscíveis entre si, aplicar até saturação com pincel ou pistola, esperar sugar e remover o excesso com uma esponja ou estopa. Rendimento: 6 m²/litro ... 8 m²/litro
		Pátina com tinta	Pátinas rústicas ou colorizadas prontas para uso, miscíveis entre si, aplicadas com pincel ou pistola, aplicar até a saturação, em seguida esfregar e remover o excesso de material. Rendimento: 8 m²/litro ... 10 m²/litro
		Pátina de cera	Pátinas com cera para madeira dura ou de coníferas, prontas, miscíveis entre si, adequadas apenas para superfícies pouco solicitadas; aplicar com pincel ou pistola, secar e em seguida esfregar e obter efeito desejado com escovação. Rendimento: 6 m²/litro ... 8 m²/litro
		Pátina de fumigação	Pátina para carvalho com amoníaco, reação como na fumigação, pequena profundidade de penetração, rápido processamento subsequente. Rendimento: 6 m²/litro ... 8 m²/litro
Técnicas especiais de colorização	Calcinação		Enchimento para poros em pó ou pronto para uso, misturado à água ou a um fundo, para madeiras de poros abertos, nas quais foi aplicada pátina ou fundo; a papa fluida deve ser aplicada até a saturação e esfregada em sentido transversal às fibras, deixar secar, limpar ou lixar o material em excesso; a tinta de cobertura não deve ser aplicada com pincel, pois os poros seriam novamente abertos. Rendimento: 10 m²/litro ... 12 m²/litro
	Fumigação		Reação química do gás amoníaco com o ácido tânico; madeiras ricas em tanino ou tratadas com tanino são submetidas ao vapor de amoníaco, com a reação a madeira obtém uma cor castanha, a profundidade de penetração atinge até 6 mm, o tempo máximo de atuação corresponde a 12 horas, a fumigação ocorre numa câmara fechada, todos as peças de metais devem ser previamente retirados para não oxidarem. Rendimento: 100 cm³ de gás de amoníaco para 1 m³ de espaço
	Lixiviação		Leite de cal ou lixívia de soda produzem um tom (cor) de envelhecido natural por meio da reação com substâncias ativas da madeira; misturar 50 g de lixívia de soda em 1 litro de água, aplicar em círculos, tempo de atuaçao de 30 min ... 40 min, em seguida lavar profundamente com solução aquosa ácida (50 cm³ de ácido clorídrico para 500 cm³ de água) e deixar secar, tempo de reação de meia hora até várias horas.

3.7 Produtos para superfícies

3.7.3 Materiais para cobertura

Óleos (seleção)	
Óleos, padrão	Áreas externas e internas para superfícies pouco solicitadas, poros abertos, para vitalizar a cor da madeira e a textura. Lixa de madeira P180, aplicar com pincel ou boneca ou junto com a lixa. Tempo de secagem de 8 a 12 horas, eventual lixamento intermediário P320, 2ª demão, tempo de secagem de 24 horas, secagem por oxidação Rendimento: 20 m²/litro ... 30 m²litro para cada operação
Óleos duros	Áreas internas para superfícies solicitadas, poros abertos, para vitalizar a cor da madeira, lixa de madeira P 180, aplicar com pincel ou pistola, deixar absorver e remover o excesso, tempo de secagem de 8 a 12 horas, eventual lixamento intermediário P 320; outras demãos conforme necessidade, tempo de secagem de cada demão 24 horas; parquetes e assoalhos de madeira 2 ... 4 demãos, cortiça 3 ... 5 demãos, construções internas 2 ... 4 demãos "úmido sobre úmido". Conservar as ferramentas separadas, autoinflamação! Rendimento: 12 m²/litro ... 20 m²/litro para cada operação
Verniz de óleo de linhaça	Áreas internas e externas para superfícies normalmente solicitadas, poros abertos, para vitalizar a cor da madeira e a textura; Lixa de madeira P180, aplicar camada fina com pincel, tempo de secagem de cerca de 24 horas, eventual lixamento intermediário P240, última demão conforme necessidade com 5% ... 10% ativador e 10% ... 20% de óleo de linhaça consistente Conservar as ferramentas separadas, autoinflamação! Rendimento: 10 m²/litro ... 12 m²/litro para cada operação
Óleo de teca	Para tratamento de superfícies de teca em interiores, poros abertos, fosco para vitalizar o efeito da madeira bruta Lixa de madeira P220, aplicar com boneca ou pincel ou com lixa de papel, tempo de secagem de 4 a 6 horas, repetir o tratamento até obter o efeito desejado. Conservar as ferramentas separadas, autoinflamação!

Ceras (seleção)		
Origem: animal ponto de fusão 62 °C ... 66 °C	Cera de abelha	Área internas para superfícies pouco a medianamente solicitadas, poros abertos. Mistura de ceras com cera de abelha como componente principal, não inflamável Lixa de madeira P180, aplicar com pincel ou boneca na temperatura ambiente ou levemente aquecida, tempo de secagem de 1 a 2 horas, então esfregar com escova de polimento ou pano até o efeito desejado. Rendimento: 25 m²/litro
Origem vegetal ponto de fusão 80 °C ... 90 °C	Cera de carnaúba	Áreas internas com solicitação normal, poros abertos Mistura de ceras com cera de carnaúba como componente principal, pouco inflamável, lixa de madeira P180, aplicar camada fina com pincel ou boneca, tempo de secagem de cerca de 24 horas, então polir com escova ou pano no sentido das fibras da madeira até obter o efeito desejado. Rendimento: 12 m²/litro ... 15 m²/litro para cada operação
Origem sintética Cera de montanha Cera de parafina ponto de fusão 50 °C ... 85 °C	Cera para pistola	Áreas internas para superfícies pouco solicitadas, poros abertos, mistura de ceras tendo como principal componente ceras sintéticas, para vitalizar a cor da madeira. Lixa de madeira P180 (também possível com pincel ou boneca), aplicar com pistola ou pistola a quente, tempo de secagem de cerca de 2 horas, então escovar até obter o efeito desejado ou, se necessário, lixamento intermediário P280 e uma segunda demão, escovar após a secagem. Rendimento: 10 m²/litro ... 15 m²/litro para cada operação
	Cera solúvel em água	Áreas internas para superfícies com pouca solicitação, poros abertos Mistura de ceras tendo como componente principal ceras sintéticas, o solvente foi reduzido e substituído por água, o restante como cera para pistola.

3.7 Produtos para superfícies

Vernizes (seleção)

Vernizes	Materiais transparentes para revestimento, levemente pigmentados, penetram 2 a 3 mm na madeira, adequados para interiores e exteriores, baixa proteção contra UV em revestimentos incolores.
	Sistemas com solventes Base: resinas naturais / resinas alquídicas
	Sistema com baixo teor de solventes, diluíveis com água Base: resinas alquídicas / acrilatos

	Verniz de camada fina	Para uso externo, em parte com biocidas Lixa de madeira P150, aplicar com pincel ou pistola, espessura da camada de 4 a 6 µm por demão; interior 1 ou 2 demãos, exterior 2 a 3 demãos com lixamento intermediário P220, tempo de secagem de 12 a 24 horas para cada demão Rendimento: 12 m²/litro ... 15 m²/litro para cada operação
	Verniz de camada grossa	Lixamento P150, aplicar com pincel, espessura da camada cerca de 20 µm por demão; interior 1 ou 2 demãos, exterior 2 a 3 demãos com lixamento intermediário P220, tempo de secagem de 24 a 48 horas para cada demão Rendimento: 12 m²/litro ... 15 m²/litro para cada operação
	Verniz de alta solidez	Como o verniz de camada grossa só que com um maior teor de corpos sólidos; para obter a espessura total exigida para a camada, são necessárias 1 a 2 demãos a menos Rendimento: 12 m²/litro ... 16 m²/litro para cada operação
	Verniz solúvel em água	Em geral verniz de camada grossa, lixa de madeira P150, aplicar com pincel Espessura da camada cerca de 30 µm por demão, 3 demãos com lixamento intermediário P220. Tempo de secagem de 3 a 4 horas para cada demão Rendimento: 10 m²/litro ... 12 m²/litro para cada operação

Esmaltes (seleção)

Esmaltes	Materiais de revestimento transparentes, levemente ou altamente pigmentados ou contendo corantes; eles são constituídos pela resina formadora da camada e pelo solvente ou diluente; alguns esmaltes necessitam ainda de um endurecedor; adequados para interiores e/ou exteriores.
	Sistemas com solvente: Base Resina alquídica, resina de poliéster, resina acrílica, nitrocelulose, resina de poliuretano
	Sistemas pobres em solventes, diluíveis em água Base Resina alquídica / resina acrílica
	Em geral, os esmaltes são constituídos por misturas de resinas.

	Esmalte alquídico (oleoso)	Interiores e exteriores, poros abertos ou fechados, solicitações normais a elevadas; Lixa de madeira P180, aplicação por espalhamento (regador) ou pistola, viscosidade 25 a 35 DIN/s, camada de fundo 110 a 130 g/m², tempo de secagem de 5 a 10 horas, para solicitações mais altas, camadas intermediárias, lixamento intermediário P220, remoção do pó; camada de acabamento 110 a 130 g/m², espessura total das camadas 90 a 120 µm, secagem final após 16 horas; Rendimento: 10 m²/litro a 14 m²/litro para cada operação
	Esmalte acrílico	Interiores e exteriores, poros abertos ou fechados, solicitações normais a elevadas, lixa para madeira P150, aplicação por meio de pistola ou fundição, viscosidade 27 DIN/s, camada de fundo 100 a 120 g/m², tempo de secagem de cerca de 2 horas; para superfícies de poros fechados, camada intermediária, lixamento intermediário P280, remoção do pó; camada de acabamento 100 a 120 g/m², espessura total das camadas 10 a 20 µm, secagem final após cerca de 12 horas. Rendimento: 7 m²/litro ... 9 m²/litro para cada operação
	Esmalte mono-camada	Interiores, poros abertos ou fechados, solicitações mais altas, esmalte de dois componentes, base e endurecedor, proporção de mistura 5:1, secagem por oxidação, lixa para madeira P280, aplicação por pistola, viscosidade 23 DIN/s, quantidade aplicada 150 a 170 g/m³, espessura da camada 10 a 20 µm, secagem final em cerca de 12 horas Rendimento: 4 m²/litro ... 7 m²/litro para cada operação

3.7 Produtos para superfícies

Esmaltes (continuação)

Esmalte de poliuretano PUR (DD)		Interiores, esmalte para fundo e acabamento, poros abertos ou fechados, altas solicitações, esmalte de dois componentes, base e endurecedor com proporção de 10:1 até 1:1, lixa para madeira P180, aplicação por meio de pistola ou fundição, viscosidade 20 a 25 DIN/s, quantidade aplicada na camada de fundo 140 a 160 g/m², tempo de secagem de cerca de 2 horas, lixamento intermediário P220 ...P280, remoção do pó; para superfícies com poros fechados são aplicadas 2 a 3 camadas intermediárias; camada de acabamento 120 a 160 g/m², espessura total das camadas 60 a 120 µm, secagem final após 12 a 16 horas. Rendimento: 6 m²/litro ... 8 m²/litro para cada operação
Esmalte de poliuretano alquídico/acrílico		Interiores, esmalte para fundo e acabamento, poros abertos ou fechados, médias a altas solicitações, esmalte de dois componentes, base e endurecedor na proporção de 10:1 a 2:1, lixa para madeira P150, aplicação por meio de pistola ou fundição, viscosidade 20 DIN/s, camada de fundo 130 g/m², tempo de secagem de 1 a 2 horas, lixamento intermediário P280 ...P320, remoção do pó; para superfícies com poros fechados, camadas intermediárias como a camada de fundo; camada de acabamento 100 a 120 g/m², espessura total das camadas 30 a 120 µm, secagem final em cerca de 12 horas. Rendimento: 5 m²/litro ... 7 m²/litro para cada operação
Esmalte de poliuretano UP (insaturado)		Interiores, esmalte para fundo e acabamento, poros fechados, médias a altas solicitações, esmalte de dois componentes, base e endurecedor na proporção de 10:1, lixa para madeira P150, aplicação por meio de pistola ou fundição, viscosidade de 20 DIN/s, camada de fundo para ancoragem e isolação na proporção de 1:1, quantidade aplicada 80 a 100 g/m², tempo de secagem de cera de 3 horas, lixamento intermediário P220, remoção do pó; camada de acabamento 300 a 800 g/m², espessura total das camadas 300 a 500 µm, lixamento final (parafina) P180 ... P320, para superfícies de alto brilho até P400, então polir, secagem final em 24 a 48 horas. Rendimento: 1,5 m²/litro ... 3 m²/litro para cada operação
Esmalte de celulose (CN)	Fundo	Interiores, poros abertos, solicitações de baixa a normal, lixa para madeira P180, aplicação por espalhamento, pistola ou fundição, viscosidade 25 a 35 DIN/s, quantidade aplicada 150 a 200 g/m², espessura da camada 40 a 50 µm, secagem final em cerca de 3 horas. Rendimento: 5 m²/litro cada operação
	Acabamento	Interiores, poros abertos ou fechados, solicitações normais, esmalte para fundo e acabamento, lixa de madeira P150, aplicação por pistola ou fundição, viscosidade 25 a 28 DIN/s, camada de fundo 120 a 150 g/m², tempo de secagem 2 horas, lixamento intermediário P280 ... P320, remoção do pó; para superfícies com poros fechados 1 ou 2 camadas intermediárias; camada de acabamento 100 a 150 g/m², espessura total das camadas cerca de 80 µm, secagem final em cerca de 12 horas. Rendimento: 6 m²/litro ... 8 m²/litro para cada operação
Esmalte solúvel em água com dois componentes		Interiores, poros abertos e fechados, solicitações normais a elevadas, esmalte de dois componentes, base e endurecedor na proporção de 10:1 a 20:1, diluição com água; lixa para madeira P150 ... P180, aplicação com pistola ou fundição, viscosidade 35 a 40 DIN/s, proporção para camada de fundo 20:1, quantidade aplicada 60 a 100 g/m², tempo de secagem de cerca de 2 horas, lixamento intermediário P280, remover o pó; para superfícies com poros fechados, 1 ou 2 camadas intermediárias; camada de acabamento 90 a 100 g/m², espessura total das camadas 80 a 120 µm, secagem final em cerca de 12 horas. Rendimento: 7 m²/litro ... 10 m²/litro para cada aplicação

As viscosidades se referem ao ensaio de viscosidade conforme DIN EN ISO 2431 a uma temperatura de 20 °C ... 23 °C e um volume na pipeta de 100 ml com um bico de 4 mm de diâmetro.
A quantidade aplicada em g/m² se refere ao esmalte ainda úmido, inclusive as perdas na aplicação com pistola.
A espessura total das camadas se refere ao esmalte curado e acabado; ela é necessária para preencher os seus requisitos de solicitação. Os valores indicados são valores médios, para cada caso devem ser seguidas as diretrizes de processamento do fabricante do esmalte.

3.7 Produtos para superfícies

3.7.4 Técnica de aplicação

No tratamento de superfícies com materiais de revestimento líquidos são empregadas diversas técnicas de aplicação (métodos). Na definição do método de aplicação ideal devem ser observados os seguintes pontos: realidade operacional, qualidade desejada para a superfície, formato da peça, quantidade a tratar e proteção ambiental.

No manuseio de produtos químicos, pátinas, e esmaltes devem ser observadas as informações sobre perigos especiais (alíneas R) e as recomendações sobre segurança (alíneas S) do respectivo fabricante e a regulamentação de prevenção de acidentes.

Técnicas de aplicação (seleção)

Processos de revestimento	Grau de eficiência de aplicação em % em função da forma e do tamanho	Restrições		Observação
		Tamanho	Forma	
Pincel	98	–	–	espessura da camada irregular
Rolo	98	–	não para perfis pequenos	–
Pistola de baixa pressão	50 ..65	–	–	Pressão 0,2 bar ..1,5 bar
Pistola de alta pressão	30 ..65	–	–	Pressão 2 bar ...7 bar
Pistola de alta pressão airless	40 ..80	–	–	Pressão 60 bar ..240 bar
Pistola air-mix	40 ..70	–	–	Pressão 20 bar ..60 bar
Pistola a quente	40 ..70	–	–	Temperatura do esmalte < 80 °C
Fundição	95 ..98	largura de trabalho limitada	só para superfícies planas	–
Laminação	95 ..98	largura de trabalho limitada	só para superfícies planas	–
Imersão	80 ..98	volume de trabalho limitado	não para peças com cavidades	–
Flutuação	80 ..90	largura de trabalho limitada	não para peças com cavidades	–
Revestimento em tambor	80 ..90	volume de trabalho limitado	não para peças com cantos vivos	–
Pistola eletrostática	50 ..70	–	não para gaiola de Faraday	–
Pintura eletrostática a pó	80 ..95	–	–	para revestimento de metais

Teor de substâncias sólidas em esmaltes para móveis (seleção)

Esmalte (incolor)	Teor de sólidos em %	Esmalte (incolor)	Teor de sólidos em %
Verniz de camada grossa	35 ..40	Esmalte de poliuretano	30 ..50
Esmalte de celulose	20 ..50	Esmalte de cura ácida	25 ..50
Esmalte solúvel em água	30 ..60	Esmalte de poliéster	85 ..95

Classificação de acordo com a proporção de sólidos

Classe	Proporção de sólidos em %	Classe	Proporção de sólidos em %
Low-Solid	10 ..30	Medium-Solid	60 ..80
Standard-Solid	30 ..60	High-Solid	80 ..100

Secagem e cura de esmaltes

Secagem física	Evaporação de solvente, diluente ou dispersante permite a ligação das partículas do esmalte formando uma película coesa de revestimento
Secagem química (cura)	Passagem do estado líquido para o estado sólido por meio de uma reação química; ela pode ocorrer por oxidação, policondensação, poliadição ou polimerização.

3.7 Produtos para superfícies

3.7.5 Teste de aderência e grupos de solicitações

A aderência é uma medida para a resistência que um revestimento oferece contra sua separação mecânica do substrato.

A aderência de revestimentos novos e antigos, p.ex., sobre madeira ou plástico, pode ser examinada por intermédio de um teste de cortes quadriculados. É examinada a força de adesão entre o substrato e o revestimento, bem como entre as camadas individuais do revestimento.

No teste de corte quadriculado (DIN EN ISO 2409) são feitos no revestimento seis cortes em cada direção, cruzando-se . A distância dos cortes depende da espessura da camada.

Avaliação dos valores característicos do corte quadriculado			
Descrição da imagem do corte revestimento	Imagem do corte quadriculado (ex.)	Código característico do corte	Avaliação do quadriculado
Linhas de corte lisas, nenhuma quebra		0	boa aderência
Pontos de interseção com quebras, 5% da superfície lascada		1	aderência ainda adequada
Quebras nas linhas de corte e nos pontos de interseção, cerca de 5% da superfície lascada		2	aderência restrita
Linhas de corte total ou parcialmente lascadas, cerca de 35% da superfície lascada		3	aderência inadequada
como código característico 3, até 65% da superfície afetada		4	quase nenhuma aderência
como código característico 3, mais de 65% da superfície afetada		5	nenhuma aderência

Determinação da distância dos cortes

Espessura da camada em µm	Distância Entre os cortes em mm
substrato duro ≤ 60 µm	1
substrato macio ≤ 60 µm	2
61 µm ... 120 µm	2
121 µm ... 250 µm	3

1 mm ... 3 mm

Teste de fita adesiva

A aderência de revestimentos antigos pode ser facilmente examinada com um pedaço de fita adesiva colada no revestimento. A fita adesiva é arrancada de forma brusca. Se ficarem partículas de esmalte presas na fita, então não há aderência suficiente. A camada de revestimento existente deve ser completamente removida.

Grupos de solicitações

São válidos para superfícies visíveis de móveis acabados, prontos para uso; não valem para móveis de jardim.

As superfícies são testadas de acordo com as seguintes normas:

DIN 68861	Solicitações de abrasão, riscos, brasa de cigarro, veja página 148
DIN EN 12720	Líquidos frios, veja página 148
DIN EN 12721, DIN EN 12722	Calor úmido e seco, veja página 148
DIN 4102	Baixa inflamabilidade
DIN EN 71-3	Determinação do teor de metais pesados
DIN EN 120	EN 717-1 Medição de formaldeído
ISO 4211 T4	Determinação da resistência ao impacto
(DIN 53160)	Teste da resistência à saliva e ao suor; com base na norma cancelada
§ 31, item 1	Legislação sobre gêneros alimentícios e artigos de consumo (teste de migração, teste sensorial)

3.7 Produtos para superfícies

Grupos de solicitações de superfícies de móveis (seleção)

Requisitos	Grupos de solicitações/ avaliação DIN / DIN EN	Condições de teste/ Resultados do teste	Observações
Comportamento na solicitação por abrasão (DIN 68861-2)	2A / – 2B / – 2C / – 2D / – 2E / – 2F / –	> 650 rotações atingidas > 350 ...< 650 até que o substrato > 150 ...< 350 seja visível ou esteja > 50 ...< 150 50% atacado. > 25 ...< 50 < 25	Meios para teste: Grão abrasivo: Coríndon fino (óxido de alumínio Al_2O_3) Granulação: S-33 (similar a P280)
Comportamento na solicitação por riscos (DIN 68861-4)	4A / – 4B / – 4C / – 4D / – 4E / – 4F / –	> 4,0 força peso em N, > 2,0 ... < 4,0 que não provoca > 1,5 ... < 2,0 nenhuma marca > 1,0 ... < 1,5 fechada em si > 0,5 ... < 1,0 < 0,5	Meios para teste: Diamante risca a superfície giratória, uma volta
Comportamento na solicitação por brasa de cigarro (DIN 68861-6)	6A / – 6B / – 6C / – 6D / – 6E / –	nenhuma alteração da superfície alteração detectável do brilho alteração do brilho, pequena descoloração descoloração evidente superfície destruída	Meios para teste: 3 cigarros são fumados sucessivamente (10 mm deles) e deixados sobre a superfície, após queimarem até 40 mm são retirados
Comportamento na solicitação químicas, líquidos frios (DIN 68861) (DIN EN 12720)	Nível 5 / 5 a / 4 26 Fl. 1A / 3 26 Fl. 1B / 2 10 Fl. 1C / 1 10 Fl. 1D / n.b. 2 Fl. 1E 2 Fl. 1F	nenhuma alteração visível leve alteração no brilho ou na cor leves marcas fortes marcas alteração na estrutura da superfície superfície de teste fortemente alterada	DIN EN 12720 28 dias/7dias 24h/16h/6h/1h/10min/2min 10 s tempo de atuação; DIN 68861 16h/10 min/2 min 10 s tempo de atuação com 26 a 2 líquidos de teste
Comportamento no calor úmido (DIN 68861) (DIN EN 12721)	Nível 5 / 5 a / 4 100° – 8A / 3 70° – 8B / 2 55° – 8C / 1 / n.b.	nenhuma alteração visível leve alteração no brilho ou na cor leves marcas marcas fortes, evidentes fortes marcas, superfície consideravelmente danificada	Temperatura de teste: 55 °C, 70 °C, 85 °C, 100 °C Tempo de atuação: 20 min Líquido de teste: água destilada Tempo de repouso após tempo de atuação: 16 h a 24 h
Comportamento no calor seco (DIN 68861) (DIN EN 12722)	Nível 5 / 5 180° – 7A / 4 140° – 7B / 3 100° – 7C / 2 70° – 7D / 1 55° – 7E / n.b.	nenhuma alteração visível leve alteração no brilho ou na cor leves marcas marcas fortes, evidentes fortes marcas, superfície consideravelmente danificada	Temperatura de teste: 55 °C, 70 °C, 85 °C, 100 °C, 120 °C 140 °C, 160 °C, 180 °C, 200 °C Tempo de atuação: 20 min Tempo de repouso após tempo de atuação: 16 h ..24 h

Superfícies perfiladas de MDF

Em perfilados de MDF são atingidas diferentes regiões de densidades da placa. No caso de uma pintura posterior, o esmalte será mais absorvido nas áreas centrais de densidade menor da placa do que nas zonas de maior densidade nas bordas. Para evitar que resultem superfícies com diferentes intensidades de cor, as superfícies perfiladas são isoladas com um esmalte de reação, p.ex., à base de PUR.

Um efeito semelhante é produzido pelo processo de alisamento por fricção ou alisamento por rolagem. Nesse caso, o perfilado, depois de fresado, é retrabalhado com uma ferramenta de alisamento não cortante.
A ferramenta rotativa sem corte alisa a superfície e provoca uma compactação das zonas menos densas da placa. Para o alisamento de perfis é necessário o emprego de ferramentas que, ao contrário da ferramenta de fresa, apresentam uma correção de forma. O processo requer a ação da pressão e da temperatura dependente do tempo.
É possível de ser aplicado em centros de usinagem CNC suficientemente estáveis, sob os seguintes parâmetros de processo:

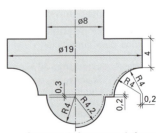

Temperatura da ferramenta de alisar   140°C ...180°C
Pressão na superfície de ação da ferramenta de alisar   ± 10 MPa
Velocidade de avanço no alisamento   < 3m/min
Avanço transversal da ferramenta de alisar   0,1 mm ... 0,3 mm

----- Contorno da ferramenta de fresar
――― Contorno da ferramenta de alisar

Exemplo: Ferramenta de alisar com formato corrigido

148

3.8 Abrasivos

Lixas de papel e tecido são empregadas para lixar superfícies de madeira, de materiais derivados da madeira, de plásticos e de metais. Para afiar ferramentas são utilizados rebolos e pedras de afiar.

Estrutura das lixas de papel e tecido

1. Grão abrasivo
2. Aglomerante de cobertura
3. Aglomerante de base
4. Substrato

Materiais dos grãos abrasivos

	Material	Dureza Mohs	Aplicação típica
Natural	Granada (Rubi)	7 ..7,5	Madeira macia Lixamento manual
	Pó de esmeril	7,5 ..8	Lixamento fino Metais amarelos
Sintético	Coríndo preto	ca. 7	Madeira macia granulação grossa
	Coríndo marrom	8 ..9	Madeiras macias Metais
	Coríndo meio fino (Rosa)	9,2	Lixamento em máquina também para madeiras duras, metais
	Coríndo elétrico (branco)	9,3	Lixamento em máquina de madeiras duras, plásticos, metais
	Carboneto de silício	9,6	Compensados, MDF, vidro, pedra, metais, Cintas de lixa altamente solicitas
	Nitrito de boro		Aços de alta liga
	Diamante	10	Metal duro

Substratos (material/aplicação)

A-papel aprox. 70 g/m²	Lixamento fino e manual, seco
B-papel aprox. 100 g/m²	Lixamento manual e deslizante, seco Lixadeiras de cinta
C-papel aprox. 120 g/m²	Como B, lixamento fino, discos de lixa (pequenos diâmetros), lixamento úmido
D-papel aprox. 150 g/m²	Como C, lixamento à máquina com cintas flexíveis
E-papel aprox. 220 g/m²	Lixamento à máquina com altas solicitações
J-tecido	Lixamento de bordas e perfis, lixamento potente
J-tecido flexível	Perfis, flexibilidade múltipla
X-tecido	Máquinas de lixar assoalhos
XS-tecido	Lixamento à máquina, alta performance
Y-tecido	Lixamento de alta performance
I- fibra flexível	Lixamento de perfis, alta durabilidade
I-fibra, X-fibra	Lixamento de compensados
Combinações	Lixadeiras de cinta larga e cilíndricas

Materiais aglomerantes

Base	Cola de peles, resina sintética
Cobertura	Cola de peles, resina sintética, cargas

Propriedades e aplicações dos aglomerantes

Tipo	Propriedade	Aplicação
Cola de peles	resistente a seco	lixamento macio com uso moderado, baixa resistência à temperatura
Cola de peles + resina sintética	à prova de umidade	resistência normal à temperatura e solicitações
Resina sintética	à prova d'água	alto rendimento de lixamento e resistência à temperatura, lixamento duro

Dispersão

fechada	
cl	grãos abrasivos sem distanciamento no substrato alta capacidade de remoção para materiais duros e de cavacos curtos
aberta	
op	até 60% do substrato é coberto, madeiras moles, tintas e esmaltes alumínio lixamentos grosseiros
meio aberta ¹/₂ op	menor aquecimento e montagem

Tamanho do grão

O tamanho do grão é designado por um número. Granulação de carboneto de silício e coríndon elétrico sobre substrato com distribuição do tamanho dos grãos totalmente determinada (padrão FEPA) é precedida por um P.
O número do grão corresponde ao número de aberturas por polegada (25,4 mm) ao longo de um lado da peneira. Granulações acima de P240 são determinadas por sedimentação (Sedimentação em tubo cheio de álcool).

Macrogranulação		Microgranulação	
Número do grão	Tamanho (µm)	Número do grão	Tamanho (µm)
12 a 220	1760 a 65	240 a 2500	58,5 a 8,5

3.8 Abrasivos

Granulação e área de aplicação

Granulação	muito grossa			média				fina			muito fina			extra fina		
	16	24	36	40	50	60	80	100	120	150	180	220	240	280	320	360	400

Aplicação

- Lixar assoalhos, trabalhos especiais
- Pré-lixamento de superfícies aplainadas e folheadas
- Lixamento de plástico, esmaltes e superfícies niveladas com massa
- Remoção de revestimentos
- Pré-lixamento à máquina
- Engrossar superfície traseira de HPL
- Acabamento manual
- Acabamento à máquina
- Acabamento de esmalte manual e à máquina

Processos de lixamento e formato de lixas

Lixadeira de almofada de contato	Lixadeira para bordas e contornos	Lixadeira de superfícies	Lixadeira de cinta para perfis	Lixadeira manual de cinta	Lixa manual, lixadeira oscilante	Lixadeira excêntrica/angular	Lixa manual
					Kits intercambiáveis, blocos para lixar	Lixa de prato Escova de prato circular	Feltro para lixa
Cinta larga	Cinta para bordas, cilindro	Cinta longa	Cinta para perfis	Cinta para lixadeira manual	Tiras	Discos	Folhas rolos

Dimensões

DIN 69 130 Largura de 15 mm até 2500 mm Comprimento de 400 mm até 12500 mm	–	DIN 69 178 Formato A Formato B (com furos) Diâmetro externo de 80 mm até 235 mm	DIN 69 177 formato básico 230 mm2 280 mm folhas menores por meio da divisão do tamanho da folha básica

Velocidade de corte (m/s)

Processo de lixamento Material	Por contato	Com almofada	Lixadeira Plana de superfícies	Lixadeira de bordas	De cinta para perfis	Manual de cinta
Madeira maciça Superfícies folheadas	22 ..30	15 ..22	16 ..22	12 ..18	12 ..24	7 ..11
Compensados	20 ..25	15 ..22	16 ..22	12 ..18		
Esmalte		7 ..15	7 ..15			
Plástico	15 ..30	15 ..20	15 ..20	15 ..18	15 ..22	
Aglomerados, MDF Placas de fibras duras	25 ..38	20 ..30	16 ..22			

Rolos
DIN 69 179
largura de
12,5 mm
até 600 mm

Princípio básico: quanto maior a velocidade de corte, maior o rendimento do lixamento e mais fina a superfície.

3.8 Abrasivos

Aplicação, formato da lixa e granulação

	Cinta larga	Cinta para bordas Cilindro	Cinta longa	Cinta para perfis	Cinta para lixadeira manual	Tiras	Discos Escovas	Arcos Rolos
Aplicação	Granulação							
Preparação								
Calibrar madeira maciça/MDF compensados	P80							
Calibrar colagens	P60 e P80							
Lixar bordas sobressalentes de juntas			P60 ... P80		P60 ... P100			
Lixar bordas		P60 ... P120	P80 ... P120		P80 ... P120	P80 ... P150		P100 ... P150
Lixar contornos de perfis				P100 ... P120				P80 ... P120
Texturizar Restaurar							K46 ... K120	
Lixar fino								
Faces de madeira maciça/folheados	P120 ... P220		P120 ... P220		P100 ... P150	P120 ... P180		P120 ... P180
MDF/ Compensados	P120 ... P180		P120 ... P180					
Madeira resinosa	P120 ... P180		P120 ... P180					
Contornos e perfis		P120		P120 ... P180				
Lixar camada de fundo/lixar após lavagem						P120 ... P180	P150 ... P180	P120 ... P180 K120 ... K180
Lixar esmalte para acabamento								
Lixar faces entre demãos	P220 ... P500		P220 ... P500			P220 ... P320	P220... P400	P220 ... P400

Rebolos

São ferramentas de retificação e esmerilhamento constituídas de abrasivos aglomerados. Os rebolos são definidos por intermédio do abrasivo, da granulação, do aglomerante, do grau de dureza e da estrutura.

Abrasivo

Tipo	Sigla	Empregado para
Coríndon normal Coríndon meio fino Coríndon fino	A	aços sem têmpera e temperados, aços SS e HSS
Carboneto de silício	C	materiais quebradiços e duros, HSS, HM, cerâmica, vidro, materiais moles, plástico
Nitrito de boro	B	HSS
Diamante	D	HM, vidro, cerâmica, Nivelar rebolos

Aglomerante

Tipo	Sigla	Empregado para
Aglomerante cerâmico de silício	V	Desbaste e acabamento com coríndon e carboneto
Resina sintética reforçada com fibras	B BF	Rebolos perfilados com nitrito de boro e discos de corte de diamante
Aglomerante metálico	M	Retificar ferramentas com diamante
Aglomerante de borracha reforçado com fibras	R RF	Corte
Magnesita	Mg	Afiar facas e retífica seca

3.8 Abrasivos

Granulação
Tamanho do grão de abrasivo

grosso	4 5 6 7 8 10 12 14 16 20 22 24
médio	30 36 46 54 60
fino	70 80 90 100 120 150 180 220
muito fino	230 240 280 320 360 400 500 800 1000 1200

A granulação do nitrito de boro e do diamante é indicada em µm, de fina (46) até grossa (1181).

Grau de dureza
Resistência do grão contra quebra

extramacio	A B C D		
muito macio	E F G		material
macio	H I J ot K	HM HSS	duro
médio	L M N O	SS, WS	– rebolo
duro	P Q R S		mole
muito duro	T U V W		
extraduro	X Y Z		

Estrutura
Distribuição dos grãos de abrasivo, do aglomerante e dos espaços porosos

Índice	0	1	2	3	4	5	6	7	8	9	10	11	12	13	14	etc.
Estrutura	←			fechada								aberta			→	

Exemplo: Seleção de um rebolo para afiar ferramentas

	Metal duro			Aço rápido			Aço de ferramentas		
	Abrasivo	Dureza	Granulação	Abrasivo	Dureza	Granulação	Abrasivo	Dureza	Granulação
Rebolos conforme DIN 69 149 até ⌀ 200 mm	C	J	70 …100	A	J…K	46…80	A	K…L	46…80

Formatos de perfis para rebolos (seleção) (DIN 69 105)

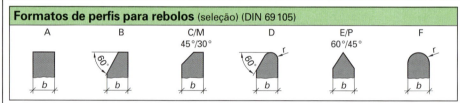

A   B   C/M 45°/30°   D   E/P 60°/45°   F

Exemplo: designação de rebolos

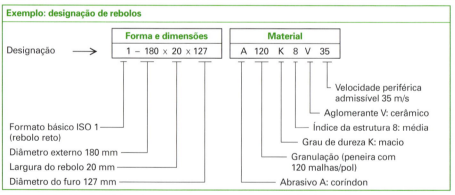

Designação →

Forma e dimensões	Material
1 − 180 × 20 × 127	A 120 K 8 V 35

- Velocidade periférica admissível 35 m/s
- Aglomerante V: cerâmico
- Índice da estrutura 8: média
- Grau de dureza K: macio
- Granulação (peneira com 120 malhas/pol)
- Abrasivo A: coríndon

- Formato básico ISO 1 (rebolo reto)
- Diâmetro externo 180 mm
- Largura do rebolo 20 mm
- Diâmetro do furo 127 mm

Segurança do trabalho

Usar somente rebolos intactos! Teste de sonoridade: rebolos sem trincas produzem um som claro.

Usar óculos de proteção! Utilizar proteções à prova de fagulhas na máquina de retificar.

Fazer teste de giro sem carga durante cinco minutos em rebolos recém-trocados.

As seguintes informações devem estar disponíveis: rotação admissível, tipo do aglomerante, granulação, dureza, dimensões do rebolo e sinal de inspeção do fabricante.

3.9 Segurança do trabalho e proteção ambiental

3.9.1 Regulamentações e definições

Leis, regulamentações e prescrições importantes

Lei federal de proteção contra emissões (BlmSchG)

Proteção do ser humano, animais, plantas e bens materiais das influências nocivas do meio ambiente (imissões), como poluição do ar, ruídos, vibrações e radiações.

Prescrições para prevenção de acidentes (UVV)

Prescrições elaboradas pelo sindicato de trabalhadores para proteção do ser humano no trabalho.

Regulamentação das substâncias perigosas (GefStoffV)

Proteção do ser humano contra riscos à saúde condicionados por substâncias perigosas. Além disso, também são considerados pontos de vista do consumidor e da proteção do meio ambiente.

Regras técnicas para substâncias perigosas (TRGS)

Orientações para um convívio menos arriscado com as substâncias perigosas (em adição à GefStoffV).

Regras técnicas para substâncias perigosas – TRGS 900 e 905

Valores-limite para o ar no posto de trabalho, limites para a contaminação do ar – MAK e TRK – e relação de substâncias cancerígenas, causadoras de mutação genética e com efeitos adversos sobre a reprodução humana.

Regras técnicas para substâncias perigosa – TRGS 553 – pó de madeira e TRSG 560 (recirculação de ar)

Convívio com pós de madeira de todos os tipos, principalmente no manejo e processamento de madeira e materiais derivados da madeira, assim como atividades em ambientes em que há pó de madeira.

Instruções técnicas sobre a preservação da pureza do ar (TA-Luft)

Requisitos para os equipamentos que podem provocar a poluição do ar.

Definições

MAK Concentração máxima no posto de trabalho

é a concentração máxima de uma substância no ar no posto de trabalho, com a qual a saúde do trabalhador, em geral, não é prejudicada (§ 3 (5) GefStoffV).

Os valores da lista MAK são limites toxicológicos fundamentados na medicina do trabalho e estão publicados na TRGS 900.

BAT Tolerância biológica do posto de trabalho

é a concentração de uma substância ou do produto de sua transformação no corpo, com a qual a saúde do trabalhador, em geral, não será prejudicada.

TRK Concentração técnica referencial

é a concentração de uma substância no ar do posto de trabalho que é possível de ser alcançada com a tecnologia atual (§ 3 (7) GefStoffV).

Vale para substâncias cancerígenas ou causadoras de mutações genéticas.

TRSG 900 e 905

ALS Limiar de desencadeamento

é a concentração de uma substância perigosa que, ao ser ultrapassada, torna necessárias medidas adicionais de proteção à saúde.

Obrigações segundo a GefStoffV

§ 16 Obrigação de pesquisa ou investigação	Antes de introduzir uma substância em sua empresa o empregador precisa investigar se esta é uma substância perigosa ou não.
§ 16 item 3 Obrigação de informação	O empregador tem o direito à informação por parte do fabricante ou do importador. Estes são obrigados a fornecer ao usuário informações sobre os perigos provenientes dos produtos que vendem.
§ 19 Sequência de prioridade	Se no trato com substâncias perigosas forem necessárias medidas de proteção, então as medidas técnicas de proteção devem ter prioridade sobre o uso de equipamentos de proteção individual.
§ 20 Instrução operacional	Para os postos de trabalho envolvidos precisa ser elaborada uma instrução operacional por escrito, descrevendo os perigos presentes no manuseio da substância perigosa e estabelecendo as respectivas medidas de proteção.
§ 23 Obrigação de identificação	Substâncias perigosas, preparados e produtos têm embalagem e identificação obrigatórias, mesmo durante a utilização.
§14 Folha de dados de segurança	Fabricante, importador ou distribuidor precisam colocar à disposição do comprador uma folha de dados de segurança União Europeia.
§ 19, § 26 Equipamento de proteção	O empregado precisa usar os equipamentos de proteção adequados colocados à disposição pelo empregador.

3.9 Segurança do trabalho e proteção ambiental

3.9.2 Substâncias perigosas no processamento da madeira

Substâncias perigosas podem ocorrer em diversas matérias-primas e materiais de trabalho; serão discriminadas aqui apenas uma vez. Solventes e diluentes estão resumidos na página 146.

Substância perigosa	Contida em	Perigos para a saúde, explicações
Madeira e materiais derivados da madeira		
Pó de madeira	Madeira Materiais derivados da madeira	principalmente pó de carvalho e faia, efeito cancerígeno nos humanos, particularmente doenças das mucosas em áreas do nariz, características alérgicas
Formaldeído	Derivado da madeira	sintomas alérgicos, suspeita de ser cancerígeno, irritação dos olhos
Produtos para tratamento de superfícies		
Solução de amoníaco	Branqueador	inflamações da pele e das mucosas, pode provocar danos aos olhos
Ácido oxálico		muito venenoso, nocivo à saúde no contato com a pele ou na ingestão
Ácido clorídrico		forte efeito cáustico, risco de sufocamento pelos vapores
Ácido sulfúrico		irritação das vias respiratórias, descalcificação dos dentes, em altas concentrações pode causar parada respiratória e cardíaca
Peróxido de hidrogênio		na pele e mucosas inflamação patológica, forte coceira, irritação das vias respiratórias e dos olhos
Cromato alcalino	Produtos para pátina	danos na pele, irritações, queimaduras e formação de eczemas
Hidróxido de sódio		queimadura da pele e mucosas, intumescência e liquefação dos tecidos, respingos nos olhos podem causar perda da visão
Anilina	Produtos para pintura, esmaltes	pode provocar câncer, pequenas quantidades provocam sintomas de envenenamento
Cloro-epóxi-propano		é absorvido pela pele, irrita as mucosas, pode levar à inconsciência, danos ao sistema circulatório e ao coração, suspeito de ser cancerígeno
difenilmetano di-isocianato		dores de cabeça e dificuldade respiratória, pode desencadear alergias, irritação da pele e das mucosas
Ácido silícico		pode produzir fibrose pulmonar semelhante à silicose (aspirado como pó)
Naftalina		venenoso
Fenol	Resinas sintéticas	é absorvido pela pele, perturbações no sistemas circulatório e nervoso, danos ao fígado e rins, queimaduras na pele
Estireno		irritação dos olhos e das vias respiratórias, dores de cabeça, distúrbios visuais, cansaço, depressão
Acetato de vinil		eventuais irritações da pele
Cloreto de vinil		cancerígeno, irritação dos olhos e das vias respiratórias, efeito narcótico
Produtos para proteção da madeira		
Endosulfan	Inseticidas	muito venenoso, efeitos danosos na pele, mucosas, vias respiratórias e olhos, vômitos e diarreia
Lindan		dores de cabeça e náuseas, irritação das mucosas, danos ao sistema nervoso, atrofia da medula óssea, anemia
Parathion (E 605)		extremamente venenoso, é absorvido pela pele, sintomas de envenenamento agudo: náuseas, contrações intestinais, diarreia, e debilidade generalizada, câimbras, dificuldade respiratória e paralisia respiratória
Phomix		suores, azia, espasmos, falhas no sistema circulatório, diarreia, salivação e lacrimação, espasmos musculares, paralisia, dores de cabeça, depressão

3.9 Segurança do trabalho e proteção ambiental

Continuação: Substâncias perigosas no tratamento da madeira

Substância perigosa	Contida em	Riscos para a saúde, explicações
Produtos para proteção da madeira		
Dicofluanida	Fungicidas	pouco tóxico, nocivo à saúde
Pentaclorofenol (PCP)		dores de cabeça e náuseas, vômitos, acne, danos ao fígado e aos rins, danos ao sistema nervoso
Oleato de fenilmercúrio		danos ao sistema nervoso central, paralisia, dificuldade de visão e de caminhar, fraqueza nos nervos, e fadiga nervosa, sensação de vertigens, inflamações da pele
Compostos de tributilestanho		muito venenoso, sangramento do nariz pela aspiração dos vapores, distúrbio das funções musculares, câimbras, paralisia, inconsciência e tendência ao colapso
Xiligênio		irrita a pele e mucosas
Compostos de cromo	Sais CF Sais CK	é absorvido pela pele, danos na pele, irritações, queimaduras e formação de eczemas, sintomas genéricos de envenenamento, doenças do sistema circulatório, fígado e rins
Compostos de flúor		forte efeito cáustico na pele, olhos e vias respiratórias, vômitos, câimbras, danos aos rins e fígado, inconsciência, alterações nos ossos e danos aos dentes
Compostos de arsênio	Sais CK	alteração da composição do sangue, fortes perturbações psíquicas e físicas, queda de cabelo, formação de inflamações, e carcinomas
Sais de cobre		debilidade geral, vômitos, inflamações estomacais e intestinais, debilidade do coração
Fluoreto de silício	Sais SF	venenoso, nocivo à saúde como os compostos de flúor
Fluoreto de hidrogênio	Sais HF	irritante e nocivo à saúde
Carbolinum	Agentes com alcatrão	dores de barriga, vômitos e diarreia, estado narcótico, colapso
Adesivos, plásticos		
Acrilonitrila		cancerígeno (câncer de pulmão e estômago), é absorvido pela pele, dores de cabeça, náuseas
Butadieno	Plásticos PUR, material de vedação, adesivos, isolantes	cancerígeno, atua em altas concentrações, irrita os olhos tal como narcótico
Isocianato		irritação das mucosas e vias respiratórias, asma, bronquite, dor de cabeça, alergias
Materiais fibrosos		
Asbesto/amianto	placas de telhado e fachadas, placas antifogo	asbestose, câncer do peritônio, pleura e brônquios, (materiais perigosos com asbesto não podem ser fabricados e utilizados na Alemanha – GefStoffV, anexo IV)
Fibras minerais	Isolante de som	irritação da pele, mucosas e olhos, cancerígeno

Medidas de proteção no emprego de substâncias perigosas (GefStoffV)

Prioridade	Medidas	Exemplo
1	Substituição por processos e substâncias não perigosas, evitar o escape de substâncias perigosas por meio de medidas construtivas	Substituir o esmalte com solvente por esmalte à base de água
2	Interceptar internamente no equipamento as substâncias perigosas que escapem por meio de medidas técnicas	Exaustão das substâncias perigosas, exaustão da poeira
3	Medidas técnicas de controle do ar ambiente para reduzir as concentrações de substâncias perigosas no posto de trabalho	Ventilar suficientemente o recinto de trabalho
4	Medidas organizacionais complementares	Limitação do tempo e do número de pessoas envolvidas
5	Introdução de equipamentos de proteção individual eficientes	Roupas de proteção, máscaras etc.

3.9 Segurança do trabalho e proteção ambiental

3.9.3 Solventes e diluentes

Solventes: Líquidos voláteis usados para dissolver resinas, ceras e óleos (processo físico)

Diluentes: Líquidos voláteis que podem ser misturados com os materiais de superfície mas que não os dissolvem.

Tipos

	Agente importante	Descrição	Perigos
Inorgânicos			
	Água	secagem lenta	amigável ao meio ambiente e não nociva à saúde
Orgânicos			
Hidrocarbonetos	Benzeno	inflama-se e volatiliza-se com facilidade	risco de explosão, nocivo à saúde, cancerígeno
	Gasolina de alta volatilidade (gasolina de teste, gasolina leve)	facilmente inflamável	vapores com o ar passíveis de explosão
	Essência de terebintina	altamente volátil, in-flamável, irritante	passível de explosão, nocivo à saúde
	Aromáticos: tolueno, xileno, estireno	reativo, facilmente inflamável	elevado risco à saúde, podem provocar inconsciência e alterações na formação do sangue
	Cloreto de metileno	altamente volátil, difícil de inflamar	danificam o sistema nervoso e o fígado
	Tricloretileno Percloroetileno Diclorometano	altamente volátil, não inflamável, alta capacidade de solvência	nocivo à saúde, potencial cancerígeno, risco de explosão
Alcoóis	Etanol, álcool, Metanol Etiléter	altamente volátil e inflamável, mais pesado do que o ar	passível de explosão, nocivo à saúde absorção pela pele, danifica o sistema nervoso, o fígado e os rins
Ésteres	Acetato de butileno, de etileno, de metileno e de metilglicol, Butiléster de ácido glicólico	boa capacidade de solvência, irritante	efeito narcótico provocam danos ao fígado e aos rins, irritante
Éteres	Metilglicol, etilglicol e butilglicol Metildiglicol e etildiglicol Tetrahidrofurano	bom agente solvente, altamente volátil	têm efeito irritante, em parte narcótico e cancerígeno
Ceto-nas	Acetona, propanol, butanol Metiletilcetona	dissolvem óleos, graxas, es-maltes etc., irritante	penetram na pele, efeito narcótico, danos aos rins e ao fígado

Classes de perigo

Classe	Ponto de inflamação	Designação	Divisão
A I	até 21 °C	facilmente inflamável	substâncias com ponto de inflamação < 100 °C e a
A II	21 até 55 °C	inflamável	15 °C não solúveis em água em quaisquer
A III	55 até 100 °C	nenhuma	proporções
B	até 21 °C	facilmente inflamável	substâncias inflamáveis com ponto de inflamação <21 °C e a 15 °C solúveis em água em quaisquer proporções

Índice de evaporação (VZ)

indica em quantas vezes mais lentamente um agente evapora em comparação com o éter. O éter tem VZ = 1

Grupo	VZ	Exemplo
alta volatilidade	abaixo de 19	acetona, tolueno
média volatilidade	10 a 35	xileno, butanol
baixa volatilidade	35 a 50	terebintina
muito baixa volatilidade	acima de 50	água (VZ = 80)

Grupos de ignição

Grupo	Temperatura de ignição	Exemplos
G1	acima de 450 °C	xileno, acetona
G2	300 a 450 °C	etanol, butanol
G3	200 a 300 °C	terebintina, gasolina pura
G4	135 a 200 °C	não presentes em mate-
G5	100 a 135 °C	riais para superfícies de madeira

Na temperatura de ignição uma mistura de solvente ou diluente entra em ignição com o ar por si só.

3.9 Segurança do trabalho e proteção ambiental

3.9.4 Pó de madeira

Os pós de madeira estão classificados na lista de valores MAK como suspeitos de provocar câncer; faia e carvalho estão classificados como substâncias que podem provocar câncer no ser humano. Além disso, os pós de madeiras de carvalho, mogno, meranti e palissandra, p.ex., podem desencadear, pela aspiração, reações de hipersensibilidade.

Regulamentação das substâncias perigosas § 35, inciso 4º: substâncias cancerígenas no sentido do artigo 6º também são os pós das madeiras de carvalho ou de faia

TRGS 100	TRgA 101	TRGS 102	TRGS 560	TRGS 402	TRGS 900	TRGS 905	**TRGS 553**
Limiar de desencadeamento para substância perigosas	Volume de aparelhamento e processamento	Justificativa para os valores TRK	Recirculação do ar	Prescrição de medição	Valores MAK e TRK	Substâncias cancerígenas e mutagênicas	Integra as prescrições para pó de madeira

A TRGS 553 (nova edição 02.95) contém requisitos para os postos de trabalho nos quais há ocorrência de pó de madeira.

Valores de concentração de pó

O valor TRK corresponde a **2 mg/m³** para todas as instalações nas quais são gerados pós de madeira (concentração total de pó no ar da área de trabalho).

Setores e atividades de trabalho com baixo teor de pó são reconhecidas como com baixo teor de pó se os dados das medições estiverem abaixo do valor TRK de 2 mg/m³.

Caso especial: implementações adicionais autorizadas 5 mg/m³
Para instalações nas quais o nível tecnológico não permite que os valores TRK sejam atingidos.

Para equipamentos de exaustão com recirculação de ar
Para fábricas com uma proporção substancial no processamento de carvalho e faia[1], o teor residual de pó não pode ultrapassar 0,2 mg/m³ quando a recirculação do ar corresponder a 50% ou 0,1 mg/m³ quando a recirculação do ar for total (100%). Fábricas que não se enquadrem na regulamentação acima, não precisam manter nenhum limite em relação ao ar recirculado, todavia, o valor TRK de 2 mg/m³ no setor de trabalho não pode ser atingido.

Medidas necessárias para fábricas ou postos de trabalho segundo a GefStoffV

processamento de carvalho e faia em quantidades não substanciais [1]	processamento de carvalho e faia em quantidades substanciais[1]
Geral	
• Apuração da carga poluidora • Monitoramento da poluição • Redução da poluição • Informação aos empregados	• Apuração da poluição • Monitoramento da poluição • Redução da poluição • Informação aos empregados • Medidas de higiene • Restrição ao trabalho de adolescentes • Proibição de exposição para gestantes
no caso de não estar garantida da manutenção permanente dos valores TRK, adicionalmente	
• Proibição de trabalho para gestantes e mães em período de aleitamento • Restrição ao trabalho de adolescentes	• Proibição de trabalho para gestantes e mães em período de aleitamento • Regras para o período de trabalho (pausas) • Exames preventivos pela medicina do trabalho

Caso os valores TRK não sejam atingidos,
- precisam estar disponíveis equipamentos de proteção individual eficientes, o período de trabalho tão curto quanto possível ou ser compatível com a proteção da saúde.

[1] Definição: Volume considerável de carvalho ou faia
Processamento de carvalho e faia em quantidade substancial está demonstrado (conforme TrgA 101 e TRG 553), se a proporção destas madeiras em relação ao volume anual produzido estiver acima de 10%. Materiais derivados da madeira devem ser calculados de acordo com a proporção dessas madeiras em seus volumes.

3.9 Segurança do trabalho e proteção ambiental

3.9.5 Valores MAK e TRK de materiais selecionados / materiais cancerígenos, mutagênicos ou perigosas para a herança genética (TRGS 905)

Valores-limite para o ar no posto de trabalho segundo GefStoffV (TRGS 900)

- Concentração máxima no posto de trabalho (MAK) é a concentração de uma substância no ar do posto de trabalho, com a qual a saúde do empregado, em geral, não é prejudicada.

- Concentração de referência técnica (TRK) é a concentração de uma substância no ar do posto de trabalho que no atual nível tecnológico é viável de ser atingida.

Substância	Limite		TRGS 900		TRGS 905	
	MAK (ml/m³)	TRK (mg/m³)	Categoria	Observação	Graduação/ Categoria	Letra indicativa
Acetona	500	1200	II, 2			F
Acrilonitrila	3	7	VI	H, TRK	K / 2	F, T
Amoníaco	50	35	I	Y		T
Anilina	2	8	II, 2	H	K / 3	T
Compostos de arsênico		0,1 G	VI	TRK	K / 1	T
Benzeno	1	3,2			K / 1, M / 2	F, T
2-Butanol	100	300	II, 1			Xn
Acetato de butileno	200	950	I			
Cloreto de hidrogênio	5	7	I	Y		C
Compostos de cromo		0,1 G	VI	TRK	K / 1, 2	
Cianetos		5 G	II, 1	H	R$_E$	
1,2-Diclorometano	5	20	VI	TRK	K / 2	F; Xn
Diclorometano	100	360	II, 2		K / 3	Xn
Etanol	1000	1900	IV			F
Acetato de etila	400	1400	I			F
Fluoreto		2,5 G	I			
Formaldeído	0,5	0,6	I	Y, H	K / 3	T
Pó de madeira (carv. faia)		2 G	VI	TRK	K / 1	
Monóxido de carbono	30	33	II			F; T
Lindan		0,5 G	III	H		T
Metanol	200	260	II, 1	H		F; T
Acetato de metila	200	610	I		K / 2, R$_E$ / 2	
2-Nitrotolueno	5	30	II, 1	H	K / 2	T
Nicotina	0,07	0,5	II, 1	H		T
Ácido oxálico			1 G		H	
Ozônio		0,1	0,2	I		
Pentaclorofenol					K / 2	T
Fenol	5	19	I	H		T
Compostos de mercúrio		0,01 G	III	H		
Estireno		20	85	II, 1	Y	Xi
Compostos de tributilestanho	0,002	0,05	II, 2	H, Y		
Tricloretileno	50	270	II, 2		K / 3	
Acetato de vinila	10	35	I		K / 3	F
Cloreto de vinila	2	5	VI	TRK	K / 1	F; T
Peróxido de hidrogênio	1	1,4	I			
Xileno		100	440	II, 1	H	

Abreviações:

Coluna limite	G medido como pó total
Coluna categoria	I ... IV Categoria para valores em períodos curtos
Coluna observação	H é absorvido pela pele; TRK Concentração de referência técnica
	Y nenhum risco à reprodução sadia, mantendo-se os valores MAK e BAT
Coluna graduação/categoria	K cancerígeno, M mutagênico; RE nocivo para reprodução
	1 – 3 Categorias conforme GefStoffV
Coluna letra de identificação	C corrosivo; F inflamável; T venenoso; Xi irritante; Xn nocivo à saúde

3.9 Segurança do trabalho e proteção ambiental

3.9.6 Instruções operacionais

Os empregados que lidam com substâncias perigosas precisam ser instruídos verbalmente por meio das instruções operacionais sobre os perigos e medidas de proteção relacionadas ao posto de trabalho. Uma instrução operacional é uma informação objetiva, orientada para o posto de trabalho, para qualquer oficina de trabalho na qual se convive com substâncias perigosas. Maiores detalhes sobre Instruções operacionais são encontradas na TRGS 555 "Instruções operacionais e Treinamento conforme § 20 GefStoffV".

Instrução operacional para uma máquina estacionária, compare página 300.

Amostra de uma Instrução operacional

<table>
<tr><td rowspan="20" style="writing-mode: vertical;">Este esboço ainda precisa ser complementado com informações operacionais pertinentes e com pictogramas.</td><td colspan="2">Instrução operacional N°:
Conforme § 20 GefStoffV</td><td>Oficina:</td><td>GeSi</td></tr>
<tr><td colspan="4">Setor/Função:</td></tr>
</table>

Pó de madeira

Pó de madeira de carvalho/pó de madeira de faia, pó de madeira de outros tipos. Esses pós são decorrentes do aparelhamento e do processamento da madeira e materiais dela derivados.

Riscos para o ser humano e para o ambiente

Pós de madeira juntamente com uma fonte de ignição e o oxigênio presente no ar podem desencadear incêndios e explosões.

Pós de madeira, principalmente os de madeiras tropicais, podem provocar, dependendo da sensibilidade, manifestações alérgicas, p.ex., na pele ou nas vias respiratórias. Os pós das madeiras de carvalho e de faia são classificados como cancerígenos (câncer da mucosa do nariz). O princípio da geração do câncer ainda é desconhecido. Os pós das outras madeiras estão sob suspeita de possuírem efeitos cancerígenos.

Medidas de proteção e regras de comportamento

As máquinas de transformação e tratamento emissoras de pó precisam ser operadas com dispositivos de exaustão; isso vale para máquinas manuais, postos de trabalho de lixamento manual precisam igualmente dispor de exaustão. Se em casos particulares a exaustão não for tecnicamente viável, então é necessário o uso de equipamentos de proteção respiratória (p.ex., aparelho de filtragem com filtro de partículas, classe de filtro P2). O posicionamento ideal do elemento de sucção no ponto de geração de pó deve ser controlado antes do início do trabalho. Pelo menos trimestralmente deve ser medida e protocolada a velocidade do ar nos pontos de conexão (cronograma de medição). As corrediças nas tubulações de conexão das máquinas não utilizadas devem estar fechadas. A poeira e os cavacos acumulados nos postos de trabalho e nas máquinas devem ser limpos periodicamente por meio de exaustão. Verificar se existem trabalhos de limpeza para os quais seja necessária proteção para respiração. Não é permitido soprar a poeira e os cavacos com ar comprimido.

Procedimento no caso de perigo

A eliminação de falhas no sistema de exaustão deve ser realizada com o uso de aparelhos para proteção da respiração. No caso de incêndio deve ser utilizado o equipamento de extinção de incêndio e o corpo de bombeiros deve ser notificado. No caso de brasas em poeira acumulada, não se deve provocar redemoinho com jato agudo do extintor – risco de explosão! Os incêndios em silos e equipamentos de filtragem só devem ser combatidos com equipamento de extinção estacionário.

Rota de fuga: _____ Telefone em caso de acidentes: _____

Primeiros socorros

Socorrista:

Descarte apropriado

Coletar pó e cavaco de madeira em: _____

Data, assinatura: _____

3.9 Segurança do trabalho e proteção ambiental

3.9.7 Folhas de dados de segurança e alíneas S

Fabricante, importador ou distribuidor de substâncias ou preparados perigosos precisam colocar à disposição do comprador uma folha de dados de segurança. (§ 14 GefStoffV).
Instruções sobre a elaboração na TRGS 220.

Amostra de uma folha de dados de segurança (excerto, o original tem 5 páginas)

Página 1/5

Folha de dados de segurança
conforme 91/155/EWG

Data de impressão: 29.08.96   revisada em: 02.04.96

1   Sigla da substância/preparado e da empresa

Informações sobre o produto

Nome comercial: enderecedor DD
Código do artigo: 21127001
Fabricante/fornecedor:

                                    Tel: Fax:

Setor informante: Departamento Laboratório

2   Composição/informações sobre os componentes

Caracterização química
Descrição:
Mistura das seguintes substâncias adicionadas com teores aproximados.

Componentes perigosos:

N° CAS	Designação	%	Sigla	Alíneas R
108-10-1	Metilisobutilcetona	50–100	F	11
123-86-4	n-Butilacetato	10–25		10
108-65-6	2-Metoxi-1-metiletilacetato	2,5–10	XL	10-36
26 471-62-5	2,4-/2,6-Diisocianato tolueno	< 0,5	T	23-36/37/38-42

Informações adicionais veja ponto 8

3   Possíveis perigos

Designação do perigo

F Facilmente inflamável

Classe VbF: A I

8   Limites de exposição e equipamentos de proteção individual

Informações adicionais sobre a concepção das instalações técnicas:
Nenhuma informação adicional, veja ponto 7
Componentes que devem ter os limites monitorados em relação ao posto de trabalho:

N° CAS	Designação da substância	Tipo	Valor	Unidade
108-10-1	Metilisobutilcetona	MAK	400	mg/m³
			100	ml/m³
123-86-4	n-Butilacetato	MAK	950	mg/m³

3.9 Segurança do trabalho e proteção ambiental

A embalagem de substâncias perigosas deve ser caracterizada de forma permanente contendo, além de outras indicações, as informações sobre riscos (alíneas R) e as recomendações sobre segurança (alíneas S).

(A tabela não contém todas as alíneas)

Informações sobre riscos (alíneas R)		Recomendações sobre segurança (alíneas S)	
R 1	Risco de explosão condição seca	S 1	Conservar em local fechado
R 5	Risco de explosão no aquecimento	S 7	Manter o recipiente totalmente fechado
R 6	Risco de explosão com ou sem ar	S 8	Manter o recipiente seco
R 8	Risco de fogo no contato com materiais inflamáveis	S 13	Manter longe de alimentos, bebidas e comidas para animais
R 10	Inflamável	S 15	Proteger do calor
R 14	Reage violentamente com a água	S 17	Manter longe de substâncias inflamáveis
R 17	Autoinflamável no ar	S 20	Durante o trabalho, não comer nem beber
R 19	Pode formar peróxidos explosivos	S 22	Não inalar o pó
R 20	Nocivo para a saúde quando inalado	S 24	Evitar o contato com a pele
R 23	Venenoso quando inalado	S 30	Jamais adicionar água
R 27	Muito venenoso no contato com a pele	S 35	Resíduos e recipientes precisam ser descartados de forma segura
R 28	Muito venenoso quando ingerido		
R 31	Em contato com ácidos desenvolve gases venenos	S 36	Durante o trabalho trajar roupas de proteção adequadas
R 35	Provoca queimaduras	S 39	Usar óculos/máscara de proteção
R 36	Irrita os olhos	S 43	Para extinguir utilizar ... (indicado pelo fabricante) (se a água aumenta o risco, incluir: Não usar água).
R 37	Irrita os órgãos da respiração		
R 38	Irrita a pele		
R 40	Possibilidade de danos irreversíveis	S 44	No caso de mal-estar, consultar o médico (se possível mostrar esta etiqueta)
R 41	Risco de sérios danos aos olhos		
R 43	Possível sensibilização no contato com a pele	S 46	No caso de ingestão, procurar imediatamente o médico e mostrar a etiqueta ou a embalagem
R 45	Pode causar câncer	S 49	Conservar somente no recipiente original
R 46	Pode causar danos hereditários	S 50	Não misturar com ... (indicações do fabricante)
R 47	Pode provocar deformidades em fetos		
R 48	Risco de sérios danos à saúde na exposição prolongada	S 53	Evitar exposição – procurar instruções especiais de manuseio antes do uso

Combinações de alíneas R		Combinações de alíneas S	
R 14/15	Reage violentamente com a água, formando gases facilmente inflamáveis	S 1/2	Conservar fechado em local inacessível para crianças
R 20/21	Nocivo para a saúde quando inalado ou em contato com a pele	S 3/9	Conservar o recipiente em local fresco e bem arejado
R 20/22	Nocivo para a saúde quando inalado e ingerido	S 3/9/49	Conservar em local fresco e bem arejado, longe de ... (as substâncias com as quais precisa ser evitado o contado devem ser indicadas pelo fabricante)
R 20/21/22	Nocivo para a saúde quando inalado, ingerido e no contato com a pele		
R 23/24	Venenoso se inalado e no contato com a pele	S 7/8	Manter o recipiente seco e totalmente fechado
R 23/25	Venenoso na inalação e na ingestão	S 20/21	Durante o trabalho, não comer, beber, fumar
R 24/25	Venenoso no contato com a pele e quando ingerido	S 24/25	Evitar o contato com os olhos e com a pele
R 26/27	Muito venenoso quando inalado e no contato com a pele	S 36/37	Durante o trabalho usar luvas e roupas de proteção adequadas
R 26/27/28	Muito venenoso quando inalado, ingerido ou no contato com a pele	S 36/39	No trabalho trajar roupas de proteção adequadas e óculos/máscara de proteção
R 36/37/38	Irrita os olhos, órgãos da respiração e a pele	S 47/49	Conservar somente no recipiente original, a uma temperatura não superior a ...°C (indicada pelo fabricante)
R 42/43	Possível sensibilização pela inalação e no contato com a pele		

161

3.9 Segurança do trabalho e proteção ambiental

3.9.8 Valores de materiais selecionados

Gases

Tipo do material	Sigla	Densidade ϱ kg/m³ (a 0°C e 1,013 bar)	Temperatura de fusão °C (a 1,013 bar)	Temperatura de ebulição °C (a 1,013 bar)	Condutividade térmica λ W/m K (a 20°C)	Calor específico c_p kJ/kg K (a 20° e 1,013 bar)
Acetileno	C_2H_2	0,905	− 84	− 82	0,021	1,64
Amoníaco	NH_3	0,77	− 78	− 33	0,024	2,06
Monóxido de carbono	CO	1,25	− 205	− 190	0,025	1,05
Dióxido de carbono	CO_2	1,98	− 57	− 78	0,016	0,82
Ar		1,293	− 220	− 191	0,026	1,005
Metano	CH_4	0,72	− 183	− 162	0,033	2,19
Oxigênio	O_2	1,43	− 219	− 183	0,026	0,91
Nitrogênio	N_2	1,25	− 210	− 196	0,026	1,04
Hidrogênio	H_2	0,09	− 259	− 253	0,18	14,24

Líquidos

Tipo do material	Sigla	Densidade ϱ kg/dm³ (a 20°C)	Temperatura de fusão °C (a 1,013 bar)	Temperatura de ebulição °C (a 1,013 bar)	Condutividade térmica λ W/m K (bei 20°C)	Calor específico c kJ/kg K	Coeficiente de dilatação volumétrica α_V 1/K
Gasolina	−	0,72 ... 0,75	− 30 ...÷ 50	25 ... 210	0,13	2,02	0,00110
Óleo combustível	−	0,83	− 10	> 175	0,14	2,07	0,00096
Petróleo	−	0,76 ... 0,86	− 70	> 150	0,13	2,16	0,00100
Mercúrio	Hg	13,5	− 39	357	10	0,14	0,00018
Álcool 95%	−	0,81	− 114	78	0,17	2,43	0,00110
Água destilada	−	1,00	0	100	0,060	4,18	0,00018

Materiais sólidos

Tipo do material	Sigla	Densidade ϱ kg/dm³ (a 20°C)	Temperatura de fusão °C (a 1,013 bar)	Temperatura de ebulição λ W/m K (a 20°C)	Condutividade térmica c kJ/kg K	Calor específico Ω mm²/m (a 20°C)	Coeficiente de dilatação linear α_L 1/K
Alumínio	Al	2,7	659	204	0,94	0,028	0,0000238
Concreto	−	1,8 ... 2,2	−	1	0,88	−	0,00001
Chumbo	Pb	11,3	327, 4	34,7	0,13	0,208	0,000029
Cromo	Cr	7,2	1903	69	0,46	0,13	0,0000084
Gelo	−	0,92	0	2,3	2,0	−	0,000051
Ferro	Fe	7,87	1536	81	0,47	0,13	0,000012
Gesso	−	2,3	1200	0,45	1,09	−	−
Vidro	−	2,4...2,7	700	0,81	0,83	10^{18}	0,0000005
Ouro	Au	19,3	1064	310	0,13	0,022	0,0000142
Ferro fundido	−	7,25	1150...1200	58	0,50	0,6 ... 1,6	0,0000105
Metal duro	−	14,8	> 2000	81,4	0,80	−	0,000005
Madeira (seca ao ar)	−	0,20 ... 0,72	−	0,06 ... 0,17	2,1 ... 2,9	−	−
Cortiça	−	0,1 ... 0,3	−	0,04 ... 0,06	1,7 ... 2,1	−	−
Cobre	Cu	8,96	1083	384	0,39	0,0179	0,0000170
Porcelana	−	2,3 ... 2,5	1600	1,6	1,2	10^{12}	0,0000040
Quartzo	−	2,1 ... 2,5	1480	9,9	0,8	−	0,0000080
Prata	Ag	10,5	961,5	407	0,23	0,015	0,0000197
Silício	Si	2,33	1423	83	0,75	$2,3 \cdot 10^9$	0,0000042
Aço (não ligado)	−	7,85	1460	48 ..58	0,49	0,14 ... 0,18	0,0000115
Carvão mineral	−	1,35	−	0,24	1,02	−	−

3.9 Segurança do trabalho e proteção ambiental

3.9.9 Símbolos para substâncias perigosas

Símbolos de perigo e designações dos perigos (GefStoffV) ▶ compare anexo no final

Letra de identificação, Símbolo do perigo Designação do perigo	Significado	Letra de identificação, Símbolo do perigo Designação do perigo	Significado
E Perigo de explosão	Substâncias em estado sólido ou líquido que, pelo aquecimento ou por uma solicitação não excepcional por impacto, são levadas à explosão.	T Venenoso	Substâncias que, pela inalação, ingestão ou absorção pela pele, podem provocar danos consideráveis à saúde ou levar à morte.
O Comburente	Substâncias que, em contato com outras, principalmente substâncias inflamáveis, reagem de tal forma que uma grande quantidade de calor é liberada.	C Corrosivo	Substâncias, que pelo contato com a pele ou com outro material, pode destruí-los.
F Facilmente inflamável F+ Altamente inflamável	Substâncias que se aquecem e podem inflamar-se à temperatura normal ou que, em estado sólido, pela ação instantânea de uma fonte de ignição, são inflamadas.	Xn Nocivo para a saúde	Substâncias que, pela inalação, ingestão ou absorção pela pele, podem provocar danos de pequenas proporções à saúde.
		Xi Irritante	Substâncias que, sem serem corrosivas, após um ou repetidos contatos com a pele podem causar inflamações.

Símbolos de advertência para substâncias perigosas

Aviso da existência de materiais inflamáveis

Aviso da existência de materiais explosivos

Aviso da existência de materiais venenosos

Aviso da existência de materiais corrosivos

Aviso da existência de materiais radioativos

Símbolos para pó de madeira (seleção)

Máquina aprovada quanto ao pó (desde 1994)

Exaustor para pó industrial aprovado

Equipamento de filtragem aprovado

163

4 Desenho técnico

Desenhos técnicos para o trabalho em madeira estão definidos na norma DIN 919, parte 1, a indicação das dimensões na DIN 406 e desenhos de construções na DIN 1356. Na DIN ISO 128-20 até 24 estão definidas as linhas e suas aplicações e na DIN 5, as projeções. Essas e outras normas garantem que as pessoas possam se entender numa linguagem de desenho unificada.

Os desenhos técnicos precisam ser instruções de fabricação inequívocas, que permitam deduzir o formato e o tipo de material da peça a ser produzida, o funcionamento, as dimensões de fabricação e inspeção, bem como a montagem final.

4.1 Instrumentos e materiais de desenho

Para a qualidade de um desenho são essenciais as características do suporte do desenho, dos instrumentos e dos meios auxiliares.

Formatos de papel conforme DIN 476

Formato Série A DIN	Medidas mínimas da folha não recortada mm	Medidas finais da folha recortada mm	Margem da medida final mm
2 A0	1230 2 1720	1189 2 1682	10
A0	880 2 1230	841 2 1189	10
A1	625 2 880	594 2 841	10
A2	450 2 625	420 2 594	10
A3	330 2 450	297 2 420	5
A4	240 2 330	210 2 297	5

Operação ou suporte do desenho	6H	5H	4H	3H	2H	H	F	HB	B	2B	3B	4B	5B	6B
Esboço em papel transparente														
Linhas de chamada em papel transparente														
Desenhar em papel transparente														
Inscrição em papel transparente														
Esboço em papel para desenho														
Linhas de chamada em papel para desenho														
Desenhar em papel para desenho														
Inscrição em papel para desenho														
Desenhar à mão livre														

Grau de dureza recomendado em função da operação de desenho e do suporte do desenho.

Instrumentos e materiais de desenho

Grupo	Tipo e designação	Modelo e aplicação
Suportes para o desenho	Papel para desenho	não transparente, 150 g/m² a 300 g/m², áspero (desenho a lápis) liso (desenho a tinta)
	Papel vegetal	transparente, para cópias heliográficas, 80/85 g/m² e 90/95 g/m²,fosco (desenho a lápis) liso (desenho à tinta)
	Películas	alta transparência só para tinta especial
	Papel triplex	papel transparente reforçado com película plástica, à prova de rasgo, para desenhos documentais
Instrumentos de desenho com minas de grafite	Lapiseira de mina fina	lapiseira de pressão para linhas de largura determinada em mm 0,3/0,5/0,7/0,9, grau de dureza do grafite 2H a 2B lapiseira para minas soltas, grau de dureza 6H a 6B
	Lapiseira de mina grossa	
Apontador	Apontador para minas	para lapiseira de mina grossa
Apagadores	Apagador para grafite Apagador de tinta Escova para desenho	plástico borracha para desenho para papel transparente para remover restos de borracha
Canetas	Canetas tinteiro	para larguras de linhas em mm 0,13/0,18/0,25/ 0,35/0,5/0,7/1,0/1,4 e 2,0 recarregável ou com cartucho
	Tira-linhas	para papel transparente para película
Compassos	De regulagem rápida	com suporte para minas com suporte para caneta com extensão
	De pontas secas	para marcação de medidas
	Bailarina	para círculos pequenos
Apoio para desenho	Prancheta fixa Prancheta portátil	para segurar o suporte do desenho
Réguas	Régua para traçar	com ou sem escala
Esquadros	Esquadro para desenho	45°/45°/90°, 30°/90°/60° esquadro técnico com cabo
Gabaritos	Gabarito alfa-numérico	para diversos tipos e tamanhos de letras
	Gabarito de círculos, gabarito de elipses	para tinta e lápis
	Gabarito de curvas	curva francesa
Escalas	Escala de precisão	régua linear, escala de redução chata ou triangular

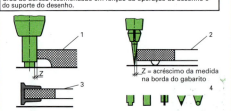

Gabaritos para desenho: (1) com borda rebaixada, (2) com ressalto, (3) com perfilado para borda destacável, (4) símbolos para os instrumentos de desenho a serem utilizados, da esquerda para a direita: para pena tubular com tubo rebaixado, com pena cilíndrica tubular, para lapiseira de minas finas, para lápis, para esferográfica.

Z = acréscimo da medida na borda do gabarito

4.1 Instrumentos e materiais de desenho

Dobras dos desenhos para chegar ao formato DIN-A4

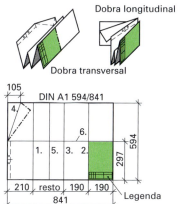

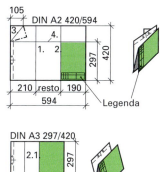

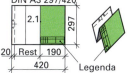

Legenda

Os desenhos técnicos recebem no canto inferior direito uma legenda. As legendas estão definidas na DIN 6771. A legenda especifica a posição de leitura do desenho.

Elas podem receber as seguintes inscrições:

Campo 1:	Área de aplicação da peça representada e número da respectiva lista de peças	**Campo 10:**	Denominação da peça representada, número do pedido, número da peça, modelo ou outro
Campo 2:	Indicações das tolerâncias para as medidas sem indicação de tolerância no desenho	**Campo 11:**	Espaço para o nome ou logotipo da empresa que elaborou o desenho
Campo 3:	Informação sobre a superfície	**Campo 12:**	Número do desenho, é registrado pela empresa projetista.
Campo 4:	Informações sobre o material, número da peça em bruto ou do modelo	**Campo 13:**	Número da folha. No caso de várias folhas deve ser indicado também o número total de folhas (por exemplo: folha nº 8 de 10 folhas).
Campo 5:	Escala do desenho		
Campo 6:	Peso da peça, caso seja necessário		
Campo 7:	Colunas para anotações sobre alterações		
Campo 8:	Data de elaboração (projetista) e da verificação (examinador), bem como, data de validade da norma	**Campo 14:**	Caso o desenho tenha por base um outro desenho, o número do desenho original é registrado aqui.
Campo 9:	Nome ou sigla do projetista e do examinador, bem como, número da norma	**Campo 15:**	Caso um outro desenho seja invalidado por este, pode ser registrado o número do desenho invalidado.
		Campo 16:	Se o desenho for invalidado, o número do desenho que o substitui é registrado aqui.

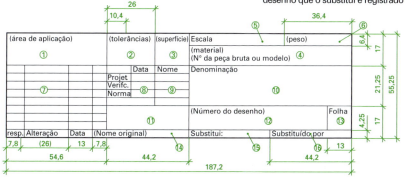

165

4.2 Caligrafia normalizada

Desenhos técnicos precisam ser escritos com caligrafia legível e inequívoca. De acordo com DIN 919 são recomendados os caracteres ISO DIN 6776, vertical médio (caractere formato B). As alturas dos caracteres são escalonadas entre si pelo valor $\sqrt{2}$. A largura da traço corresponde a 1/10 da altura do caractere.

ÄBCDEFGHIJKLMNÖPQRSTÜVWXYZ
äbcdefghijklmnöpqrstüvwxyz
1234567890IVX   [(!?:;"-=+x·:√%¬&)]ø

Medidas dos caracteres em relação a *h*

Característica do caracter	Relação	Medida em mm				
Altura das letras maiúsculas	$^{10}/_{10}\, h$	2,5	3,5	5	7	10
Altura das letras minúsculas (sem excedente superior e inferior) *c*	$^{7}/_{10}\, h$	1,8	2,5	3,5	5	7
Largura do traço *d*	$^{1}/_{10}\, h$	0,25	0,35	0,5	0,7	1
Distância mínima entre os caracteres *a*	$^{2}/_{10}\, h$	0,5	0,7	1	1,4	2
entre as linhas de base *b*	$^{14}/_{10}\, h$	3,5	5	7	10	14
entre as palavras *e*	$^{6}/_{10}\, h$	1,5	2,1	3	4,2	6

Tamanhos dos caracteres (DIN 6774) em mm: 2,5; 3,5; 5; 7; 10; 14 e 20
Tamanhos dos caracteres em desenhos técnicos usando maiúsculas e minúsculas, no mínimo 3,5 mm
Expoentes, indicações de tolerâncias, índices um nível mais baixo, p.ex., caractere com 3,5 mm $\Rightarrow$ 2,5 mm
Indicação de corte um nível acima, p.ex., caractere com 3,5 mm de altura $\Rightarrow$ 5 mm
Número do item o dobro do tamanho do caractere, p.ex., caractere de 3,5 mm de altura $\Rightarrow$ 7 mm

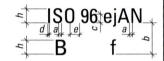

Inscrição com linha de referência

As linhas de referência devem ser puxadas sempre inclinadas em relação à representação. Para a colocação de texto nas linhas de referência, elas podem prosseguir na direção de leitura vertical ou horizontal.

Extremidades das linhas de referência:

com uma **seta** se elas encontram uma aresta ou qualquer outra linha (com exceção das linhas cotas e linhas de chamada)	com um **ponto** se elas conduzem a uma superfície	sem **seta** e **sem ponto** se elas se ligam a uma linha de cota (medidas 3 e 12)
	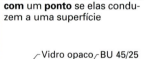	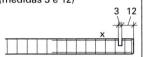

4.3 Escalas

A escala 1: n indica a proporção da medida original em relação à medida do desenho. Por exemplo, a escala 1 : 1 corresponde ao tamanho natural. Na escala 1 : 20 a medida do desenho corresponde a 1/20 da medida original (DIN ISO 5455).

Tamanho natural
1 : 1 (medida do desenho corresponde à medida original)

Ampliações
1 : 0,5 (2 : 1) para detalhes

Reduções
1 : 5 para vistas de pequenos objetos
1 : 10 para vistas de móveis, paredes e foros
1 : 20 e 1 : 25 para vistas de paredes, vistas de coberturas e plantas de recintos

1 : 50   Para desenho de plantas e desenhos executivos
1 : 100 Para desenhos de plantas, projetos

Medida original = medida do desenho x coeficiente proporcional

4.4 Construções básicas

4.4.1 Construções geométricas básicas

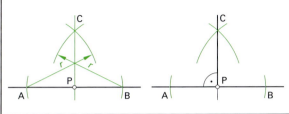

Traçar uma perpendicular no ponto P
Partindo do ponto P, estabelecer com arcos os pontos A e B sobre a reta. A interseção dos arcos de raio r com centro nos pontos A e B define o ponto C. A perpendicular pode ser levantada partindo do ponto P e passando pelo ponto C.

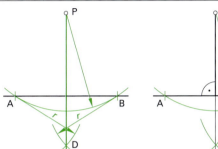

Traçar uma perpendicular do ponto P sobre uma reta
Um arco com centro no ponto P corta a reta em dois pontos A e B. Arcos de raio r com centro nos pontos A e B definem o Ponto D. O segmento de reta $\overline{PD}$ é perpendicular à reta dada.

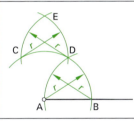
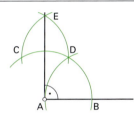

Traçar uma perpendicular na extremidade de um segmento de reta
Descrever um arco de raio arbitrário com centro em A. Sem alterar a abertura do compasso marcar com arcos os pontos B, C, D e E. Ligando-se o ponto A e E obtém-se a perpendicular no ponto A.

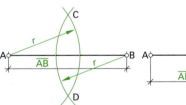
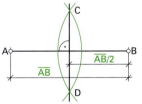

Dividir ao meio o segmento de reta $\overline{AB}$
Descrever arcos de raio r com centro nos pontos A e B de forma que se interceptem em C e D. A linha de ligação dos pontos C e D divide ao meio o segmento de reta $\overline{AB}$ e é perpendicular a ele (traçar a perpendicular média).

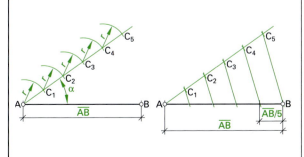

Dividir um segmento de reta em vários segmentos iguais
Traçar no ponto A uma reta de forma a fazer um ângulo entre 30° a 45° com a reta dada. Marcando com o compasso as seções r (no caso cinco) no lado direito do ângulo α obtém-se os pontos C_1 a C_5. As paralelas ao segmento de reta $\overline{BC_5}$ interceptando os pontos C_4, C_3, C_2, C_1 dividem o segmento de reta $\overline{AB}$ em cinco partes iguais.

4.4 Construções básicas

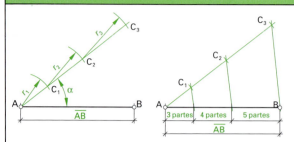

Dividir segmento de reta na proporção 3:4:5
Traçar no ponto A um ângulo entre 30° a 45°. Com a marcação dos segmentos r_1 = 3 partes, r_2 = 4 partes e r_3 = 5 partes obtém-se os pontos C_1, C_2 e C_3. Ligar o ponto C_3 com o ponto B; as paralelas ao segmento de reta $\overline{BC_3}$ que interceptam os pontos C_1 e C_2 dividem o segmento de reta $\overline{AB}$ na proporção pretendida.

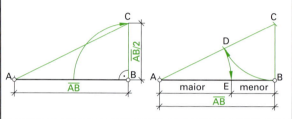

menor: maior = maior: menor + maior
em números: 3 : 5 = 5 : 8

Dividir segmento de reta na proporção da divisão áurea
Dividir em dois o segmento de reta $\overline{AB}$. Traçando a perpendicular $\overline{AB}/2$ no ponto B resulta o ponto C. Com centro em C, traçar arco com raio igual ao segmento $\overline{BC}$, do que resulta o ponto D. Com centro em A, traçar arco com raio igual ao segmento $\overline{AD}$, do que resulta o ponto E. Os segmentos $\overline{AE}$ e $\overline{EB}$ se relacionam na proporção áurea.

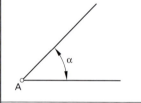
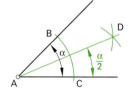

Dividir ângulo ao meio
Com um arco de raio arbitrário e centro no vértice A marcar os pontos B e C. O ponto de interseção dos arcos de mesmo raio com centros em B e C define o ponto D. A ligação $\overline{AD}$ divide o ângulo ao meio.

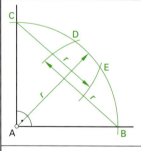
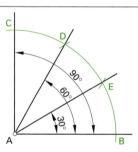

Dividir ângulo reto em três
O arco de raio arbitrário e centro no vértice A define os pontos B e C. Com a abertura do compasso inalterada, a partir dos pontos B e C, marcar respectivamente os pontos D e E sobre o arco. A ligação de A com D e de A com E divide o ângulo reto em três partes iguais.

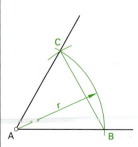
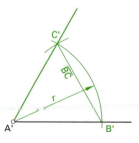

Transferir ângulos
Um arco de raio arbitrário com centro no vértice A do ângulo dado intercepta os lados em B e C. Com a abertura do compasso inalterada, traçar um círculo com centro em A' do novo ângulo. Com isso resulta o ponto de interseção B'. Tomar o segmento $\overline{BC}$ com o compasso e traçar a partir de B' de modo a definir o ponto C'. Traçar o lado $\overline{A'C'}$.

4.4 Construções básicas

Polígonos regulares

Nos polígonos regulares todos os lados têm o mesmo comprimento e todos os ângulos periféricos são iguais. Eles podem ser divididos em tantos triângulos isósceles quantos forem os lados do polígono. Todos os triângulos são congruentes (coincidentes). Polígonos regulares podem ser inscritos num círculo.

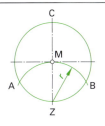
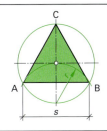

Triângulo equilátero
De um círculo descrito em torno do centro M com raio r resultam os pontos Z e C. Do arco de mesmo raio r com centro em Z, resultam os pontos A e B. Da ligação dos pontos A, B e C resulta o triângulo equilátero.

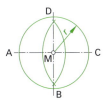
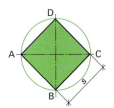

Quadrilátero regular (quadrado)
Traçar dois eixos perpendiculares entre si. Do círculo com centro em M e raio r resultam os pontos A e C, assim como, B e D. Os pontos ligados entre si resultam num quadrado.

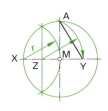
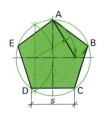

Pentágono regular
Dividindo o raio $r = \overline{MX}$ ao meio resulta o ponto Z. Do arco com centro em Z partindo de A resulta o ponto Y. O segmento $\overline{AY}$ é o comprimento do lado do pentágono que deve ser marcado com o compasso no perímetro do círculo.

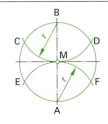
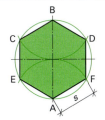

Hexágono regular
Os arcos com raio r e centros em A e B definem os pontos de interseção C e D, assim como, E e F. Ligando-se os pontos obtém-se um hexágono regular.
Lado do hexágono s = raio r do círculo

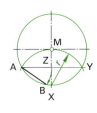
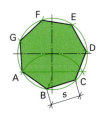

Heptágono regular
O lado do heptágono $\overline{AZ}$ corresponde à metade do lado do triângulo equilátero (veja acima).

169

4.4 Construções básicas

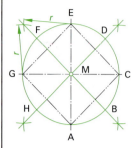
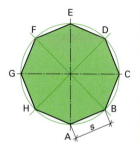

Octógono regular
Os pontos de interseção A, C, E e G dos eixos médio com o círculo são os vértices de um quadrado. Traçando-se as perpendiculares médias dos lados do quadrado obtém-se no círculo os vértices adicionais B, D, F e H do octógono regular.

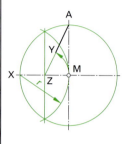
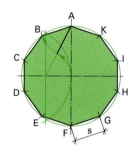

Decágono regular
Dividindo o raio $r = \overline{MX}$ ao meio resulta o ponto Z. Ligar o ponto Z ao ponto A. Um arco com centro em Z partindo de M intercepta $\overline{AZ}$ no ponto Y. O segmento $\overline{AY}$ corresponde ao lado do decágono. Esse deve ser marcado na circunferência. O decágono regular também pode ser construído a partir do pentágono regular traçando-se as perpendiculares médias dos lados do pentágono.

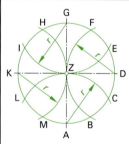
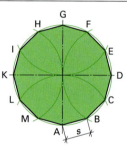

Dodecágono regular
Dos arcos com raio r e centros nas interseções A, D, G e K dos eixos médios com o círculo resultam todos os vértices A, B...M do dodecágono regular.

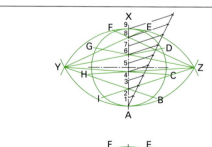
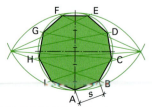

Construção genérica de polígonos
Dividir o diâmetro $d = \overline{AX}$ em tantas partes quantos lados o polígono deverá ter (neste caso nove). Dos arcos com raio d traçados a partir dos centros A e X resultam os pontos Y e Z. As retas traçadas a partir desses pontos, passando a cada segunda divisão do diâmetro, interceptam o círculo e definem assim os vértices do polígono regular desejado (no caso nove).

4.4 Construções básicas

Ovoide, oval, elipse

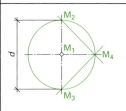	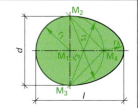	**Ovoide** As interseções dos eixos centrais com o círculo definem os centros M_2, M_3 e M_4 para desenhar o arco do ovoide. As retas de ligação dos pontos M_2 a M_4 e M_3 a M_4 definem os pontos de transição dos arcos.
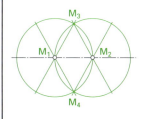	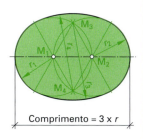 Comprimento = 3 x r	**Oval com dois círculos** Desenhar dois círculos de modo que a circunferência de cada círculo intercepte o centro do outro círculo. Os pontos de interseção das linhas dos círculos são os pontos centrais M_3 e M_4 dos arcos achatados. As retas através destes centros definem a transição entre os arcos. O comprimento do oval corresponde a 3r. A largura do oval é definida pela construção.
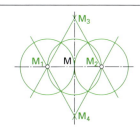	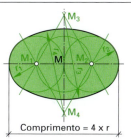 Comprimento = 4 x r	**Oval com três círculos** Desenhar três círculos de modo que cada circunferência passe pelo centro do círculo vizinho. As retas de ligação dos pontos de interseção dos círculos com os centros M_1 ou M_2 definem os centros M_3 e M_4 para o arco achatado e os pontos de transição dos arcos ovais. O comprimento do oval corresponde a 4r. A largura do oval é definida pela construção.
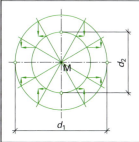	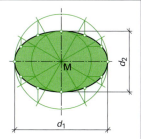	**Construção da elipse** Desenhar dois círculos concêntricos com os diâmetros do eixo maior e menor Traçar um número arbitrário de retas passando por M. Traçar linhas verticais nas interseções das retas com o diâmetro maior e linhas horizontais nas interseções com o diâmetro menor. O perímetro da elipse passa através dos pontos de interseção das linhas verticais com as horizontais.
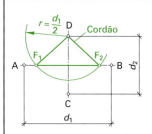	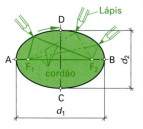	**Construção da elipse com cordão** Traçar o cruzamento dos eixos d_1 e d_2 definindo os pontos A, B, C e D. Um arco com raio $d_1/2$ e centro em C ou D marca os focos F_1 e F_2. Distender um cordão fino não extensível passando pelos pontos F_1, D e F_2. Conduzindo um lápis ao longo do lado interno do cordão é desenhada uma elipse.

171

4.4 Construções básicas

Junções de arco

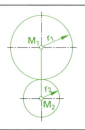	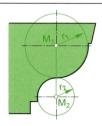	**Cornija, deitada** Dois arcos com diferentes raios são ligados entre si formando uma cornija. A distância dos centros é a soma dos raios r_1 e r_2, que na cornija têm um eixo médio comum.
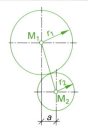	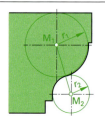	**Cornija, em pé** A junção de dois arcos com diferentes raios e centros deslocados resulta numa cornija em pé. O comprimento da linha de ligação dos dois centros M_1 e M_2 é a soma dos raios r_1 e r_2. Na reta de ligação dos dois centros se encontra a transição dos dois arcos.
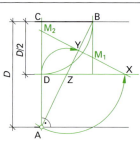	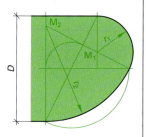	**Arco inclinado** Uma perpendicular traçada no ponto A define o ponto C. A metade da perpendicular define o ponto D. O arco de centro em C com raio $D/2$ define o ponto B. O segmento $\overline{AB}$ intercepta a linha da metade no ponto Z. O arco centrado em Z com raio $\overline{DZ}$ define o ponto Y e com raio $\overline{AZ}$ o ponto X. Na reta de ligação $\overline{XY}$ encontram-se os centros M_1 e M_2.
		Arredondar cantos As paralelas à distância r dos lados do ângulo definem o ponto de interseção M, que é o centro para o arredondamento do canto com raio r.
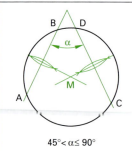		**Determinação do centro do círculo** Numa placa circular disponível deve ser determinado o centro. Traçar duas cordas na superfície formando entre si um ângulo α entre 45° e 90°. Dividir as cordas $\overline{AB}$ e $\overline{BC}$ ao meio e traçar as perpendiculares médias. O ponto de interseção das perpendiculares médias é o centro da superfície circular.

$45° < \alpha \leq 90°$

4.4 Construções básicas

Construção de arcos

Arco redondo
O ponto médio da linha de imposta $\overline{AB}$ define o ponto M, que é o centro buscado para o traçado do arco redondo com r = segmento $\overline{AM}$ e $\overline{BM}$.

Arco rebaixado
Traçar a perpendicular ao ponto médio da linha de imposta. A altura da flecha define o vértice S. Ligar os pontos A e B com S. As perpendiculares do ponto médio dos segmentos $\overline{AS}$ e $\overline{BS}$ se interceptam no ponto M, que é o ponto central para o traçado do arco rebaixado com $r = \overline{MS}$.

Arco gótico
Os arcos com raio $r = \overline{AB}$ e centros nos pontos A e B se interceptam no vértice S. A ligação dos pontos A, B e S resulta num triângulo equilátero.

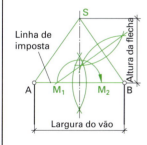

Arco gótico, rebaixado
Levantar uma perpendicular no ponto médio da linha de imposta $\overline{AB}$. A altura da flecha define o vértice S. A altura da flecha deve ser menor do que a largura do vão, porém, maior do que a metade dela. A perpendicular do ponto médio de $\overline{BS}$ intercepta a linha de imposta e define o centro M_1 para o traçado do arco com raio r_1.

Arco de carpanel com três círculos
A divisão da linha de imposta em quatro partes define os centros M_1, M e M_2 para os três círculos básicos de mesmo diâmetro. A reta de interseção dos pontos M_1 e C mais a reta de interseção dos pontos M_2 e D definem o ponto M_3 e os pontos de transição da linha do arco de carpanel. A altura da flecha é definida pela construção.

173

4.4 Construções básicas

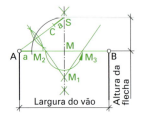 

Arco de carpanel com três centros
Traçar arco com raio $\overline{MS}$ e centro em M. A diferença entre o eixo $\overline{AB}$ e o arco é a. Traçar reta $\overline{AS}$ e nela marcar a distância a, definindo o ponto C. A perpendicular do ponto médio de $\overline{AC}$ define os pontos M_2 e M_1, assim como os pontos de transição da conexão dos arcos. Transferindo-se M_2 para a direita obtém-se M_3.

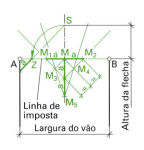 

Arco de carpanel com cinco centros
O arco com raio $\overline{MS}$ e centro em M define o ponto Z na linha de imposta. Do traçado da reta com origem em S interceptando Z resulta o segmento a. Transferir o segmento a para a linha de imposta partindo de M e duas vezes sobre a perpendicular média abaixo da linha de imposta, definindo os centros M_1, M_2 e M_5. Os centros M_3 e M_4 se localizam nos pontos médios das hipotenusas dos triângulos retângulos de catetos a.

Arco de quilha
Dividindo-se a largura do vão por quatro obtém-se os centros M_1 e M_2, transferindo-se três vezes a quarta parte da largura do vão sobre a perpendicular média abaixo da linha de imposta obtém-se os centros M_3 e M_4. Os pontos de transição dos arcos são definidos pelas retas de ligação de M_1 com M_3 e de M_2 com M_4 e o eixo de simetria do arco de quilha.

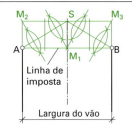 

Arco de cornija
Ligar o vértice S com os pontos de apoio A e B. Dividindo-se a linha de imposta e a linha de vértice por quatro também são divididos os segmentos $\overline{AS}$ e $\overline{BS}$. Traçando-se as perpendiculares médias sobre as semirretas de $\overline{AS}$ e $\overline{BS}$ obtém-se os centros M_1, M_2 e M_3 para o traçado do arco de cornija.

Arco de cornija achatado
Dividir a linha de imposta em 28 partes. Transferir 11 partes a partir de A e B para as perpendiculares, definindo os centros M_1 e M_2. Transferir 6 partes para o eixo de simetria abaixo da linha de imposta, definindo o centro M_3. Transferir 5 partes para o eixo de simetria acima da linha de imposta, definindo o vértice do arco de cornija.

4.4 Construções básicas

4.4.2 Projeção ortogonal

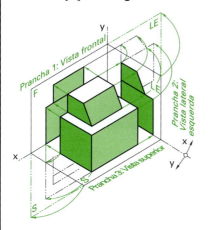

A projeção ortogonal representa os corpos em múltiplas vistas (conforme DIN 6): na vista frontal, na vista lateral esquerda e na vista superior.

Método de projeção: Em geral o corpo é colocado num canto do espaço em posição paralela às superfícies espaciais que formam três pranchas. Por meio dos raios visuais (linhas de projeção), que sempre evoluem paralelamente às arestas do espaço, as vistas são projetadas nas superfícies do espaço. Se recortarmos o canto do espaço no eixo X/Y obteremos por intermédio do desdobramento as três pranchas num plano. A projeção ortogonal também é denominada projeção em três planos. De acordo com esta concepção os corpos são projetados nas vistas frontal, lateral e superior e são determinadas as verdadeiras grandezas e áreas.

Na **projeção ortogonal** (projeção em três planos) conforme DIN 6, a vista frontal está situada à esquerda do eixo Y e a vista lateral à direita do eixo Y. A vista superior está situada abaixo da vista frontal. Com auxílio das linhas de projeção, que sempre correm perpendicularmente aos eixos, podem ser projetadas as vistas principais. No campo vazio as linhas de projeção são transferidas com o compasso ou a 45° da prancha 3 para a prancha 2 (ou vice-versa). As linhas traço ponto duplo não são desenhadas na projeção ortogonal.

Na representação de **vistas de móveis** não são desenhadas as linhas de projeção nem o eixo Y. O eixo X se transforma na linha de base. Pode-se prescindir da vista superior se ela não for necessária para esclarecimento da forma do móvel.

4.4 Construções básicas

Posição das vistas e dos cortes

Designação das vistas
- VF Vista frontal
- VLE Vista lateral esquerda
- VS Vista superior
- VLD Vista lateral direita
- VP Vista posterior
- VI Vista inferior

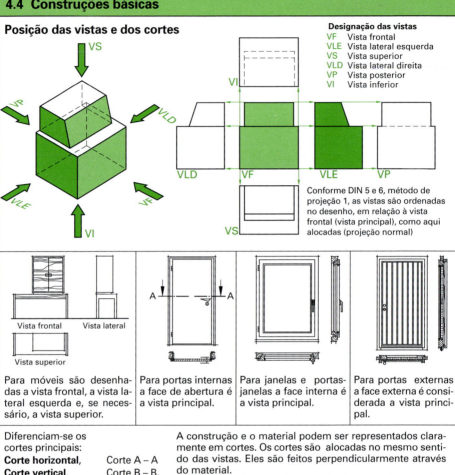

Conforme DIN 5 e 6, método de projeção 1, as vistas são ordenadas no desenho, em relação à vista frontal (vista principal), como aqui alocadas (projeção normal)

Vista frontal, Vista lateral, Vista superior	Para portas internas	Para janelas e portas-janelas	Para portas externas
Para móveis são desenhadas a vista frontal, a vista lateral esquerda e, se necessário, a vista superior.	Para portas internas a face de abertura é a vista principal.	Para janelas e portas-janelas a face interna é a vista principal.	Para portas externas a face externa é considerada a vista principal.

Diferenciam-se os cortes principais:
Corte horizontal, Corte A – A
Corte vertical, Corte B – B,
Corte frontal, Corte C – C
e **Detalhe Z**

A construção e o material podem ser representados claramente em cortes. Os cortes são alocadas no mesmo sentido das vistas. Eles são feitos perpendicularmente através do material.
A passagem do corte é caracterizada por meio de linhas traço-ponto grossas e recebem setas e letras maiúsculas. Detalhes especiais são emoldurados por uma linha circular e recebem letras maiúsculas Z, Y ou X.

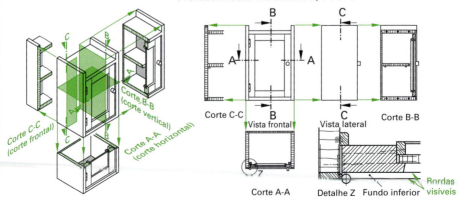

176

4.4 Construções básicas

4.4.3 Rebatimentos e grandezas verdadeiras

Pedestal na forma de um tronco de pirâmide

Num corpo com base quadrada são suficientes a vista frontal e lateral para o esclarecimento total da forma. As superfícies são giradas ¾ em torno da charneira para que, com a real altura e as larguras da vista superior, possa ser construída a verdadeira grandeza da superfície.

Determinação das meias-esquadrias para um funil

Determinação do ângulo de corte e da verdadeira grandeza das faces

α = ângulo para o corte da meia-esquadria

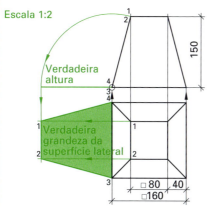

Determinação da verdadeira grandeza das faces

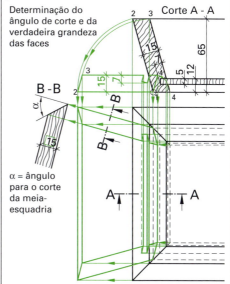

Grandeza real do lado   vista superior caixa

Determinação do perfil para falsa meia-esquadria

Para a projeção de corpos redondos, os círculos são divididos em segmentos, para se obter pontos sobre a linha circular. Esses são então projetados na altura pela meia-esquadria verdadeira e na largura pela falsa meia-esquadria. Os pontos de interseção definem o transcurso das linhas do perfil.

Projeção de um corrimão curvilíneo

O corrimão é definido pela sua seção transversal, pela altura de elevação e pelo raio de curvatura. As vistas são resultantes das projeções dos pontos dos segmentos na vista superior e da divisão uniforme da altura de elevação na vista frontal.

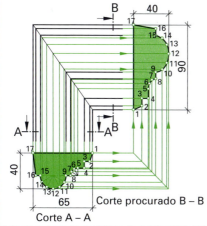

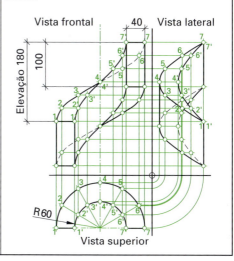

4.4 Construções básicas

Rebatimento de um pé inclinado

Para o rebatimento de um pé inclinado para um estrado precisam ser determinados o formato da seção transversal do caixilho e o formato da seção transversal do pé. Neste projeto de estrado nenhum dos dois possui seção transversal retangular. Além disso, deve ser determinado o ângulo para o corte do pé no comprimento exato.
Primeiramente devem ser desenhadas a vista frontal e a vista superior do estrado. O desenho do caixilho na vista frontal explica a forma do caixilho. Pelo tombamento do caixilho obtemos sua vista superior e consequentemente o ângulo S_3 para assentamento do caixilho. O pé é girado em torno do ponto X paralelo à vista frontal. A vista frontal é completada com o pé em posição girada. Como a largura B do pé permanece em verdadeira grandeza, pode ser desenhada a seção transversal verdadeira do pé com o ângulo S_1. Na superfície de apoio do pé em posição girada aparece o ângulo S_2 para o corte do pé. (para um melhor entendimento a inclinação do pé foi exagerada).

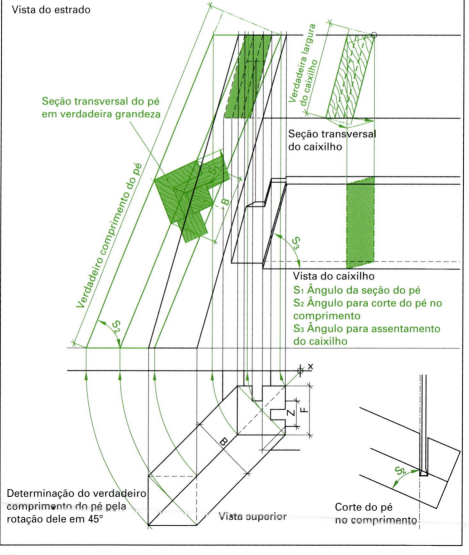

Vista do estrado

Seção transversal do pé em verdadeira grandeza

Verdadeira largura do caixilho

Seção transversal do caixilho

Verdadeiro comprimento do pé

Vista do caixilho
S_1 Ângulo da seção do pé
S_2 Ângulo para corte do pé no comprimento
S_3 Ângulo para assentamento do caixilho

Determinação do verdadeiro comprimento do pé pela rotação dele em 45°

Vista superior

Corte do pé no comprimento

4.4 Construções básicas

Pedestal de exposição

Caixa expositora

Pirâmide hexagonal com corte inclinado

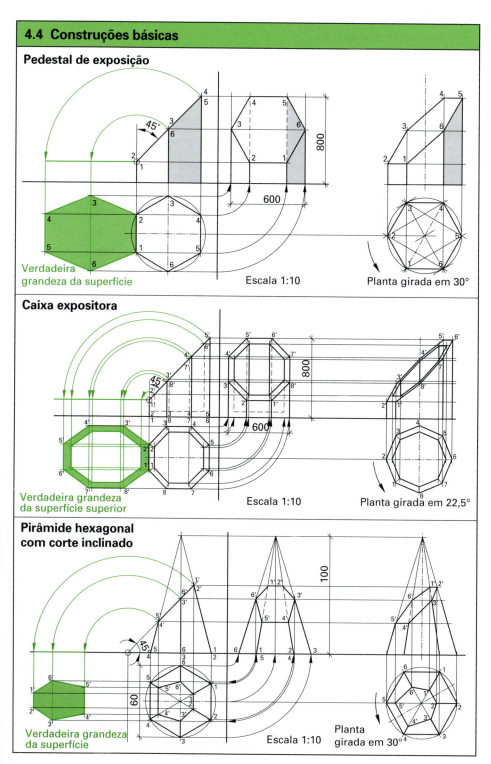

4.4 Construções básicas

4.4.4 Projeções paralelas

Nas projeções paralelas todas as arestas de um objeto evoluem do mesmo modo paralelamente umas às outras. Com seu auxílio os objetos podem ser representados no espaço de forma simplificada. Diferencia-se entre isometria, dimetria e projeção paralela oblíqua.

Isometria (DIN 5, folha 1)

A isometria é uma projeção axonométrica, construída sobre três eixos principais. O eixo X e o eixo Y evoluem em direção à profundidade a 30° da horizontal, o eixo Z é a vertical. Os segmentos paralelos a esses eixos são representados sem encurtamento. Os círculos se transformam em elipses.
A isometria é utilizada na representação de objetos quando se pretende esclarecer pontos essenciais nas vistas frontal, lateral e superior.

Proporção entre as faces: a:b:c = 1:1:1

Ângulo em relação à horizontal:
Eixo X 30°, Eixo Y 30°

Proporção dos eixos das elipses: 1:1,7

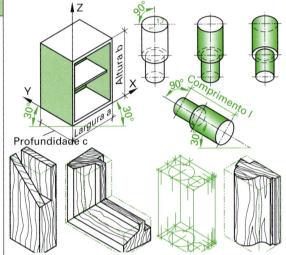

Dimetria (DIN 5, folha 2)

A dimetria é uma representação axonométrica especialmente adequada para a representação de objetos quando a vista frontal deve mostrar detalhes com extrema clareza. As linhas que evoluem para o fundo são encurtadas pela metade.

Proporção entre as faces a:b:c = 1:1:1/2

Proporção dos eixos das elipses:
Fachada 9:10; vista lateral 1:3

Ângulo em relação à horizontal:
Eixo X 42°; Eixo Y 7°

Projeção paralela oblíqua

Na projeção paralela oblíqua, a vista frontal do objeto é representada exatamente em escala. A linhas que evoluem para o fundo são desenhadas sem encurtamento (para um ângulo de 30°) ou encurtadas para 2/3 (para um ângulo de 45°).

Proporção entre as faces:
a:b:c = 1:1:2/3 (para 45°)
a:b:c = 1:1:1 (para 30°)

Ângulo em relação à horizontal:
Eixo X 0°; Eixo Y 45° ou 30°

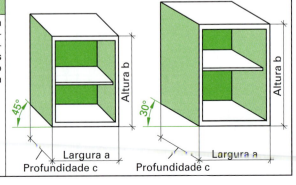

180

4.5 Perspectiva

A perspectiva corresponde à representação fotorrealística. As imagens de cabeça para baixo são formadas no filme fotográfico e na retina pelos raios luminosos que atravessam o obturador ou a pupila.

- **Plano de quadro:** No desenho em perspectiva o plano da figura deve ser disposto à frente do "ponto dos olhos". Se ele estiver situado entre o ponto de vista e o objeto, a imagem do objeto será menor, se ele estiver atrás do objeto, o objeto parecerá maior. Se o plano da figura estiver no objeto, a aresta do objeto adjacente a este plano será representada na verdadeira grandeza. Numa perspectiva denominada perspectiva de retina, o plano da figura também pode ser desenhado como uma superfície convexa.
- **Ponto de observação:** O ponto de observação fica na frente do objeto a uma distância aproximada de uma vez e meia a altura do horizonte ou a maior extensão do objeto. Uma distância maior torna o objeto inexpressivo, uma distância menor distorce a perspectiva do objeto.
- **Ponto dos olhos:** O ponto dos olhos está localizado acima do ponto de observação. Para ele convergem todos os raios visuais.
- **Linhas visuais:** As linhas visuais formam os feixes de linhas que atingem o ponto dos olhos a partir do objeto. As linhas visuais dão o recorte da figura. O ângulo de abertura do feixe de linhas não pode ultrapassar 50°. No centro do feixe de linhas está localizada a linha visual principal.
- **Linha de horizonte:** Situa-se na altura dos olhos do observador. Para móveis ela deve ser de 1,50 m e para ambientes em geral 1,60 m. Como por princípio na perspectiva as linhas verticais são desenhadas verticalmente, a linha de horizonte não deve estar muito em cima.
- **Ponto de fuga:** Os pontos de fuga são situados na linha de horizonte. As linhas paralelas do ou no objeto e que correm em direção ao fundo, encontram-se num ponto de fuga.
- **Ponto de medição:** Pontos de medição são pontos auxiliares para a construção simplificada de divisões da largura em perspectiva. Os pontos de medição também estão situados na linha de horizonte.

Princípio do desenho em perspectiva

As linhas visuais atravessam o plano da figura, criando nele a imagem do objeto em perspectiva. Deslocando-se o plano da figura a imagem em perspectiva aumenta ou diminui. Na linha de horizonte, as linhas paralelas que correm em direção ao fundo encontram-se no ponto de fuga.

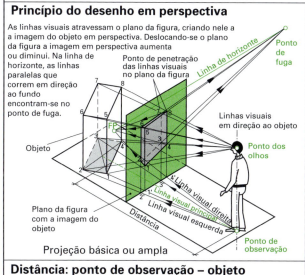

Projeção básica ou ampla

Recursos auxiliares para repartição

Repartição das alturas pelo método de proporcionalidade

Repartição da largura em perspectiva por meio de diagonais. Só é possível para 2, 4, 8, etc. repartições.

Repartição da largura em perspectiva pelo método do ponto de medição. Dividir o segmento de 0 a 6 respeitando a escala. Ligar o ponto 6 ao ponto 6', definindo o ponto de medição MP na linha de horizonte; ligar MP a 1,2...,5 e obter os demais pontos de repartição, 1' a 5

Distância: ponto de observação – objeto

Ponto de observação muito próximo, imagem distorcida

Ponto de observação muito distante, a imagem fica inexpressiva.

Ponto de observação escolhido acertadamente, distância cerca de 1,5 vezes a maior extensão do objeto ou a altura da linha de horizonte

4.5 Perspectiva

4.5.1 Perspectiva inclinada

Na perspectiva inclinada, a linha visual principal não é perpendicular ao objeto. As linhas horizontais de um corpo retangular (paralelepípedo) correm em direção a dois pontos de fuga, localizados sobre a linha de horizonte. Nesse tipo de desenho em perspectiva as verticais permanecem verticais.

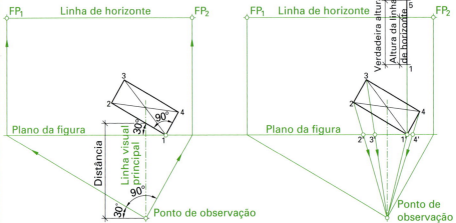

Passo 1
Desenhar a planta do objeto num ângulo de 30°/60°. A linha visual principal passa pelo ponto de interseção das diagonais da planta. Fixar o ponto de observação. Sua distância do objeto corresponde a 1,5 vezes a maior extensão do objeto ou 1,5 vezes a altura da linha de horizonte. Traçar o plano da figura através de um ponto do objeto. Determinar a linha de horizonte, acima ou abaixo do plano da figura ou exatamente congruente a ele. Sobre a linha de horizonte se localizam os pontos de fuga. Eles são definidos pelas retas que correm paralelas às arestas do objeto do ponto de observação até os pontos de interseção com o plano da figura e dali perpendicularmente até aos pontos de interseção com a linha de horizonte.

Passo 2
Traçar as linhas visuais do ponto de observação ao vértice do objeto. As situações das linhas de largura são definidas pelos pontos de interseção das linhas visuais com o plano da figura. O plano da figura passa pelo ponto 1 do objeto. Nesse ponto, a linha de largura possui a verdadeira altura. Ela é medida a partir da linha de horizonte.

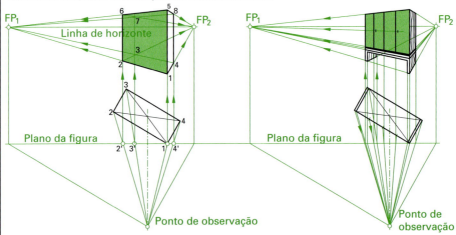

Passo 3
Os pontos de altura 1 e 5 estabelecidos podem ser ligados aos pontos de fuga. Pela interseção das linhas de largura são definidos os demais pontos dos vértices.

Passo 4
Traçado das demais linhas de repartição na altura e na largura, baseadas na projeção principal ou na verdadeira altura.

182

4.5 Perspectiva

4.5.2 Perspectiva central

Na perspectiva central, a linha visual principal é perpendicular à superfície visual. Na vista frontal, as linhas horizontais permanecem horizontais e as linhas verticais, verticais. Isso torna mais simples o desenho da perspectiva.

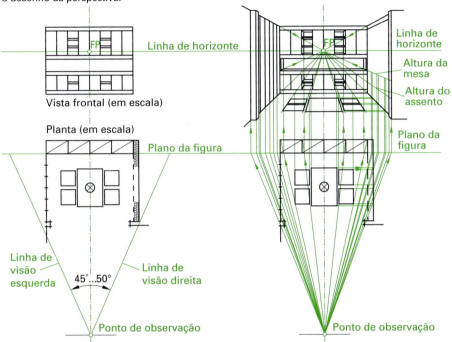

Passo 1
Desenhar a planta e as vistas das paredes em escalas iguais. Posicionar o plano da figura na planta na face frontal do armário e a linha de horizonte aproximadamente a 1,60 m de altura. O ponto de fuga fica sobre a linha de horizonte, na perspectiva central, no meio da vista. O ângulo de abertura das linhas visuais externas deve ser no máximo de 50°.

Passo 2
Do ponto de observação, as repartições da planta devem ser projetadas até ao plano da figura e dali levantadas perpendicularmente. Para os grupos de assentos devem ser projetadas linhas auxiliares no chão e nas paredes. As verdadeiras grandezas estão situadas na face frontal da vista. As ligações com o ponto de fuga resultam na imagem em perspectiva.

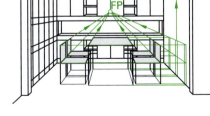

Passo 3
As cadeiras e a mesa podem ser desenhadas a partir da planta em perspectiva do grupo de assentos e das linhas auxiliares.

Passo 4
Traçar e aplicar a perspectiva para aumentar o efeito espacial.

4.6 Fundamentos de design

- **O quadrado como módulo de design (exemplos)**

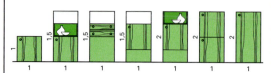

O **quadrado** é o módulo de design por excelência. As superfícies ou são um múltiplo de um quadrado ou as origens para a construção de quadrados. O quadrado repousa sobre a base criando um efeito tranquilo e equilibrado.

- **Os retângulos áureos**

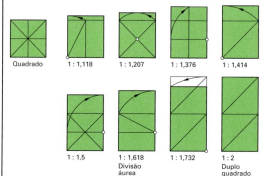

Os **formatos retangulares** podem ser dispostos em pé ou deitados. Retângulos em pé tendem a demonstrar uma expansão vertical, deitados uma expansão horizontal.
Os denominados **retângulos áureos** são construídos a partir de um quadrado como módulo básico, de tal forma que a relação entre os lados do retângulo resulte harmônica. A divisão áurea está contida neles.
Na **divisão áurea**, os lados se relacionam nas proporções 3:5, 5:8, 8:13 etc. (veja páginas 15, 156)

- **Proporções de sonoridade harmônica**

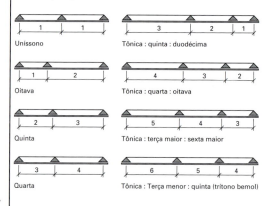

Proporções harmônicas
No ensaio para verificar harmonias, cordas foram distendidas sobre cavaletes flexíveis. Por intermédio do deslocamento dos cavaletes ocorreram harmonias audíveis entre os cavaletes adjacentes com as distâncias representadas ao lado. A divisão áurea também está entre elas.

As três regras básicas do design:
- Autenticidade no material, na função e na forma
- Clareza na forma, simplicidade no projeto, e objetividade na função
- Economia no uso de recursos, moderação na decoração e uso de muitas cores.

- **Distribuição da face frontal do móvel**

muitas funções distintas, confusa, desequilibrada | disposição limpa, equilibrada | pés baixos dão ao móvel um efeito pesado | pés altos dão ao móvel um efeito leve

Frente do móvel, móveis pequenos, em particular, não podem possuir muitas funções distintas. Superfícies pequenas necessitam de uma distribuição limpa, tranquila e equilibrada.
Bases de pequena altura e pés volumosos fazem o móvel parecer pesado, bases altas de seção delgada deixam o móvel mais leve e gracioso.

4.6 Fundamentos de design

- **Dimensões do corpo humano**

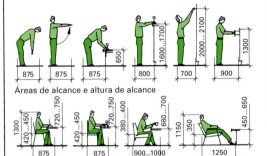

Áreas de alcance e altura de alcance

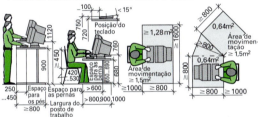

Altura de assentos e mesas para escrever, cear e conversar

Postos de trabalho de escritório, com computador

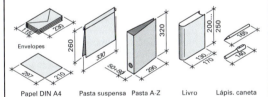

| Trabalho em pé | Trabalho sentado | Tamanhos do posto de trabalho e da área de trabalho |

- **Dimensões de diversos objetos**

| Envelopes | Papel DIN A4 | Pasta suspensa | Pasta A-Z | Livro | Lápis, caneta |

- **Copos, louças e talheres**

| Taça de champanhe | Taça de vinho branco | Taça de vinho tinto | Copo de conhaque | Copo de suco | Talheres |
| Prato de sobremesa | Prato de jantar | Xícara de café | Bule de café | Garrafa de vinho | Garrafa de licor |

Para a concepção de móveis devem ser levadas em conta as dimensões do corpo humano na posição em pé e sentado, a área de alcance, as alturas de trabalho, as alturas da mesa e das cadeiras, o tamanho das áreas de deposição, assim como as dimensões dos objetos que deverão ser acomodados.

Regulamentações, prescrições e determinações (excerto):

DIN 2137	Tecnologia de escritórios e processamento de dados
DIN 4543	Postos de trabalho em escritório, área requerida para móveis de escritório
DIN 4545	Móveis de escritório, armários para arquivos e fichários
DIN 4549	Móveis de escritório, escrivaninhas, mesas para máquina de escrever
DIN 4551	Cadeiras giratórias para escritório
DIN 4556	Móveis de escritório, apoios para os pés
DIN 33402	Dimensões do corpo humano
DIN 66234	Postos de trabalho com monitor
DIN 68970	Mesas e cadeiras para aulas em geral

Dimensões de diversos móveis
(largura/profundidade/altura em mm)
Aparadores: 1200... 2400/420... 500/750... 950
Guarda-louças: 1350...1400/420... 500/1280...1350
Banquetas: 380... 450/380... 450/380... 450
Berços: 1300/650/900...1000; 1400/700/900...1000; 1500/750/900..1000
Guarda-roupas:
1000 ...1250/580 ... 650/1650 ... 1900, largura geralmente ilimitada, para armários altos 2300 ... 2400
Cômodas:
850...1100/460... 500/720...1100
Armários de cozinha superiores:
400...1000/350... 400/600... 650
Armários de cozinha inferiores:
400...1000/580... 620/850... 900
Armários de cozinha altos:
400... 600/580... 620/2000... 2100
Mesas para máquina de escrever:
900...1300/500... 650/650... 700
Secretárias:
800...1100/400... 520/1100...1350
Escrivaninhas: 1400/700/720... 750; 1600/800/720... 750; 1800/900/720...750; 2000... 2400/1000/720...750
Carrinhos de chá: 750/450/580 . 650
Poltronas: 700... 800/700... 850/360... 420
Cadeiras: 380... 500/400... 600/400... 450
Roupeiros:
1000...1800/460... 520/1650...1900
Armários de sala de estar:
1000... 2400/380... 450/800...1300

4.6 Fundamentos de design

- **Vestuário e roupas**

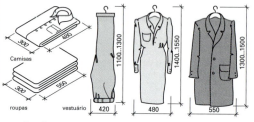

Os objetos que serão acomodados determinam o tamanho dos móveis e armários embutidos; as alturas dos copos, os diâmetros dos pratos, o comprimento dos talheres, as dimensões dos guarda-louças; o tamanho das peças de roupas dobradas, as dimensões dos roupeiros e o comprimento e a largura das peças de roupas, as dimensões dos guarda-roupas.

- **Projeto**

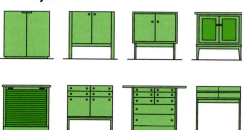

O projeto influencia o design. Folhas de porta chapadas, fechando de topo, resultam, por exemplo, num móvel plano e simples. Portas encaixadas, fechando por dentro, são emolduradas pelo corpo. O design do móvel é determinado pelo uso de batentes, sancas, pedestais ou blocos para base, pelo tipo de porta frontal (portas de superfícies lisas, portas almofadadas ou tipo persiana) e pela instalação ou não de gavetas.

- **Guarnições**

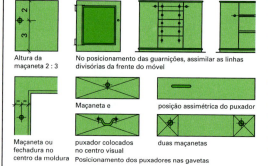

Guarnições afetam o trabalho de marcenaria. Portanto, elas devem ser escolhidas com ponderação e em harmonia com o produto final e precisam ser posicionadas corretamente. Maçanetas, puxadores ou fechaduras posicionados no centro, devido à observação do móvel em perspectiva, ficam visualmente deslocados do centro. Nas portas almofadadas, o puxador ou fechaduras fazem parte da moldura e não da almofada e são colocados no centro da moldura. Nas fechaduras deve ser dada atenção especial ao tamanho do espelho.

- **Perfilados**

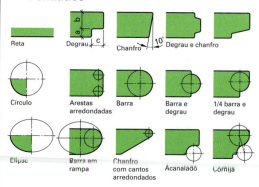

Perfilados são compostos pelas figuras elementares reta, círculo e oval. Os perfilados representam elementos ornamentais, podendo melhorar a pega das arestas e o contato com elas ou pela refração da luz tornar a transição das arestas para as superfícies mais suave ou mais acentuada. Um perfil em posição de relevo, como a cornija ou o degrau, geralmente torna-se o dominante, ao qual todos os demais perfis de mesmo caráter são subordinados. Em qualquer perfilado deve-se buscar um decurso intenso e harmônico dele. Escalonamentos monótonos e também acúmulo de elementos de perfil diferentes devem ser evitados.

4.7 Tipos de linhas

A linha é um importante elemento do desenho técnico. Deve-se fazer uma distinção entre as diversas larguras e espessuras de linhas. É por esse meio que são feitos os contrastes que aumentam substancialmente o significado e a legibilidade do desenho.

Tipos de linhas e sua aplicação (conforme DIN 15, DIN ISO 128-20 e DIN 919)

Tipo de linha		Grupo 0,7 / 0,5 Largura da linha em mm		Aplicação preferencialmente conforme DIN 15 parte 2 e DIN ISO 128-24 e aplicações adicionais			
A	Linha cheia, larga	0,7	0,5	1 Arestas visíveis 2 Contornos visíveis		3 Juntas em superfícies de corte 4 Linhas de piso, paredes e forro nas vistas	
B	Linha cheia, estreita	0,35 (0,25)[1]	0,25 (0,18)[1]	1 Arestas 2 Linhas de cota 3 Linhas de chamada 4 Linhas de indicação 5 Hachuras para identificação de material 6 Contorno de cortes rebatidos no local 7 Cruzamento de linhas de centro 9 Delimitadores de linhas de cota		10 Cruzamentos em diagonal para caracterização de superfície plana 11 Linhas de dobra 12 Contornos 14 Contorno de medidas de inspeção 15 Direção de fibras 17 Linhas de projeção 18 Linhas de reticulado 19 Juntas condicionadas pelo projeto 21 Identificação de juntas coladas (CAD)	
C	Linha a mão livre, estreita	0,35 (0,25)[1]	0,25 (0,18)[1]	1 Limitação de vistas e cortes representados com ruptura ou descontinuidade, quando o limite não é uma linha de centro (não é utilizada no desenho para manufatura em madeira). 2 Hachuras da superfície cortada de madeira e materiais derivados da madeira (em desenhos manuais) 3 Caracterização de juntas coladas (em desenhos manuais)			
F	Linha tracejada, estreita	0,35	0,25	1 Arestas encobertas		2 Contornos encobertos	
G	Linha traço-ponto, estreita	0,35	0,25	1 Linhas de centro 2 Linhas de simetria		3 Evolução de movimento 4 Marcações de metragens	
J	Linha traço-ponto, larga	0,7	0,5	1 Identificação de tratamento exigido 2 Identificação do plano de corte			
K	Linha traço-dois pontos, estreita	0,35	0,25	1 Contorno de peças adjacentes 2 Posições limites de peças móveis 4 Contorno original 5 Peças situadas antes ou acima do plano de corte		6 Contornos de execuções projetadas 7 Formato final de peças em bruto 8 Enquadramento de campos especiais como local para adesivo 9 Acréscimos para entalhes 10 Linha de referência para fita	
Z[2]	Linha cheia, largura dupla	1,4	1,0	1 Contorno de seções do prédio (p.ex.: seções brutas de alvenaria e concreto). 2 Contorno de corte sem hachuras			

[1] Para maior legibilidade é admissível pela DIN 919 um salto menor do que $\sqrt{2}$. [2] Linha normalizada pela DIN ISO 128-23

Linha tipo A, cheia larga

*Arestas de vistas em escalas reduzidas são desenhadas com linhas mais estreitas (um salto) do que as arestas na escala 1:1.

Vista

Corte

4.7 Tipos de linhas

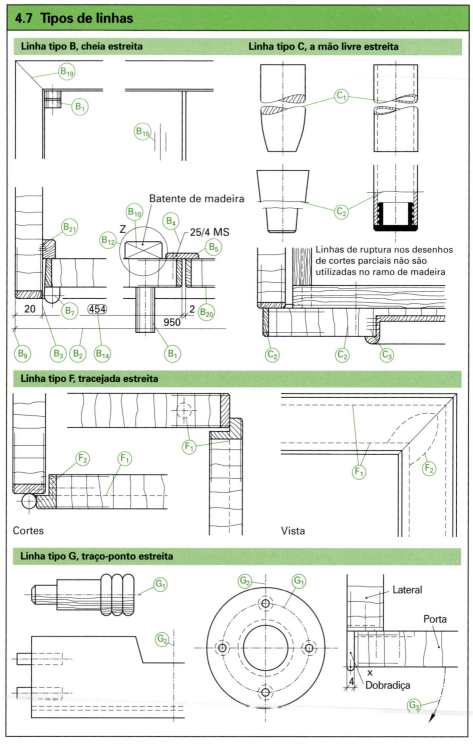

4.7 Tipos de linhas

Tipos de linhas, traço–dois pontos estreita

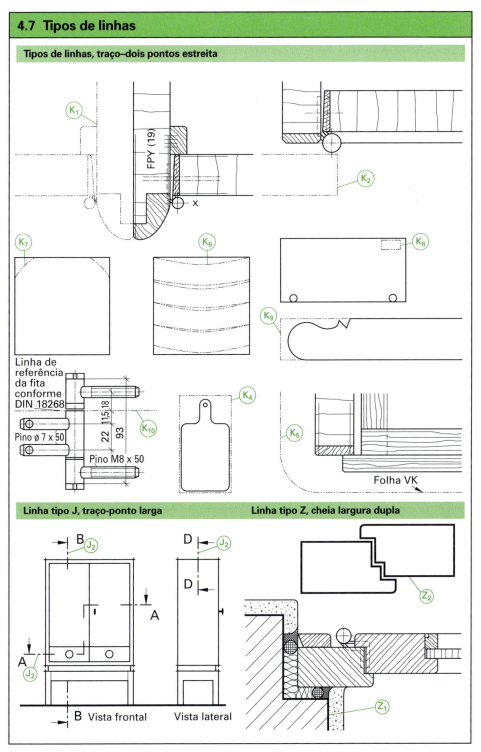

Linha tipo J, traço-ponto larga

Linha tipo Z, cheia largura dupla

4.8 Inscrição dimensional - cotas

Desenhos técnicos precisam ser suficientemente claros e explícitos, bem como apresentar as dimensões de forma lógica. As dimensões são uma importante informação da peça no desenho. Devido à sua significância deve lhes ser dispensado o maior zelo. Dependendo do tipo e da finalidade do desenho, deve ser feita uma diferenciação das medidas referentes à função, à fabricação e à inspeção. A indicação das medidas é feita de acordo com a DIN 406, com as determinações especiais da DIN 919.

- **Elementos da inscrição dimensional**
Os elementos da inscrição dimensional são as linhas de chamada, as linhas de cota, os delimitadores de linhas de cotas, as cotas e as linhas de observações.

- **Linhas de chamada**
As linhas de chamada começam imediatamente nas arestas do objeto e, em geral, são perpendiculares a elas. Se for para melhorar a legibilidade do desenho elas podem ser afastadas das arestas do objeto e também puxadas do objeto em posição oblíqua (± 60°). Nas medidas inscritas sobre a peça as arestas e as linhas de centro podem ser utilizadas como linhas de chamada.

- **Linhas de cota**
As linhas de cota correm paralelas à distância dimensionada como reta e, no caso de ângulos e curvas, como arco em torno do vértice. Elas terminam nas linhas de chamada. Pela DIN 919 elas se prolongam 2 mm além da linha de chamada. Linhas de centro e arestas não podem ser usadas como linhas de chamada.

- **Limitadores das linhas de cota**
Pela DIN 406 os delimitadores de linhas de cota podem ser setas abertas ou cheias, traços inclinados, pontos ou círculos vazios. De acordo com a DIN 919 o traço inclinado que corta o ponto de interseção da linha de chamada com a linha de cota têm preferência. Ele é desenhado de ponto superior direito a inferior esquerdo na direção de leitura das cotas As linhas de cota para raios e diâmetros que terminem em arcos e linhas de cota em forma de arco recebem uma seta fechada como delimitador.

- **Cotas**
As cotas, em geral, estão posicionadas no centro a uma distância de 1 a 2,5 mm sobre a linha de cota. Elas não podem ser separadas ou cortadas por outras linhas, como hachuras ou linhas de centro, Na posição de leitura do desenho elas precisam ser escritas no sentido à direita e embaixo da parte a que se referem.
Tamanho dos dígitos: (veja parágrafo 4.2).

- **Linhas de indicação**
No caso de escassez de espaço as medidas podem ser deslocadas para fora. Neste caso, elas devem ser ligadas às linhas de cota por linhas de indicação.

- **Inscrições das dimensões**

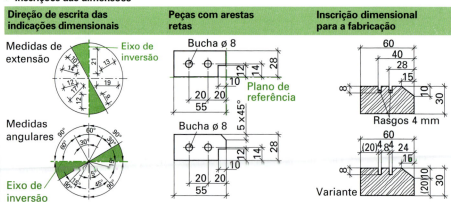

190

4.8 Inscrição dimensional – cotas

Indicação das dimensões para a inspeção

Dimensões da seção transversal

Dimensões nas vistas

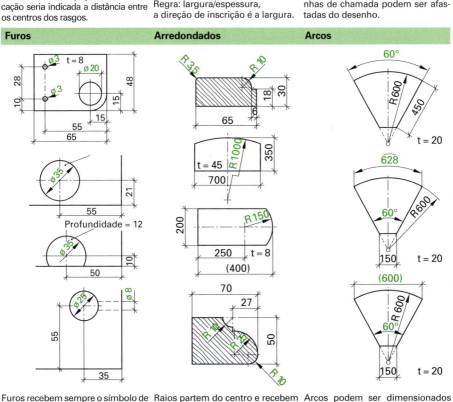

Na indicação das dimensões para a inspeção, as medidas importantes são aquelas que se podem medir com o instrumento de inspeção. Para a fabricação seria indicada a distância entre os centros dos rasgos.

Regra: largura/espessura, a direção de inscrição é a largura.

Nas vistas em escala 1:10 ou 1:20, para melhorar a legibilidade, as linhas de chamada podem ser afastadas do desenho.

Furos

Arredondados

Arcos

Furos recebem sempre o símbolo de diâmetro. Círculos desenhados só em parte recebem apenas um delimitador de linha de cota. Para pequenos círculos, as medidas do diâmetro são inscritas do lado de fora do círculo apontando para dentro.

Raios partem do centro e recebem uma seta. Eles podem vir do lado de dentro ou de fora até a linha circular. Os raios muito grandes podem ser quebrados.

Arcos podem ser dimensionados no comprimento do arco pelos graus ou pela medida das retas. Dimensões supradeterminadas devem ser indicadas entre parêntesis.

191

4.8 Inscrição dimensional – cotas

Ângulos

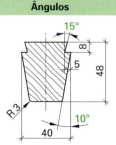

Ângulos são indicados em graus ou dimensionados como inclinação. Ângulos recebem setas como delimitadores da linha de cota.

Peças simétricas

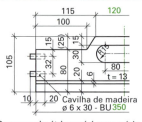

De peças simétricas só é necessário desenhar a metade, um pouco além do eixo de centro. As linhas de cotas secionadas recebem apenas um delimitador.

Peças torneadas

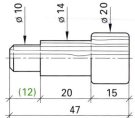

(Parêntesis: ... medida auxiliar)

Nas peças torneadas os diversos diâmetros podem ser indicados pelo lado externo.

Divisões

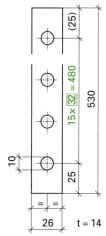

t = 14

A fileira de furos está posicionada no centro da régua de 14 mm de espessura. As distâncias entre os furos correspondem a 32 mm.

Indicação incremental / Dimensionamento crescente

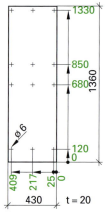

t = 20

A indicação das dimensões parte de um ponto zero (em geral, o canto inferior direito ou esquerdo da peça). É suficiente uma linha de cota sobre a qual são inscritas todas as medidas a partir de zero.

Seções quadradas

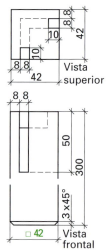

Seções quadradas recebem um símbolo de quadrado antes da cota.

Chanfros

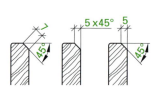

Chanfros podem ser definidos pela medida em graus e pela dimensão vertical ou horizontal.

Esferas

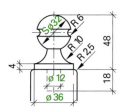

Esferas podem ser dimensionadas com o diâmetro da esfera e recebem antes da cota o símbolo SØ (Spherical diameter).

Raios esféricos

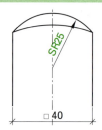

Raios esféricos recebem antes da cota o símbolo SR (Spherical radius).

4.8 Inscrição dimensional – cotas

Escareados	Seção parcial, Placas folheadas posteriormente	Seção parcial, Placas revestidas prontas

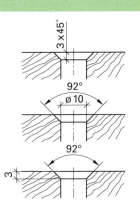

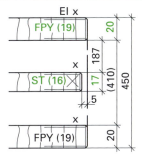

Escareados podem ser dimensionados como chanfros ou pela indicação do ângulo total do escareado.

A dimensão inscrita da placa é a medida em bruto. O dimensionamento considera a aplicação posterior do folheado. A medida externa deve ser mantida, por isso a medida interna está entre parênteses.

A medida da espessura de placas revestidas com plástico, por exemplo, não se altera. A medida interna dever ser mantida. por isso a medida externa está entre parêntesis.

Sigla identificadora de medidas		Indicações de dimensões de coordenadas
ø 35	Diâmetro, p.ex., 35 mm	
□ 48	Quadrado, p.ex., 48 mm	
R25	Raio, p.ex., 25 mm	
Sø50	Diâmetro da esfera (Spherical diameter), p.ex., 50 mm	
SR 40	Raio esférico (Spherical radius), p.ex., 40 mm	
t = 18	Espessura (Thickness) p.ex., 18 mm	
h = 42	Profundidade ou altura, esp., 48 mm	
48	Medida teoricamente exata	
(210)	Medida auxiliar, p.ex., 210 mm	
(60±0,2)	Medida de inspeção p.ex., 60 ± 0,2 mm	
[60]	Medida em bruto	
72	Medida fora de escala	
⌒600 / 600	Medida do arco p.ex., 600 mm	
◥ 2%	Inclinação, p.ex., 2%	
SW 15	Abertura de chave, p.ex., 15 mm	
+2,75 ▽	Cota de altura, medida acabada p.ex., +2,75 em relação a 00	
+2,65 ▼	Cota de altura, medida em bruto p.ex., +2,65	

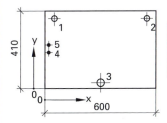

	1	2	3	4	5
x	60	540	300	15	15
y	370	370	25	200	232
z	11	11	12	10	10
ø	30	30	40	3	3

Para a indicação das dimensões por coordenadas os furos, p.ex., recebem números e as medidas podem ser indicadas numa tabela.
As coordenadas têm como referência sempre o ponto zero (para fabricação CNC).

Letras para dimensões

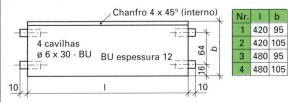

Nr.	l	b
1	420	95
2	420	105
3	480	95
4	480	105

Unidades de medida

A unidade de medida é o mm.
Para outras unidades de medida, como cm e m, a unidade deve ser acrescentada à cota.

_500_ peças   peça traseira da gaveta N° _2_
Para peças de tamanhos diferentes, mas com o mesmo processo de fabricação, podem ser empregadas letras para as dimensões que são então discriminadas numa tabela.
Exemplo: com um só desenho podem ser fabricadas peças com 4 tamanhos diferentes.

4.9 Tolerâncias e ajustes

Na fabricação de peças na produção em série e em massa podem ocorrer pequenos desvios nas dimensões. Os limites admissíveis para os desvios dimensionais são estabelecidos pela tolerância de forma a não afetar substancialmente a precisão dos ajustes. Os sistemas de tolerância para o aparelhamento e processamento da madeira estão normalizados na DIN 68100, as medidas padrões e as faixas de tolerância, na DIN 68101. Todas as indicações de tolerância para madeira e materiais derivados da madeira são válidas somente com o teor de umidade convencionado. Alterações dimensionais devido a inchamentos e contrações devem ser consideradas em separado.

Denominação	Sigla	Exemplos e explicações
Medida nominal	N	Medida nominal é a medida usada para indicação da grandeza. É a medida que consta no desenho e sobre a qual será aplicado o desvio, no exemplo, 550 mm.
Medida efetiva	I	A medida efetiva é a medida constatada de fato na peça fabricada, p.ex., 550,2.mm.
Medida limite	--	Medidas limites são as medidas máxima e mínima ainda aceitáveis, a medida efetiva pode ficar entre as duas, no exemplo entre 550,3 mm e 549,8 mm
Medida máxima	G	A medida máxima é a medida limite superior que ainda é aceita como medida efetiva, no exemplo 550,3 mm.
Medida mínima	K	A medida mínima é a medida limite inferior que ainda é aceita como medida efetiva, no exemplo 549,8 mm.
Desvio	A	Desvio é a diferença da medida efetiva em relação à medida nominal, podendo divergir tanto para cima como para baixo da medida nominal.
Desvio superior	A_o	O desvio superior indica a divergência para cima em relação à medida nominal. No exemplo: 0,3 mm, na inscrição + 0,3, calculado: Medida máxima menos medida nominal = 550,3 mm – 550 mm = **+ 0,3 mm**
Desvio inferior	A_u	O desvio inferior indica a divergência para baixo em relação à medida nominal. No exemplo: 0,2 mm, na inscrição – 0,2, calculado: Medida mínima menos medida nominal = 549,8 mm – 550 mm = **– 0,2 mm**
Desvio efetivo	A_I	Desvio efetivo é o quanto, de fato, a medida efetiva divergiu da medida nominal, p.ex.: Medida efetiva – medida nominal = 550,2 mm – 550 mm = **0,2 mm**
Tolerância	T	A tolerância indica o espaço de manobra para a fabricação. Ela é a diferença algébrica entre o desvio superior e o desvio inferior, ou seja, a diferença entre a medida máxima e a medida mínima. p. ex.: desvio superior – desvio inferior = +0,3 mm – (– 0,2 mm) = **0,5 mm** medida máxima – medida mínima = 550,3 mm – 549,8 mm = **0,5 mm**
Faixa de tolerância	--	A faixa de tolerância indica a distância entre a linha da medida máxima e a linha da medida mínima.
Tolerância básica	T_G	A tolerância básica é uma tolerância estabelecida num sistema de medidas (DIN 68100). As tolerâncias básicas estão associadas a uma série de medidas nominais, p.ex., faixa de medidas nominais acima de 250 mm até 500 mm ou acima de 500 mm até 1000 mm etc.
Linha zero	--	A linha zero é a linha de referência na faixa de tolerância na qual os desvios são zero. Muitas vezes a posição da linha zero corresponde à medida nominal.
Série de tolerâncias para madeira	HT	Na DIN 68100 estão prescritas para diversas faixas de medidas nominais e graus de precisão, as séries de tolerâncias para madeira (HT), tolerâncias padrões válidas para um teor de umidade convencionado.
Medida úmida	M	A medida úmida indica a medida de contração ou inchamento da madeira ou do material derivado da madeiras em razão das variações de umidade.

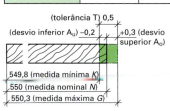

4.9 Tolerâncias e ajustes

4.9.1 Séries de tolerância para madeira (HT)

O tamanho das tolerâncias depende da precisão dimensional pretendida, assim como do tamanho da peça fabricada. Isso é considerado na tabela de tolerâncias básicas nas séries de tolerância para madeira HT. Na faixa de medidas nominais o tamanho das peças é relacionado em série e os graus de precisão, nas séries de tolerância para madeira HT.

Tolerâncias básicas (conforme DIN 68100)

Faixa de medida nominal em mm		Tolerâncias básicas TG em mm em séries de tolerâncias para madeira							
acima	até	HT 6	HT 10	HT 15	HT 25	HT 40	HT 60	HT 100	HT 160
1	3	0,06	0,10	0,15	0,25	0,40	0,60	–	–
3	10	0,06	0,12	0,18	0,30	0,50	0,70	1,4	2,2
10	30	0,08	0,14	0,21	0,35	0,55	0,85	1,4	2,2
30	100	0,10	0,17	0,26	0,45	0,70	1,05	2,0	3,1
100	250	0,12	0,20	0,31	0,50	0,80	1,25	2,0	3,1
250	500	0,14	0,24	0,36	0,60	0,95	1,45	2,4	3,8
500	1000	–	0,28	0,42	0,70	1,15	1,70	2,8	4,5
1000	2500	–	0,36	0,54	0,90	1,45	2,15	3,6	5,7
2500	5000	–	0,46	0,70	1,15	1,85	2,80	4,6	7,4

Aplicação

HT 6   p.ex., para dispositivos e peças que exijam grande precisão de ajuste
HT 10 p.ex., para a fabricação de peças com ajustes de alta precisão
HT 15 p.ex., para peças que precisem ser intercambiáveis e combináveis, como peças de ajuste
HT 25 p.ex., para a fabricação de móveis simples, se não houver exigência de intercambiabilidade das peças
HT 40 p.ex., para a fabricação de peças cujas dimensões não tenham tanta importância para o encaixe com outros componentes, como a largura e o comprimento de estrados ressaltados, a largura de assoalhos ou o tamanho de tampos de mesa e de móveis individuais.
HT 60 p.ex., para peças trabalhadas grosseiramente
HT 120 p.ex., para peças em bruto ou recortes de materiais derivados da madeira com pouca precisão

Basicamente não devem ser prescritas tolerâncias menores do que as absolutamente necessárias para a finalidade da peça, pois tolerâncias menores geralmente acarretam custos mais elevados para a fabricação. Em vez das tolerâncias básicas HT, também podem ser determinadas livremente outras tolerâncias para as peças.

4.9.2 Inscrição das tolerâncias

Tolerâncias lineares são escritas depois do valor da medida, via de regra, com a altura da letra um tamanho abaixo da do valor da medida. O desvio superior recebe um sinal de mais, o desvio inferior um sinal de menos, se o zero for escrito ele não recebe sinal. Se os desvios forem simétricos a tolerância deve ser escrita no mesmo tamanho do valor da medida e recebe um sinal mais/menos. O modo de indicar a tolerância com uma barra inclinada é permitido. Se a faixa de tolerância estiver fora da linha zero (medida nominal) ambos os desvios podem receber o mesmo sinal.

Tolerâncias angulares são indicadas em graus, minutos e segundos ou, principalmente para peças com lado do ângulo muito longo, os desvios da proporção do segmento. Nesse caso, vale para essa tolerância angular $t \wedge T/2$.

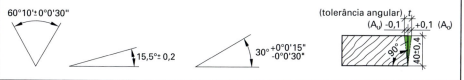

4.9 Tolerâncias e ajustes

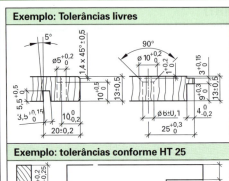

Exemplo: Tolerâncias livres

Exemplo: tolerâncias conforme HT 25

Símbolos na tabela de umidade de equilíbrio da madeira

u Umidade da madeira em % em relação à madeira secada no forno
u_{gl} Umidade de equilíbrio da madeira em % (no âmbito de umidade relativa do ar φ = 30% até φ = 85% pode-se interpolar linearmente)
u_{fs} Umidade da madeira igual ou maior que a saturação das fibras (também verde)
φ Umidade relativa do ar em %
V Medida diferencial de inchamento ou contração em % a cada 1% de variação da umidade
β Contração absoluta em %
Inclinação do anel de crescimento

4.9.3 Alteração dimensional pelo inchamento ou contração

A tolerância dimensional só pode ser mantida com a umidade constante da madeira. Na alteração da umidade da madeira deve ser determinada a alteração da dimensão para cada percentual de diferença da umidade. Os valores para diversas madeiras e inclinações do anel de crescimento estão relacionadas na tabela.

Umidade de equilíbrio da madeira, medida de inchamento e contração de diversas madeiras (DIN 68 100)

Madeira	Sigla conforme DIN 4076	Umidade de equilíbrio da madeira u_{gl} em % à umidade relativa do ar de φ = 37%	φ = 83%	Medida diferencial de contração V em% para cada % de variação da umidade da madeira radial	tangencial	Medida de contração absoluta β_{abs} em % $u_{fs} \rightarrow u$ = 12% radial	tangencial	$u_{fs} \rightarrow u$ = 17% radial	tangencial
Coníferas									
Abeto-do-Norte	FI	7,0	16,4	0,19	0,39	2,0	4,0	1,0	2,0
Pinho Silvestre	KI	7,0	15,3	0,19	0,36	3,0	4,5	2,0	2,7
Lariço Europeu	LA	8,4	17,1	0,14	0,30	3,0	4,5	2,3	3,0
Pinheiro do Oregon	DGA	8,3	16,1	0,15	0,27	2,5	4,0	1,8	2,7
Abeto	TA	7,1	16,9	0,14	0,28	2,0	5,0	1,3	3,6
Folhosas									
Afrormosia	AFR	7,0	12,7	0,18	0,32	1,5	2,5	0,6	0,9
Afzélia	AFZ	7,3	13,7	0,11	0,22	1,0	1,5	0,4	0,5
Bétula	BI	6,9	16,1	0,29	0,41	5,0	8,0	3,5	5,9
Azobé	AZO	8,3	16,3	0,31	0,40	4,5	5,5	2,9	3,5
Faia	BU	7,3	15,7	0,20	0,41	4,5	9,5	3,5	7,4
Carvalho	EI	8,9	17,2	0,16	0,36	4,0	7,5	3,2	5,7
Freixo	ES	7,3	16,5	0,21	0,38	4,5	7,0	3,4	5,1
Iroko	IRO	6,4	13,6	0,19	0,28	1,5	2,0	0,5	0,6
Mogno Africano	MAA	8,5	18,3	0,12	0,22	2,5	4,5	1,9	3,4
Makoré	MAC	–	19,0	0,22	0,27	3,0	4,5	1,9	3,2
Meranti Amarelo	MEG	8,3	18,0	0,12	0,43	2,5	7,0	1,9	4,8
Meranti Vermelho	MER	8,3	18,0	0,11	0,25	3,0	5,5	2,4	4,2
Nogueira	NB	6,7	14,8	0,18	0,29	3,0	5,5	2,1	4,0
Choupo	PA	7,1	16,7	0,13	0,31	2,0	5,5	1,3	3,9
Capelli	MAS	7,9	15,8	0,24	0,32	2,5	4,5	1,3	2,9
Sipo	MAU	8,4	17,0	0,20	0,25	3,0	3,5	2,0	2,3
Teca	TEK	7,2	13,4	0,16	0,26	1,5	2,5	0,7	1,2

4.9 Tolerâncias e ajustes

Umidade de equilíbrio, medida de inchamento e contração de materiais derivados da madeira

Designação do material		Norma	Umidade de equilíbrio*) u_{gl} em % à umidade relativa do ar de			Medida diferencial de contração*) V em % para cada % de variação da umidade da madeira	
			φ = 30%	φ = 65%	φ = 85%	na espessura	no comprimento e na largura
Aglomerados	V 20		6 (4 a 9)	10 (9 a 11)	15 (11 a 19)	0,70 (0,55 a 0,85)	0,025 (0,205 a 0,045)
			5 (4 a 6)	11 (10 a 12)	19 (15 a 23)	0,45 (0,35 a 0,55)	0,020 (0,013 a 0,026)
Compensados	FU, ST, STAE BFU BST, BSTAE BFU-BU	DIN 68705 Teil 2 DIN 68705 Teil 3 DIN 68705 Teil 4 DIN 68705 Teil 5	5 (4 a 6)	10 (8 a 12)	15 (11 a 18)	0,30 (0,25 a 0,35)	0,015 (0,010 a 0,020)
Placa dura de fibra de madeira			4 (3 a 5)	7 (6 a 8)	11 (10 a 12)	0,80 (0,70 a 0,90)	0,035 (0,025 a 0,045)

*) Os valores médios indicados na coluna podem variar dentro de uma faixa relativamente ampla, dependendo do processo de fabricação do material derivado da madeira. (A faixa de oscilação está indicada entre parêntesis).

Cálculo das medidas – madeira úmida

A fórmula para a alteração dimensional por absorção de umidade é a seguinte:
Aonde:
M Medida úmida,   N Medida nominal
Δu Diferença entre u_1 (teor de umidade no momento da fabricação) e u_{gl} (teor de umidade no momento da utilização) = $u_1 - u_{gl}$
V Deformação em %/%
A fórmula para a medida inicial
(B largura nominal) é:

$$M = N \cdot \Delta u \cdot \frac{V}{100}$$

$$B = N \pm M$$

M Medida úmida
A_u Desvio inferior
A_o Desvio superior
K Medida mínima (medida limite inferior)
N Medida nominal
G Medida máxima (medida limite superior)

Exemplo 1
Uma almofada de 550 mm de largura em madeira maciça de lariço, com os anéis de crescimento preponderantemente verticais, apresenta no momento de fabricação uma umidade de 13%. Na utilização em recinto com aquecimento central pode-se contar com uma umidade relativa do ar de 40%. Qual é a medida úmida M e qual a largura nominal B que a almofada terá no local de utilização?
Solução:
N = 550 mm; u_1 = 13%; u_{gl} = 8,9%;
(u_{gl} a φ 37% = 8,4%; a φ 40% M 8,9%)
Δu = 13% – 8,9% = 4,1%
V = 0,14%/% (coluna 5 da tabela)

$M = N \cdot \Delta u \cdot \frac{V}{100}$

M = 550 mm · 4,1% · $\frac{0,14\%/\%}{100\%}$ = **3,16 mm**

B = N ± M = 550 mm – 3,16 mm = **546,84 mm**

Exemplo 2
Para que os belos veios da madeira de lariço fossem destacados, a almofada de madeira maciça de lariço foi fabricada com os anéis de crescimento preponderantemente na horizontal. Dimensões e condições climáticas como no exemplo 1. Quais as alterações das medidas que se pode esperar?
Solução :
N = 550 mm; Δu = 4,3%; V = 0,30%/%

$M = N \cdot \Delta u \cdot \frac{V}{100}$

M = 550 mm · 4,1% · $\frac{0,3\%/\%}{100\%}$ = **6,77 mm**

B = N ± M = 550 mm – 7,1 mm = **543,24 mm**

Exemplo 3
Um tampo de bancada de 600 mm de largura nominal de madeira de faia apresenta os anéis de crescimento inclinados em cerca de 60%. A umidade da madeira no local de fabricação corresponde a 8%. Devido à elevada umidade relativa do ar no local de utilização, pode-se esperar uma umidade da madeira de aproximadamente 15%. À que medida o tampo de bancada se dilatará no local de uso?
Solução :
$V_\varnothing = \beta_{rad} \cdot \cos^2 \alpha + \beta_{tan} \cdot \sin^2 \alpha$
$V_\varnothing$ = 0,20%/% · $\cos^2 60°$ + 0,41%/% · $\sin^2 60°$
$V_\varnothing$ = 0,20%/% · 0,25 + 0,41%/% · 0,75
$V_\varnothing$ = 0,05%/% + 0,31%/%
$V_\varnothing$ = **0,36%/%**

$M = N \cdot \Delta u \cdot \frac{V}{100}$

M = 600 mm · (15% – 8%) · $\frac{0,36\%/\%}{100\%}$ = **15,12 mm**

B = N ± M = 600 mm – 15,12 mm = **615,12 mm**

Exemplo 4
Uma placa de aglomerado V20, com uma umidade de 10% no fornecimento, será trabalhada para um revestimento de 3,80 m de comprimento. O recinto a ser revestido possui aquecimento central de modo que se pode contar com uma umidade de equilíbrio de 7%. Em quantos milímetros a medida final será alterada?
Solução :
N = 3800 mm; u_1 = 10%; u_{gl} = 7%
Δu = 10% – 7% = 3%; V = 0,035%/% (coluna 7)

$M = N \cdot \Delta u \cdot \frac{V}{100}$ = 3800 mm · 3% · $\frac{0,035\%/\%}{100}$

M = **3,99 ~ 4,00 mm**

4.9 Tolerâncias e ajustes

4.9.4 Ajustes

Por ajustes entende-se a relação dimensional de peças diferentes que deverão ser acopladas entre si. A tolerância do ajuste das peças que serão acopladas pode ser necessária com folga ou com interferência (superposição). Deste modo, deve-se diferenciar entre ajuste com folga, ajuste prensado e ajuste interferente. Sistemas de ajuste são séries de ajustes organizados sistematicamente desde com folga até com interferência. Aqui se deve diferenciar entre sistema de medida externa única e sistema de medida interna única.

Denominação	Sigla	Exemplos e explicações
Tolerância de ajuste	T_p	Tolerância do ajuste de peças acopladas, a oscilação possível da folga ou da interferência, matematicamente: $T_p = T_B + T_W$ ou $S_g - S_k$ ou $U_g - U_k$
Tolerância do furo	T_B	A tolerância dos furos, rasgos, fendas etc.
Tolerância do eixo	T_W	A tolerância de um eixo, um pino, uma chaveta, uma cavilha etc.
Medida máxima do furo	G_B	Medida máxima ou medida limite superior do furo, do rasgo, da fenda etc.
Medida mínima do furo	K_B	Medida mínima ou medida limite inferior do furo, do rasgo, da fenda etc.
Medida máxima do eixo	G_W	Medida máxima ou medida limite superior do eixo, do pino, da chaveta, da cavilha etc.
Medida mínima do eixo	K_W	Medida mínima ou medida limite inferior do eixo, do pino, da chaveta, da cavilha etc.
Folga	S	Diferença entre a medida das superfícies internas do ajuste e a medida das superfícies externas do ajuste; no caso, deve ser garantida uma folga.
Folga máxima	S_g	Diferença entre a maior medida interna e a menor medida externa, matematicamente: $S_g = G_B - K_W$
Folga mínima	S_k	Diferença entre a menor medida interna e a maior medida externa, matematicamente: $S_k = K_B - G_W$
Folga efetiva	S_i	Diferença entre a medida efetiva interna e a medida efetiva externa, matematicamente: $S_i = I_B - I_W$
Interferência	U	Diferença entre a medida das superfícies internas do ajuste e a medida das superfícies externas do ajuste, no caso deve ser garantido um ajuste prensado por conta da interferência
Interferência máxima	U_g	Diferença entre a maior medida externa (eixo) e a menor medida interna (furo), matematicamente: $U_g = G_W - K_B$
Interferência mínima	U_k	Diferença entre a menor medida externa (eixo) e a maior medida interna (furo), matematicamente: $U_k = K_W - G_B$
Interferência efetiva	U_i	Diferença entre a medida efetiva interna (furo) e a medida efetiva externa (eixo), matematicamente: $U_i = I_B - I_W$
Sistema medida externa comum	–	Sistema de ajustes no qual as faixas de tolerância das medidas externas (eixo, pino, chaveta) estão, juntamente com o limite superior, na linha zero – o **desvio superior = 0**
Sistema medida interna comum	–	Sistema de ajustes no qual as faixas de tolerância das medidas internas (furo, fenda, rasgo) ficam, juntamente com o limite inferior, na linha zero – o **desvio inferior = 0**

Ajuste com folga   **Ajuste com interferência**

4.9 Tolerâncias e ajustes

4.9.5 Sistemas de ajustes

Sistema medida externa comum
(Sistema eixo comum)
O limite superior dos eixos é comum e fica na linha zero. O desvio superior do eixo é sempre zero.

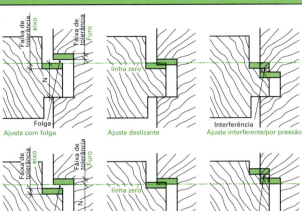

Sistema medida externa comum
(Sistema furo comum)
O limite inferior dos furos é comum e fica na linha zero. O desvio inferior dos furos é sempre zero.

Opções para indicação das medidas dos ajustes

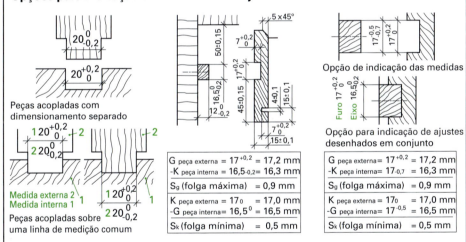

Faixas de tolerância e posição das faixas de tolerância

Nos ajustes, as tolerâncias também podem ser indicadas como faixas de tolerância cuja grandeza e posição em relação à linha zero são indicadas em tabela. No caso, a posição das faixas de tolerância das medidas externas é indicada com letras minúsculas e a das medidas internas, com letras maiúsculas.

Posição das faixas de tolerância em relação à linha zero, em múltiplos de T_G									
Posição do campo de tolerância	A/a Z/z	B/b Y/y	C/c W/w	D/d U/u	E/e T/t	F/f S/s	G/g R/r	I/i P/p	K/k N/n	M/m —
Distância do centro da faixa de tolerância à linha zero	9,0 T_G	7,5 T_G	6,2 T_G	5,0 T_G	3,9 T_G	2,9 T_G	2,0 T_G	1,2 T_G	0,5 T_G	0
desvio superior	9,5 T_G	8,0 T_G	6,7 T_G	5,5 T_G	4,4 T_G	3,4 T_G	2,5 T_G	1,7 T_G	1,0 T_G	+ 0,5 T_G
Distância para o desvio inferior	8,5 T_G	7,0 T_G	5,7 T_G	4,5 T_G	3,4 T_G	2,4 T_G	1,5 T_G	0,7 T_G	0	− 0,5 T_G

4.9 Tolerâncias e ajustes

Desvios normalizados em mm (excerto da DIN 68101)

Faixa de medida nominal acima de 10 mm até 30 mm para medidas internas

	HT 6	HT 10	HT 15	HT 25	HT 40	HT 60
A	+ 0,76 / + 0,68	+ 1,33 / + 1,19	+ 1,99 / + 1,78	+ 3,35 / + 3,00	+ 5,25 / + 4,70	+ 8,10 / + 7,25
B	+ 0,64 / + 0,56	+ 1,12 / + 0,98	+ 1,68 / + 1,47	+ 2,80 / + 2,45	+ 4,40 / + 3,85	+ 6,80 / + 5,95
C	+ 0,54 / + 0,46	+ 0,94 / + 0,80	+ 1,41 / + 1,20	+ 2,35 / + 2,00	+ 3,70 / + 3,15	+ 5,70 / + 4,85
D	+ 0,44 / + 0,46	+ 0,77 / + 0,80	+ 1,15 / + 1,20	+ 1,95 / + 2,00	+ 3,05 / + 3,15	+ 4,70 / + 4,85
E	+ 0,35 / + 0,27	+ 0,62 / + 0,48	+ 0,92 / + 0,71	+ 1,55 / + 1,20	+ 2,40 / + 1,85	+ 3,75 / + 2,90
F	+ 0,27 / + 0,19	+ 0,48 / + 0,34	+ 0,71 / + 0,50	+ 1,20 / + 0,85	+ 1,85 / + 1,30	+ 2,90 / + 2,05
G	+ 0,20 / + 0,12	+ 0,35 / + 0,21	+ 0,52 / + 0,31	+ 0,90 / + 0,55	+ 1,40 / + 0,85	+ 2,15 / + 1,30
I	+ 0,14 / + 0,06	+ 0,24 / + 0,10	+ 0,36 / + 0,15	+ 0,60 / + 0,25	+ 0,95 / + 0,40	+ 1,45 / + 0,60
K	+ 0,08 / 0,00	+ 0,14 / 0,00	+ 0,21 / 0,00	+ 0,35 / 0,00	+ 0,55 / 0,00	+ 0,85 / 0,00
M	+ 0,04 / − 0,04	+ 0,07 / − 0,07	+ 0,105 / − 0,105	+ 0,175 / − 0,175	+ 0,275 / − 0,275	+ 0,425 / − 0,425
N	0,00 / − 0,08	0,00 / − 0,14	0,00 / − 0,21	0,00 / − 0,35	0,00 / − 0,55	0,00 / − 0,85
P	− 0,06 / − 0,14	− 0,10 / − 0,24	− 0,15 / − 0,36	− 0,25 / − 0,60	− 0,40 / − 0,95	− 0,60 / − 1,45
R	− 0,12 / − 0,20	− 0,21 / − 0,35	− 0,31 / − 0,52	− 0,55 / − 0,90	− 0,85 / − 1,40	− 1,30 / − 2,15
S	− 0,19 / − 0,27	− 0,34 / − 0,48	− 0,50 / − 0,71	− 0,85 / − 1,20	− 1,30 / − 1,85	− 2,05 / − 2,90
T	− 0,27 / − 0,35	− 0,48 / − 0,62	− 0,71 / − 0,92	− 1,20 / − 1,55	− 1,85 / − 2,40	− 2,90 / − 3,75
U	− 0,36 / − 0,44	− 0,63 / − 0,77	− 0,94 / − 1,15	− 1,60 / − 1,95	− 2,50 / − 3,05	− 3,85 / − 4,70
W	− 0,46 / − 0,54	− 0,80 / − 0,94	− 1,20 / − 1,41	− 2,00 / − 2,35	− 3,15 / − 3,70	− 4,85 / − 5,70
Y	− 0,56 / − 0,64	− 0,98 / − 1,12	− 1,47 / − 1,68	− 2,45 / − 2,80	− 3,85 / − 4,40	− 5,95 / − 6,80
Z	− 0,68 / − 0,76	− 1,19 / − 1,33	− 1,78 / − 1,99	− 3,00 / − 3,35	− 4,70 / − 5,25	− 7,25 / − 8,10

Faixa de medida nominal acima de 10 mm até 30 mm para medidas externas

	HT 6	HT 10	HT 15	HT 25	HT 40	HT 60
a	− 0,68 / − 0,76	− 1,19 / − 1,33	− 1,78 / − 1,99	− 3,00 / − 3,35	− 4,70 / − 5,25	− 7,25 / − 8,10
b	− 0,56 / − 0,64	− 0,98 / − 1,12	− 1,47 / − 1,68	− 2,45 / − 2,80	− 3,85 / − 4,40	− 5,95 / − 6,80
c	− 0,46 / − 0,54	− 0,80 / − 0,94	− 1,20 / − 1,41	− 2,00 / − 2,35	− 3,15 / − 3,70	− 4,85 / − 5,70
d	− 0,36 / − 0,44	− 0,63 / − 0,77	− 0,94 / − 1,15	− 1,60 / − 1,95	− 2,50 / − 3,05	− 3,85 / − 4,70
e	− 0,27 / − 0,35	− 0,48 / − 0,62	− 0,71 / − 0,92	− 1,20 / − 1,55	− 1,85 / − 2,40	− 2,90 / − 3,75
f	− 0,19 / − 0,27	− 0,34 / − 0,48	− 0,50 / − 0,71	− 0,85 / − 1,20	− 1,30 / − 1,85	− 2,05 / − 2,90
g	− 0,12 / − 0,20	− 0,21 / − 0,35	− 0,31 / − 0,52	− 0,55 / − 0,90	− 0,85 / − 1,40	− 1,30 / − 2,15
i	− 0,06 / − 0,14	− 0,10 / − 0,24	− 0,15 / − 0,36	− 0,25 / − 0,60	− 0,40 / − 0,95	− 0,60 / − 1,45
k	0,00 / − 0,08	0,00 / − 0,14	0,00 / − 0,21	0,00 / − 0,35	0,00 / − 0,55	0,00 / − 0,85
m	+ 0,04 / − 0,04	+ 0,07 / − 0,07	+ 0,105 / − 0,105	+ 0,175 / − 0,175	+ 0,275 / − 0,275	+ 0,425 / − 0,425
n	+ 0,08 / 0,00	+ 0,14 / 0,00	+ 0,21 / 0,00	+ 0,35 / 0,00	+ 0,55 / 0,00	+ 0,85 / 0,00
p	+ 0,14 / + 0,06	+ 0,24 / + 0,10	+ 0,36 / + 0,15	+ 0,60 / + 0,25	+ 0,95 / + 0,40	+ 1,45 / + 0,60
r	+ 0,20 / + 0,12	+ 0,35 / + 0,21	+ 0,52 / + 0,31	+ 0,90 / + 0,55	+ 1,40 / + 0,85	+ 2,15 / + 1,30
s	+ 0,27 / + 0,19	+ 0,48 / + 0,34	+ 0,71 / + 0,50	+ 1,20 / + 0,85	+ 1,85 / + 1,30	+ 2,90 / + 2,05
t	+ 0,35 / + 0,27	+ 0,62 / + 0,48	+ 0,92 / + 0,71	+ 1,55 / + 1,20	+ 2,40 / + 1,85	+ 3,75 / + 2,90
u	+ 0,44 / + 0,36	+ 0,77 / + 0,63	+ 1,15 / + 0,94	+ 1,95 / + 1,60	+ 3,05 / + 2,50	+ 4,70 / + 3,85
w	+ 0,54 / + 0,46	+ 0,94 / + 0,80	+ 1,41 / + 1,20	+ 2,35 / + 2,00	+ 3,70 / + 3,15	+ 5,70 / + 4,85
y	+ 0,64 / + 0,56	+ 1,12 / + 0,98	+ 1,68 / + 1,47	+ 2,80 / + 2,45	+ 4,40 / + 3,85	+ 6,80 / + 5,95
z	+ 0,76 / + 0,68	+ 1,33 / + 1,19	+ 1,99 / + 1,78	+ 3,35 / + 3,00	+ 5,25 / + 4,70	+ 8,10 / + 7,25

Faixa de medida nominal acima de 30 mm até 100 mm para medidas internas

	HT 6	HT 10	HT 15	HT 25	HT 40	HT 60
A	+ 0,95 / + 0,85	+ 1,62 / + 1,45	+ 2,47 / + 2,21	+ 4,25 / + 3,80	+ 6,65 / + 5,95	+ 9,95 / + 8,90
B	+ 0,80 / + 0,70	+ 1,36 / + 1,19	+ 2,08 / + 1,82	+ 3,60 / + 3,15	+ 5,60 / + 4,90	+ 8,40 / + 7,35
C	+ 0,67 / + 0,57	+ 1,14 / + 0,97	+ 1,74 / + 1,48	+ 3,00 / + 2,55	+ 4,70 / + 4,00	+ 7,05 / + 6,00
D	+ 0,55 / + 0,45	+ 0,94 / + 0,77	+ 1,43 / + 1,17	+ 2,50 / + 2,05	+ 3,85 / + 3,15	+ 5,80 / + 4,75
E	+ 0,44 / + 0,34	+ 0,75 / + 0,58	+ 1,14 / + 0,88	+ 2,00 / + 1,55	+ 3,10 / + 2,40	+ 4,60 / + 3,55
F	+ 0,34 / + 0,24	+ 0,58 / + 0,41	+ 0,88 / + 0,62	+ 1,55 / + 1,10	+ 2,40 / + 1,70	+ 3,55 / + 2,50
G	+ 0,25 / + 0,15	+ 0,43 / + 0,26	+ 0,65 / + 0,39	+ 1,15 / + 0,70	+ 1,75 / + 1,05	+ 2,65 / + 1,60
I	+ 0,17 / + 0,07	+ 0,29 / + 0,12	+ 0,44 / + 0,18	+ 0,75 / + 0,30	+ 1,20 / + 0,50	+ 1,80 / + 0,75
K	+ 0,10 / 0,00	+ 0,17 / 0,00	+ 0,26 / 0,00	+ 0,45 / 0,00	+ 0,70 / 0,00	+ 1,05 / 0,00
M	+ 0,05 / − 0,05	+ 0,085 / − 0,085	+ 0,13 / − 0,13	+ 0,225 / − 0,225	+ 0,35 / − 0,35	+ 0,525 / − 0,525
N	0,00 / − 0,10	0,00 / − 0,17	0,00 / − 0,26	0,00 / − 0,45	0,00 / − 0,70	0,00 / − 1,05
P	− 0,07 / − 0,17	− 0,12 / − 0,29	− 0,18 / − 0,44	− 0,30 / − 0,75	− 0,50 / − 1,20	− 0,75 / − 1,80
R	− 0,15 / − 0,25	− 0,26 / − 0,43	− 0,39 / − 0,65	− 0,70 / − 1,15	− 1,05 / − 1,75	− 1,60 / − 2,65
S	− 0,24 / − 0,34	− 0,41 / − 0,58	− 0,62 / − 0,88	− 1,10 / − 1,55	− 1,70 / − 2,40	− 2,50 / − 3,55
T	− 0,34 / − 0,44	− 0,58 / − 0,75	− 0,88 / − 1,14	− 1,55 / − 2,00	− 2,40 / − 3,10	− 3,55 / − 4,60
U	− 0,45 / − 0,55	− 0,77 / − 0,94	− 1,17 / − 1,43	− 2,05 / − 2,50	− 3,15 / − 3,85	− 4,75 / − 5,80
W	− 0,57 / − 0,67	− 0,97 / − 1,14	− 1,48 / − 1,74	− 2,55 / − 3,00	− 4,00 / − 4,70	− 6,00 / − 7,05
Y	− 0,70 / − 0,80	− 1,19 / − 1,36	− 1,82 / − 2,08	− 3,15 / − 3,60	− 4,90 / − 5,60	− 7,35 / − 8,40
Z	− 0,85 / − 0,95	− 1,45 / − 1,62	− 2,21 / − 2,47	− 3,80 / − 4,25	− 5,95 / − 6,65	− 8,90 / − 9,95

Faixa de medida nominal acima de 30 mm até 100 mm para medidas externas

	HT 6	HT 10	HT 15	HT 25	HT 40	HT 60
a	− 0,85 / − 0,95	− 1,45 / − 1,62	− 2,21 / − 2,47	− 3,80 / − 4,25	− 5,95 / − 6,65	− 8,90 / − 9,95
b	− 0,70 / − 0,80	− 1,19 / − 1,36	− 1,82 / − 2,08	− 3,15 / − 3,60	− 4,90 / − 5,60	− 7,35 / − 8,40
c	− 0,57 / − 0,67	− 0,97 / − 1,14	− 1,48 / − 1,74	− 2,55 / − 3,00	− 4,00 / − 4,70	− 6,00 / − 7,05
d	− 0,45 / − 0,55	− 0,77 / − 0,94	− 1,17 / − 1,43	− 2,05 / − 2,50	− 3,15 / − 3,85	− 4,75 / − 5,80
e	− 0,34 / − 0,44	− 0,58 / − 0,75	− 0,88 / − 1,14	− 1,55 / − 2,00	− 2,40 / − 3,10	− 3,55 / − 4,60
f	− 0,24 / − 0,34	− 0,41 / − 0,58	− 0,62 / − 0,88	− 1,10 / − 1,55	− 1,70 / − 2,40	− 2,50 / − 3,55
g	− 0,15 / − 0,25	− 0,26 / − 0,43	− 0,39 / − 0,65	− 0,70 / − 1,15	− 1,05 / − 1,75	− 1,60 / − 2,65
i	− 0,07 / − 0,17	− 0,12 / − 0,29	− 0,18 / − 0,44	− 0,30 / − 0,75	− 0,50 / − 1,20	− 0,75 / − 1,80
k	0,00 / − 0,10	0,00 / − 0,17	0,00 / − 0,26	0,00 / − 0,45	0,00 / − 0,70	0,00 / − 1,05
m	+ 0,05 / − 0,05	+ 0,085 / − 0,085	+ 0,13 / − 0,13	+ 0,225 / − 0,225	+ 0,35 / − 0,35	+ 0,525 / − 0,525
n	+ 0,10 / 0,00	+ 0,17 / 0,00	+ 0,26 / 0,00	+ 0,45 / 0,00	+ 0,70 / 0,00	+ 1,05 / 0,00
p	+ 0,17 / + 0,07	+ 0,29 / + 0,12	+ 0,44 / + 0,18	+ 0,75 / + 0,30	+ 1,20 / + 0,50	+ 1,80 / + 0,75
r	+ 0,25 / + 0,15	+ 0,43 / + 0,26	+ 0,65 / + 0,39	+ 1,15 / + 0,70	+ 1,75 / + 1,05	+ 2,65 / + 1,60
s	+ 0,34 / + 0,24	+ 0,58 / + 0,41	+ 0,88 / + 0,62	+ 1,55 / + 1,10	+ 2,40 / + 1,70	+ 3,55 / + 2,50
t	+ 0,44 / + 0,34	+ 0,75 / + 0,58	+ 1,14 / + 0,88	+ 2,00 / + 1,55	+ 3,10 / + 2,40	+ 4,60 / + 3,55
u	+ 0,55 / + 0,45	+ 0,94 / + 0,77	+ 1,43 / + 1,17	+ 2,50 / + 2,05	+ 3,85 / + 3,15	+ 5,80 / + 4,75
w	+ 0,67 / + 0,57	+ 1,14 / + 0,97	+ 1,74 / + 1,48	+ 3,00 / + 2,55	+ 4,70 / + 4,00	+ 7,05 / + 6,00
y	+ 0,80 / + 0,70	+ 1,36 / + 1,19	+ 2,08 / + 1,82	+ 3,60 / + 3,15	+ 5,60 / + 4,90	+ 8,40 / + 7,35
z	+ 0,95 / + 0,85	+ 1,62 / + 1,45	+ 2,47 / + 2,21	+ 4,25 / + 3,80	+ 6,65 / + 5,95	+ 9,95 / + 8,90

4.9 Toleráncias e ajustes

Desvios normalizados em mm (excerto da DIN 68101)

Faixa de medida nominal acima de 100 mm até 250 mm para medidas internas

	HT 6	HT 10	HT 15	HT 25	HT 40	HT 60
A	+ 1,14 + 1,02	+ 1,90 + 1,70	+ 2,94 + 2,63	+ 4,75 + 4,25	+ 7,60 + 6,80	+11,90 +10,65
B	+ 0,96 + 0,84	+ 1,60 + 1,40	+ 2,48 + 2,17	+ 4,00 + 3,50	+ 6,40 + 5,60	+10,00 + 8,75
C	+ 0,80 + 0,68	+ 1,34 + 1,14	+ 2,08 + 1,77	+ 3,35 + 2,85	+ 5,35 + 4,55	+ 8,40 + 7,15
D	+ 0,66 + 0,54	+ 1,10 + 0,90	+ 1,71 + 1,40	+ 2,75 + 2,25	+ 4,40 + 3,60	+ 6,90 + 5,65
E	+ 0,53 + 0,41	+ 0,88 + 0,68	+ 1,36 + 1,05	+ 2,20 + 1,70	+ 3,50 + 2,70	+ 5,50 + 4,25
F	+ 0,41 + 0,29	+ 0,68 + 0,48	+ 1,05 + 0,74	+ 1,70 + 1,20	+ 2,70 + 1,90	+ 4,25 + 3,00
G	+ 0,30 + 0,18	+ 0,50 + 0,30	+ 0,78 + 0,47	+ 1,25 + 0,75	+ 2,00 + 1,20	+ 3,15 + 1,90
I	+ 0,20 + 0,08	+ 0,34 + 0,14	+ 0,53 + 0,22	+ 0,85 + 0,35	+ 1,35 + 0,55	+ 2,15 + 0,90
K	+ 0,12 0,00	+ 0,20 0,00	+ 0,31 0,00	+ 0,50 0,00	+ 0,80 0,00	+ 1,25 0,00
M	+ 0,06 − 0,06	+ 0,10 − 0,10	+ 0,155 − 0,155	+ 0,25 − 0,25	+ 0,40 − 0,40	+ 0,625 − 0,625
N	0,00 − 0,12	0,00 − 0,20	0,00 − 0,31	0,00 − 0,50	0,00 − 0,80	0,00 − 1,25
P	− 0,08 − 0,20	− 0,14 − 0,34	− 0,22 − 0,53	− 0,35 − 0,85	− 0,55 − 1,35	− 0,90 − 2,15
R	− 0,18 − 0,30	− 0,30 − 0,50	− 0,47 − 0,78	− 0,75 − 1,25	− 1,20 − 2,00	− 1,90 − 3,15
S	− 0,29 − 0,41	− 0,48 − 0,68	− 0,74 − 1,05	− 1,20 − 1,70	− 1,90 − 2,70	− 3,00 − 4,25
T	− 0,41 − 0,53	− 0,53 − 0,88	− 1,05 − 1,36	− 1,70 − 2,20	− 2,70 − 3,50	− 4,25 − 5,50
U	− 0,54 − 0,66	− 0,90 − 1,10	− 1,40 − 1,71	− 2,25 − 2,75	− 3,60 − 4,40	− 5,65 − 6,90
W	− 0,68 − 0,80	− 1,14 − 1,34	− 1,77 − 2,08	− 2,85 − 3,35	− 4,55 − 5,35	− 7,15 − 8,40
Y	− 0,84 − 0,96	− 1,40 − 1,60	− 2,17 − 2,48	− 3,50 − 4,00	− 5,60 − 6,40	− 8,75 −10,00
Z	− 1,02 − 1,14	− 1,70 − 1,90	− 2,63 − 2,94	− 4,25 − 4,75	− 6,80 − 7,60	−10,65 −11,90

Faixa de medida nominal acima de 100 mm até 250 mm para medidas externas

	HT 6	HT 10	HT 15	HT 25	HT 40	HT 60
a	− 1,02 − 1,14	− 1,70 − 1,90	− 2,63 − 2,94	− 4,25 − 4,75	− 6,80 − 7,60	−10,65 −11,90
b	− 0,84 − 0,96	− 1,40 − 1,60	− 2,17 − 2,48	− 3,50 − 4,00	− 5,60 − 6,40	− 8,75 −10,00
c	− 0,68 − 0,80	− 1,14 − 1,34	− 1,77 − 2,08	− 2,85 − 3,35	− 4,55 − 5,35	− 7,15 − 8,40
d	− 0,54 − 0,66	− 0,90 − 1,10	− 1,40 − 1,71	− 2,25 − 2,75	− 3,60 − 4,40	− 5,65 − 6,90
e	− 0,41 − 0,53	− 0,68 − 0,88	− 1,05 − 1,36	− 1,70 − 2,20	− 2,70 − 3,50	− 4,25 − 5,50
f	− 0,29 − 0,41	− 0,48 − 0,68	− 0,74 − 1,05	− 1,20 − 1,70	− 1,90 − 2,70	− 3,00 − 4,25
g	− 0,18 − 0,30	− 0,30 − 0,50	− 0,47 − 0,78	− 0,75 − 1,25	− 1,20 − 2,00	− 1,90 − 3,15
i	− 0,08 − 0,20	− 0,14 − 0,34	− 0,22 − 0,53	− 0,35 − 0,85	− 0,55 − 1,35	− 0,90 − 2,15
k	0,00 − 0,12	0,00 − 0,20	0,00 − 0,31	0,00 − 0,50	0,00 − 0,80	0,00 − 1,25
m	+ 0,06 − 0,06	+ 0,10 − 0,10	+ 0,155 − 0,155	+ 0,25 − 0,25	+ 0,40 − 0,40	+ 0,625 − 0,625
n	+ 0,12 0,00	+ 0,20 0,00	+ 0,31 0,00	+ 0,50 0,00	+ 0,80 0,00	+ 1,25 0,00
p	+ 0,20 + 0,08	+ 0,34 + 0,14	+ 0,53 + 0,22	+ 0,85 + 0,35	+ 1,35 + 0,55	+ 2,15 + 0,90
r	+ 0,30 + 0,18	+ 0,50 + 0,30	+ 0,78 + 0,47	+ 1,25 + 0,75	+ 2,00 + 1,20	+ 3,15 + 1,90
s	+ 0,41 + 0,29	+ 0,68 + 0,48	+ 1,05 + 0,74	+ 1,70 + 1,20	+ 2,70 + 1,90	+ 4,25 + 3,00
t	+ 0,53 + 0,41	+ 0,88 + 0,68	+ 1,36 + 1,05	+ 2,20 + 1,70	+ 3,50 + 2,70	+ 5,50 + 4,25
u	+ 0,66 + 0,54	+ 1,10 + 0,90	+ 1,71 + 1,40	+ 2,75 + 2,25	+ 4,40 + 3,60	+ 6,90 + 5,65
w	+ 0,80 + 0,68	+ 1,34 + 1,14	+ 2,08 + 1,77	+ 3,35 + 2,85	+ 5,35 + 4,55	+ 8,40 + 7,15
y	+ 0,96 + 0,84	+ 1,60 + 1,40	+ 2,48 + 2,17	+ 4,00 + 3,50	+ 6,40 + 5,60	+10,00 + 8,75
z	+ 1,14 + 1,02	+ 1,90 + 1,70	+ 2,94 + 2,63	+ 4,75 + 4,25	+ 7,60 + 6,80	+11,90 +10,65

Faixa de medida nominal acima de 250 mm até 500 mm para medidas internas

	HT 6	HT 10	HT 15	HT 25	HT 40	HT 60
A	+ 1,33 + 1,19	+ 2,28 + 2,04	+ 3,42 + 3,06	+ 5,70 + 5,10	+ 9,05 + 8,10	+13,80 +12,35
B	+ 1,12 + 0,98	+ 1,92 + 1,68	+ 2,88 + 2,52	+ 4,80 + 4,20	+ 7,60 + 6,65	+11,60 +10,15
C	+ 0,94 + 0,80	+ 1,61 + 1,37	+ 2,41 + 2,05	+ 4,00 + 3,40	+ 6,35 + 5,40	+ 9,70 + 8,25
D	+ 0,77 + 0,63	+ 1,32 + 1,08	+ 1,98 + 1,62	+ 3,30 + 2,70	+ 5,25 + 4,30	+ 8,00 + 6,55
E	+ 0,62 + 0,48	+ 1,06 + 0,82	+ 1,58 + 1,22	+ 2,65 + 2,05	+ 4,20 + 3,25	+ 6,40 + 4,95
F	+ 0,48 + 0,34	+ 0,82 + 0,58	+ 1,22 + 0,86	+ 2,05 + 1,45	+ 3,25 + 2,30	+ 4,95 + 3,50
G	+ 0,35 + 0,21	+ 0,60 + 0,36	+ 0,90 + 0,54	+ 1,50 + 0,90	+ 2,40 + 1,45	+ 3,65 + 2,20
I	+ 0,24 + 0,10	+ 0,41 + 0,17	+ 0,61 + 0,25	+ 1,00 + 0,40	+ 1,60 + 0,65	+ 2,45 + 1,00
K	+ 0,14 0,00	+ 0,24 0,00	+ 0,36 0,00	+ 0,60 0,00	+ 0,95 0,00	+ 1,45 0,00
M	+ 0,07 − 0,07	+ 0,12 − 0,12	+ 0,18 − 0,18	+ 0,30 − 0,30	+ 0,475 − 0,475	+ 0,725 − 0,725
N	0,00 − 0,14	0,00 − 0,24	0,00 − 0,36	0,00 − 0,60	0,00 − 0,95	0,00 − 1,45
P	− 0,10 − 0,24	− 0,17 − 0,41	− 0,25 − 0,61	− 0,40 − 1,00	− 0,65 − 1,60	− 1,00 − 2,45
R	− 0,21 − 0,35	− 0,36 − 0,60	− 0,54 − 0,90	− 0,90 − 1,50	− 1,45 − 2,40	− 2,20 − 3,65
S	− 0,34 − 0,48	− 0,58 − 0,82	− 0,86 − 1,22	− 1,45 − 2,05	− 2,30 − 3,25	− 3,50 − 4,95
T	− 0,48 − 0,62	− 0,82 − 1,06	− 1,22 − 1,58	− 2,05 − 2,65	− 3,25 − 4,20	− 4,95 − 6,40
U	− 0,63 − 0,77	− 1,08 − 1,32	− 1,62 − 1,98	− 2,70 − 3,30	− 4,30 − 5,25	− 6,55 − 8,00
W	− 0,80 − 0,94	− 1,37 − 1,61	− 2,05 − 2,41	− 3,40 − 4,00	− 5,40 − 6,35	− 8,25 − 9,70
Y	− 0,98 − 1,12	− 1,68 − 1,92	− 2,52 − 2,88	− 4,20 − 4,80	− 6,65 − 7,60	−10,15 −11,60
Z	− 1,19 − 1,33	− 2,04 − 2,28	− 3,06 − 3,42	− 5,10 − 5,70	− 8,10 − 9,05	−12,35 −13,80

Faixa de medida nominal acima de 250 mm até 500 mm para medidas externas

	HT 6	HT 10	HT 15	HT 25	HT 40	HT 60
a	− 1,19 − 1,33	− 2,04 − 2,28	− 3,06 − 3,42	− 5,10 − 5,70	− 8,10 − 9,05	−12,35 −13,80
b	− 0,98 − 1,12	− 1,68 − 1,92	− 2,52 − 2,88	− 4,20 − 4,80	− 6,65 − 7,60	−10,15 −11,60
c	− 0,80 − 0,94	− 1,37 − 1,61	− 2,05 − 2,41	− 3,40 − 4,00	− 5,40 − 6,35	− 8,25 − 9,70
d	− 0,63 − 0,77	− 1,08 − 1,32	− 1,62 − 1,98	− 2,70 − 3,30	− 4,30 − 5,25	− 6,55 − 8,00
e	− 0,48 − 0,62	− 0,82 − 1,06	− 1,22 − 1,58	− 2,05 − 2,65	− 3,25 − 4,20	− 4,95 − 6,40
f	− 0,34 − 0,48	− 0,58 − 0,82	− 0,86 − 1,22	− 1,45 − 2,05	− 2,30 − 3,25	− 3,50 − 4,95
g	− 0,21 − 0,35	− 0,36 − 0,60	− 0,54 − 0,90	− 0,90 − 1,50	− 1,45 − 2,40	− 2,20 − 3,65
i	− 0,10 − 0,24	− 0,17 − 0,41	− 0,25 − 0,61	− 0,40 − 1,00	− 0,65 − 1,60	− 1,00 − 2,45
k	0,00 − 0,14	0,00 − 0,24	0,00 − 0,36	0,00 − 0,60	0,00 − 0,95	0,00 − 1,45
m	+ 0,07 − 0,07	+ 0,12 − 0,12	+ 0,18 − 0,18	+ 0,30 − 0,30	+ 0,475 − 0,475	+ 0,725 − 0,725
n	+ 0,14 0,00	+ 0,24 0,00	+ 0,36 0,00	+ 0,60 0,00	+ 0,95 0,00	+ 1,45 0,00
p	+ 0,24 + 0,10	+ 0,41 + 0,17	+ 0,61 + 0,25	+ 1,00 + 0,40	+ 1,60 + 0,65	+ 2,45 + 1,00
r	+ 0,35 + 0,21	+ 0,60 + 0,36	+ 0,90 + 0,54	+ 1,50 + 0,90	+ 2,40 + 1,45	+ 3,65 + 2,20
s	+ 0,48 + 0,34	+ 0,82 + 0,58	+ 1,22 + 0,86	+ 2,05 + 1,45	+ 3,25 + 2,30	+ 4,95 + 3,50
t	+ 0,62 + 0,48	+ 1,06 + 0,82	+ 1,58 + 1,22	+ 2,65 + 2,05	+ 4,20 + 3,25	+ 6,40 + 4,95
u	+ 0,77 + 0,63	+ 1,32 + 1,08	+ 1,98 + 1,62	+ 3,30 + 2,70	+ 5,25 + 4,30	+ 8,00 + 6,55
w	+ 0,94 + 0,80	+ 1,61 + 1,37	+ 2,41 + 2,05	+ 4,00 + 3,40	+ 6,35 + 5,40	+ 9,70 + 8,25
y	1,12 + 0,98	+ 1,92 + 1,68	+ 2,88 + 2,52	+ 4,80 + 4,20	+ 7,60 + 6,65	+11,60 +10,15
z	+ 1,33 + 1,19	+ 2,28 + 2,04	+ 3,42 + 3,06	+ 5,70 + 5,10	+ 9,05 + 8,10	+13,80 +12,35

4.9 Tolerâncias e ajustes

Desvios normalizados em mm (excerto da DIN 68101)

Faixa de medida nominal acima de 500 mm até 1000 mm para medidas internas

	HT 6	HT 10	HT 15	HT 25	HT 40	HT 60
A	+ 2,66 + 2,38	+ 3,99 + 3,57	+ 6,65 + 5,95	+ 10,90 + 9,75	+ 16,15 + 14,45	+ 26,6 + 23,8
B	+ 2,24 + 1,96	+ 3,36 + 2,94	+ 5,60 + 4,90	+ 9,20 + 8,05	+ 13,60 + 11,90	+ 22,4 + 19,6
C	+ 1,88 + 1,60	+ 2,81 + 2,39	+ 4,70 + 4,00	+ 7,70 + 6,55	+ 11,40 + 9,70	+ 18,8 + 16,0
D	+ 1,54 + 1,26	+ 2,31 + 1,89	+ 3,85 + 3,15	+ 6,35 + 5,20	+ 9,35 + 7,65	+ 15,4 + 12,6
E	+ 1,23 + 0,95	+ 1,85 + 1,43	+ 3,10 + 2,40	+ 5,05 + 3,90	+ 7,50 + 5,80	+ 12,3 + 9,5
F	+ 0,95 + 0,67	+ 1,43 + 1,01	+ 2,40 + 1,70	+ 3,90 + 2,75	+ 5,80 + 4,10	+ 9,5 + 6,7
G	+ 0,70 + 0,42	+ 1,05 + 0,63	+ 1,75 + 1,05	+ 2,90 + 1,75	+ 4,25 + 2,55	+ 7,0 + 4,2
I	+ 0,48 + 0,20	+ 0,71 + 0,29	+ 1,20 + 0,50	+ 1,95 + 0,80	+ 2,90 + 1,20	+ 4,8 + 2,0
K	+ 0,28 0,00	+ 0,42 0,00	+ 0,70 0,00	+ 1,15 0,00	+ 1,70 0,00	+ 2,8 0,0
M	+ 0,14 − 0,14	+ 0,21 − 0,21	+ 0,35 − 0,35	+ 0,575 − 0,575	+ 0,85 − 0,85	+ 1,4 − 1,4
N	0,00 − 0,28	0,00 − 0,42	0,00 − 0,70	0,00 − 1,15	0,00 − 1,70	0,0 − 2,8
P	− 0,20 − 0,48	− 0,29 − 0,71	− 0,50 − 1,20	− 0,80 − 1,95	− 1,20 − 2,90	− 2,0 − 4,8
R	− 0,42 − 0,70	− 0,63 − 1,05	− 1,05 − 1,75	− 1,75 − 2,90	− 2,55 − 4,25	− 4,2 − 7,0
S	− 0,67 − 0,95	− 1,01 − 1,43	− 1,70 − 2,40	− 2,75 − 3,90	− 4,10 − 5,80	− 6,7 − 9,5
T	− 0,95 − 1,23	− 1,43 − 1,85	− 2,40 − 3,10	− 3,90 − 5,05	− 5,80 − 7,50	− 9,5 − 12,3
U	− 1,26 − 1,54	− 1,89 − 2,31	− 3,15 − 3,85	− 5,20 − 6,35	− 7,65 − 9,35	− 12,6 − 15,4
W	− 1,60 − 1,88	− 2,39 − 2,81	− 4,00 − 4,70	− 6,55 − 7,70	− 9,70 − 11,40	− 16,0 − 18,8
Y	− 1,96 − 2,24	− 2,94 − 3,36	− 4,90 − 5,60	− 8,05 − 9,20	− 11,90 − 13,60	− 19,6 − 22,4
Z	− 2,38 − 2,66	− 3,57 − 3,99	− 5,95 − 6,65	− 9,75 − 10,90	− 14,45 − 16,15	− 23,8 − 26,6

Faixa de medida nominal acima de 500 mm até 1000 mm para medidas externas

	HT 6	HT 10	HT 15	HT 25	HT 40	HT 60
a	− 2,38 − 2,66	− 3,57 − 3,99	− 5,95 − 6,65	− 9,75 − 10,90	− 14,45 − 16,15	− 23,8 − 26,6
b	− 1,96 − 2,24	− 2,94 − 3,36	− 4,90 − 5,60	− 8,05 − 9,20	− 11,90 − 13,60	− 19,6 − 22,4
c	− 1,60 − 1,88	− 2,39 − 2,81	− 4,00 − 4,70	− 6,55 − 7,70	− 9,70 − 11,40	− 16,0 − 18,8
d	− 1,26 − 1,54	− 1,89 − 2,31	− 3,15 − 3,85	− 5,20 − 6,35	− 7,65 − 9,35	− 12,6 − 15,4
e	− 0,95 − 1,23	− 0,43 − 1,85	− 2,40 − 3,10	− 3,90 − 5,05	− 5,80 − 7,50	− 9,5 − 12,3
f	− 0,67 − 0,95	− 1,01 − 1,43	− 1,70 − 2,40	− 2,75 − 3,90	− 4,10 − 5,80	− 6,7 − 9,5
g	− 0,42 − 0,70	− 0,63 − 1,05	− 1,05 − 1,75	− 1,75 − 2,90	− 2,55 − 4,25	− 4,2 − 7,0
i	− 0,20 − 0,48	− 0,29 − 0,71	− 0,50 − 1,20	− 0,80 − 1,95	− 1,20 − 2,90	− 2,0 − 4,8
k	0,00 − 0,28	0,00 − 0,42	0,00 − 0,70	0,00 − 1,15	0,00 − 1,70	0,0 − 2,8
m	+ 0,14 − 0,14	+ 0,21 − 0,21	+ 0,35 − 0,35	+ 0,575 − 0,575	+ 0,85 − 0,85	+ 1,4 − 1,4
n	+ 0,28 0,00	+ 0,42 0,00	+ 0,70 0,00	+ 1,15 0,00	+ 1,70 0,00	+ 2,8 0,0
p	+ 0,48 + 0,20	+ 0,71 + 0,29	+ 1,20 + 0,50	+ 1,95 + 0,80	+ 2,90 + 1,20	+ 4,8 + 2,0
r	+ 0,70 + 0,42	+ 1,05 + 0,63	+ 1,75 + 1,05	+ 2,90 + 1,75	+ 4,25 + 2,55	+ 7,0 + 4,2
s	+ 0,95 + 0,67	+ 1,43 + 1,10	+ 2,40 + 1,70	+ 3,90 + 2,75	+ 5,80 + 4,10	+ 9,5 + 6,7
t	+ 1,23 + 0,95	+ 1,85 + 1,43	+ 3,10 + 2,40	+ 5,05 + 3,90	+ 7,50 + 5,80	+ 12,3 + 9,5
u	+ 1,54 + 1,26	+ 2,31 + 1,89	+ 3,85 + 3,15	+ 6,35 + 5,20	+ 9,35 + 7,65	+ 15,4 + 12,6
w	+ 1,88 + 1,60	+ 2,81 + 2,39	+ 4,70 + 4,00	+ 7,70 + 6,55	+ 11,40 + 9,70	+ 18,8 + 16,0
y	+ 2,24 + 1,96	+ 3,36 + 2,94	+ 5,60 + 4,90	+ 9,20 + 8,05	+ 13,60 + 11,90	+ 22,4 + 19,6
z	+ 2,66 + 2,38	+ 3,99 + 3,57	+ 6,65 + 5,95	+ 10,90 + 9,75	+ 16,15 + 14,45	+ 26,6 + 23,8

Representação das faixas de tolerância

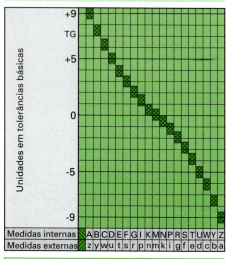

Medidas internas: A B C D E F G I K M N P R S T U W Y Z
Medidas externas: z y w u t s r p n m k i g f e d c b a

Exemplo

Armário com porta semiencaixada, a largura interna do armário está sobre a linha zero, medida nominal 900 mm, Tolerância HT 25, faixas de tolerância N/r

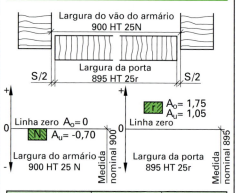

	Largura do vão do armário, medida interna da peça externa 900 HT 25 N	Largura da porta, medida externa da peça interna 895 HT 25 r
N Medida nominal	900	895
A_o Desvio superior	0	1,75
A_u Desvio inferior	− 0,70	1,05
T Tolerância	0,70	0,70
G Medida máxima	900,00	896,75
K Medida mínima	899,30	000,05
S_g Folga máxima	3,95	
S_k Folga mínima	2,55	
T_p Tolerância de ajuste	1,40	

4.10 Representação dos materiais e guarnições

Os materiais são desenhados simbolicamente por meio de diversos tipos de hachuras. Só são hachuradas as peças desenhadas em corte. As hachuras devem ser interrompidas ao passarem sobre cotas e inscrições. A distância entre as hachuras deve ser ajustada ao tamanho e à área da superfície secionada. Madeira e materiais derivados da madeira são hachurados à mão livre (exceto nos desenhos elaborados em computador).

Madeira maciça

Madeira maciça cortada transversalmente é hachurada a 45°, madeira maciça cortada longitudinalmente é hachurada paralelamente ao desenvolvimento das fibras. Nas peças coladas, as superfícies cortadas transversalmente são hachuradas na mesma direção, porém, com distâncias diferentes, nas peças não coladas as hachuras são invertidas.

Exemplos:

Material derivado da madeira, em bruto e folheado

Esse grupo abrange os materiais em camadas como o compensado laminado e o compensado folheado, os materiais compostos como compensado sarrafeado e multissarrafeado, os materiais aglomerados e de fibras etc. Os sarrafos do compensado sarrafeado são representados simbolicamente no desenho em corte, com distância das linhas de hachura cerca de metade da espessura da placa. Inscrições, símbolos e linhas de acompanhamento indicam o material e as modificações.

Exemplos:

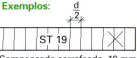
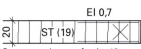
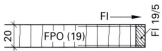

Compensado sarrafeado, 19 mm de espessura, em bruto, cortado na transversal (símbolo cruz).

Compensado sarrafeado, 19 mm de espessura, folheado com carvalho, cortado na transversal (cruz).

Placa prensada, 19 mm de espessura, folheada com abeto, montante colado sob o folheado, cortado na longitudinal (seta).

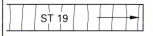
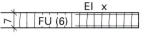
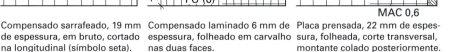

Compensado sarrafeado, 19 mm de espessura, em bruto, cortado na longitudinal (símbolo seta).

Compensado laminado 6 mm de espessura, folheado em carvalho nas duas faces.

Placa prensada, 22 mm de espessura, folheada, corte transversal, montante colado posteriormente.

Materiais derivados de madeira com revestimento plástico

Materiais derivados de madeira com revestimento plástico são comercializados prontos ou revestidos posteriormente. As linhas na inscrição do material indicam se o revestimento é aplicado em uma, duas, três ou quatro faces.

Exemplos:

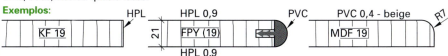

Placa KF (placa prensada revestida de plástico) com topos HPL.

Aglomerado revestido posteriormente com chapas HPL, 19 mm de espessura em bruto, 21 mm pronto.

Placa de MDF, 19 mm de espessura, recoberto em três faces com PVC.

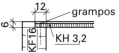
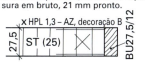
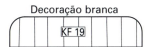

Placa KH (placa de fibra rígida revestida de plástico), revestimento numa face.

Sarrafeado com contraplacas HPL representado com linhas de acompanhamento como folheado. Montante colado posteriormente.

Placa KF, 19 mm, revestido de plástico em todas as faces, decoração branca.

203

4.10 Representação dos materiais e guarnições

Materiais de cobertura e materiais que não sejam de madeira

Materiais que não sejam de madeira são representados como prescrito nas normas DIN pertinentes ou por pontilhado; materiais espessos também podem receber linha de dupla espessura. Materiais de cobertura, como mármore, vidro, cortiça, linóleo, couro etc. são usualmente pontilhados e identificados adicionalmente por legenda. Metais e plásticos, de acordo com a espessura, são preenchidos de preto (materiais finos) ou com hachuras finas a 45°.

Exemplos:

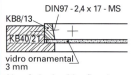

Almofada de vidro fino (representada por pontilhado).

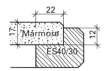

Mármore pontilhado, no caso também seria possível um contorno grosso.

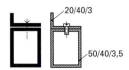

Perfis de metal são preenchidos de preto ou com hachuras finas a 45°. Perfis preenchidos de preto devem ser separados por arestas de luz.

Guarnições – ferragens

As ferragens geralmente não são desenhadas em corte. O plano de corte deve ser situado acima ou abaixo delas. As arestas encobertas devem ser tracejadas. Guarnições contínuas, como dobradiças tipo piano e trilhos de guia precisam ser, logicamente, representadas em corte.

Dobradiça tipo piano

Trinco embutido

Trilhos de guia em plástico e metal

Elementos de junção

Somente os elementos de junção contínuos, como, por exemplo, cavilhas planas, são representados em corte. Todos os demais, que sejam montados espaçadamente, são desenhados encobertos ou indicados com símbolos.

Exemplos:

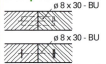

Cavilha desenhada na forma encoberta ou como símbolo (em baixo).

Cavilha plana contínua

Cavilha plana montada espaçadamente.

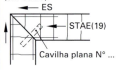

Cavilha plana desenhada encoberta.

Cavilha em esquadro desenhada encoberta

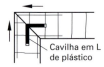

Cavilha contínua em L de plástico

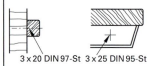

Para parafusos, pregos, grampos em cortes, são desenhados apenas as linhas de centro com identificação por meio de legenda. Nas vistas é suficiente o cruzamento das linhas de centro.

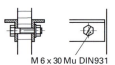

Parafusos passantes podem ser desenhados com as linhas de centro, ou como representado em símbolo.

Colagens podem ser indicadas adicionalmente com símbolo.

4.11 Símbolos de superfície

Com os símbolos de superfície podem ser indicadas no desenho técnico a condição final das superfícies trabalhadas. Na DIN EN ISO 1302 podem ser distinguidos o **símbolo básico (1)** e os símbolos para **processos com remoção de material (2)** e **processos com adição de material (3)**. Indicações textuais para o processo de fabricação (sobre a linha de observação) e sinais especiais podem complementar os símbolos de superfície.

Exemplos:
a Símbolo básico com indicação textual
b Símbolo para tratamento com remoção de material, paralelo às fibras com indicação do processo de fabricação
c Símbolo para tratamento com remoção de material, por lixamento perpendicular às fibras (folha de lixa 240)
d Símbolo para processo com remoção de material, por lixamento em sentido cruzado (folha de lixa 180)
e Símbolo para processo com remoção de material por lixamento em múltiplas direções (folha de lixa 240)
f Símbolo para processamento com adição de material, p.ex., pintura

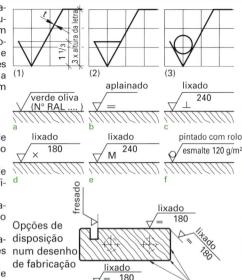

4.12 Hachuras para materiais e elementos de construção

Materiais e elementos de construção são representados em corte por diversos tipos de hachuras. Elas são estabelecidas em parte pela DIN 1356 e em parte pela DIN 201. Em desenhos de processamento e manufatura de madeira na escala 1:1, os elementos de construção maciços, como concreto e alvenaria, são adicionalmente contornados com linha de espessura dupla.

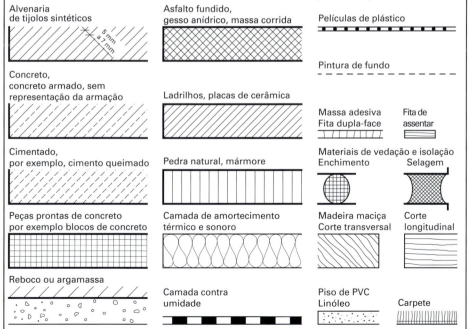

4.13 Esquema de medidas na construção

Os **padrões de construção** estabelecidos na DIN 4172 correspondem a um múltiplo de 12,5 cm = 1/8 m = **1 am (oitavo de metro)**. As dimensões dos tijolos e de vários elementos de construção, como portas e placas, são determinadas pelos padrões de construção.

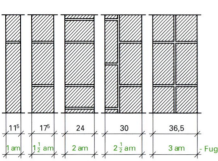

Altura do tijolo cm	5,2	7,1	11,3	23,8	17,5	11,3
Altura da camada cm	6,25	8,33	12,5	25,0	18,75	12,5
Camadas por m	16	12	8	4	-	8

Espessuras da parede em cm e como medida am — Correlação entre as alturas dos tijolos

Na alvenaria de tijolos, a **medida da construção bruta** = **medida nominal** (dimensão real na construção) pode divergir do **padrão de construção** devido ao rejunte de 1 cm. Deve-se diferenciar entre **medida externa**, **medida interna** e **medida de construções anexadas**. Em construções de concreto a medida bruta da construção ou medida nominal corresponde ao **padrão de construção**.

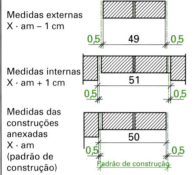

Cálculo das medidas nominais pelos padrões de construção

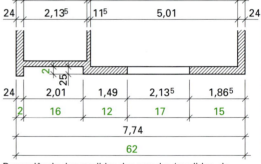

Dependência das medidas das paredes (medidas da construção bruta) do am (oitavo de metro) e do padrão de construção bruta

Padrões de construção bruta = medidas das construções anexadas

$\frac{100}{16}$	6,25	12,5	18,75	25	31,25	37,5	43,75	50	56,25	62,5	68,75	75	81,25	87,5	93,75	100 cm
$\frac{100}{12}$	8,33		16,67	25		33,33		41,67	50		58,33		75		91,67	100 cm
$\frac{100}{8}$		12,5		25		37,5		50		62,5		75		87,5		100 cm
$\frac{100}{4}$				25				50				75				100 cm

Medidas externas

– 1 cm	11,5	24	36,5	49	61,5	74	86,5	99 cm

Medidas internas

+ 1 cm	13,5	26	38,5	51	63,5	76	88,5	101 cm

5 Projetos

5.1 Móveis

5.1.1 Tipos de móveis e design

Métodos de construção de móveis		Classificação e denominação (DIN 68 880, DIN 68871)
Entabuado As peças do móvel são fabricadas com tábuas coladas e não coladas. As variações dimensionais da madeira devem ser enfrentadas com as travessas e sarrafos de cume e projetos adequados.		• segundo o material ou a execução • móveis de madeira, de vime, de plástico, de metal, móveis estofados, móveis de estilo • segundo a função • móveis receptáculos, como guarda-roupas, guarda-louças, aparadores que sirvam para a guarda de produtos
Emoldurado As peças do móvel são compostas por molduras e almofadas. Os frisos das molduras são fabricados com tábuas centrais ou médias. As almofadas podem ser de madeira maciça, material derivado da madeira ou vidro.		• móveis pequenos, como p.ex., carrinhos de chá, mesas de centro • móveis de descanso, como p.ex., divãs e camas • móveis para sentar, como p.ex., banquetas, bancos, poltronas, sofás, cadeiras • segundo a utilização no espaço
Emplacado Para as superfícies do móvel são usados materiais derivados de madeira; cantos visíveis precisam ser providos de montantes colados. A junção das partes é feita, preferencialmente, com cavilhas redondas e planas.		• móveis unitários, como p.ex., aparadores, cômodas, mesas • móveis de sistema, como p.ex., móveis modulares, móveis embutidos, armários sem fim, divisórias • segundo o projeto • móveis de corpo, como p.ex., cômodas, armários, secretárias, móveis para áudio e vídeo, arcas
Em pilastras As pilastras, que são ao mesmo tempo os pés do móvel e elementos de junção, são ligadas por molduras, travessas ou laterais do móvel. Como elementos de ligação são usados pinos e cavilhas redondas ou planas.		• estantes, móveis com a face frontal aberta • mesas, móveis com um tampo horizontal repousando sobre um pedestal • segundo a área de utilização • móveis de estar, de cozinha, escolares, hospitalares, de laboratório, de jardim e de escritório

Móveis em sistema misto de construção

Na prática, as partes do móvel são fabricadas em sistema misto de construção.

Exemplo: corpo de material derivado de madeira e portas no sistema emoldurado

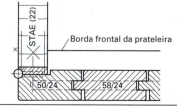 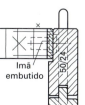 

5.1 Móveis

Medidas básicas de diversos móveis

Tipo	Largura	Profundidade	Altura
Armário aparador	650	450	500...600
Armário de pastas	580...1250	400	900.2000
Aparadores	900...2000	420.500	750...900
Cama	1960 2060	860 1060	380...430
Mesa de jantar	1100 1200	700 800	720...760
Penteadeira	450...1500	360.500	650...720
Armário de cozinha superior	200...1000	345	495...950
Armário de cozinha inferior	300...1000	485 585	820...900
Armário de cozinha alto	300...1050	585	2010 2310
Mesa para máquina de escrever	900...1300	450.500	650...680
Escrivaninha	1200 1400 1600 1800 2000	600 700 800 900 1000	720...760
Cadeira	380...500	400...600	400...450

Perfis (DIN 68 120)

A ilustração mostra algumas formas básicas e suas possíveis combinações.

Elementos do perfil

Reta — Círculo — Elipse

Perfis derivados de retas

Degrau — Chanfro 10° — Degrau e chanfro

Perfis derivados de círculos e retas

Côncavo — Barra e degrau

Cornijas

Outras regras de design p. 184 e seguintes

- Linhas fluentes e boas proporcionalidades nas dimensões
- Forma, função e projeto harmonizados entre si.
- Aplicar corretamente e com parcimônia os elementos de design, assim como as cores e a decoração.

Proporções:

Quadrado — DIN A4 1 : 1,414 — Divisão áurea 1 : 1,618

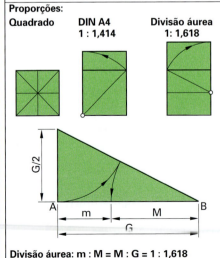

Divisão áurea: m : M = M : G = 1 : 1,618

Acessórios visíveis

Acessórios decorativos para móveis influenciam, por intermédio da forma, da cor e do posicionamento, a aparência de um móvel.

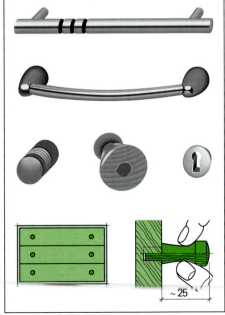

208

5.1 Móveis

Normas na construção de móveis (excerto)

Tipo de móvel	Nº DIN	Particularidades
Armários para roupas	**68890**	profundidade do vão ≥ 540 mm para porta giratória ≥ 560 mm para porta de correr altura até ao ápice da barra de cabides ≥ 1500 mm para trajes longos ≥ 900 mm para trajes curtos Flecha máxima da barra de cabides 1/100 da distância entro os apoios
Mesas	**68885**	válida para mesas no âmbito doméstico altura da mesa (escrever, comer) 720 mm até 750 mm outras mesas até 600 mm espaço livre para as pernas 650 mm área mínima do tampo por pessoa 20 dm² para 600 mm de comprimento da borda
Cadeiras	**68878**	altura do assento 380 mm até 480 mm profundidade do assento mín. 360 mm largura do assento mín. 360 mm altura do encosto mín. 300 mm distância livre entre os apoios de braço mín. 460 mm
Camas • berços • camas basculantes • beliches	 **66078** **68873** **68879**	durante o uso das camas indicadas pode haver danos pessoais no caso de acidente, p.ex., queda de beliche etc. Por esse motivo o texto da norma fornece prescrições técnicas de segurança.
Moveis para escritório		mesas para escritório são fabricadas nos seguintes formatos: formato A: sem armário inferior formato B: com um armário inferior formato C: com dois armários inferiores

Tipo de móvel	Nº DIN	Formato	Largura do tampo em mm	Profundidade do tampo em mm	Altura até a aresta superior do tampo em mm
• mesa para escrever (S)		A,B,C A,B	1600 1200	800	720
• mesa para máquina de escritório (M)	**4549**	A, B, C A,B	1600 1200	600	650
• mesa para trabalho com monitor (B)		A,B A	1600 1200	800, 900, 1000	720
• arquivos e armários para pastas	**4545**	Tipo de construção e letra de identificação			

B (A) D (C) E G

Dimensões ergonômicas do espaço livre para as pernas para mesas de escrever e mesas para trabalho com monitor (ilustração para mesas sem regulagem de altura)

Âmbito de regulagem da altura:

680 mm ... 760 mm nas mesas para escrever e mesas de trabalho com monitor

600 mm ... 680 mm nas mesas para máquinas de escritório largura do espaço para as pernas > 580 mm

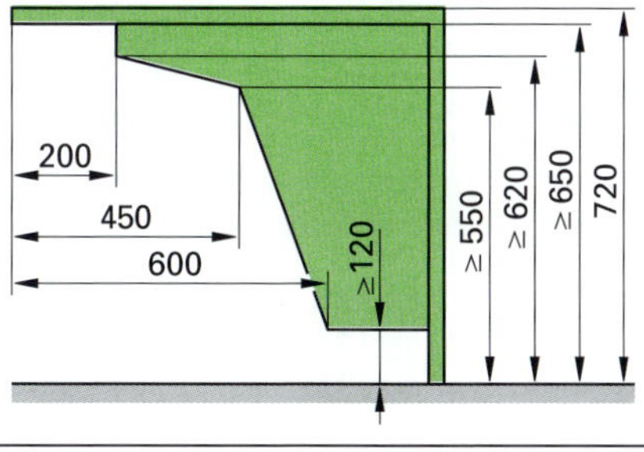
200
450
600
≥120
≥550
≥620
≥650
720

5.1 Construção de móveis

5.1.2 Peças e acessórios para móveis

Portas giratórias	
Elas são fixadas em uma das laterais e giram verticalmente em torno do eixo de rotação. Portas giratórias fecham a frente de um móvel.	A forma de uma porta giratória deve ser a de um retângulo vertical para não sobrecarregar as dobradiças.

Diferencia-se entre portas direitas e portas esquerdas.

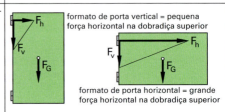

Tipos de batentes

A posição da folha da porta em relação ao corpo permite muitas variações. Dos diversos batentes de porta resultam muitos formatos para a folha da porta. A seguir são apresentados os formatos padronizados.

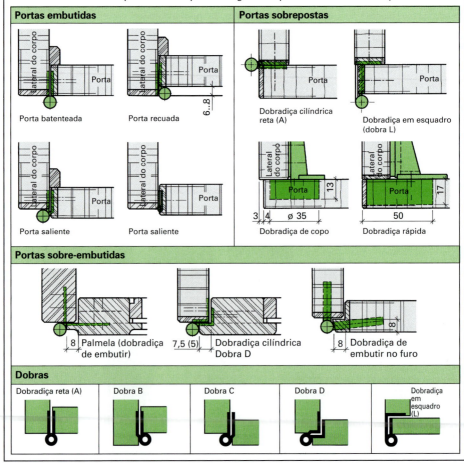

210

5.1 Construção de móveis

Básculas

Básculas têm um eixo de rotação horizontal. Diferencia-se entre básculas apoiadas, básculas suspensas e básculas horizontais.

Na posição aberta elas precisam ser sustentadas por braços, pantógrafos ou suportes. Por motivos de segurança as básculas precisam ser mantidas fechadas por fechadura.

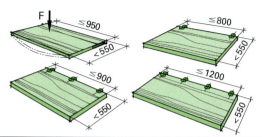

Básculas apoiadas

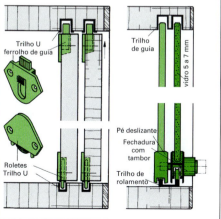

Báscula suspensa

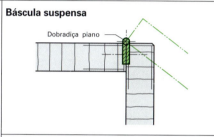

Báscula horizontal

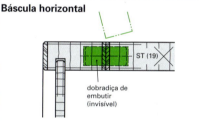

Portas de correr

Porta de correr apoiada

Porta de correr suspensa

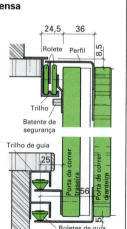

211

5.1 Construção de móveis

Dobradiças para móveis (DIN 81 402) – Seleção
Para uma visão geral abrangente e indicações precisas das dimensões deve-se recorrer ao catálogo do fabricante.

Dobradiça macho-fêmea (de folha)

Material: Perfilado de latão estampado
Comprimento do cilindro: 50 mm e 60 mm

Medidas entre parêntesis
para dobradiça com dobra
D 7,5

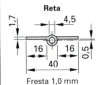

Reta
Fresta 1,0 mm

Dobra B
Fresta 0,6 mm

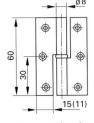

Dobra C
Fresta 0,6 mm

Dobra D 7,5
Fresta 0,6 mm
Profundidade 7,5 mm

Dobradiça macho fêmea, arredondada

Material: Aço
Execução: Reta com dobra D

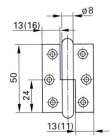

Medidas entre parêntesis para
dobradiça com dobra D 7,5

Dobradiça macho fêmea, decorada

Comprimento do cilindro: 50 mm e 60 mm
Execução: Reta e dobras B, C e D

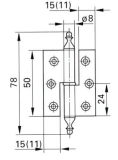

Dobradiça macho fêmea, dobrada

Espessura da porta: 20 mm ... 21 mm
Espessura da lateral: irrestrita

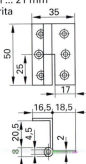

Dobradiça em esquadro

Espessura da porta: 15 mm...16 mm   19 mm...20 mm
Espessura da lateral: acima de 14 mm acima de 17 mm
Medida x: 14 mm   17 mm

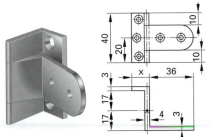

212

5.1 Construção de móveis

Dobradiça tipo piano

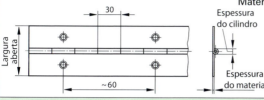

Material: Aço, latão, aço inoxidável, alumínio

Largura aberta (em mm)	Espessura do material (em mm)	Espessura do cilindro (em mm)
20	0,7	3,3
25	0,7	3,3
32	0,7	3,3
40	0,8	3,5

Dobradiças de folha

Material: Aço (zincado), latão
Execução: Estreita, meia largura, quadrada – diversos tamanho

Meia largura   Quadrada   Quadrada com pino solto

	Meia largura (medidas em mm)	Quadrada (medidas em mm)	Quadrada com pino solto (em mm)
A x B	25 x 22; 30 x 26...60 x 46	25 x 25; 30 x 30; 40 x 40...80 x 80	50 x 50; 60 x 60
C	3,5; 4,0...6,0	4,0; 4,0; 5,0; 5,5...7,0	8,0 9,0
D	0,8; 0,9...1,4	0,8; 0,9; 0,9; 1,2...1,5	1,6 1,8

Dobradiça de embutir com pinos

para portas com moldura

Acaba-mento (forma)	⌀ do cilindro (mm)	Compr. cilindro (mm)	Pino a (mm)	Pino b (mm)
	8,5	26,0	23 2 B 5,0	30 2 B 5,0
	9,5	28,5	23 2 B 5,5	30 2 B 5,5
	11,0	29,5	25 2 B 6,0	35 2 B 6,0

Acaba-mento (forma)	⌀ do cilindro (mm)	Compr. cilindro (mm)	Pino a (mm)	Pino b (mm)
	8,5	38,0	20 2 B 5,0	24 2 B 5,0
	9,5	38,0	20 2 B 5,5	24 2 B 5,5
	11,0	41,0	20 2 B 6,0	30 2 B 6,0
	8,5	38,0	20 2 B 5,0	24 2 B 5,0
	9,5	38,0	20 2 B 5,5	24 2 B 5,5

Dobradiça para fixação invisível

Para embutir

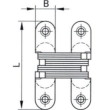

Para parafusar

D (mm)   10   12   14   16   18   24
L (mm) :   11   13,5   15,5   16,5   17,5   25

B (mm) :   10   13   13   16   19   25,5   28,5
L (mm) :   42   44,5   60   70   95,5   117,5   117,5

5.1 Construção de móveis

Dobradiças para móveis (continuação)

Dobradiças de copo (DIN 68857)

Montagem com copo

Tipos de fixação e seleção
A) fixação na parede lateral
B) Fixação na parede intermediária
Portas sobrepostas
C) fixação na parede lateral, portas embutidas

Placa de montagem

Forma do furo (porta)

	SW – F – Tab = NV	MW : 2 – F – Tab = NV	Zero – F – Tab = NV
	NV + VP = SV = Modelo	NV + VP = SV = Modelo	NV + VP = SV = Modelo

Valores mínimos da fresta:

Espessura da porta (mm)	15	16	17	18	19	20	21	22	23	24
Tab (mm)	3,0	0,4	0,6	0,8	1,0	1,3	1,6	2,0	2,5	3,1	3,8
	4,0	0,4	0,6	0,8	1,0	1,3	1,6	2,0	2,4	2,9	
	5,0	0,4	0,6	0,8	1,0	1,3	1,6				

Dobradiças pivotantes

Dobradiça pivotante, laminada lisa

Dobradiça pivotante em ângulo, dobrada

Dobradiça para secretária

Dobradiça basculante

Dobradiça para montagem no furo, suspensa

Formato do furo

Exemplos de fixação

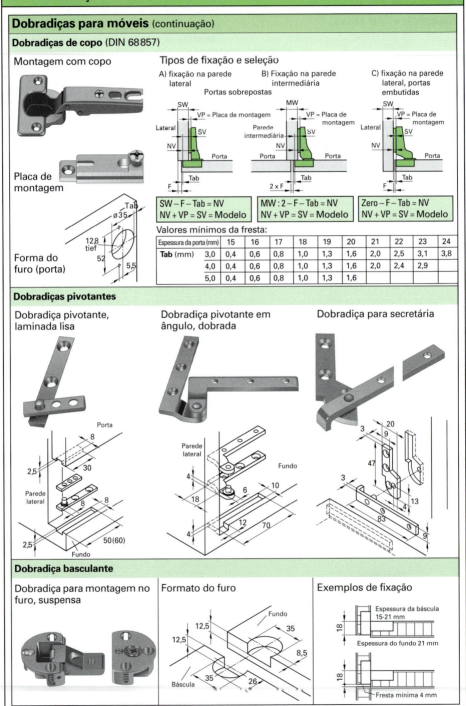

5.1 Construção de móveis

Gavetas e sistemas de corrediças

Modelos de frentes de gavetas	Guias para gavetas:
recuada ressaltada duplicada chapada	clássica suspensa mecânica

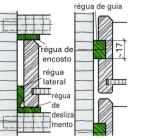

Corrediça deslizante com trilho de guia de plástico Comprimento: 285 mm e 450 mm 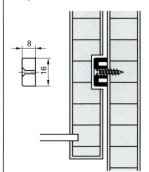	**Corrediça parcial,** guiada com roletes, capacidade de carga 15 kg por par, montagem no rasgo Comprimento de montagem L = 300 mm a 550 mm (escalonado em 50 mm) Extensão de abertura = L – 100 mm 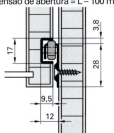	**Corrediça parcial,** guiada com roletes Capacidade de carga 40 kg por par, montagem sob a gaveta Comprimento de montagem L = 300 mm até 800 mm (escalonado em 50 mm) Extensão de abertura = L – (85 mm até 120 mm) 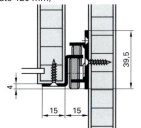
Corrediça total Capacidade de carga 50 kg/par Montagem lateral Comprimento de montagem L = 300 mm até 800 mm (escalonado em 50 mm) Extensão de abertura = L + 30 mm 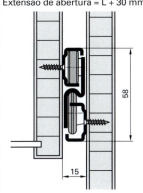	**Corrediça simples**, rolamento de esferas Capacidade de carga 40 kg/par Montagem sob a gaveta, encoberta, para profundidade de gaveta (T): 300 mm ... 400 mm 400 mm ... 520 mm 520 mm ... 700 mm Profundidade mínima de montagem = T + 10 mm 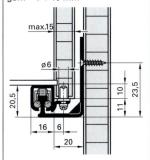	**Fechamento central** para gavetas dispostas uma sobre a outra 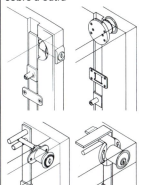

5.1 Construção de móveis

Fechaduras (DIN 68852)

1. Fechadura com barra giratória
2. Fechadura com barra deslizante
3. Fechadura para parafusar
4. Fechadura sobreposta com pino para embutir no furo
5. Fechadura semiembutida
6. Fechadura de embutir
7. Fechadura de tambor para parafusar
8. Fechadura semiembutida para prensar
9. Fechadura semiembutida para furo
10. Fechadura semiembutida perfeita
11. Chapatesta de embutir
12. Chapatesta

Tipos de chaves para fechaduras de móveis

- Chave para tambor

- Chave com palhetão de rasgo

- Chave de travas

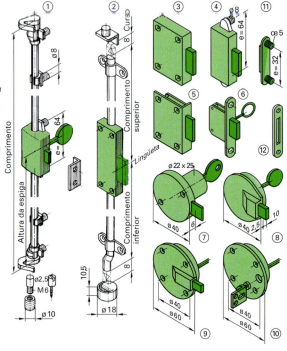

Palhetões de rasgo	Palhetões de travas (para 3 travas)

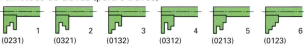

Trincos

Trinco magnético

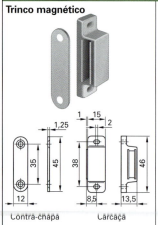

Trinco de rolete

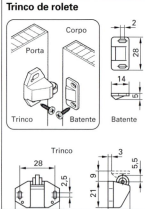

Ferrolho para móveis

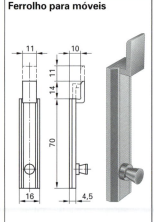

5.1 Móveis

A história do estilo (resumo)

Quadro cronológico		
2000	Era moderna	
1950		Pós-moderno
		Moderno
		Art Deco
1900		Bauhaus / de Stijl
		Art Nouveau
1850	Classicismo	Historicismo
		Biedermeier
1800		Empire
		Classicismo barroco
1750		Luis XVI
		Rococó
1700	Barroco	Luis XV
		Barroco
1650		Luis XIV
1600		Barroco precoce
1550	Renascença	
1500		
1450		Renascença precoce
		Gótico tardio
1400		
1300	Gótico	Gótico
1200		Florescimento do Gótico
1100	Românico	Sálico
1000		Otoniano
	Bizâncio	Carolíngio
550		Bizantino
depois de Cristo	Roma	Romano tardio
0		
antes de Cristo 1000	Grécia	Pérsia
	Egito	Assírios
2000		Micenas
		Creta
		Babilônia
		Acádia
3000		Sumeriano

Épocas importantes

Era moderna   1850 até hoje
Diversas correntes, veja quadro cronológico. Desenvolvimento de um realismo com ênfase na construção e na função. Nascimento da produção industrial de móveis com materiais em placas e materiais sintéticos, aço e vidro.
Entre "modernos" e "pós-modernos" se movem mais linguagens de formas.

Classicismo   1750 a 1850
Retorno às linhas retas, proporções equilibradas de acordo com as formas clássicas da antiguidade. Desenvolveram-se três correntes que se diferenciam na arte de sua decoração:
- **Estilo Luis XVI** (classicismo barroco) 1750 a 1800
- **Empire** 1795 a 1815
- **Biedermeier** 1815 a 1850

Barroco   1600 a 1750
As novidades na construção de móveis foram os armários de duas portas, cômodas e mesas de console. As linhas fluentes da renascença foram substituídas por formas livres. A partir de mais ou menos 1700 desenvolveu-se o estilo **rococó** com formas leves, mais enfáticas. As estruturas não eram mais distinguidas. As superfícies recurvadas em duas dimensões.

Renascença   1500 a 1600
Os modelos foram as **formas da antiguidade**. Basicamente não foi acrescentada arte mobiliária. Os elementos concepcionais foram tirados da arquitetura de exteriores. Os móveis eram predominantemente construídos no sistema de chassi, folheados e dotados de marchetaria.

Gótico   1250 a 1500
Nasce a profissão de marceneiro.
Os armários eram executados em dois tabuleiros, com pedestal e cornijas. Também foram construídas camas e mesas. A ornamentação das faces do móvel era constituída de almofadas com ramagens entalhas, almofadas com rosáceas e almofadas em dobradura.

Românico   1000 a 1250
Para a guarda de objetos eram usadas **arcas**. Armários eram desconhecidos – exceção: armários de sacristia. Os móveis para sentar eram bancos, cadeiras dobráveis e assentos individuais como os de trono. Os móveis eram fabricados em carpintaria rígida, predominantemente no sistema de colunas.

5.2 Portas

Portas internas
As portas devem unir e separar recintos e, dependendo da utilização, função e método de construção são muito diversificadas.

Portas segundo o modo de abertura

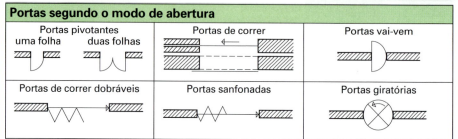

| Portas pivotantes uma folha / duas folhas | Portas de correr | Portas vai-vem |
| Portas de correr dobráveis | Portas sanfonadas | Portas giratórias |

Portas segundo a função	DIN
Portas de entrada (externa)	18105
Portas internas	18101
Portas de segurança	18103
Portas acústicas	4109
Portas de incêndio	4102
Portas à prova de fumaça	18095
Portas à prova de radiações	6834

Portas pivotantes (DIN 107)

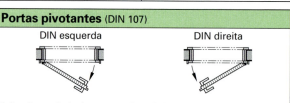

DIN esquerda — Dobradiças e fechadura esquerdas
DIN direita — Dobradiças e fechadura direitas
(observando do lado da dobradiça, ou seja, do lado para o qual a porta se abre)

Designações e dimensões

As dimensões das folhas de porta se baseiam nos padrões de construção (RR) das aberturas na parede (DIN 18100, veja p. 230).

Os padrões de construção podem ser expressos em números de código (largura x altura), p. ex., 7 x 16.

Para a produção em série e para a substituição as medidas das folhas de porta precisam ser padronizadas.

Portas sobrepostas:
Medida externa da folha = RR - 15 mm
Sobreposição : Largura = 13 mm
Profundidade = 25 mm

Folhas de portas não sobrepostas são 26 mm menores na largura e 13 mm na altura.

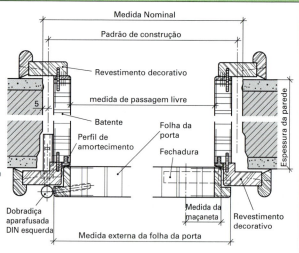

Dimensões (tamanhos preferenciais) para portas sobrepostas (DIN 18101)

Números de código	Padrão de construção (mm) Largura	Altura	Medida externa da folha (mm) Largura	Altura	Medida da sobreposição (mm) Largura	Altura	Fresta
6 x 15	750	1875	735	1860	709	1847	nas laterais e em cima 2 mm ... 4 mm cada, embaixo 7 mm
7 x 16	875	2000	860	1985	834	1972	
8 x 16	1000	2000	985	1985	959	1972	

5.2 Portas

Batentes de portas

Eles estabelecem a ligação com a alvenaria e suportam a folha da porta móvel.
Os batentes das portas podem ser instalados sob um umbral de madeira ou trilho de metal.

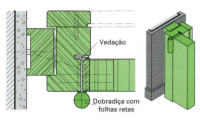

Batente em chassi

Batente de anteparo

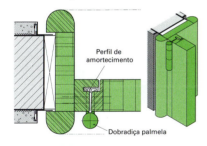

Batente de caixilho

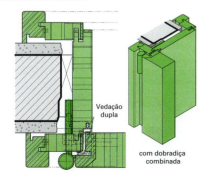

Batente de caixilho com revestimento

Folhas de porta

Portas almofadadas Divisão das almofadas segundo a divisão áurea

Portas planas sem e com recorte de vidro

Portas de tábuas   **Portas duplas**

Portas inteiras de vidro

5.2 Portas

Junção dos cantos para portas almofadadas

Com cavilhas   **Com encaixe**

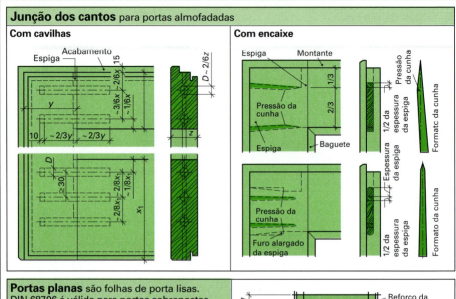

Portas planas são folhas de porta lisas.
DIN 68706 é válida para portas sobrepostas ou não para uso geral em interiores.

Estrutura	Descrição
Montantes	A fixação de fechadura de embutir e de dobradiças precisa estar garantida
Miolos	de madeira, material derivado de madeira ou outros materiais com eventuais vazios
Contra-placas	FU, duas lâminas coladas em sentidos cruzados, FP, HFH ou KH
Revestimentos	Folheados, placas HPL, películas plásticas, no mínimo IF 20 ou D1 coladas
Acabamento das bordas	Para superfícies transparentes harmonizar a cor do tratamento de superfície
Espessura	de 39 mm a 42 mm

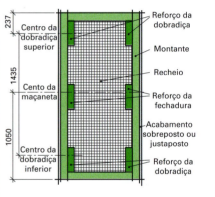

Recortes de portas planas

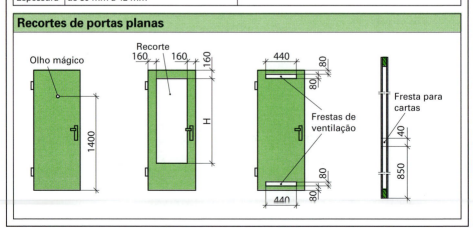

220

5.2 Portas

Seleção de dobradiças para portas (medidas em mm)

Dobradiças de folhas Para portas justapostas com batente modular com ou sem pino de sustentação Comprimento do cilindro: 120 160 Largura: 88 92 ⌀ do cilindro: 22 22 Espessura do material: 3 3		
Dobradiças angulares Dobra D13 para portas sobrepostas, almofadadas ou com batente modular Comprimento: 100, 120, 140, 160, 180 Largura: 60 – 63 ⌀ do cilindro: 15 Largura da dobra: 13 Espessura das folhas: 3		
Dobradiças de embutir em duas ou três peças, para portas sobrepostas, para aparafusar ou fixadas com pinos Comprimento do cilindro: 48 50 ⌀ do cilindro: 13 15 ⌀ do pino x comprimento: 7 x 50		
Dobradiça combinada Para portas sobrepostas pesadas Comprimento: 97 ⌀ do cilindro: 15 ⌀ do pino x comprimento: 7 x 50 Largura da dobra: 15 Espessura da folha: 3		

Material: Aço zincado, cromado, niquelado/aço nobre/latão/revestimento plástico

Linha de referência das dobradiças (DIN 18 268)

Linha imaginária na dobradiça da porta que fixa a posição da dobradiça na altura como distância do encaixe superior do batente (aresta superior).

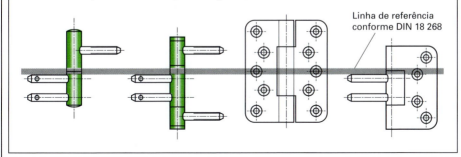

Linha de referência conforme DIN 18 268

5.2 Portas

Assentos da dobradiça e da fechadura
artesanal   industrial

Vedações para o encaixe da porta (exemplos)
Para uma boa vedação com pouca pressão, as medidas de montagem devem ser obedecidas.

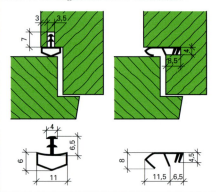

Fechaduras para portas (DIN 18251)
São geralmente de embutir. Elas são fabricadas com diferentes sistemas de segurança. Dependendo dos requisitos é feita uma divisão em classes: Classe 1 (portas internas leves até 15 kg/m²); classe 2 (portas internas); classe 3 (portas de entrada de apartamentos, alta qualidade de fechamento); classe 4 (solicitações extremas, elevada proteção contra arrombamento).

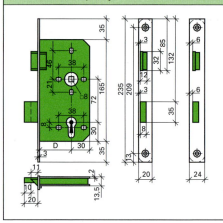

Fechadura de embutir para quartos
portas – rotação simples ou dupla

Porta linguetas:	Aresta viva ou arredondada
Portas sobrepostas:	Porta linguetas unilateral sobre a caixa da fechadura, 235 mm x 20 mm ou 235 mm x 18 mm, chapatesta de abas simétricas, para dobradiça com lingueta de trinco em posição elevada, chapatesta com abas assimétricas.
Portas justapostas:	Porta linguetas centralizado sobre a caixa da fechadura, 235 mm x 24 mm, chapatesta com orelha
Medida da espiga:	D = 55 mm (60 mm, 65 mm)

Tipos de segurança (tipos de chaves) para fechaduras de porta

Chave de palhetão (BB)	Chave com travas (ZH)
	Recortes para as travas
Chave de palhetão com guarnição	**Chave para tambor (perfilado PZ, redondo RZ)**
Recorte para a tira de guarnição	Recorte para os pinos de trava

Perfilado para tambor duplo ou simples (para portas com fechamento de um só lado) conforme DIN 18252

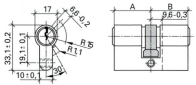

A ou D em mm: 27, 31, 36 .... 1 6 mm ascendente
Medida 9,6 vale para perfilado para tambor simples.

5.2 Portas

Acessórios para fechaduras

Chapatesta: 1) chapatesta angular, abas iguais,
2) Chapatesta angular, abas desiguais
3) Chapatesta com orelha

Guarnições para maçanetas: 1) com espelho longo
(DIN 18255)
2) com espelho curto
3) espelho para maçaneta e para chave

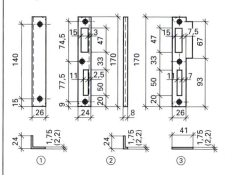
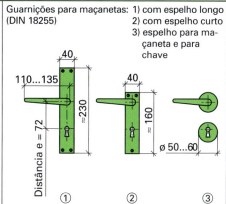

Portas acústicas (DIN 4109)

Princípio do projeto:
- Portas de folha única são obrigatoriamente pesadas (máximo 60 kg/m²)
- Portas de folhas duplas devem necessariamente apresentar uma grande distância entre as folhas sendo consequentemente mais espessas. Se as duas folhas tiverem que ser flexíveis, o peso terá de ser aumentado por outros meios.
- Os encaixes das portas devem ser vedados.
- Evitar caminhos secundários para o som.

Portas de correr

Elas possuem sistema de rodízios pelo qual são suspensas, deslizando paralelamente à parede. Elas necessitam fechadura especial.

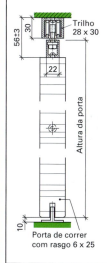
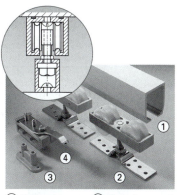

① Trilho de correr (alumínio)
② Mecanismo de movimentação
③ Guia do assoalho
④ Batente do trilho

Folhas para portas acústicas

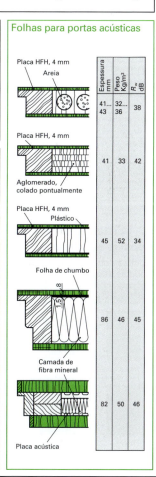

5.3 Janelas

Janelas, portas-janelas e paredes de vidro iluminam e arejam o ambiente. Elas são constituídas de caixilhos e folhas; para grandes elementos, adicionam-se montantes e/ou travessas. Elas se diferenciam na construção e no tipo de abertura.

Normas e regulamentos na construção de janelas (seleção)				
Tópico	Aplicação	Norma	Número	BRL[1]
Perfis de madeira para janelas e portas-janelas	Princípios gerais	DIN	68121	
	Elementos da janela	DIN	68121	
	Dimensões	DIN	68121	
	Medidas externas das folhas	DIN	68121	
[1] BRL Lista de regulamentos de construção	Requisitos de qualidade	DIN	68121	
Janelas	Requisitos	DIN	18055	
Portas-janelas (sacada)	Dimensões, execução	DIN	18056	
Desenhos construtivos	Sistemas de abertura (tipos)	DIN	1356	
	Tolerâncias dimensionais	DIN	18202	
Madeira na marcenaria	Escolha, qualidade da madeira	DIN EN	942	
Trabalhos de marcenaria VOB	Requisitos de qualidade	DIN	18355	
Durabilidade (coesão) da madeira	Classes de durabilidade	DIN EN	350	
Durabilidade da madeira	Tratada com produtos de proteção	DIN EN	351	
Durabilidade da madeira	Classes de risco	DIN EN ISO	460	
Janelas e portas externas	Norma de produto	DIN EN V	14351	
Paredes de janelas (envidraçadas)	Dimensões, execução	DIN	18056	X
Permeabilidade das juntas	Classificação	DIN EN	12207	X
Estanqueidade à chuva direta	Classificação	DIN EN	12208	
Resistência ao vento	Classificação	DIN EN	12210	
Solicitações	Classificação	DIN EN	12400	
Propriedades mecânicas	Classificação	DIN EN	13115	
Forças para manuseio	Classificação	DIN EN pr	12217	
Proteção térmica	Valores de medição	DIN	4108	
Coeficiente de permeabilidade térmica	Processo simplificado	DIN EN ISO	10077	
Acessórios de construção	Definições, requisitos	DIN	18258	
Acessórios de construção	Requisitos	DIN EN	1935	
Bloqueio a arrombamento	Classes de resistência	DIN V EN	1627	
Bloqueio a arrombamento	Produtos acessórios	DIN	18104	
Proteção sonora	Requisitos, comprovações	DIN	4109	X

5.3.1 Sistemas de abertura e perfis de janelas
Tipos de aberturas (DIN 1356)

A direção de rotação das folhas de janelas é indicada por triângulos. O lado aberto do triângulo é o lado das dobradiças ou do eixo de rotação, a ponta do triângulo é o lado do fecho.

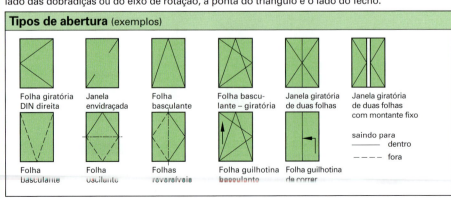

Tipos de abertura (exemplos)

Folha giratória DIN direita | Janela envidraçada | Folha basculante | Folha basculante – giratória | Janela giratória de duas folhas | Janela giratória de duas folhas com montante fixo

saindo para
——— dentro
– – – fora

Folha basculante | Folha oscilante | Folhas reversíveis | Folha guilhotina basculante | Folha guilhotina de correr

224

5.3 Janelas

Construções
Com o termo construção referimo-nos à estrutura de uma janela. São diferenciados três tipos.

Janela simples

Esquadria de batente única com ou sem folhas

Janela combinada

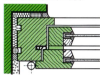

Esquadria de batente única com folha interna e externa e um eixo de rotação comum

Janela de inverno (janela dupla)

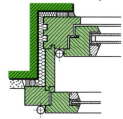

Esquadria de batente dupla combinada, ligadas por um intradorso e duas folhas com eixos de rotação próprios

Elementos da janela

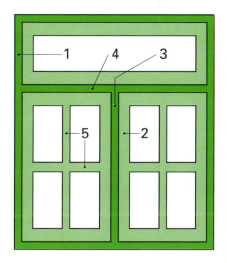

1. **Esquadria do batente**
   Uma esquadria fixada na alvenaria, com encaixe/chanfro e/ou encaixes para vidros fixos e/ou esquadrias de folhas móveis.

2. **Esquadria das folhas**
   Um elemento móvel ligado à esquadria do batente, com encaixe/chanfro para vidros.

3. **Montante (trave)**
   Um elemento vertical para divisão da esquadria na largura.

4. **Travessa**
   Elemento horizontal para divisão da esquadria na altura.

5. **Barra divisória**
   Régua perfilada para divisão das esquadrias ou das folhas na largura e na altura, com encaixe/chanfro.

Madeira para janela

Os requisitos para as condições de qualidade e processamento da madeira para janelas estão descritos na DIN 68121, DIN 18355, RAL e DIN EN 942. A umidade da madeira não pode ultrapassar 13% ± 2% (DIN 18355, VOB). A classe de resistência ao ataque por fungos está estabelecida na DIN 350-2. Para madeira de coníferas a densidade bruta corresponde a 0,35 g/cm³, para madeira de folhosas, 0,45 g/cm³ com umidade da madeira $u < 15\%$.

Juntas de topo: Em janelas pintadas só são usadas conexões com cunhas zincadas (DIN 68140) se o contratante assim o aprovar.

Lamelas: Para as camadas de capa vale a DIN EN 942, o miolo deve ser constituído por seção integral, a estrutura deve ser simétrica, do mesmo tipo de madeira e densidade bruta semelhante, o adesivo deve ser empregado de acordo com a DIN EN 204 D4.

Seleção das lamelas de tábuas

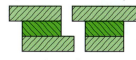

Arestas brutas no formato Z e T

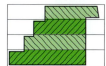

Disposição das juntas coladas em IV 92

5.3 Janelas

Seção transversal de perfilados (seleção DIN 68121)

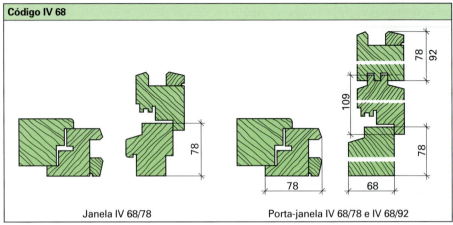

Código IV 68

Janela IV 68/78 — Porta-janela IV 68/78 e IV 68/92

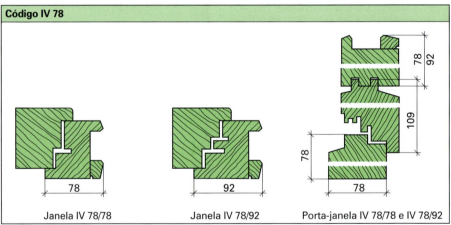

Código IV 78

Janela IV 78/78 — Janela IV 78/92 — Porta-janela IV 78/78 e IV 78/92

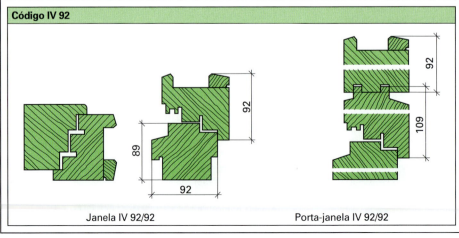

Código IV 92

Janela IV 92/92 — Porta-janela IV 92/92

5.3 Janelas

Código DV 44/78-32

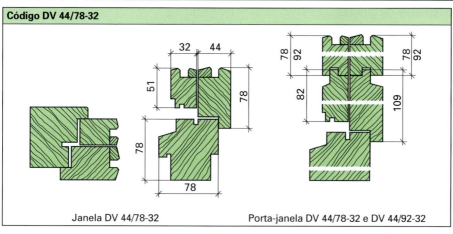

Janela DV 44/78-32   Porta-janela DV 44/78-32 e DV 44/92-32

Código DV 44/78-44

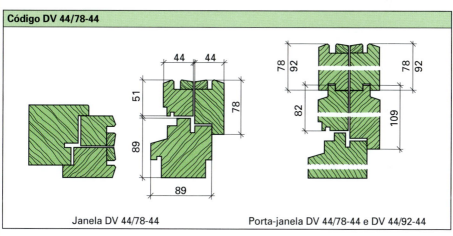

Janela DV 44/78-44   Porta-janela DV 44/78-44 e DV 44/92-44

Código DV 56/78-36

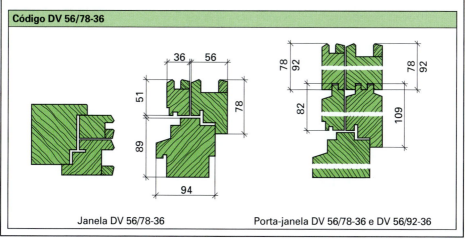

Janela DV 56/78-36   Porta-janela DV 56/78-36 e DV 56/92-36

5.3 Janelas

Sistemas de janelas

Janela de plástico

Janela de plástico (PVC)
Esquadrias e folhas deslocadas
Material: PVC rígido
DIN 7748
no mínimo do tipo
PVC-U-G E 072-15-23
Grupo de solicitação
DIN 18055: C
Valor a: < 0,1 m³/hm
Grupo do material
da esquadria 1
DIN V 4108-4
$U_{t,\,BW}$ 2,2 W/(m² K)
Perfil de aço adequado às câmeras vazias e zincado

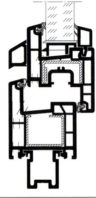

Janela de plástico (PVC)
Esquadrias e folhas alinhadas
Material: PVC rígido
DIN 7748
no mínimo do tipo
PVC-U-G-E 072-15-23
Grupo de solicitação
DIN 18055: C
Valor a: < 0,1 m³/hm
Grupo do material
da esquadria 1
DIN V 4108-4
$U_{t,\,BW}$ 2,2 W/(m² K)
Perfil de aço adequado às câmeras vazias e zincado

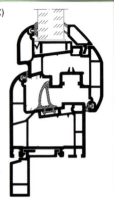

Janela de alumínio

Janela de alumínio
Esquadrias e folhas deslocadas
Construção termo-isolante
Material: Alumínio
AlMgSi 0,5 F 22
Grupo de solicitação
DIN 18055: C
Valor a: < 0,1 m³/hm
Grupo do material
da esquadria 1
DIN V 4108-4
$U_{t,\,BW}$ 2,2 W/(m² K)
espessura da esquadria até 65 mm

Janela de alumínio
Esquadrias e folhas alinhadas
Construção termo-isolante
Material: Alumínio
AlMgSi 0,5 F 22
Grupo de solicitação
DIN 18055: C
Valor a: < 0,1 m³/hm
Grupo do material
da esquadria 1
DIN V 4108-4
$U_{t,\,BW}$ 2,2 W/(m² K)
espessura da esquadria até 65 mm

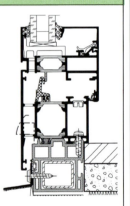

Construção composta (janela de alumínio – madeira)

Perfil de madeira
para janela DIN 68121
com anteparo de alumínio sobreposto
Esquadrias e folhas deslocadas

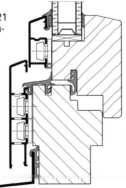

Perfil de madeira
para janela DIN 68121
com anteparo de alumínio sobreposto
Esquadrias e folhas alinhadas

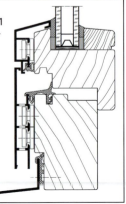

5.3 Janelas

Perfilados para janelas
Designação padronizada para janelas de madeira (DIN 68121)

Exemplo para janela simples
Janela de madeira DIN 68121 IV 78 - 78 - 2

Denominação ┘
Sigla principal da norma ─────┘
Identificação do perfil ──────────┘
Largura do perfil ─────────────────┘
Número de vedações do encaixe ──────────┘

Exemplo para janela composta
Janela de madeira DIN 68121 DV 44/78 - 32 - 1

Denominação ┘
Sigla principal da norma ─────┘
Identificação do perfil ──────────┘
Espessura mínima ─────────────────┘
Número de vedações do encaixe ──────────┘

Siglas para janelas e porta-janelas

EV	Janelas e portas-janelas com vidro de chapa única
IV	Janelas e portas-janelas com vidro isolante de múltiplas camadas
DV	Janelas e portas-janelas compostas com vidro isolante de chapa única e/ou de múltiplas camadas

Dimensões de perfil

Janela simples			Janela composta			
Sigla do perfil	Espessura nominal em mm	Espessura mínima do perfil em mm	Sigla do perfil	Folha interna		Folha externa	
				Espessura nominal em mm	Espessura mínima em mm	Espessura nominal em mm	Espessura mínima em mm
IV 56	56	55	DV 44/78-32	44	42	32	30
IV 63	63	62	DV 44/78-44	44	42	44	42
IV 68	68	66	DV 56/78-36	56	54	36	34
IV 78	78	76	A espessura mínima é igual à medida limite inferior.			
IV 92	92	90	

Medidas da seção (exemplo IV 63)

A sigla do perfil indica sempre a espessura da esquadria do batente e da folha.

Sigla   IV 63
Janela   IV 63/78
Espessura
do perfil   63 mm
Largura do
perfil   78 mm

Encaixe Europa com rasgo

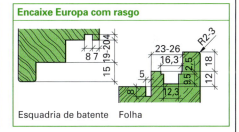

Esquadria de batente   Folha

5.3.2 Solicitação
Grupos de solicitação (DIN 18055)

A norma estabelece o valor a como requisito e teste das janelas quanto à permeabilidade das juntas. O valor (coeficiente de permeabilidade das juntas) deve ser $a \leq 1,0$ m^3/($h \cdot$ m $\cdot$ daPa$^{2/3}$). A carga do vento se baseia na altura do prédio.

Grupo de solicitação	A	B	C	D
Valor de: Altura do prédio referência intensidade do vento	até 8 m até 7	até 20 m até 9	até 100 m até 11	Regulamento especial

Os grupos de solicitação devem ser indicados na lista de performance. Para as janelas giratórias e giratórias basculantes as larguras das folhas são limitadas pelo grupo de solicitação.

Largura da folha	> 1100 mm	1 trinco adicional	
Altura da folha	> 1100 mm	1 trinco adicional	> 2000 mm 2 trincos adicionais

5.3 Janelas

Medidas externas das folhas

As medidas externas das folhas e as áreas de aplicação para janelas e portas-janelas podem ser determinadas com auxílio de diagramas (DIN 68121) e em função das guarnições e da espessura total do vidro de 10 mm (25 kg/m²).

Diagrama de tamanho para janelas e portas-janelas código IV 68/78

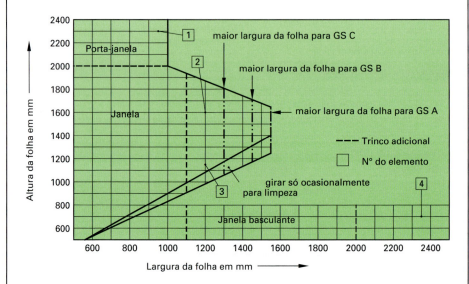

Avaliação do diagrama para janelas, portas-janelas e janelas basculantes						
Nº do elemento	Designação	Medidas externas da folha largura/altura em mm	Grupo de solicitação (GS)	Trinco adicional na altura	Trinco adicional na largura	
1	Porta-janela	950/2300	C	2	–
2	Janela	1200/1600	B	1	1
3	Janela	1200/1150	B	1	1
4	Janela basculante	2350/700	–	–	< 2

Medidas externas máximas de acordo com os grupos de solicitação						
Códigos	BG	Maiores medidas externas em mm Largura	Altura	Códigos	BG	Maiores medidas externas em mm Largura	Altura
IV 68/78	A	1550	1650	DV 44/78-32	A	1300	1500
	B	1450	1700		B	1200	1650
	C	1300	1800		C	1050	1900
IV 78/78	A	1600	1750	DV 44/78-44 DV 56/78-36	A	1400	1500
	B	1500	1800		B	1300	1600
	C	1350	1850		C	1150	1800
IV 92/92	A	1600	1900	DV 44/92-44 DV 56/92-36	A	1400	1500
	B	1500	1925		B	1300	1700
	C	1350	1950		C	1150	2000

Sob carga do vento, a flecha das peças da esquadria entre as arestas do vidro, para vidro isolante de 8 mm, não pode ultrapassar 1/300 da extensão entre os apoios.
Para paredes de janelas com uma superfície ≥ 9 m² e uma largura lateral ≥ 2,00 m, constituídas de travessas (esquadrias, traves, montantes) com enchimento (envidraçamento), a DIN 18056 é determinante.

5.3 Janelas
5.3.3 Dimensionamento das seções das esquadrias

A comprovação da usabilidade dos elementos fixos das esquadrias é feita por intermédio de cálculo da flecha máxima para montantes e travessas. Para elementos de esquadrias ligados fixamente com o corpo da construção essa comprovação pode ser dispensada. As forças que se manifestam são absorvidas pelo corpo da construção. Para os demais elementos da esquadria é preciso assegurar os seguintes pontos:

→ a tensão admissível do material (E) não pode ser ultrapassada
→ as flechas máximas dos montantes e das travessas (DIN 18056) não podem ser ultrapassadas:
→ para extensões entre os apoios de até 300 cm = 1/200 l
→ para extensões entre os apoios acima de 300 cm = 1/300 l
→ para folhas = 1/300 l
→ a flecha máxima para vidros de 8 mm deve ser considerada.

As folhas são identificadas por meio de uma descrição do sistema com grupos de solicitação e tamanhos de perfis. Deve-se atentar para uma elasticidade suficiente da vedação de contorno.

Exemplo de cálculo para uma parede de janelas

São dados as seguintes precondições:
- Altura do prédio 30 m
- Grupo de solicitação B
- Tamanho da janela veja esboço
- Material: Pinho
  Módulo de elasticidade E = 11000 N/mm²
- Pressão do vento: q = 1,1 kN/m²
- Coeficiente do prédio: c = 1,6

procurado: Ix para os montantes e travessas
(momento de inércia geométrico (de área))

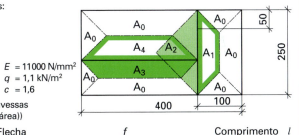

| Carga do vento | W | Flecha | f | Comprimento | l |
| Superfície de ataque do vento | A | Coeficiente de carga simplificado | a | (retângulo) | |

- **Cálculo dos montantes**
  O cálculo do Ix (momento de inércia) é feito em várias etapas.
  Cálculo da flecha f
  $f_{zul.}$ = 1/300 l ⇒ max. 0,8 cm $f_{vorh.}$ = 250 m/300 = **0,833 cm** (vorh. = real)
  f_{vorh} é maior do que f_{zul}, portanto o cálculo prossegue com f_{zul} = 0,8 cm. (zul = permissível)

- **Cálculo da carga do vento W** (extraído do cálculo da força de inércia segundo Steiner)
  Cálculo da área A (comprimentos convertidos em m)
  Áreas A₁ (trapézio)   Áreas A₂ (triângulo)
  $A_1 = \frac{l_1 + l_2}{2} \cdot b_1 = \frac{2,50 + 1,50}{2} \cdot 0,50 = 1,00$ m² $A_2 = \frac{l_2 \cdot b_2}{2} = \frac{2,50 \cdot 1,25}{2} = 1,56$ m²
  $A = A_1 + A_2$ = 1,00 m² + 1,56 m² = **2,56 m²** (As áreas A₀ não são necessárias para o cálculo)
  Cálculo da carga do vento $W = c \cdot q \cdot A$ = 1,6 · 1,1 · 2,56 = 4,5056 kN = **4505,6 N**

- **Cálculo do momento de inércia Ix** (unidades convertidas para N e cm)

  $Ix_{erf.} = a \cdot \frac{W \cdot l^3}{E \cdot f} \cdot 1,25$ (segurança) E = 1100 N/mm² = 1 100 000 N/cm² (erf. = necessário)

  $= \frac{5}{384} \cdot \frac{4505,6 \cdot 250^3}{1\,100\,000 \cdot 0,8} \cdot 1,25 = \frac{5}{384} \cdot \frac{4505,6 \cdot 15\,625\,000}{1\,100\,000 \cdot 0,8} + 260,33 = \mathbf{1306\ cm^4}$

Pressão dinâmica q (DIN 1055)	
Altura acima do solo em m	Pressão dinâmica q em kN/m²
0 a 8	0,5
8 a 20	0,8
20 a 100	1,1
até 100	1,3

Coeficiente do prédio c (DIN 1055)	
Prédio	Coeficiente c
normal	1,2
tipo torre	1,6
Como tipo torre vale um prédio cuja altura, pelo ao menos em uma das vistas, corresponde a 5 vezes à largura média.	

5.3 Janelas

- **Definição da seção do montante**

De acordo com o cálculo do momento de inércia I_x é procurado na tabela "Determinação do momento de inércia para seções transversais dos montantes" o montante adequado.

Para escolha existem as seguintes seções:

100×190; 110×150; 120×120; 130×100; **será escolhido o perfil 120 mm×120 mm.**

• Cálculo de I_x para a travessa

- **Cálculo da flecha f**

$f_{zul.} = 1/300 \; l \Rightarrow$ max. 0,8 cm $\qquad\qquad f_{vorh.} = 300$ cm/300 $\Rightarrow$ **1,0 cm**

f_{vorh} é maior do que f_{zul}, portanto o cálculo prossegue com $f_{zul} = 0,8$ cm.

- **Cálculo da carga do vento W**

$$A_3 = \frac{l_1 + l_2}{2} \cdot h_1 = \frac{3,00 \text{ m} + 2,00 \text{ m}}{2} \cdot 0,45 \text{ m} = 1,15 \text{ m}^2$$

$$A_4 = \frac{l_1 + l_2}{2} \cdot h_1 = \frac{3,00 \text{ m} + 1,40 \text{ m}}{2} \cdot 0,80 \text{ m} = 1,76 \text{ m}^2$$

> zul = permissível
> vorh. = real
> erf. = necessário

$A = A_3 + A_4 = 1,15 \text{ m}^2 + 1,76 \text{ m}^2 =$ **2,91 m²**

$W = c \cdot q \cdot A = 1,6 \cdot 1,1 \text{ kN/m}^2 \cdot 2,91 \text{ m}^2 = 5,1216 \text{ kN} =$ **5121,6 N**

- **Cálculo do momento de inércia I_x** (unidades convertidas para N e cm)

$$I_{x_{erf.}} = a \cdot \frac{W \cdot P}{E \cdot f} \cdot 1,25 \text{ (segurança)} = \frac{5}{384} \cdot \frac{5121,6 \cdot 300^3}{1\,100\,000 \cdot 0,8} \cdot 1,25 = 2046 \text{ cm}^4 + 512 \text{ cm}^4 = \textbf{2558 cm}^4$$

será escolhido o perfil 120 mm x 120 mm

• Cálculo de I_x para o montante escolhido – Perfil 120 mm x 120 mm

- **Cálculo da área da seção transversal A**

Área	Largura	Profundidade	cm²	y cm
A_1	7,50 cm	2,70 cm	20,25	1,35
A_2	9,00 cm	2,50 cm	22,50	3,95
A_3	12,00 cm	6,80 cm	81,60	8,60
A	–	–	124,35	

- **Cálculo do eixo de gravidade do sistema y_0**

$$y_0 = \frac{A_1 \cdot y_1 + A_2 \cdot y_2 + A_3 \cdot y_3}{A_{total}}$$

$A_1 \cdot y_1 = 20,25 \text{ cm}^2 \cdot 1,35 \text{ cm} = \quad 27,34 \text{ cm}^3$

$A_2 \cdot y_2 = 22,50 \text{ cm}^2 \cdot 3,95 \text{ cm} = \quad 88,88 \text{ cm}^3$

$A_3 \cdot y_3 = 81,60 \text{ cm}^2 \cdot 8,60 \text{ cm} = \underline{701,76 \text{ cm}^3}$

$A \cdot y \qquad\qquad\qquad\quad = 817,98 \text{ cm}^3$

$$y_0 = \frac{A \cdot y}{A} = \frac{817,98 \text{ cm}^3}{124,35 \text{ cm}^2} = 6,58 \text{ cm}$$

- **Determinação de $(A \cdot e^2)$**

	cm	e em cm²	e^2 em cm⁴
$y_0 - y_1 = e_1$	6,578 – 1,35	5,23	27,35
$y_0 - y_2 = e_2$	6,578 – 3,95	2,63	6,92
$y_0 - y_3 = e_3$	6,578 – 8,60	– 2,02	4,08

$A_1 \cdot e_1^2 = 20,25 \cdot 27,35 = \quad 553,84 \text{ cm}^4$

$A_2 \cdot e_2^2 = 22,50 \cdot 6,92 = \quad 155,70 \text{ cm}^4$

$A_3 \cdot e_3^2 = 81,60 \cdot 4,08 = \quad 332,93 \text{ cm}^4$

$(A \cdot e^2) = \qquad\qquad\qquad = 1042,47 \text{ cm}^4$

- **Determinação da soma I** (compare fórmula p. 62)

$$I = \frac{b \cdot h^3}{12}$$

$I_{x_1} = \quad 12,30 \text{ cm}^4$

$I_{x_2} = \quad 11,72 \text{ cm}^4 \quad \Big\} \; \sum I = 337,45 \text{ cm}^4$

$I_{x_3} = \underline{314,43 \text{ cm}^4}$

$I_{x_{total}} = A \cdot e^2 + I$

$I_{x_{total}} = 1042,47 + 337,45$

$I_{x_{total}} = 1379,92 \text{ cm}^4$

$I_{x_{total}} \approx$ **1380 cm⁴**

I_x necessário = 1306 cm⁴ $\qquad I_x$ total = 1380 cm⁴

Com isso, fica comprovado que a seção escolhida de 120 mm x 120 mm é suficiente.

5.3 Janelas

Determinação do momento de inércia geométrico do montante perfil IV 68 em cm⁴

Espessura em mm	Largura em mm												
	92	100	110	120	130	140	150	160	170	180	190	200	210
68	148	171	199	227	254	281	308	335	362	389	415	442	468
78	229	264	306	348	389	431	471	512	552	593	633	673	713
92	383	440	509	578	646	713	780	846	913	979	1045	1111	1177
100	498	570	659	747	833	920	1096	1091	1176	1261	1346	1430	1515
110	673	768	886	1002	1117	1232	1345	1459	1572	1685	1798	1910	2022
120	887	1010	1162	1312	1461	1609	1757	1904	2050	2197	2343	2489	2634
130	1145	1300	1492	1682	1871	2059	2247	2433	2620	2805	2991	3176	3361
140	1452	1645	1883	2120	2335	2590	2823	3056	3288	3520	3751	3982	4213
150	1812	2048	2340	2631	2919	3207	3493	3779	4064	4349	4634	4918	5201
160	2230	2515	2869	3220	3570	3918	4265	4611	4957	5302	5647	5992	6336

Determinação do momento de inércia geométrico da travessa perfil IV 68 em cm⁴

Espessura em mm	Largura em mm												
	92	100	110	120	130	140	150	160	170	180	190	200	210
68	168	189	216	242	268	294	320	347	373	399	425	451	478
78	252	284	323	363	402	442	482	521	561	600	640	679	719
92	403	455	520	585	650	715	779	844	909	974	1039	1104	1169
100	508	574	658	741	825	908	992	1075	1158	1242	1325	1408	1492
110	659	748	859	970	1081	1192	1304	1415	1526	1637	1748	1859	1970
120	832	948	1093	1238	1382	1526	1671	1815	1959	2104	2248	2392	2536
130	1028	1176	1361	1545	1729	1913	2097	2280	2464	2647	2831	3014	3197
140	1245	1431	1663	1893	2124	2354	2584	2813	3043	3272	3502	3731	3960
150	1483	1713	1999	2284	2568	2851	3135	3418	3700	3983	4265	4547	4928
160	1738	2019	2368	2716	3062	3407	3751	4095	4439	4783	5125	5468	5811

5.3 Janelas

5.3.4 Dimensões na janela

Dimensões de janelas calculadas. Determinação das dimensões do encaixe do vidro pela esquadria de batente.

Exemplo: Janela simples IV 68/78	
Medida externa da esquadria: 1115 x 1485	
Cálculo da largura em mm	
Medida externa da esquadria	1230
2 · Largura da esquadria	− 156
Medida do vão livre da esquadria	= 1074
2 · Medida do encaixe	+ 76
Medida externa do encaixe	= 1150
2 · Largura da esquadria	− 156
Medida do vão livre do encaixe	= 994
2 · Medida do encaixe	+ 36
Medida do encaixe do vidro	**= 1030**
Cálculo da altura em mm	
Medida externa da esquadria	1480
2 · Largura da esquadria	− 156
Medida do vão livre da esquadria	= 1324
Medida do encaixe inferior	+ 11
Medida do encaixe superior	+ 38
Medida externa da folha	= 1378
2 · Largura da esquadria	− 156
Medida do vão livre da folha	= 1217
2 · Medida do encaixe	+ 36
Medida do encaixe do vidro	**= 1253**

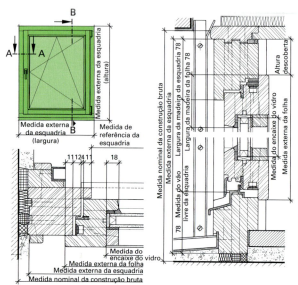

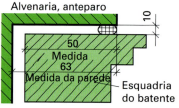

Medidas na junção com a parede

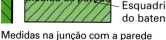

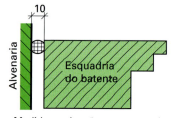

Medidas na junção com a parede

Tolerâncias para as aberturas na alvenaria

Desvios máximos, tolerâncias angulares (DIN 18 202, seleção)					
Medida nominal da alvenaria	Aberturas: Janelas, portas, elementos	Aberturas: janelas, portas, elementos montados com intradorso pronto	Aberturas verticais horizontais e superfícies inclinadas	Pontos de medição nas aberturas da alvenaria	
	GA[1]	GA	WT[2]		
≥ 1 m	−	−	6 mm		
≥ 3 m	± 12 mm	± 10 mm	8 mm		
≥ 6 m	± 16 mm	± 12 mm	12 mm		
≥ 15 m			16 mm	Os pontos de medição se localizam a 10 cm dos cantos.	

Os valores-limite dos desvios das medidas da alvenaria só podem ser aproveitados em uma zona de medição.
Não é permitido interligar os dois valores-limite
[1] GA: Desvio máximo   [2] WT: Tolerância angular, medida de aferição

5.3 Janelas

5.3.5 Conexão janela – corpo da construção

A junta de conexão entre a esquadria de batente e o corpo da construção apresenta três zonas:

Zona 1: Proteção contra o tempo, limite de bloqueio do vento e de impactos da chuva (aberturas de difusão, escoamento controlado de água)
Zona 2: Zona funcional, seca, isolação acústica e térmica
Zona 3: Camada de vedação de ar, do lado do ambiente totalmente vedado ao ar (estanque à difusão de vapor)

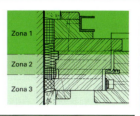

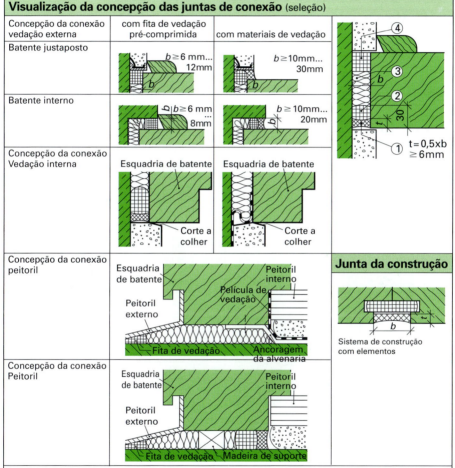

1. Material de vedação elástico
2. Cordão traseiro com células fechadas
3. Isolamento com fibra mineral ou similar
4. Fita de espuma impregnada (pré-comprimida)

b: Distância mínima de acordo com o material da esquadria > 10 mm (madeira 10 mm; PVC rígido branco 10 mm... 25 mm; PVC, PMMA colorido 15 mm ... 30 mm)

A vedação externa somente com fita de vedação pré-comprimida sem réguas de guarnição só é recomendada para locais pouco expostos.

O plano de instalação da janela mais adequado para evitar falha no escoamento de água, ataque de fungos e para a redução da perda de calor, no caso de paredes externas monolíticas, é o plano central. A curva isotérmica normativa de 10 °C para a temperatura ambiente de 20 °C fica situada na madeira da esquadria, veja capítulo 6.

5.3 Janelas

5.3.6 Contenção térmica, proteção acústica, proteção contra arrombamento

Contenção térmica (DIN V 4108-4, DIN EN 10077, lei de economia de energia)
A proteção térmica é regulamentada pela "Legislação sobre proteção térmica para economia de energia". Na aplicação da DIN EN 10077 deve-se observar que ela precisa corresponder aos coeficientes de permeabilidade térmica dimensionados dos vidros, janelas, e portas-janelas DIN V 4108-4.
Na alteração de componentes ou reforma de janelas e portas-janelas o U_{max} = 1,7 W/(m² · K) não pode ser ultrapassado. Janelas externas de ambientes aquecidos devem ser executadas no mínimo com vidros isolantes e duplos.

Coeficiente de permeabilidade térmica para janelas

Tipo de vidro	U_g W/(m²·K)	\multicolumn{7}{c	}{20 % da área total U_f em W/(m²·K)}	\multicolumn{7}{c	}{30 % da área total U_f em W/(m²·K)}
		1,0	1,4	1,8	2,2	2,6	3,0	3,4	5,0	7,0	1,0	1,4	1,8	2,2	2,6	3,0	3,4	5,0	7,0
Vidro único	5,3	4,8	4,8	4,9	5,0	5,1	5,2	5,2	5,3	5,9	4,3	4,4	4,5	4,6	4,8	4,9	5,0	5,1	6,1
Vidro duplo isolante	3,3	2,9	3,0	3,1	3,2	3,3	3,4	3,4	3,5	4,0	2,7	2,8	2,9	3,1	3,2	3,4	3,5	3,6	4,4
	3,1	2,8	2,8	2,9	3,0	3,1	3,2	3,3	3,4	3,9	2,6	2,7	2,8	2,9	3,1	3,2	3,3	3,5	4,3
	2,9	2,6	2,7	2,8	2,8	3,0	3,0	3,1	3,2	3,7	2,4	2,5	2,7	2,8	3,0	3,1	3,2	3,3	4,1
	2,7	2,4	2,5	2,6	2,7	2,8	2,9	3,0	3,0	3,6	2,3	2,4	2,5	2,6	2,8	2,9	3,1	3,2	4,0
	2,5	2,3	2,4	2,5	2,6	2,7	2,7	2,8	2,9	3,4	2,2	2,3	2,4	2,6	2,7	2,8	3,0	3,1	3,9
	2,3	2,1	2,2	2,3	2,4	2,5	2,6	2,7	2,7	3,3	2,1	2,2	2,3	2,4	2,6	2,7	2,8	2,9	3,8
	2,1	2,0	2,1	2,2	2,2	2,3	2,4	2,5	2,6	3,1	1,9	2,0	2,2	2,3	2,4	2,6	2,7	2,8	3,6
	1,9	1,8	1,9	2,0	2,1	2,2	2,3	2,3	2,4	3,0	1,8	1,9	2,0	2,1	2,3	2,4	2,5	2,7	3,5
	1,7	1,7	1,8	1,8	1,9	2,0	2,1	2,2	2,3	2,8	1,6	1,8	1,9	2,0	2,2	2,3	2,4	2,5	3,3
	1,5	1,5	1,6	1,7	1,8	1,9	1,9	2,0	2,1	2,6	1,5	1,6	1,7	1,9	2,0	2,1	2,3	2,4	3,2
	1,3	1,4	1,4	1,5	1,6	1,7	1,8	1,9	2,0	2,5	1,4	1,5	1,6	1,7	1,9	2,0	2,1	2,2	3,1
	1,1	1,2	1,3	1,4	1,4	1,5	1,6	1,7	1,8	2,3	1,2	1,3	1,5	1,6	1,7	1,9	2,0	2,1	2,9

Coeficiente de permeabilidade térmica para esquadrias de madeira (DIN EN 10077-1)

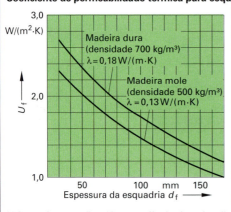

Associação dos valores U_f de perfis unitários a valores $U_{f,BW}$ dimensionados para esquadrias		
valor U_f para perfil unitário W/(m² · K)	valor $U_{f,BW}$ dimensionado W/(m² · K)	
< 0,90	0,8
≥ 0,90	< 1,1	1,0
≥ 1,1	< 1,3	1,2
≥ 1,3	< 1,6	1,4
≥ 1,6	< 2,0	1,8
≥ 2,0	< 2,4	2,2
≥ 2,4	< 2,8	2,6
≥ 2,8	< 3,2	3,0
≥ 3,2	< 3,6	3,4
≥ 3,6	< 4,0	3,8
	< 4,0	7,0

Valores de correção ΔU_g para cálculo do valor dimensionado $U_{g,BW}$

Base	Valor de correção ΔU_g W/(m² · K)
Pinázios no espaço entre as folhas de vidro (uma cruz)	+ 0,1
Pinázios no espaço entre as folhas de vidro (diversas cruzes)	+ 0,2

Coeficiente linear de permeabilidade térmica ψ
para distanciadores de alumínio ou aço (não aço inoxidável)

Material da esquadria	Envidraçamento isolante com dois ou três folhas de vidro, vidro sem revestimento, espaço intermediário com ar ou gás
Esquadria de madeira ou plástico	ψ = 0,04 W/(m · K)

5.3 Janelas

Junta de contorno em vidro isolante aperfeiçoada para contenção térmica

Junta de contorno aperfeiçoada para contenção térmica é o distanciador que satisfaz a seguinte equação:

$\Sigma (d \cdot \lambda) \leq 0{,}007$ W/K

d Espessura do material
λ Condutibilidade térmica em W/(m · K)

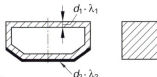
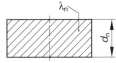

Classes de resistência para classificação de janelas

Classes de resistência (seleção, resumo)						
Grupo de solicitação (DIN 18055)	Permeabilidade ao ar DIN EN 12207		Resistência à chuva direta DIN EN 12208		Carga do vento DIN EN 12210		
(valor a)			A	B	A	B	C
A (até 8 m) ||	0	0	0	0	0	0
	até dois andares completos	1	1A	1B	A1	B1	C1
			2A	2B	A2	B2	C2
			3A	3B			
			4A	4B			
B (até 20 m)		2	5A	5B	A3	B3	C3
			6A	6B			
			7A	7B			
C (até 100 m)	Acima de dois andares completos	3	8A	–	A4	B4	C4
			9A	–	A5	B5	C5
D		4	E	–	A, B, C Exxxx		

A derivação da DIN EN 12207, DIN EN 12208 e DIN EN 12210 para a DIN 18055 é apenas aproximada.
Os requisitos 0 não foram testados.   E: poucos testes

Requisitos de uma janela

Requisitos simples (evitar ou combinar à parte)	
Requisitos padrões	
Requisitos elevados	

Permeabilidade ao ar (DIN EN 12207)

A permeabilidade ao ar se baseia na comparação da permeabilidade ao ar da janela em relação à área total e ao comprimento das junções.

Estanqueidade contra chuva direta (DIN EN 12208)

A estanqueidade contra chuva direta pelo método de ensaio A é prevista para janela com requisito normal; janelas testadas pelo método B só podem se empregadas numa instalação protegida (p.ex. toldo, varanda coberta)

Carga do vento (DIN EN 12210) (flexão frontal relativa das madeiras da esquadria)

Classe	flexão frontal relativa	Classe	flexão frontal relativa
A	< 1/150	C	< 1/300
B	< 1/200	A flexão admissível para o vidro pode ter outros valores-limite.	

237

5.3 Janelas

Proteção acústica (DIN 4109)

O importante é evitar "pontes" de som dentro da estrutura e entre a face externa e interna da junta de conexão entre prédio e janela (compare página 235).

Estruturas de janelas com proteção acústica para janelas giratórias, guilhotina-giratória e vidros de janelas (seleção)

Medida avaliada de contenção de ruído $R_{W,R}$ necessária para janelas em dB	Característica estrutural	Janela simples com vidro isolante	Janela combinada com 1 vidro isolante + 1 vidro simples	Janela modular com 1 vidro isolante + 1 vidro simples
25	Espessura total vidro LZR $R_{W,P,Vidro}$ Vedação no encaixe	> 6 mm ≥ 8 mm ≥ 27 dB desnecessária	> 6 mm nenhuma exigência – desnecessária	– – – –
32	Espessura total vidro LZR $R_{W,P,Vidro}$ Vedação no encaixe	> 8 mm (≥ 4 + 4) ≥ 16 mm ≥ 30 dB (1) necessária	> 8 mm ou (≥ 4 + 4/12/4) ≥ 30 mm – (1) necessária	– – – (1) necessária
37	Espessura total vidro LZR $R_{W,P,Vidro}$ Vedação no encaixe	> 14 mm (≥ 10 + 4) ≥ 20 mm ≥ 39 dB (1) + (2) necessária	≥ 10 mm ou (≥ 6 + 6/12/4) ≥ 40 mm – (1) necessária	– ≥ 100 mm – (1) necessária
40	Espessura total vidro LZR $R_{W,P,Vidro}$ Vedação no encaixe	– – ≥ 44 dB (1) + (2) necessária	≥ 14 mm ou (≥ 8 + 6/12/4) ≥ 50 mm – (1) + (2) necessária	≥ 8 mm ou (≥ 8 + 4/12/4) ≥ 100 mm – (1) + (2) necessária
≥ 44	Não é possível dar indicações genericamente válidas, comprovação apenas por ensaio individual. (DIN EN ISO 140-1, DIN EN ISO 717, DIN EN 20 140-3)			

Além da parede e da janela, as juntas de conexão possuem grande influência sobre a contenção acústica. Uma contenção satisfatória só pode ser obtida com uma junta de conexão cheia em todo o perímetro. Os diversos materiais de enchimento possuem diferentes capacidades de contenção acústica.

Valores de orientação para a medida de contenção acústica de juntas $R_{ST,W}$ (ift)

Condição/enchimento da junta	Contenção acústica da junta $R_{ST,W}$ em dB	
	Largura da junta b = 10 mm	Largura da junta b = 20 mm
Vazia	15 ... 20	10 ... 15
Fibra mineral	40 ... 45	20 ... 30
Espuma de montagem	> 50	> 50
Selagem, enchimento de fibra mineral, selagem	> 50	> 50
Fita de vedação impregnada, enchimento de fibra mineral,> 50 fita de vedação impregnada, compressão 1 : 4 ... 1 : 5		

Determinação gráfica da contenção acústica de janelas (ift)

Exemplo de consulta:

Janela R_W — 40 dB

Contenção acústica da junta $R_{ST,W}$ — 48 dB

Medida de contenção resultante

$R_{W, res}$ — 38 dB

ift: : Institut für Fenstertechnik (Instituto para tecnologia de janelas), Rosenheim

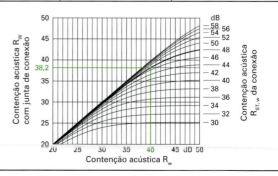

5.3 Janelas

Janela (antiarrombamento)

Uma janela inibidora de arrombamento é um elemento, que em situação fechada, travada e trancada, dificulta ou resiste, por um determinado período, à tentativa de arrombamento por meio de força corporal ou mecânica. A área do mecanismo e as peças de fixação dos trincos da janela precisam dispor de uma proteção efetiva contra furação. Um trilho de proteção contra chuva, reforçado e aparafusado, deve dificultar a aplicação efetiva de ferramentas. As chapas de fechamento sólidas possuem travas de agarre traseiro. Acrescente-se ainda uma montagem profissional. O tipo de madeira da janela precisa ter uma alta resistência à retirada dos parafusos de rosca soberba. De acordo com seu efeito inibidor de arrombamento as janelas são subdivididas em classes de resistência.

Maior deflexão em mm (DIN ENV 1627)					Sob carga dinâmica o elemento não pode se abrir a ponto de permitir que dispositivos de travamento possam ser atingidos ou que resulte numa abertura que permita a passagem de pessoas.
Ponto de carga (esforço)	Classes de resistência				
	1/2	3	4	5/6	
F1 Cantos das almofadas	8	8	8	8	
F2 Entre os pontos de travamento	30	20	10	10	
F3 Pontos de travamento	10	10	10	10	

Classes de resistência de elementos de construção					
Janela	Vidraça	Janela	Grupos de risco		
VdS[1] 2534	DIN EN 356	DIN EN V 1627	A Objetos domésticos	B Objetos comerciais, objetos públicos	C Objetos comerciais, objetos públicos, (risco elevado)
–	–	WK 1[2]	–	–	–
N	PA 4	WK 2	baixo risco	baixo risco	–
A	PA 5	WK 3	risco médio	risco médio	–
B	PB 6	WK 4	–	alto risco	baixo risco
C	PB 7	WK 5	–	–	risco médio
–	PB 8	WK 6	–	–	alto risco

[1] VdS:: Schadenverhütung GmbH, Colônia (seguradora)   [2] WK: Classe de resistência   veja também p. 109

5.3.7 Ferragem e fixação

Ferragem

Ferragens de rotação e báscula que ficam encobertas

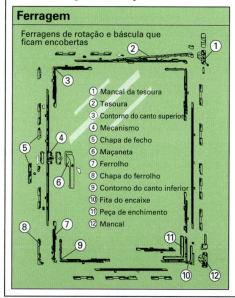

① Mancal da tesoura
② Tesoura
③ Contorno do canto superior
④ Mecanismo
⑤ Chapa de fecho
⑥ Maçaneta
⑦ Ferrolho
⑧ Chapa do ferrolho
⑨ Contorno do canto inferior
⑩ Fita do encaixe
⑪ Peça de enchimento
⑫ Mancal

Fixação (DIN 18056)

A janela e os elementos da janela não podem receber forças diretas nem indiretas do corpo do prédio. Os elementos de fixação devem ser selecionados adequadamente e sem tensões. A distância A entre os elementos de fixação (chumbadores, buchas etc.) da esquadria não pode ultrapassar 80 cm; a distância do canto interno E é de 10 cm ... 15 cm. Cada lado precisa ser ancorado ao corpo do prédio, no mínimo, em dois pontos.

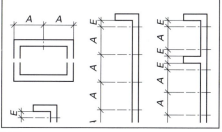

5.3 Janelas

5.3.8 Revestimento das superfícies

Os revestimentos das superfícies, ao lado da estrutura, têm a importante função de manter ao longo do tempo a janela dimensionalmente estável e funcional. Janelas externas e portas pertencem à classe de risco 3 (DIN 68800). Se for garantida uma proteção efetiva por meio de manutenção especializada também podem ser graduadas na classe de risco 2. É necessária uma proteção química contra fungos azuis para madeiras de coníferas. Se com madeiras das classes de durabilidade (coesão) 3 ... 5 se pretender abrir mão da proteção química, isso deve ser combinado entre as partes, por escrito.

Classes de risco (DIN EN 335, DIN 68800)

Classe de risco	Condições gerais de uso	Descrição da umidificação durante o uso	Teor de umidade da madeira	Fungos destruidores de madeira Basidiomicetos	Ascomicetos	Fungo colorante azul	Coleópteros	Requisitos do produto de proteção da madeira
2	sem contato com a terra, coberto	ocasionalmente	ocasional > 20%	U	–	U	U	Iv, P
3	sem contato com a terra, descoberto	frequentemente	frequente > 20%	U	–	U	U	Iv, P, W

U ocorre universalmente em toda Europa
P preventivo contra fungos
Iv preventivo contra insetos
W exposto às intempéries, não na terra ou na água

Requisitos para o efeito preventivo do produto de proteção

Área de aplicação da madeira e solicitações	Classe de risco	Características restritivas com efeito sobre os requisitos mínimos necessários	Efeito biológico necessário contra Fungo azul	Fungos destruidores de madeira
Áreas internas com elevação temporária da umidade da madeira > 20% Áreas externas sob telhado, sem contato com o solo	2	Azulado da madeira – significativo	+	+
		Azulado da madeira – não significativo	–	+
Área externa com exposição direta ao sol e à chuva, sem contato com a terra	3	Azulado da madeira – significativo	+	+[2]
		Azulado da madeira – não significativo[1]	–	+

+ necessário efeito biológico
– desnecessário efeito biológico
1) pérgulas, construções subterrâneas etc.
2) para janelas pode-se prescindir de proteção contra insetos

Grupos de pintura para janelas e portas externas

Sistemas de pintura A, B, C

A associação dos sistemas de pintura aos grupos de pintura é assumida pelo fabricante do produto e fica sob responsabilidade dele.

Para janelas com junta em V, a parte de topo da madeira deve ser adicionalmente protegida contra penetração de água.

Espessura da camada seca que se deve buscar

antes da instalação: 30 μm

após a demão final:

demão de cobertura
100 μm ..120 μm

verniz de camada grossa
60 μm ..70 μm

verniz de camada fina 30 μm

Grupos de pintura para janelas e portas externas (ift)

Proteção da superfície		Verniz transparente			Tinta sólida		
Grupo de madeira		I	II	III	I	II	III
Solicitação	Tom da cor						
Clima de ambiente externo (intempéries indiretas)	sem restrições	1	A	A	A	C	C	C
Clima ao ar livre intempéries normais diretas	claro	2				C	C	C
	médio	3	B	B	B	C	C	C
	escuro	4	B	B	B	C	C	C
Clima ao ar livre intempéries diretas extremas	claro	5				C	C	C
	médio	6		B	B	C	C	C
	escuro	7		B	B		C	C

Pintura nova: E   Re-pintura: R   Pintura de restauração: RÜ   Pintura de renovação: RE

Se um grupo de pintura resulta num campo vago, então valem as recomendações com a restrição de que, com o influxo de resina ou com a formação de fissuras na madeira ou nas juntas da esquadria podem ocorrer prejuízos à superfície e à pintura.

Grupo de madeiras: Grupo I: Coníferas ricas em resina, pinheiro, pinho, pinus etc.
Grupo II: Madeiras pobres em resina, abeto, sequoia etc.
Grupo II: Madeira de folhosas, carvalho, vipo etc.

Ift: Institut für Fenstertechnik, Rosenheim

5.3 Janelas

5.3.9 Envidraçamento

Envidraçamento é o termo que reúne a unidade de envidraçamento, as esquadrias para acomodação de vidros com os encaixes, os grupos de solicitações, os materiais de vedação e os sistemas de envidraçamento.

Encaixe para os vidros (DIN 18545)

O tamanho dos encaixes para os vidros se baseia no tipo e no tamanho da unidade de envidraçamento. São diferenciados os vidros simples e os vidros isolantes de múltiplas camadas.

Envidraçamento
sem régua de retenção   com régua de retenção

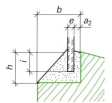
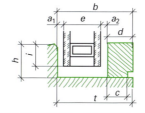

- a_1 Espessura do assento externo da vedação
- a_2 Espessura do assento interno da vedação
- b Largura do encaixe do vidro
- c Largura de apoio da régua de retenção
- d Largura da régua de retenção
- e Espessura da unidade de envidraçamento
- i Sustentação do vidro
- h Altura do encaixe do vidro
- t Largura total do encaixe

Altura do encaixe do vidro h		
Lado mais longo do vidro em mm	Altura de encaixe h mín. Vidro simples mm	Vidro isolante multicamadas mm
< 1000	10	18
< 3500	12	18
> 3500	15	20

Largura do apoio c	
Tipo de fixação	Largura de apoio mínima em mm
pregado	14
parafusado (pré-furado)	12

Espessura mínima do assento do material de vedação para vidros planos em mm		
Lado mais longo do vidro	Material da esquadria	
	Madeira	Plástico claro/escuro
< 1500	3	4
< 2000	3	5
< 2500	4	5/6
< 2750	4	–
< 3000	4	–
< 4000	5	–
Valores não indicados devem ser combinados individualmente com o fabricante da vedação		

Sustentação do vidro i	
	Profundidade
Padrão	2/3 h
Máximo	20 mm
Degrau (pinázio)	11 mm

Fixação da régua de retenção do vidro	
	Distância em mm
do canto	> 50 ... < 100
entre si	< 350

Grupos de solicitação

Os grupos de solicitação para envidraçamento de janelas se baseiam na maior grandeza de entrada individual e são requisitos mínimos.
As grandezas de entrada resultam das solicitações esperadas.

Associação das grandezas de entrada (explicação)		
Tipo	Solicitação Grupo	Descrição
Operação	1	Vidraça fixa, janela giratória, janela basculante-giratória,
	3	Janela oscilante, janela de guilhotina e outras
Efeitos ambientais do lado do recinto	4	Danos mecânicos, recintos úmidos (menos banheiro ou cozinha em apartamentos), janelas de floreiras, recintos com climatização
	5	Como acima, porém com espaço de encaixe recheado
Tamanho do vidro	1	Envidraçamento simples, comprimento do lado até 0,80 m
	3	Envidraçamento com régua de retenção, material da esquadria, comprimento do lado, assento da vedação (lado do tempo) e tom de cor veja tabela
	4	Como acima
	5	Como acima

Carga do apoio do vidro

Não é feita uma classificação da carga do apoio do vidro em função do tamanho do vidro e da altura do prédio para os grupos de solicitação. As magnitudes das cargas servem para a seleção da fita de sobreposição e como informação para a fabricação do sistema de envidraçamento e para os vidraceiros.

241

5.3 Janelas

Grupos de solicitação para envidraçamento de janelas

Grupos de solicitação

	1	2	3	4	5
Sistemas de envidraçamento conforme DIN 18545, parte 3					
Representação esquemática					
Sigla	Va 1	Va 2	Va 3 · Vf 3 · Va 4	Vf 4 · Va 5	Vf 5

Solicitação por

Operação — Classificação pelo tipo de abertura

- Vidraça fixa, janela giratória, janela basculante giratória
- Janela oscilante, janela guilhotina e janelas com solicitações semelhantes

Efeitos ambientais — Classificação pelas influências ambientais do recinto

- Umidade
- Danos mecânicos

Tamanho dos vidros

Classificação pelo material da esquadria, comprimento dos lados e assento da vedação

Material da esquadria	Assento da vedação	Tom de cor	3 (Comprimento)	4 (Comprimento)	5 (Comprimento)
Alumínio	3 mm	claro	até 0,80 m	até 1,00 m	até 1,50 m
		escuro	até 0,80 m	até 1,00 m	até 1,50 m
Alumínio – madeira	4 mm	claro	até 1,50 m	até 2,00 m	até 2,50 m
		escuro	até 1,25 m	até 1,50 m	até 2,00 m
Aço	5 mm	claro	até 1,75 m	até 2,25 m	até 3,00 m
		escuro	até 1,50 m	até 2,00 m	até 2,75 m
Madeira	3 mm (Comprimento até 0,80 m / até 1,00 m)		até 1,50 m	até 1,75 m	até 2,00 m
	4 mm		até 1,75 m	até 2,50 m	até 3,00 m
	5 mm		até 2,00 m	até 3,00 m	até 4,00 m
Plástico	4 mm	claro	até 0,80 m	até 1,00 m	até 1,50 m
		escuro	até 0,80 m	até 1,00 m	até 1,50 m
	5 mm	claro	até 1,50 m	até 2,00 m	até 2,50 m
		escuro	até 1,25 m	até 1,50 m	até 2,00 m
	6 mm	escuro	até 1,50 m	até 2,00 m	até 2,50 m

Tamanho dos vidros

Carga do apoio dos vidros em função da altura do prédio

Altura do prédio	Carga absorvida	Tamanho do vidro até 0,5 m²	até 0,8 m²	até 1,8 m²	até 6,0 m²	até 9,0 m²
8 m	0,60 kN/m²	Carga até 0,16 N/mm	até 0,22 N/mm	até 0,35 N/mm	até 0,70 N/mm	até 0,90 N/mm
20 m	0,96 kN/m²	até 0,25 N/mm	até 0,35 N/mm	até 0,55 N/mm	até 1,10 N/mm	até 1,40 N/mm
100 m	1,32 kN/m²	até 0,35 N/mm	até 0,50 N/mm	até 0,75 N/mm	até 1,50 N/mm	até 1,90 N/mm

ift = Institut für Fenstertechnik e.V. Rosenheim, 04.83

5.3 Janelas

Materiais de vedação

Materiais de vedação para envidraçamento são massas de vedação de juntas, aplicadas no estado plástico. Como matéria-prima são usados acrílico/acrilato, poliuretano, polissulfeto ou silicone. De acordo com suas propriedades (DIN 18545), eles são associados aos grupos de materiais de vedação e dotados com as letras de identificação correspondentes A, B, C D ou E, p.ex., Material de vedação DIN 18545-D.

Sistemas de envidraçamento

Sistema de envidraçamento é o termo genérico para os encaixes de vidro, para as fitas de assentamento, para os calços, para a instalação dos vidros e para a vedação entre o vidro e a esquadria. Eles são determinados de acordo com os grupos de solicitação com ajuda da tabela.

São diferenciados:
- Envidraçamento com massa de vedação livre (Va1)
- Envidraçamento com régua de retenção e espaço do encaixe preenchido (Va2 – Va5)
- Envidraçamento com régua de retenção e espaço do encaixe livre de material de vedação (Vf3 – Vf5)

V	Sistemas de envidraçamento	1	Grupos de solicitação para o envidraçamento
a	Espaço de encaixe preenchido	2 3	
f	Espaço de encaixe livre de vedação	4 5	

Sistemas de envidraçamento (DIN 18545)

Grupos de solicitação		1	2	3	4	5
		Sistemas de envidraçamento com espaço de encaixe preenchido (Va)				
Símbolos		Va1	Va2	Va3	Va4	Va5
Representação esquemática independente do material						
Grupos de material de vedação conforme DIN 18545	para encaixe	A[1]	B	B	B	B
	para selagem	–	–	C	D	E
		Sistemas de envidraçamento com espaço de encaixe livre de material de vedação (Vf)				
Símbolos				Vf3	Vf4	Vf5
Representação esquemática independente do material		impossível	impossível			
Grupo de material de vedação conforme DIN 18545	para selagem			C	D	E

■ Material de vedação do espaço para encaixe   ■ Material de vedação para selagem   ∥∥∥ Fita de assentamento

Sistemas de envidraçamento cf. DIN 18545 Vf4: Sistema de envidraçamento com espaço de encaixe livre de material de vedação para o grupo de solicitação 4, maior lado < 3000 mm para janelas de madeira

1) Para o sistema de envidraçamento Va1 também podem ser aplicados materiais de vedação do grupo B se forem recomendados pelo fabricante para esse propósito.

Compensação da pressão de vapor e escoamento de água

Para os sistemas de envidraçamento Vf3 a Vf5 o espaço de encaixe precisa ter uma compensação da pressão do vapor e um escoamento de água. As dimensões mínimas para as aberturas isentas de rebarbas são furos cilíndricos ∅ 8 mm ou fendas 5 x 20 mm. Eles precisam conduzir a umidade para o exterior de forma confiável.

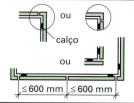

5.3 Janelas

Envidraçamento de janelas de madeira sem fita de assentamento (ift 09.83)

As novas técnicas de fabricação e os novos materiais permitem um envidraçamento perfeito sem fita de assentamento. Nesse caso; devem ser observados alguns princípios para evitar danos.

Envidraçamento com fita de assentamento em um dos lados

Fita de assentamento do lado externo   Fita de assentamento ou perfil de vedação do lado do recinto

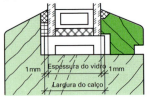 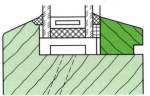

Este sistema pode ser executado como os da tabela.   Estes sistemas devem ser tratados como os sistemas sem fita de assentamento.

Envidraçamento sem fita de assentamento

Envidraçamento sem fita de assentamento pode ser executado conforme o sistema Vf com espaço de encaixe aberto. No emprego de perfis de vedação precisa estar garantido que a carga de pressão mecânica seja absorvida e que os vidros estejam seguros contra deslocamentos.
A seleção do material de vedação precisa ser acordada com o fabricante. Não é possível fazer uma associação dos materiais de vedação aos grupos de solicitação (DIN 18545).

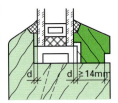

a = 4 mm
b > 5 mm
c > 5 mm
2d = 2 mm ... 2,5 mm

Execução A   Alternativa para a execução A

Calços
Para diferentes tipos de abertura da janela

    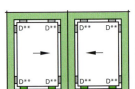

Folha giratória   Basculante giratória   Campo fixo   Basculante   Janela de correr horizontal

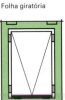

Folha basculante   Folha oscilante   Folha alternada central   Guilhotina giratória

- T   Calço de suporte
- D   Calço de distanciamento
- D*   Com a folha aberta torna-se calço de suporte
- D** Calço distanciador de plástico amortecedor de impacto
- T*   Para vidros de 1 m de largura devem ser posicionados 2 calços de suporte de, no mínimo, 6 cm de comprimento sobre o pivô de forma que as bordas sejam solicitadas equilibradamente.

5.3 Janelas

Espessura do vidro

A espessura do vidro requerida pode ser determinada pelos diagramas a seguir.

Base para o cálculo é a tensão de flexão admissível (vidro flotado) 30 N/mm², a carga do vento conforme DIN 1055 T4 (08.86). Se o vidro for instalado a mais de 8 metros acima do chão, a espessura do vidro calculada deve ser multiplicada pelo fator correspondente da tabela.

Diagrama para determinação de espessuras de vidros para envidraçamento com vidro único

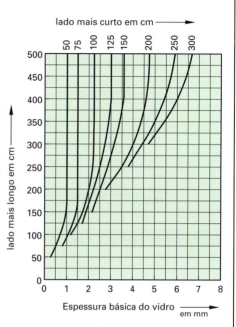

Determinação dos fatores

Altura acima do chão em m	Estilo de construção normal fator	tipo torre fator
0 ... 8	1,00	1,16
8 ... 20	1,27	1,46
20 ... 100	1,48	1,72
acima de 100	1,61	1,87

Exemplo

Para um envidraçamento simples num prédio tipo torre de até 20 m de altura são necessários vidros de 150 cm x 200 cm.
Do ponto de interseção da curva 150 com a reta 200 resulta a espessura do vidro de 2,5 mm.
Esse valor precisa ser multiplicado pelo fator 1,46. A espessura do vidro corresponde a 3,65 mm.
Será escolhido um vidro de 4 mm de espessura.

Diagrama para determinação da espessura de vidros isolantes, considerando-se o efeito de acoplamento na instalação vertical para a placa de vidro externa e interna. As duas tabelas abaixo são válidas para um tipo de construção normal. Para um outro tipo de construção devem ser considerados os fatores da tabela acima.

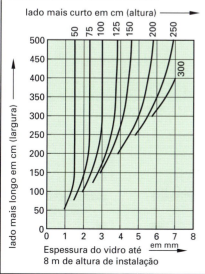

Espessura do vidro até em mm
8 m de altura de instalação

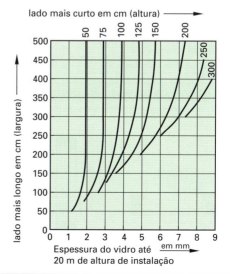

Espessura do vidro até em mm
20 m de altura de instalação

245

5.4 Construções internas

Esquema de medidas para construções na superfície do solo (DIN 4172)

Números padrões de construção são reunidos em séries, a partir da unidade de comprimento 1 m = 100 cm. Uma importante série é baseada no oitavo de metro 1 am = 12,5 cm

em cm	12,5	25	37,5	50	62,5	75	87,5	100

Conceitos

Padrão de construção	Múltiplo ou fração do oitavo de metro
Medida nominal	Medida real do elemento de construção registrada no desenho
Medida bruta	Medida efetivamente disponível
Medida externa	(coluna) padrão de construção − 1 cm
Medida interna	(abertura) padrão de construção +1 cm
Medida de acréscimos	(ressalto unilateral) = padrão de construção
Metro AP	1 m acima de OFF
OFR	Superfície do piso bruta
OFF	Superfície do piso pronto

Em obras sem juntas padrão de construção = medida nominal

Pilar ou espessura de paredes
Medida nominal da largura (medida bruta) em cm
= n° de tijolos x largura do tijolo x am − 1 rejunte
= x 12,5 − 1 cm
1 rejunte = 1 cm

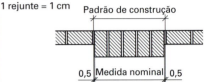

Aberturas
Medida nominal da largura (medida bruta) em cm
= n° de tijolos x largura do tijolo x am + 1 rejunte
= x 12,5 cm + 1 cm

Ressaltos
Medida nominal da largura (medida bruta) em cm
= n° de tijolos x largura do tijolo x am
= x 12,5 cm

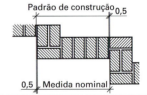

Tolerâncias em mm para alvenaria

Compare também p. 233	Medida nominal em m	
	até 3,00	acima 3,00 até 6,00
Aberturas, p.ex., para janelas, portas, elementos de instalação	± 12	± 16
Aberturas, como acima, porém com superfícies do intradorso prontas	± 10	± 12

Tolerâncias de planeza em mm

Superfícies prontas	Distâncias dos pontos de medição em m				
	0,1	1	4	10	15
Pisos, p.ex., assoalho	2	4	10	12	15
Exigências mais elevadas	1	3	9	12	15
Paredes, lado inferior de forros	3	5	10	20	25
Exigências mais elevadas	2	3	8	15	20

Aberturas na parede para portas e janelas

Para medidas nominais (medida do vão) é indicada primeiro a largura e depois a altura.

Medidas em mm

Abertura de janela com batente interno

5.4 Construções internas

5.4.1 Armários embutidos

Armários embutidos são partes integrantes da obra. Detalhes que os diferenciam dos armários soltos são integrações com a obra, possibilidades de pendurar e possibilidades de montagem. São diferenciados em armários tabique e armários de parede.

Armários de parede encobrem apenas parcialmente a parede de limitação do recinto.

Armários tabiques recobrem totalmente uma parede de limitação do recinto e podem substituir uma parede divisória que não tenha função de sustentação.

Regras técnicas

Portas e **gavetas** precisam ser facilmente movidas e fechar com precisão.

Parede traseira, **painéis** e **fundo** precisam ter as seguintes espessuras mínimas:
– de compensado 6 mm
– de placas de aglomerado 8 mm

Fundos de gavetas de compensado com uma área acima de 0,25 m² precisam ter uma espessura mínima de 6 mm

Prateleiras sob carga podem apresentar um flecha máxima de 1/250 de seu comprimento; se houve peças móveis sob elas, 1/300.

Espaço de ventilação entre peças do armário e paredes do recinto de, no mínimo, 25 mm; aberturas de ventilação de, no mínimo, 25 cm²/m² de fronte.

Aparelhos e **iluminação** com geração de calor instalados com pelo menos 25 mm de espaço para circulação de ar; circulação do ar deve ser garantida.

Distância mínima das **peças de madeira para chaminés** de 70 mm ou da aresta interna da tubulação de fumaça 200 mm.

Sistemas de estrutura

1 Corpo separado com esquadrias frontais,
2 Elementos de armário da altura do pé-direito,
3 Elementos modulares individuais,
4 Elementos modulares com suporte vertical,
5 Peças individuais

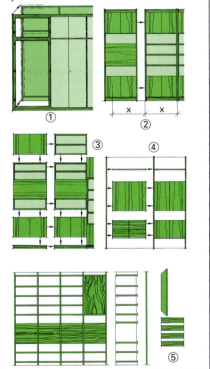

Sistema 32

Para a fabricação racional de armários embutidos é usado com frequência o sistema de furos 32 mm.
X e Y = múltiplo de 32 mm
Altura = x + 2 · B (mm)
Profundidade = Y + 2 · 37 (mm)

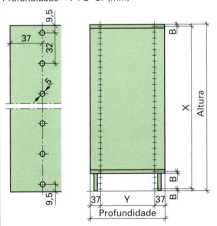

Conexões com a parede (exemplo)

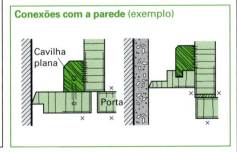

5.4 Construções internas

5.4.2 Paredes – Paredes divisórias sem função de sustentação

Conforme a DIN 4203 são paredes solicitadas predominantemente pelo seu próprio peso, mas que também podem suportar cargas de consoles e cargas de choques e estáticas perpendiculares à sua superfície.

Tipos:		
Segundo a construção	Segundo a flexibilidade	Segundo os requisitos técnicos
– Paredes nervuradas	– Fixa	– Acústica
– Paredes modulares	– Desmontável	– Térmica
– Divisórias	– Removível	– Antichamas
	– Móvel	

Sistemas de travas em paredes modulares
Sistema de travas dos eixos

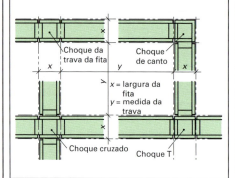

Sistema de travas de fitas

x = largura da fita
y = medida da trava

Seção mínima b/h em mm para hastes de madeira com distância entre eixos a = 625 mm

Área de aplicação	Altura da parede H em mm	Emplacamento arbitrário	Emplacamento dupla face, ligado
I	2600	60/60	40/40
	3100		40/60
	4100	60/80	40/80
II	2600		40/60
	3100	60/80	
	4100		40/80

Espessuras mínimas do emplacamento

a (mm)	1250/3	1250/2
Material derivado de madeira		
• sem revestimento d (mm)	10	13
• com revestimento d (mm)	8	10
Gesso cartonado d (mm)	12,5	12,5

Parede divisória sem função de sustentação

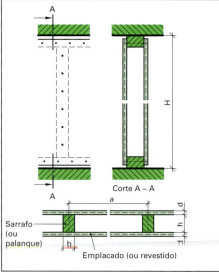

Área de aplicação:
I) pequena aglomeração de pessoas (apartamentos)
II) grande aglomeração de pessoas (salas de convenções, etc)

Segurança de estabilidade sob cargas estáticas e dinâmicas			
Carga de contato	Carga de console	Choques	
a 0,9 m de altura	a 1,65 m de altura	macio	duro
p/ I	0,5 kN/m	0,4 kN/m a uma distância da parede < 0,30 m	50 kg com v = 2,0 m/s	1,0 kg com v = 4,47 m/s
p/ II	1,0 kN/m			
Não há indicações para subestruturas construídas em madeira.			

5.4 Construções internas

5.4.3 Revestimentos para paredes

Existem motivos estéticos e técnicos para o revestimento de paredes internas.

Motivos estéticos		Motivos técnicos		
Alterar a impressão do espaço	Valorizar o ambiente	Melhorar a contenção térmica	Melhorar a acústica do ambiente e a proteção sonora	Igualar desníveis Encobrir fissuras, juntas	Encobrir instalações

Tipos

Sarrafeamento	Entabuamento	Almofadado	Apainelamento
Apainelamento constituído por sarrafos interligados, geralmente de madeira maciça	Tábuas estreitas Perfilados DIN 68126 Disposição vertical ou horizontal das juntas	Molduras com almofadas de material derivado de madeira revestido ou madeira maciça, com chanfros ou ranhuras	(Painéis DIN 68740) Material derivado de madeira revestido, divisões em grandes áreas

Materiais empregados: Madeira maciça, materiais derivados de madeira, placas laminadas revestidas placas de plástico, metais, gesso

As paredes podem ser revestidas até o teto, até a altura da porta ou até a altura do peito.

Subestruturas

Ripas aplainadas	Seção em mm 24/48 ou 30/50

Distância entre ripas e_1 = 600 mm a 800 mm
Valor de referência e_1 = 50 x espessura da placa

Distância de fixação e_2 = 500 mm a 600 mm

Espaço de ventilação mínimo 20 mm a 25 mm. A circulação do ar no caso de umidade precisa estar garantida, fendas de ventilação 20 cm²/m² de área da parede.

Acessórios de fixação

visível	Pregos, prego encapado, parafusos com ou sem capa para cabeça
invisível	c no rasgo com pregos ou grampos c colado c guarnições para suspender, perfilados de madeira Ganchos Grampos Garras

Exemplo de subestrutura

para revestimento vertical de parede

1 Ripas
2 Parafusos
3 Acessórios de fixação
4 Revestimento

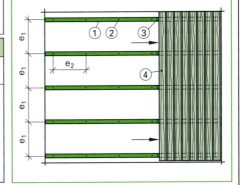

Revestimento de parede com contenção térmica

1 Revestimento
2 Barreira para vapor
3 Material de contenção
4 Cavilha plana
5 Garra de junção
6 Ripas 24 mm/4 mm

5.4 Construções internas

5.4.4 Revestimento para tetos

Os revestimentos para tetos são instalados pelos mesmos motivos dos revestimentos das paredes. Particularidades são definidas na DIN 18168. Sua área de validade se resume a "revestimentos leves para tetos e forros" com carga própria de até 50 kg/m².

Tipos
segundo a subestrutura
fixado diretamente no elemento portante da construção **Revestimento de teto** — Ripa de base, Ripa de sustentação	desatrelado do elemento portante da construção **Forro**
segundo camada de revestimento
vigas	tábuas	placas	apainelamento	especial
segundo os requisitos técnicos (em adição aos do revestimento da parede)
forro acústico	forro para iluminação	forro para ventilação

As peças com funções de sustentação (elementos de ancoragem, de suspensão, subestrutura, elementos de ligação) precisam ser sólidas e seguras. A deformação e a força portante admissíveis dessas peças não podem ser ultrapassadas. No caso de falha em uma peça de sustentação não pode ocorrer o colapso sucessivo do forro todo.

Subestrutura de madeira
(partes que sustentam o forro)

Madeira correspondente à classe de qualidade II, DIN 4074, maciça, teor de umidade conforme condições de construção, máximo de 20%

As ripas precisam ser ligadas em cada ponto de cruzamento com elementos de ligação aprovados; pode ser empregado um parafuso em cada ponto, profundidade de parafusamento > 5 x diâmetro da haste do parafuso, porém no mínimo 24 mm.

Sarrafos de suspensão precisam ter uma seção de, no mínimo, 10 cm² e uma espessura de 20 mm.

Exemplo: subestrutura

Direta

Suspensa

Seções mínimas e distância entre apoios			
	Largura mm	Espessura mm	Distância entre apoios
Ripamento de sustentação	48	24	650
	50	30	800
Ripas de base: direto	60	40	1100
(suspensas) indireto	40	60	1400

Forros acústicos são absorventes de som. Uma boa absorção do som é obtida se o revestimento ficar no mínimo 20 cm suspenso.

Exemplo: Forro com tábuas perfiladas
Tábuas acústicas DIN 68112

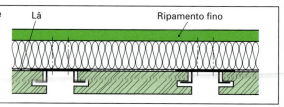

5.4 Construções internas

5.4.5 Assoalhos de madeira

Assoalhos de madeira são assentados, em lajes de concreto, sobre sarrafos de apoio, sobre vigas portantes de madeira ou sobre pisos antigos. Eles podem ser fixados diretamente ou assentados de forma flutuante. Deve-se impedir a elevação da umidade.

Tipos de assoalhos

Tipo	Descrição	Exemplo de assentamento, dados técnicos
Assoalho sobre vigas portantes de madeira	Tábuas ensambladas, aplainadas em uma face, geralmente de madeira de abeto ou pinho, pregadas ou aparafusadas sobre vigas de madeira	Assoalho, Tiras de isolamento, Caibro para pregar, Estuque do forro, Placas leves de lã de madeira
Assoalho de tábuas corridas	Tábuas aplainadas, cerca de 100 mm de largura, tábuas corridas (comprimento do recinto), tábuas curtas ensambladas, geralmente com rasgo em todo o contorno, são assentadas intercaladas, pregadas pela cavilha plana encoberta.	Assoalho de tábuas corridas, Lã mineral, Caibro de apoio, Barreira contra umidade, Tiras de isolamento, Contrapiso. Assoalho de madeira sobre caibros de apoio
Pisos secos	Placas de assentamento, V100 ou V100 G ensambladas ou com rasgo: 1. Assentamento sobre caibros de apoio ou placas de assoalho, espessura das placas de 13 a 25 mm, aparafusadas, distância entre apoios cf DIN 68771, tabela 1. 2. Assentamento flutuante na área total sobre uma camada intermediária (camada elástica isolante) 3. Cobertura e igualação de assoalhos de madeira existente, espessura das placas geralmente 10 mm são satisfatórios	Aglomerado de madeira, Vigamento, Placa de contenção acústica (passos), Material isolante, Areia ou placas de gesso cartonado encaixadas, Régua sobre tiras isolantes com estribo elástico
Parquete (tipos veja capítulo 2.8)		Espinha de peixe, Xadrez, Entrançado (tacos), Intercalado
Calçamento de madeira	Cepos de madeira, o corte transversal é a superfície de pisar RE-V para área doméstica, recintos públicos RE-W para oficinas GE para fins comerciais e industriais	Cepo, Adesivo, Manta de apoio, Adesivo, Pré-pintura, Contrapiso
Pisos com superfície plástica	Pisos com núcleo de MDF e superfície de laminado plástico, resistente ao desgaste e durável, vários motivos decorativos.	Medidas comerciais: Comprimento 128,0 m / Largura 19,5 cm / Espessura 6,4 mm

251

5.5 Escadas

As escadas servem para superar as diferenças de altura. A escada precisa ser segura e confortável para transitar. A DIN 18065-01-2000 é válida para escadas no interior e no exterior de prédios, exceto escadas sujeitas a regulamentações ou diretrizes especiais, como, por exemplo, para hospitais, casas comerciais, restaurantes, escolas, edifícios altos, etc As escadas são diferenciadas pelo tipo e estrutura.

5.5.1 Tipos de escadas

Tipos de escada segundo o formato dos lanços (linha de degraus)

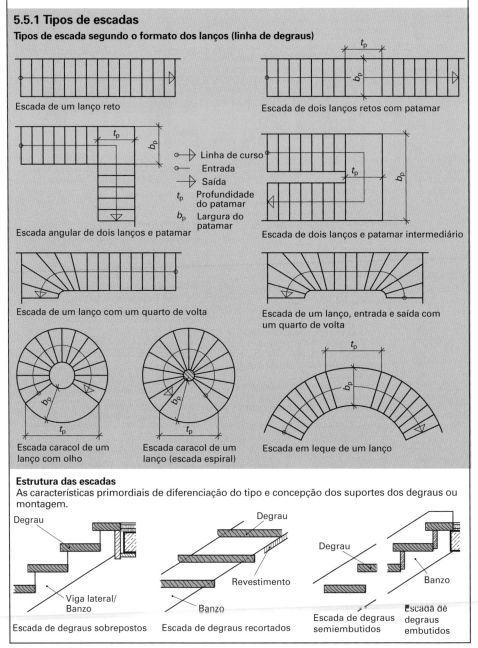

Escada de um lanço reto

Escada de dois lanços retos com patamar

Escada angular de dois lanços e patamar

- Linha de curso
- Entrada
- Saída
- t_p Profundidade do patamar
- b_p Largura do patamar

Escada de dois lanços e patamar intermediário

Escada de um lanço com um quarto de volta

Escada de um lanço, entrada e saída com um quarto de volta

Escada caracol de um lanço com olho

Escada caracol de um lanço (escada espiral)

Escada em leque de um lanço

Estrutura das escadas

As características primordiais de diferenciação do tipo e concepção dos suportes dos degraus ou montagem.

Escada de degraus sobrepostos — Viga lateral/Banzo

Escada de degraus recortados — Banzo, Revestimento

Escada de degraus semiembutidos

Escada de degraus embutidos — Banzo

5.5 Escadas

5.5.2 Conceitos de medidas e designações

Lanço de escada	no mínimo, três degraus de escada consecutivos
Linha de degraus	linha imaginária que indica o curso de trânsito convencional
Comprimento do lanço	medida na planta da linha de curso desde a aresta frontal do degrau inicial até a aresta frontal do degrau de saída
Largura do plano horizontal	medida de planta da largura de construção
Largura útil da escada	medida acabada do vão livre entre a parede e o corrimão pronto para uso ou entre os corrimãos de ambos os lados

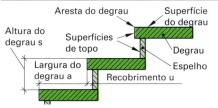

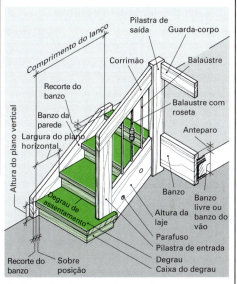

Designação dos elementos do degrau   Designação das peças da escada

Tolerâncias para os planos horizontal (degraus) e vertical (inclinação)

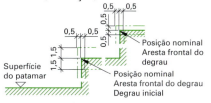

A medida efetiva da altura do degrau s e da largura do degrau a dentro de um lanço acabado não pode se desviar da medida nominal em mais de 0,5 cm. Para escadas pré-fabricadas em prédios com não mais do que dois apartamentos a medida efetiva da altura do degrau inicial pode se desviar, no máximo, 1,5 cm da medida nominal.

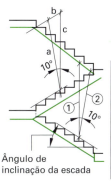

Ângulo de inclinação da escada

Cálculo: $a = c \cdot \dfrac{\operatorname{sen}\alpha}{\operatorname{sen}\gamma}$ (veja p. 22)

1 Altura do vão livre para passagem na escada
2 Altura real do vão livre para passagem na escada (descendo)

Altura de passagem na escada (descendo) em cm			
Ângulo de inclinação da escada	\multicolumn{3}{c}{Vão livre para passagem}
	200	210	220
30°	184	194	203
35°	181	190	199
40°	177	186	195
45°	173	181	190
50°	168	176	185

Alturas de passagem

Tamanho do degrau

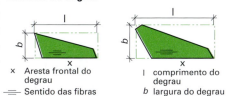

x Aresta frontal do degrau
=== Sentido das fibras
l comprimento do degrau
b largura do degrau

Comprimento do degrau e largura do degrau é a medida do menor retângulo circunscrito que se apóia sobre a posição de montagem em relação a aresta frontal do degrau.

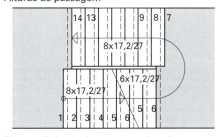

Planta e linha de degraus para 2 andares

5.5 Escadas

5.5.3 Requisitos dimensionais

Requisitos dimensionais (DIN 18 065) — Medidas em cm

Tipo de prédio	Tipo de escada	Largura da escada	Altura do degrau $s^{2)}$	Largura do degrau $a^{3)}$
Prédios residenciais com mais de dois apartamentos[1)]	Escadas que conduzem para recintos de estar	≥ 80	≤ 20	≥ 23[4)]
	Escadas para porões, que não conduzem a recintos de estar	≥ 80	≤ 21	≥ 21[5)]
	Escadas para piso superior, que não conduzem a recintos de estar	≥ 50	≤ 21	≥ 21[5)]
Demais prédios	Escadas exigidas pelo código de obras	≥100	≤ 19	≥ 26
Todos prédios	Escadas não exigidas pelo código de obras (adicionais)	≥ 50	≤ 21	≥ 21

[1)] inclui também apartamentos conjugados em prédios com mais de dois apartamentos.
[2)] Porém não < 14 cm — Determinação da proporção de elevação s/a
[3)] Porém não > 37 cm
[4)] Para escadas cujo plano horizontal a fica abaixo de 26 cm o recobrimento u precisa ser, no mínimo, tão grande que no total sejam atingidos os 26 cm (a + u) de largura do degrau.
[5)] Para escadas cujo plano horizontal a fica abaixo de 24 cm o recobrimento u precisa ser, no mínimo, tão grande que no total sejam atingidos os 24 cm (a + u) de largura do degrau.

A altura do corrimão é estabelecida pelo código municipal de obras e pela legislação de segurança do trabalho. As distâncias dos vãos das peças da balaustrada não podem ultrapassar 12 cm em uma direção.

Perfil do espaço livre da escada, dimensões e denominações (DIN 18065)

Zona de trânsito, linha dos degraus

A altura do vão livre para passagem da escada se baseia no código municipal de obras ou na DIN.
Para largura útil da escada de até 100 cm a zona de trânsito têm uma largura de 2/10 da largura da escada e se situa na área central da escada; raios de curvatura das linhas de limitação da zona de trânsito precisam ter, no mínimo, 30 cm.
Para larguras acima de 100 cm (exceto escadas caracol) a largura da zona de trânsito é de 20 cm. A distância da zona de trânsito ao limite interno da largura da escada corresponde a 40 cm. O plano horizontal deve ser medido na linha de degraus. Na zona de curvatura da linha de degraus, o plano horizontal é igual à corda resultante da interseção da linha de degraus curva com as arestas frontais dos degraus.
A linha de degraus para escadas com curvas pode ser escolhida livremente pelo projetista dentro da zona de trânsito. Ela é contínua e não possui nenhum ponto de dobra. Sua direção corresponde à direção de trânsito da escada.
Raios de curvatura da linha de degraus precisam corresponder, no mínimo, a 30 cm. Depois de, no máximo, 18 degraus deve ser projetado um patamar intermediário.

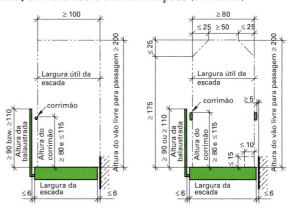

Perfil do espaço livre da escada

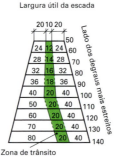

Zona de trânsito
Diagrama da zona de trânsito para escadas curvas e para escadas constituídas por trechos retos e curvos

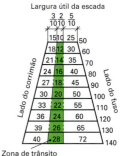

Zona de trânsito
Diagrama da zona de trânsito para escadas caracol

5.5 Escadas

Proporções de elevação

As proporções de elevação determinam a relação entre o plano vertical **s** (altura do degrau) e o plano horizontal **a** (largura do degrau). A proporção de elevação **s/a** é derivada do comprimento do passo no plano horizontal e da possibilidade de elevação na vertical. O comprimento do passo equivale, em média, a 63 cm, a elevação a 31 cm, resultando as seguintes regras empíricas:

Regra do passo:	2 alturas + 1 largura do degrau	= 59 cm ... 65 cm na prática 63 cm
Regra de segurança:	1 altura + 1 largura do degrau	= 46 cm
Regra de comodidade:	1 largura − 1 altura do degrau	= 12 cm

A proporção de elevação mais favorável corresponde a uma inclinação de 30° a 37° com uma proporção s/a = 17/29 cm. Ela considera todas as três regras.

> **Exemplo:** Altura do pavimento 273 cm; medida da planta 428 cm
>
> N° de degraus   Altura: altura de um degrau (recomendado)= 273 cm : 17 cm = 16,05 escolhido 16
> Altura do degrau   Altura: n° de degraus   = 273 cm : 16 = 17,25 cm
> Para 16 alturas de degraus resultam 15 larguras de degraus
> Largura do degrau   Medida da planta: n° larguras de degraus   = 428 cm : 15 = 28,53 cm
> Controle: 2 x 17,25 cm + 28,53 cm = 63,03 cm
>   17,25 cm + 28,53 cm = 45,78 cm   28,53 cm − 17,25 cm = 11,28 cm
> A escada satisfaz todas as expectativas.

Método geométrico para determinação das proporções de elevação e comprimento do passo

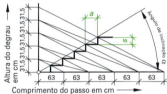

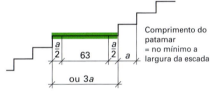

Determinação gráfica da proporção de elevação com auxílio do ângulo de inclinação

Determinação do comprimento do patamar

Tabelas de dimensionamento

Degraus para escadas de pernas e escadas com degraus sobrepostos

Escadas sem degrau de assentamento devem ser dimensionados de acordo com DIN 1055 para uma carga individual F = 1,5 kN. A flecha teórica não pode ultrapassar 1/300 ls. O dimensionamento é baseado nos valores característicos admissíveis do material conforme DIN 1052.

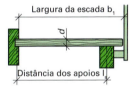

Distância entre apoios para degraus de escadas

Espessura dos degraus para escadas de pernas e escadas de degraus sobrepostos											
Tipo do material	Espessura do degrau *d* em mm											
Madeira maciça e materiais derivados de madeira revestidos	Distância entre os apoios *l*₁ em mm	800		900		1000		1100		1200	
	Largura do degrau em mm	240	300	240	300	240	300	240	300	240	300
Madeira de conífera, Classe de qualidade DIN 4074 p.ex., abeto, pinho silvestre, lariço	Espessura mínima	32	30	35	32	37	35	40	37	42	39
	Espessura recomendada	40	40	45	45	45	45	50	50	55	55
Carvalho, faia, qualidade média (madeira dura)	Espessura mínima	30	28	32	30	35	32	37	34	39	37
	Espessura recomendada	40	40	45	45	45	45	50	50	55	55
Placas laminadas para construção (DIN 68705)	Espessura mínima	36	34	39	36	42	39	45	42	48	44
	Espessura recomendada	40	40	45	45	45	45	50	50	55	55
Degraus combinados BFU/BST/BFU	Camada de cobertura	4	4	4	4	5	5	6	6	8	8
	Espessura total	46	46	46	46	48	48	50	50	54	54
Degraus combinados FU/BST/FU (FU=laminado de madeira dura)	Camada de cobertura	2	−	3	2	4	3	5	4	6	5
	Espessura total	48	44	50	48	52	50	54	52	56	54
Degraus combinados BFU/FPY/BFU	Camada de cobertura	4	4	5	4	6	5	8	6	10	8
	Espessura total	46	46	48	46	50	48	54	50	58	54
Degraus combinados FPY/FPY/FPY	Camada de cobertura	10	8	13	10	16	13	16	16	19	16
	Espessura total	58	54	64	58	70	64	70	70	76	70

5.5 Escadas

Banzos para escadas de degraus embutidos e semiembutidos

A tabela ao lado contém as seções de banzos para larguras de escadas de até 1,20 m e para altura do pavimento de até 3,00 m. O dimensionamento para madeira de conífera S 10 é feito conforme DIN 4074, a flecha dos banzos é limitada em $l_s \cdot 1/300$. Na utilização de banzos de camadas de madeira colada ou banzos de madeira dura os valores da tabela são mais altos do que o necessário.

Altura do banzo h_w em cm para escadas retas com até 1,20 m de largura

Distância entre apoios em mm	Largura do banzo b_w em cm		
	4,2	5,2	6,2
< 3,25	28	28	28
< 3,50	30	28	28
< 3,75	–	28	28
< 4,00	–	30	28
< 4,25	–	32	30
< 4,50	–	34	32

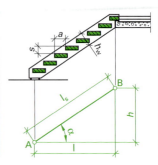

Viga lateral para escadas com degraus sobrepostos

As vigas laterais são longarinas com conexão com a laje inferior e a laje superior. Os ensaios são feitos com a seção líquida bw/hw, ou seja, a parte serrilhada da viga não é considerada. Os valores mais desfavoráveis foram tomados por base conforme DIN 18065: proporção de elevação até 1 : 1, correspondente a 45° de inclinação, altura do pavimento = altura da escada até 3,00 m (para escadas mais longas). As vigas laterais para escadas conforme DIN 1055 são dimensionadas para cargas de trânsito p = 3,5 kN/m². Na altura da balaustrada foi considerada a força horizontal H = ± 0,5 kN/m. A flecha teórica da longarina sob carga vertical foi limitada a $l_s \cdot 1/300$.

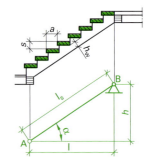

Alturas h_w para longarinas de madeira de construção

Distância entre apoios	Altura da escada	Largura da escada em m											
		b = 0,80				b = 1,00				b = 1,20			
		Largura b_w em cm				Largura b_w em cm				Largura b_w em cm			
l em m	h em m	5,5	8,5	10,5	12,5	5,5	8,5	10,5	12,5	5,5	8,5	10,5	12,5
1,50	≤ 1,50	10,5	9,5	8,5	–	10,5	9,5	8,5	–	11	10	9	–
2,00	≤ 2,00	13,5	11,5	10,5	–	14	12	11	–	14,5	12,5	12	–
2,50	≤ 2,50	17	14	13	12,5	17,5	15	14	13	18,5	16	14,5	14
3,00	≤ 3,00	–	16,5	15,5	15	–	18	16,5	15,5	–	19	17,5	16,5
3,50	≤ 3,00	–	19	18	17	–	20	19	18	–	21,5	20	19
4,00	≤ 3,00	–	21,5	20	19	–	22,5	21	20	–	24	22,5	21
4,50	≤ 3,00	–	24	22	21	–	25	23,5	22	–	26,5	25	23,5

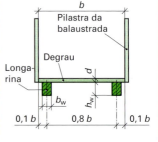

Alturas h_w para longarinas de madeira de tábuas

Distância entre apoios	Altura da escada	Largura da escada em m											
		b = 0,80				b = 1,00				b = 1,20			
		Largura b_w em cm				Largura b_w em cm				Largura b_w em cm			
l em m	h em m	5,5	8,5	10,5	12,5	5,5	8,5	10,5	12,5	5,5	8,5	10,5	12,5
1,50	≤ 1,50	10,5	9,5	8,5	–	10,5	9,5	8,5	–	10,5	9,5	8,5	–
2,00	≤ 2,00	13	11	10,5	–	13,5	11,5	11	–	14	12	11,5	–
2,50	≤ 2,50	16	13,5	12,5	12	16,5	14,5	13,5	12,5	17,5	15	14	13,5
3,00	≤ 3,00	–	16	15	14,5	–	17	16	15	–	18	17	16
3,50	≤ 3,00	–	18,5	17,5	16,5	–	19,5	18,5	17,5	–	20,5	19,5	18,5
4,00	≤ 3,00	–	21	19,5	18,5	–	22	20,5	19,7	–	23	21,5	20,5
4,50	≤ 3,00	–	23	21,5	20,5	–	24,5	22,5	21,5	–	25,5	24	22,5

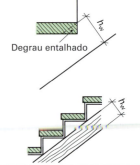

5.5 Escadas

Exemplo: Escadaria

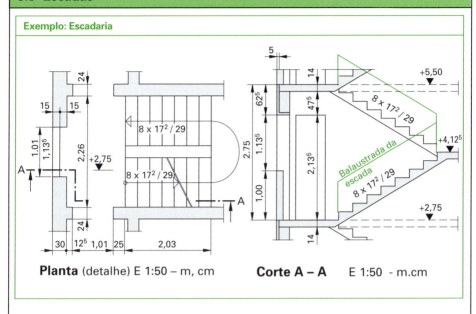

Planta (detalhe) E 1:50 – m, cm   **Corte A – A**   E 1:50 - m.cm

Balaustradas e corrimãos

Balaustradas são prescritas para escadas livres e são compostas por corrimão e elementos de fechamento da balaustrada. A altura vertical do corrimão precisa ter no mínimo 90 cm, medida a partir da aresta frontal do degrau. A distância entre os elementos verticais da balaustrada não pode ultrapassar 12 cm. Elementos de fechamento da balaustrada paralelos à inclinação dela não podem distar entre si mais de 2 cm.

Altura de queda	Tipo de prédio	Altura da balaustrada
até 12 m[1]	Prédios residenciais e outros prédios que não precisam cumprir a legislação sobre locais de trabalho	$\geq$ 90 cm[2]
até 12 m[1]	Locais de trabalho	$\geq$ 110 cm[3]
acima de 12 m	para todos os tipos de prédio	$\geq$ 110 cm

[1] além disso, para alturas de queda maiores, se o olhal da escada tiver até 20 cm de largura
[2] de acordo com a legislação de obras
[3] de acordo com a legislação de segurança do trabalho

Se a balaustrada se localiza ao lado da escada ou do patamar, sua aresta inferior deve ser rebaixada a tal ponto que coincida com uma linha imaginária de ligação a/2 de cada degrau.

Os corrimãos devem ser instalados a uma altura que possibilite o uso confortável. Não devem estar abaixo de 80 cm nem acima de 115 cm, medidos verticalmente a partir da aresta frontal do degrau até a aresta superior do corrimão.

É comum conceber a borda superior da balaustrada de forma a servir de corrimão. De qualquer forma, as condições mencionadas anteriormente devem ser respeitadas. Uma balaustrada com altura acima de 115 cm necessita, consequentemente, de um corrimão em posição mais baixa.

A distância lateral entre o corrimão e elementos de construção adjacentes deve ser, no mínimo, de 5 cm.

Concepção de estruturas de proteção

As barras individuais são ligadas diretamente aos degraus ou são ligadas à escada por intermédio de estruturas apropriadas. Como elementos para proteção podem ser usados barras, fitas, cordas, arames, cabos de aço ou grades, chapas perfuradas, placas.

5.5 Escadas

5.5.4 Repartição de escadas curvas

A planta baixa da escada representa sua vista superior com a largura da escada e a linha de centro, geralmente a linha de trânsito. Sobre a linha de trânsito é traçada a largura dos degraus a (aresta frontal do degrau). Devido à posição simétrica do degrau da bissetriz com o eixo da escada, os degraus repuxados estão localizados igualmente simétricos ao eixo da escada. Toda repartição deve fazer com que as compensações transcorram regularmente até o próximo degrau. A determinação da compensação (repuxe) pode ser feita por meio de cálculos, pelo método angular, proporcional, da divisão do círculo ou das réguas. O método angular e o método das réguas são apresentados como exemplo.

Método angular

No método angular os dois comprimentos l_1, l_2 dos lanços dos degraus que deverão ser compensados são determinados por meio de cálculo. Num esboço adicional é desenhado um ângulo reto. Sobre seu eixo horizontal é transportado o comprimento l_2 a ser repartido; a partir do vértice do ângulo, é traçada uma reta inclinada (cerca de 20°), com comprimento l_1. Sobre essa linha são marcadas, de acordo com o número de degraus que devem ser compensados, as larguras dos degraus a e a/2. O prolongamento da reta de ligação dos pontos C – D define o ponto E na interseção com a linha vertical. Deste ponto são puxadas linhas para as divisões dos degraus marcadas sobre l_1. Os pontos de interseção sobre a linha l_2 definem as larguras dos degraus sobre o banzo livre.

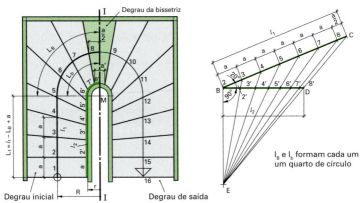

Traçado de uma escada semicircular pelo método angular

Método das réguas

No método das réguas são traçadas a planta da escada com os degraus inicial e da bissetriz, a linha de trânsito e a largura dos degraus a. Partindo-se do degrau da bissetriz são colocadas réguas sobre os pontos da linha de repartição de tal modo que os lados mais estreitos dos degraus que devem ser compensados se tornem gradualmente mais largos. Quando todas as réguas estiverem alinhadas na posição desejada, os pontos são marcados sobre os banzos e ligados ente si.

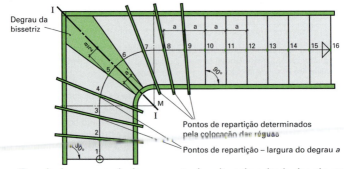

Traçado de uma escada de um quarto de volta pelo método das réguas

6 Física das construções

Os objetos de construção estão sujeitos à diversas influências físicas. A física das construções tratada aqui também poderia ser denominada de proteção de obras. Nesse contexto, a proteção de obras tem a função de prevenir danos à construção já a partir de um cuidadoso planejamento da construção.

Física das construções/proteção de obras

Proteção térmica	Proteção contra umidade DIN 18 195	Proteção acústica	Proteção contra fogo
DIN 4108	bloquear, vedar	DIN 4109	DIN 4102
Lei de economia de energia EnEV		barrar, absorver (absorção do som)	Código municipal/estadual de obras
Isolar	Agentes de vedação		
Materiais de isolação térmica	Materiais de vedação	Materiais absorventes para isolação acústica	Exemplos de execução

6.1 Materiais de isolação, vedação e bloqueio

Na área técnica de construções e de madeira só podem ser usados materiais de contenção, vedação e bloqueio normalizados ou certificados pelo órgão fiscalizador de obras. Os materiais de construção devem ser devidamente identificados:

- Norma de fabricação
- Classe do material quanto à reação ao fogo
- Controle de qualidade

Material	Aplicação	Propriedades Reação ao fogo	Composição Norma de fabricação
Materiais isolantes inorgânicose		A incombustível	B combustível
Perlita intumescente	Aditivo leve para revestimento de retenção do fogo	resistente ao calor, envelhecimento e a ácidos, **poroso**	Resíduos de mica
Espuma de vidro	Isolação do calor. Proteção contra umidade, Isolamento de telhado	incombustível, resistente à corrosão, **poroso** A1	Espuma de vidro DIN 18 174
Fibras isolantes de origem mineral e vegetal	Como material solto para preenchimento de espaços vazios para isolação térmica, como placas resistentes ao tráfego para isolação térmica e sonora sob pisos contínuos, isolamento de paredes	absorvente do som, retentor de calor, incombustível, resistente à decomposição, **fibroso** A1 ou A2 ou B1	Fibras finas de vidro fundido, marga, escória de alto-forno DIN 18 165 DIN 18 165-2 neu
Materiais isolantes orgânicos			
Espuma rígida de poliestireno (PS) (inclusive espuma extrudada e particulada)	Isolação térmica, Isolação de passadas, Isolação de telhado	estabilidade dimensional, resistente à putrefação, difícil de inflamar, repelente de água, **poroso** B1	de óleo cru e comburente conformado em placas DIN 18 164 DIN 18 164-2 nova
Espuma rígida de poliuretano (PUR)	Isolação térmica de telhados planos	elástico sob oscilação de temperatura, resistente ao envelhecimento, **poroso** B1 ou B2	com ou sem camadas com densidade de difusão gasosa em ambos os lados DIN 18 164
Material isolante de cortiça	Isolamento de telhados, Isolamento acústico, Isolamento de paredes	resistente à decomposição, elástico, geralmente impregnado, **fibroso** B2	casca de cortiça moída em grânulos, aglomerada com resina e cortada em placas DIN 18 161
Placas leves de lã de madeira	Isolação térmica, forro perdido, suporte de reboco	difícil de inflamar, absorvente de som, não resistente ao clima, resistente à flexão B1 (espessura acima de 25 mm)	lã de madeira de coníferas e aglomerante mineral DIN 1101
Placas de construção leves multicamadas	Revestimento adicional, paredes divisórias, suporte para reboco	absorvente, difícil de inflamar, não resistente ao clima B1	núcleo de espuma sintética com uma ou duas placas leves de lã de madeira DIN 1104

259

6.1 Materiais de isolação, vedação e bloqueio

Material	Aplicação e propriedades	Composição Norma de fabricação
Materiais de vedação betuminosos		
Betume puro Betume com plástico Betume com carga (material betuminoso)	vedações verticais conforme DIN 18195 e para lajes e telhados	Pela destilação de petróleo
	como **solução** ou **emulsão** como demão de fundo uma vez fria e demão de cobertura duas vezes fluida quente ou como demão de fundo uma vez fria e demão de cobertura duas vezes fluida fria como **massa para aplicação com espátula** uma demão de fundo e duas demãos com espátula	
Mantas nuas de betume **Manta de betume para telhado**	como **mantas de betume prontas** uma demão de fundo e uma camada de manta aplicada com massa colante quente, para mantas nuas de betume, uma demão adicional de betume	papelão cru feltrado designado pelo peso do metro quadrado 333 g/m² ou DIN 52 128, DIN 52 129, DIN 52 130 e DIN 18 190
Mantas de betume para soldar	Podem ser impermeáveis e podem ser aplicadas em processo de soldagem	tecido de juta ou tecido de vidro embebido em betume
Vedações com mantas de vedação de plástico		
Betume copolímero etileno (ECB)	vedações verticais conforme DIN 18195 e para telhados	DIN 16 729
Mantas de PVC flexível	mantas coladas com betume ou aplicadas mecanicamente	DIN 16 735
Mantas de poli-isobutileno (PIB)	dar demão de fundo a quente nas superfícies das paredes e aplicar com massa adesiva a quente no processo de chama, soldagem a quente ou por expansão, película externa fechada	DIN 16 935
Materiais de vedação		
Decantado de lodo mineral aprovado pela inspeção de obras	vedações verticais conforme DIN 18195	aprovação da inspeção de obras, dependente da empresa fabricante
	a massa é aplicada com brocha ou espátula sobre uma base adequada ou sobre uma demão de fundo	
Argamassa de bloqueio	como reboco de bloqueio repelente de água e estanque	DIN 18 550
Concreto de bloqueio	impermeável à água, só em construções especiais	DIN 1045, DIN 1047
Alvenaria	como substituto de uma vedação mencionada acima na área visível de paredes externas	DIN 1053, DIN 105 tijolo de clínquer no grupo de argamassa III
Manta betuminosa de telhado, manta de vedação para vedação de construções	vedações horizontais conforme DIN 18195	manta de suporte de papelão feltrado, tecido de juta ou fibra sintética, também películas de alumínio e cobre
	as superfícies de aplicação devem ser igualadas com argamassa do grupo II ou III	
Bloqueadores de vapor		
Vaporex normal, com betume, com areia, $\mu = 31200$	para camada de isolamento térmico do lado interno em recintos úmidos, deve ser colado com adesivo de resina sintética	fabricação em rolos ou lonas; materiais densos gerados por processos de fundição de vidro, plástico ou metal
Vaporex super	camada de bloqueio constituída por película de alumínio e duas películas de plástico, recoberta com betume e areia, para recintos onde se prevêem elevada umidade e ao mesmo tempo é requerida vedação para o vapor.	
Barreira de vapor Nepa **Película de PVC** **Película de polietileno**	na produção de casas pré-fabricadas e construções leves, colar, estender ou pregar	material auxiliar de papel oleado, lã de vidro bruta, lã de fibras químicas, películas PE e mantas de lã de vidro betuminosa usadas para camadas de separação
Película de alumínio	para telhados e paredes externas, praticamente estanque ao vapor, colar em camada única; frequentemente usada como revestimento de mantas de isolamento térmico	

6.2 Proteção térmica

Considerando as diferentes influências do clima, a **proteção térmica em construções na superfície do solo** deve
- zelar pelo bem-estar das pessoas
- reduzir os custos de manutenção (custos com aquecimento, por exemplo)
- evitar água de condensação e consequente umidade no lado de dentro das paredes externas.

Para a nossa saúde o bem-estar físico é um pré-requisito sério. Os fatores primários são a temperatura do ar, a umidade relativa, a movimentação do ar e a temperatura superficial das paredes ou divisórias dos recintos. Os fatores de comodidade de uma pessoa dependem da regulação térmica individual e do tipo de atividade. A pessoa se sente confortável com

- **temperatura ambiente de 20 °C a 22 °C**
- **temperatura da superfície dos limitadores do recinto de 16 °C até 20 °C**

- **suave movimento do ar de 0 cm/s até 20 cm/s**
- **umidade relativa do ar de 30% até 70%**

Princípios físicos fundamentais (DIN 4108/DIN EN ISO 7345/DIN 6946)

Temperatura ϑ As temperaturas são medidas em graus Kelvin (K) ou Celsius (°C) ϑ_i Temperatura das partes internas do recinto em °C ϑ_a Temperatura das partes externas do recinto em °C $\Delta\vartheta$ Diferença de temperatura 1 K $\triangleq$ 1 °C	**Resistência à passagem do calor R em $\dfrac{m^2 K}{W}$** **Em geral a estrutura de uma construção é avaliada pela sua resistência à passagem do calor. E a isolação térmica de um componente é determinada pela espessura do material d e o coeficiente λ_R.** $R = \dfrac{d}{\lambda_R}$ onde d deve ser indicado em m $R = \dfrac{d_1}{\lambda_1} + \dfrac{d_2}{\lambda_2} + ... + \dfrac{d_n}{\lambda_n}$ ou $R = \sum \dfrac{d_i}{\lambda_i}$ para várias camadas com i = 1, 2, 3, ..., n
Quantidade de calor Q **O calor é gerado mecanicamente, quimicamente, eletricamente ou por meio de fissão nuclear. A unidade para quantidade de calor é o Joule (J), embora na construção civil sejam usados o Watt/segundo (W/s) e o kilowatt/hora (kW/h).** $Q = c \cdot m$ c capacidade térmica específica 1 J $\triangleq$ 1 Ws m massa do componente **A corrente de calor flui sempre da temperatura mais alta para a mais baixa. O calor tende sempre para o lado mais frio.**	**Resistências à transmissão térmica R_{si}, R_{se} em $\dfrac{m^2 K}{W}$** **Considerando-se o movimento do ar no elemento construtivo, as resistências à transmissão térmica são descritas sobre a superfície interna e sobre a superfície externa do elemento. Os valores de cálculo são especificados conforme DIN 4108.** **Resistência à transmissão térmica R_T em $\dfrac{m^2 K}{W}$** $R_T = R_{si} + R + R_{se}$
Condutividade térmica λ em $\dfrac{W}{m\,K}$ **É a quantidade de calor Q, que passa num segundo através de um metro quadrado de uma camada de material de um metro de espessura em estado estável, quando a diferença entre as duas superfícies corresponde a 1 °C.** **A condutividade térmica λ (Lambda) é decisivamente dependente da densidade do material. Os coeficientes λ_R são dados nas tabelas de valores característicos dos materiais.** Quanto menor a condutividade térmica (coeficiente de condutividade térmica), melhor a proteção térmica.	**Coeficiente de transmissão térmica U em $\dfrac{W}{m^2 K}$** **O valor U resulta da resistência à passagem do calor e das resistências à transmissão térmica** $U = \dfrac{1}{R_{si} + R + R_{se}} = \dfrac{1}{R_T}$ **O coeficiente de transmissão térmica médio U_m para um elemento construtivo é calculado considerando-se as áreas adjacentes e o coeficiente de transmissão térmica delas.** $U_m = \dfrac{U_1 \cdot A_1 + U_2 \cdot A_2 + ..U_n \cdot A_n}{\sum A}$ $\sum A$ é a soma de todas áreas parciais
Coeficiente de permeabilidade térmica Nota: O coeficiente de permeabilidade térmica não é mais definido na DIN 4108 nova	**Quanto menor o valor U, melhor a retenção térmica.**

6.2 Proteção térmica

6.2.1 Requisitos térmicos mínimos

Para proteger de invernos rigorosos os elementos externos de uma construção foram definidos requisitos mínimos para ela. Assim sendo, os requisitos da tabela para a resistência à passagem do calor R precisam ser atingidos.

Valores mínimos para a resistência à passagem de calor R para materiais condutores de calor (com uma massa total em relação à área $\geq$ 100 kg/m²) conforme DIN 4108-2

Elementos de construção		Resistência à passagem do calor R m² · K/W
Paredes externas, inclusive nichos e peitoris sob as janelas, apoios de janelas e pontes de calor		1,20
Paredes de ambientes de estar opostas a sótãos, passagens, vestíbulos abertos, garagens		1,20
Paredes divisórias da casa, paredes contíguas com o vizinho		0,07
Paredes de caixas de escadas para o recinto da escada	com temperaturas internas $\vartheta \leq$ 10 °C e escadaria livre de geada	0,25
	com temperaturas internas $\vartheta \geq$ 10 °C, p.ex., em prédios de administração, casas comerciais, prédios escolares, hotéis, restaurantes e prédios residenciais	0,07
Paredes de ambientes de estar que limitam o subsolo		1,20
Lajes divisórias de residências, lajes entre ambientes de trabalho de estranhos, lajes sob sótãos com ambientes ampliados, com telhado inclinado isolado e meia-parede	geral	0,35
	em prédios de escritórios com aquecimento central	0,17
Lajes sob sótãos com ambientes sem ampliação, lajes sob ambientes ventilados entre o telhado inclinado e meias-paredes, sótãos com isolação térmica		0,90
Lajes e telhados que limitam o teto de ambientes de estar contra o ar externo, lajes e telhados sob terraços, telhados planos não ventilados		1,20
Lajes de porão, lajes opostas a vestíbulos fechados, não aquecidos		0,90
Lajes que delimitam o teto de ambientes de estar do ar externo, p.ex., garagens, passagens e porões térreos ventilados		1,75
Remates inferiores de ambientes de estar que não possuam porão, se fizerem limite imediato com solo (até uma profundidade de 5 m) ou se estiverem sobre um ambiente vazio (ocos), não ventilado, limítrofe ao solo.		0,90

Valores mínimos para a resistência à passagem de calor R para elementos leves (com uma massa total em relação à área < 100 kg/m², bem como construções tipo estrutura armada ou esqueleto) conforme DIN 4108-2

Elemento		Resistência à passagem do calor R m² · K/W
Paredes externas, lajes sob sótãos ampliados e telhados (< 100 kg/m²)		1,75
Construção tipo estrutura armada e esqueleto	na área de compartimento	1,75
	para a totalidade dos elementos em média (R_m)	1,00
Caixas de persianas		1,00
Lajes de caixas de persianas		0,55
Peças não transparentes da gelosia de paredes de janela e portas-janelas	para > 50% da superfície total da gelosia	1,20
	para < 50 % da superfície total da gelosia	1,00

Princípio: A proteção térmica mínima deve estar disponível em todos os pontos do elemento. Se os requisitos da tabela forem satisfeitos para uma ou mais camadas, dispensa-se uma outra comprovação.

- Duas paredes estritas de alvenaria com espaço intermediário de ventilação conforme DIN 1053 vale como ambiente com "ar externo, coberto e ventilado por trás – vigorosamente ventilado". A camada de ar e a capa adicional não são consideradas para o cálculo do valor U e, em vez deste, é aplicado Rm = 0,13 m² K/W.

- Para aquecimento no piso só entram no cálculo as camadas abaixo do contrapiso aquecido.

- Para prédios com temperaturas internas baixas (12°C $\leq \vartheta_i$ < 19 °C) valem os valores das tabelas acima. Exceção: para as paredes externas deve ser garantido R $\geq$ 0,55 m² K/W.

6.2 Proteção térmica

Camadas de ar
que não estejam em contato com o ar externo (aberturas de areação ≤ 500 mm²/m²) devem ser consideradas para o cálculo da resistência à passagem do calor.
Camadas de ar, consideradas como levemente ventiladas (aberturas para areação ≤ 1500 mm²/m²), são calculadas com a metade do valor indicado.
Paredes de alvenaria de duas camadas ▶ p.262

Aletas e compartimentos ventilados
devem ser considerados dependendo da disposição da camada de isolamento (altura da isolação).

Elementos com vedação
No cálculo da resistência à passagem do calor só são consideradas as camadas de dentro para fora até a vedação da construção (p.ex., em telhados planos).

Resistência à passagem do calor em m² K/W

Espessura da camada de ar em mm	Direção da corrente de calor		
	ascendente	horizontal	descendente
5	0,11	0,11	0,11
7	0,13	0,13	0,13
10	0,15	0,15	0,15
15	0,16	0,17	0,17
25	0,16	0,18	0,19
50	0,16	0,18	0,21
100	0,16	0,18	0,22
300	0,16	0,18	0,23

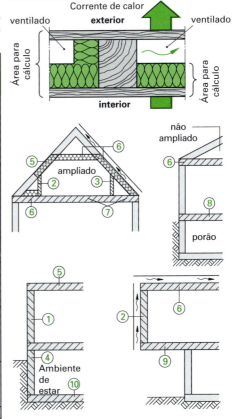

Resistência à passagem do calor conforme DIN 4108-4 em $\frac{m^2 K}{W}$		interior R_{si}	exterior R_{se}
Parede externa (exceto as da linha 2)	1	0,13	0,04
Parede externa com capa externa ventilada por trás, meia-parede para sótãos sem isolação	2	0,13	0,08
Parede divisória de prédio, parede divisória de ambiente, parede entre ambientes de trabalho de estranhos, parede divisória para ambiente sem aquecimento durante muito tempo, meia parede para sótão com isolamento	3	0,13	0,13
Parede limítrofe ao solo	4	0,13	0
Laje ou telhado que limita o teto do ambiente de estar com o ar externo (sem ventilação)	5	0,13	0,04
Laje sob sótão não ampliado, sob laje de telhado ou sob ambiente ventilado (p.ex. telhado inclinado ventilado)	6	0,13	0,08
Laje de separação de apartamentos e laje entre ambientes de trabalho de estranhos; corrente de calor de baixo para cima	7	0,10	0,10
De cima para baixo			0,17
Laje do porão (nível do solo)	8		0,17
Laje que delimita o piso do ambiente de estar com o ar externo	9	0,17	0,04
Remate inferior de um ambiente de estar sem porão (limítrofe ao solo)	10		0
si (inglês - surface interior) superfície interna			
se ((inglês - surface exterior) superfície externa			

Posição e constituição do elemento da construção

Resistência à passagem do calor conforme DIN EN ISO 6946	Direção da corrente de calor		
	ascendente	horizontal	descendente
R_{se}[1] (m² K/W)	0,04	0,04	0,04
R_{se}[2] (m² K/W)	0,13	0,13	0,13
R_{si} (m² K/W)	0,10	0,13	0,17

[1] Ar externo, descoberto
[2] Ar externo, coberto e ventilado por trás

6.2 Proteção térmica

Permeabilidade térmica média

Para um elemento de construção com áreas adjacentes diversas, com valor de U diferentes, deve ser calculado o coeficiente médio de permeabilidade térmica.

$$U_m = \frac{U_1 \cdot A_1 + U_2 \cdot A_2 + .. U_n \cdot A_n}{A_1 + A_2 + ..A_n}$$

$$U_{m,W+F} = \frac{U_W \cdot A_W + U_F \cdot A_F}{A_W + A_F}$$

p.ex. U_1 na região compartimentada, área A_1
U_2 na região limítrofe, área A_2
U_W na região das paredes externas
U_F na região das janelas
U_D no teto e na região da cobertura
U_G na região do piso

Curva da temperatura

Através de um elemento de construção com a superfície A = 1,00 m², com camada de ar em ambos lados (ϑ_{La} temperatura da camada de ar externa) e (ϑ_{Li} temperatura da camada de ar interna), flui uma densidade de corrente térmica q (em W/m²)

$$q = U \cdot (\vartheta_{Li} - \vartheta_{La}) \qquad \Delta\vartheta = q \cdot d/\lambda$$

Daí resultam as temperaturas superficiais do lado interno ϑ_{La} na primeira, na segunda, até na enésima camada ($\vartheta_1, \vartheta_2, ... \vartheta_n$) e a temperatura no lado externo ϑ_{oa}.

$\vartheta_{oi} = \vartheta_{Li} - R_{si} \cdot q \qquad \vartheta_1 = \vartheta_{oi} - d/\lambda_1 \cdot q$
$\vartheta_2 = \vartheta_1 - d/\lambda_2 \cdot q \qquad \vartheta_3 = \vartheta_2 - d/\lambda_3 \cdot q$
$\vartheta_{oa} = \vartheta_n - R_{se} \cdot q$

Janelas

Janelas ou portas-janelas são constituídas por esquadrias e vidros. Na fabricação das esquadrias são usados madeira, alumínio e plástico. O envidraçamento (▶ p. 236) é constituído geralmente por vidro duplo, também denominado vidro isolante ou vidro térmico. O envidraçamento com vidro único não é mais permitido. A proteção térmica é regulamentada pelo "Decreto sobre proteção térmica para preservação da energia". Na aplicação da DIN EN 10077 deve ser observado que os coeficientes de transmissão térmica do envidraçamento, das janelas, das portas-janelas precisam corresponder à DIN V 4108-4. Na reforma ou substituição de janelas e portas-janelas o valor U_{max} = 1,8 W/(m² · K) não pode ser ultrapassado. Janelas para o exterior de ambientes aquecidos devem ser executadas, no mínimo, com envidraçamento isolante ou com vidros duplos (veja também página 236).

Cálculo das janelas

$$U_W = \frac{A_f \cdot U_f + A_g \cdot U_g + l_G \cdot \psi_G}{A_f + A_g}$$

A_f Área das esquadrias da janela
U_f Coeficiente de transmissão térmica das esquadrias
A_g Área dos vidros
U_g Coeficiente de transmissão térmica dos vidros
l_G Comprimento das vedações dos vidros
ψ_G Coeficiente de transmissão térmica do espaçador (MIG)
ψ_{BW} Coeficiente de transmissão térmica do isolamento de instalação
Índice f esquadria em inglês, outrora R
Índice g envidraçamento em inglês, outrora V
Índice W janela em inglês, outrora F

Pontes de calor numa janela

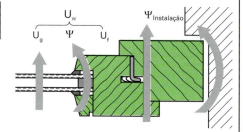

Considerando as pontes de calor ψ_{BW}[1)]

- Acréscimo geral para todas as superfícies abrangidas e transmissoras de calor:
ΔU_{BW} = 0,10 W/(m² · K)
- Acréscimo geral para todas as superfícies abrangentes transmissoras de calor na aplicação da DIN 4108, folha 2: ΔU_{BW} = 0,10 W/(m² · K)
- Comprovação exata conforme DIN 4108-6

[1)] EnEV 2.5 Pontes de calor

No projeto e instalação deve-se atentar para que a curva isotérmica de 13 °C transcorra no elemento de construção, evitando assim a formação de água de condensação e bolor.

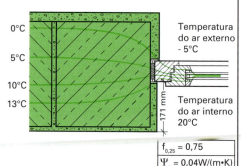

6.2 Proteção térmica

6.2.2 Valores para cálculo da proteção térmica

Nº	Material de construção, elementos de construção	Densidade kg/m³	Condutividade térmica W/mK	Índice de dilatação térmica mm/mK
1	**Artigos de prateleira, de depósitos, metais**			
1.1	Alumínio	2700	200	0,024
1.2	Chumbo	11400	347	0,03
1.3	Bronze	8500	46	–
1.4	Ferro fundido	7250	60	0,01
1.5	Cobre	8900	380	0,017
1.6	Latão	8500	105	–
1.7	Níquel	8900	59	–
1.8	Aço	7850	60	0,01
1.9	Zinco, laminado	7200	113	–
1.10	Zinco, fundido	6900	–	0,029
1.11	Estanho, laminado	7400	65,7	Módulo de elasticidade N/mm²
1.12	Estanho, fundido	7100	–	
2	**Madeira e materiais derivados da madeira**			E|
2.1	Coníferas, geral, C30	380	0,13	12000
2.2	Folhosas (Faia, carvalho) D30/D40	590	0,20	10000
	D60	700	0,20	17000
2.3	Tábuas coladas	~ 400	–	~ 13000
2.4	Aglomerados (DIN 68761, DIN 68763)	700	0,13	–
2.5	Placas laminadas (DIN 68705)	800	(0,15)	–
2.6	Placas de fibras de madeira (DIN 68754), HFH	1100	0,17	–
2.7	Placas de fibra de madeira, dureza média, HFM	700	–	–
2.8	Placa de fibras duras, porosa	300	0,056	–
2.9	Placas extrudadas (DIN 68764)	700	0,17	–
2.10	Placas de marcenaria (DIN 68705-4)	–	–	–
2.11	Placa de isolação (DIN 68750)	–	–	–
3	**Concreto, argamassa, reboco**			
3.1	Concreto padronizado (DIN 1045)	2000	(1,6)	0,01
	Concreto armado	..2600	2,1	0,01
	Concreto pesado	> 2600	–	–
3.2	Concreto leve (DIN 1045)	≥ 800	0,39	–
	Concreto armado leve	≤ 2000	..2,1	
3.3	Concreto poroso, endurecido (DIN 4223)	400	0,14	0,008
	separado por	500	0,16	0,008
	classes de densidade	600	0,19	0,008
		700	0,21	0,008
3.4	Concreto leve com estrutura porosa	1000	0,36	0,007
	(DIN 4232) e aditivos porosos	1400	0,57	0,007
	(DIN 4226)	1600	0,75	0,007
	separado por			
	classes de densidade	1800	0,92	0,007
3.5	Concreto leve (DIN 4129) com	1000	0,47	0,007
	adição de concreto de estrutura	1100	0,53	0,007
	porosa (DIN 1045)	1200	0,62	0,007
	separado por	1400	0,79	0,007
	classes de densidade	1600	1,00	0,007
3.6	Argamassa anídrica	1800	0,87	–
		2100	1,20	–
3.7	Estuque aramado com argamassa de gesso	1700	–	

Valores adicionais – porém não estabelecidos pela DIN 4108

Aglomerados de

Placas planas DIN 68736
Placas extrudadas DIN 68764
Placas tipo V 20, V 100, V 100 G
$\lambda_R = 0,13$ W/mK $\mu = 50$ ou 100
$\lambda_{RII} = 0,29$ W/mK (no plano da placa)

Compensado laminado

conforme DIN 68705
Placas tipo BFU 20, 100, 100 G
$\lambda_R = 0,15$ W/mK $\mu = 50$ ou 400

Placas de fibra de madeira

Placas duras $\lambda_R = 0,17$ W/mK
$\varrho = 900$ kg/m³ ... 1100 kg/m³
placas porosas conforme DIN 4108
$\lambda_R = 0,06$ W/mK $\varrho = 300$ kg/m³
$\lambda_R = 0,07$ W/mK $\varrho = 400$ kg/m³
conforme DIN 68755
λ_R na WLG 040 a 070

Símbolos matemáticos

Valor de cálculo	sem
Ângulo de atrito	φ
Densidade bruta	ϱ
Condutividade térmica	λ_R
Índice de dilatação térmica	α
Módulo de elasticidade	E
Índice de armazenagem de calor	S_{24}

Explicações

Índice de dilatação térmica mm/mK

- conhecido como coeficiente de dilatação linear,
- indicado aqui em mm por metro linear a uma diferença de temperatura de 1 K ≙ 1 °C,

Módulo de elasticidade N/mm²

- indicado apenas nas especificações DIN do respectivo material de construção,
- em madeiras (DIN 1052) deve-se diferenciar entre paralelo II e perpendicular ⊥ às fibras,
- em alvenaria, considerar a resistência do tijolo e o grupo da argamassa,

Densidade kg/m³

- serve para determinar a massa em relação à área,

Grupo de condutividade térmica

- WLG 025, corresponde a 0,025 W/mK

265

6.2 Proteção térmica (continuação)

Nº	Material de revestimento, de construção, elementos de construção	Densidade kg/m³	Condutividade térmica W/mK
3.8	Estuque aramado com argamassa cal ou de cal-gesso	2000	–
3.9	Estuque aramado com cimento	–	–
3.10	Argamassa de gesso sobre placa de lã de madeira leve total 35 mm total 45 mm	– –	– –
3.11	Revestimento isolante térmico total 55 mm	–	WLG
3.12	Argamassa de gesso s. areia, reboco de gesso	1200	0,35
3.13	Argamassa de cal (argamassa de rejunte e reboco)	1800	0,87
3.14	Argamassa gesso-cal, areia-gesso	1400	0,70
3.15	Reboco de cal e argamassa de cal	2000	0,87
3.16	Reboco poroso, reboco leve	1200	–
3.17	Cimento queimado	2200	1,40
3.18	Argamassa de cimento, reboco de cimento		
4	**Paredes de tijolos sintéticos**		
4.1	Clínquer maciço (DIN 105)	6 1900	0,96
4.2	Clínquer furado (DIN 105)	6 1900	0,81
4.3	Tijolo maciço, tijolo furado (DIN 105) separado por densidade do tijolo	1200 1400 1600 1800	0,50 0,58 0,68 0,81
4.4	Tijolo furado leve, tipo A e tipo B (DIN 105) separado por densidade do tijolo	700 800 900 1000	0,36 0,39 0,42 0,45
4.5	Tijolo calcário (DIN 105) separado por densidade do tijolo	1200 1400 1600	0,56 0,70 0,79
4.6	Tijolo refratário (DIN 398) separado por densidade do tijolo	1000 1200 1400	0,47 0,52 0,58
4.7	Blocos de concreto poroso (DIN 4165) separado por densidade	500 600 700 800	0,22 0,24 0,27 0,29
4.8	Blocos furados de concreto poroso (DIN 18 149) separado por densidade	600 700 800	0,35 0,40 0,47
4.9	Blocos ocos de concreto poroso (DIN 18 151) 2 K /3 K /4 K separado por densidade	500 600 700 800	0,29 0,32 0,35 0,39
4.10	Blocos e tijolos maciços de concreto leve (DIN 18 152) separado por densidade tijolo maciço/bloco maciço	600 700 800 900	0,34/0,32 0,37/0,35 0,40/0,39 0,43
5	**Revestimento de pisos e paredes**		
5.1	Concreto asfáltico Asfalto em placas		0,90
5.2	Piso monolítico, piso anídrico		1,20
5.3	Piso de resina sintética		1,20
5.4	Ladrilhos sobre contrapiso		1,00
5.5	Azulejos sobre argamassa		1,00
5.6	Assoalhos de plástico		0,23
5.7	Linóleo		0,17
5.8	Carpete		0,08

A condutividade térmica λ usando argamassa leve pode ser reduzida em 0,06 W/mK

Nº	Material de revestimento, de construção, elementos de construção	Densidade kg/m³	Condutividade térmica W/mK
6	**Paredes e placas de parede**		
6.1	Placas de fibrocimento (DIN 274)	2000	0,58
6.2	Placas leves de concreto leve (DIN 18 162) e placas de parede ocas de concreto leve (DIN 18 148) separadas por densidade	800 900 1000 1200 1400	0,29 0,32 0,37 0,47 0,58
6.3	Placas leves de gesso (DIN 18 163) com espaços ocos e material de enchimento separadas por densidade	600 750 900 1200	0,29 0,35 0,41 0,58
6.4	Placas de concreto poroso (DIN 4166) separadas por densidade	500 600 700	0,22 0,24 0,27
6.5	Placas de gesso cartonado (DIN 18 180)	900	0,21
7	**Materiais de bloqueio, isolação, enchimento**		
7.1	Telhas de cartão betuminoso com camada de cobertura em ambos os lados		0,17
7.2	Cartão de betume, nu (DIN 52 129)		0,17
7.3	Mantas de betume para telhado (DIN 52 130)		0,17
7.4	Mantas de betume soldáveis		0,17
7.5	Cartão alcatroado (DIN 52 126)		0,17
7.6	Saibro de pedra-pomes		0,22
7.7	Perlita expandida		0,06
7.8	Mica expandida		0,07
7.9	Xisto expandido, concreto expandido		0,19
7.10	Granalha de cortiça expandida		0,13
7.11	Espuma de larva		0,22
7.12	Placas leves de fibra de madeira d = 15 mm (DIN 1101) separadas por espessuras $d \geq 25$ mm		0,15 0,093
7.13	Placas leves muticamadas (DIN 1104)		0,040
7.14	Placas de cortiça (DIN 18 161) separadas por grupos de condutividade térmica	045 050 055	0,045 0,050 0,055
7.15	Espuma de poliuretano in loco PUR (DIN 18 159)		0,030
7.16	Espuma rígida de poliestireno PS (DIN 18 164) separadas por grupos de condutividade térmica	030 035 040	0,030 0,035 0,040
7.17	Espuma rígida de poliuretano PUR (DIN 18 164) separadas por grupos de condutividade térmica	020 025 030	0,020 0,025 0,030
7.18	Espuma rígida de resina fenólica PF (DIN 18 164) separadas por grupos de condutividade térmica	035 040 045	0,035 0,040 0,045
7.19	Materiais isolantes de fibras minerais e vegetais (DIN 18 165) separadas por grupos de condutividade térmica	035 040 045 050	0,035 0,040 0,045 0,050
7.20	Espuma de vidro (DIN 18 174) separadas por grupos de condutividade térmica	045 050 055	0,045 0,050 0,055

6.2 Proteção térmica

6.2.3 Cálculo da isolação térmica

Exemplo: Parede maciça de camada simples

Deve ser calculada a passagem do calor através de uma parede externa maciça de camada simples. A resistência à passagem do calor encontrada deve ser comparada com o valor mínimo, e o coeficiente de transmissão térmica, com o valor máximo.

A temperatura externa corresponde a –12 °C, a temperatura interna +23 °C. A progressão da temperatura deve ser representada graficamente. A espessura da parede corresponde a 24 cm, como material de construção foram escolhidos tijolos furados leves com uma densidade de 1000 kg/m³.

massa do elemento de construção $m = 0{,}24 \text{ m} \cdot \dfrac{100 \text{ kg}}{\text{m}^3} \Rightarrow m = 240 \text{ kg/m}^2 > 100 \text{ kg/m}^2$

Cálculo das temperaturas

Resistência à passagem do calor $R = \dfrac{0{,}24 \text{ m}}{0{,}45 \dfrac{\text{W}}{\text{m K}}} \Rightarrow$ simplesmente $R = 0{,}53 \dfrac{\text{m}^2 \text{K}}{\text{W}} < 1{,}20 \dfrac{\text{m}^2 \text{K}}{\text{W}}$

Transporte de calor
$q = k \cdot (\vartheta_{Li} - \vartheta_{La})$

Temperatura no elemento de construção
$\Delta\vartheta = q \cdot d/\lambda$
$\vartheta_{0i} = \vartheta_{Li} - 1/\alpha_i \cdot q$
$\vartheta_1 = \vartheta_{0i} - s_1/\lambda_1 \cdot q$ etc.

Temperaturas $\vartheta_1, \vartheta_2, ... \vartheta_n$, conforme a primeira, segunda ... enésima camada

O valor mínimo necessário não foi alcançado; a construção não é permitida!

Coeficiente de transmissão térmica

$R_{si} = 0{,}13 \dfrac{\text{m}^2 \text{K}}{\text{W}}$ e $R_{se} = 0{,}04 \dfrac{\text{m}^2 \text{K}}{\text{W}}$

$R_{T\,real} = 0{,}13 \dfrac{\text{m}^2 \text{K}}{\text{W}} + 0{,}53 \dfrac{\text{m}^2 \text{K}}{\text{W}} + 0{,}04 \dfrac{\text{m}^2 \text{K}}{\text{W}}$

$R_{T\,real} = 0{,}70 \dfrac{\text{m}^2 \text{K}}{\text{W}} \Rightarrow U = 1{,}43 \dfrac{\text{W}}{\text{m}^2 \text{K}} > 0{,}45 \dfrac{\text{W}}{\text{m}^2 \text{K}}$ conforme EnEV

o valor máximo admissível foi ultrapassado, a construção não é permitida!

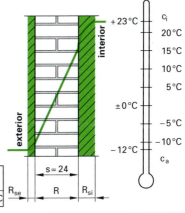

Progressão da temperatura

$\Delta\vartheta = 35 \text{ °C}$ admitido para 1 °C $\triangleq \dfrac{0{,}70 \dfrac{\text{m}^2 \text{K}}{\text{W}}}{35}$

donde resulta de dentro para fora

0,13	0,53	0,04	$\dfrac{1}{k}$ em valores individuais em $\dfrac{\text{m}^2 \text{ K}}{\text{W}}$
6,5 °C	26,5 °C	2,0 °C	Diferença total de temperatura de 35 °C

Exemplo: Estrutura de telhado

A resistência à passagem do calor para o andar de cobertura do esboço abaixo deve ser calculado no ponto mais desfavorável e no centro e comparado com os requisitos mínimos.

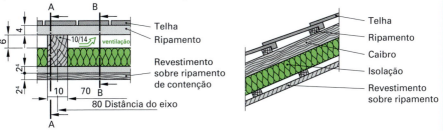

6.2 Proteção térmica

Exemplo (continuação) massa do elemento e resistências à passagem do calor em forma de tabela

Elemento	Espessura m	Densidade $\frac{kg}{m^3}$	Massa $\frac{kg}{m^2}$	Índice de condutividade térmica $\frac{W}{mK}$	$R\left[\frac{m^2 K}{W}\right]$	
Telha, ripamento e ripamento de contenção, assim como bloqueios de vapor	não são aplicados, ventilado				A	B
Isolação de fibras minerais espessura 035	0,08	100	8	0,035	–	2,29
Caibros (só altura térmica técnica)	0,08	600	48	0,13	0,62	–
Revestimento	0,024	600	14,4	0,13	0,18	0,18
					0,80	2,47

Área do ripamento A

$R_{real} = 0{,}80 \frac{m^2 K}{W} <$ exigido $R = 1{,}20 \frac{m^2 K}{W}$

Área do cômodo B $m = 8 \frac{kg}{m^2} + \left(14{,}4 \frac{kg}{m^2}\right) \cdot 2 \Rightarrow m = 36{,}8 \frac{kg}{m^2}$ Nota: $R_{si} = 0{,}13$ m²K/W
$R_{se} = 0{,}13$ m²K/W
conforme DIN EN ISO 6946

$R_{real} = 2{,}47 \frac{m^2 K}{W} > R_{min} = 1{,}75 \frac{m^2 K}{W}$

Valor médio (no centro) $R_M = 2{,}47 \frac{m^2 K}{W} \cdot \frac{0{,}70\ m}{0{,}80\ m} + 0{,}80 \frac{m^2 K}{W} \cdot \frac{0{,}10\ m}{0{,}80\ m} = \mathbf{2{,}26 \frac{m^2 K}{W}}$

Exemplo: Parede externa de várias camadas

Deve ser calculada a passagem de calor através da parede externa de várias camadas do esboço abaixo. A resistência à passagem do calor disponível deve ser comparada com os valores mínimos exigidos, o coeficiente de transmissão térmica disponível deve ser comparado com o valor máximo permissível.

A temperatura externa corresponde a –12 °C, a temperatura interna +23 °C. A progressão da temperatura deve ser representada graficamente. A estrutura da parede de fora para dentro: 13 mm de camada adicional, 60 mm de ripamento e ripamento de contenção, 60 mm de fibra mineral isolante 040, 240 mm de tijolos furados 1800 kg/m³, 15 mm de reboco de cal.

Resistência à passagem do calor em forma de tabela

Elemento	Espessura m	Condutividade térmica λ W/(m K)	$R\left[\frac{m^2 K}{W}\right]$
Camada adicional, ripamento e ripamento de contenção	Não são aplicados, ventilado		
Fibra mineral isolante	0,06	0,04	1,50
Tijolo/clínquer furado	0,24	0,81	0,30
Reboco de cal	0,015	0,87	0,02
			1,82

Resistência à passagem do calor exigida $R = 1{,}20 \frac{m^2 K}{W}$

Resistência à transmissão do calor

$R_{T\ real} = 0{,}13 \frac{m^2 K}{W} + 1{,}82 \frac{m^2 K}{W} + 0{,}13 \frac{m^2 K}{W}$

$= 2{,}08 \frac{m^2 K}{W} \Rightarrow U = 0{,}481 \frac{W}{m^2 K}$

Coeficiente de transmissão térmica conforme EnEV

max $U = 0{,}45 \frac{W}{m^2 K}$ foi ultrapassado.

A construção não é permitida!

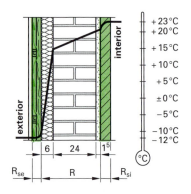

Progressão da temperatura

$\Delta\vartheta = 35$ °C   admitindo para 1 °C $\triangleq \dfrac{2{,}08 \frac{m^2 K}{W}}{35}$

0,13	0,02	0,30	1,50	0,08
2,2 °C	0,3 °C	5,1 °C	25,9 °C	1,5 °C

6.2 Proteção térmica

6.2.4 Regulamento sobre economia de energia EnEV 2002

O regulamento sobre economia de energia (EnEV de 2002), derivado da norma europeia DIN EN 832, estabelece os limites de demanda de energia primária e reúne o regulamento sobre proteção térmica e o regulamento sobre equipamentos de aquecimento. Basicamente, valem simultaneamente a DIN 4108 e o regulamento sobre economia de energia. As exigências mais severas de cada um deles devem ser respeitadas. Na certificação do EnEV estão inclusos:

- a geometria do prédio (área construída, altura do ambiente, volume, área da superfície envolvente)
- os coeficientes de transmissão térmica dos elementos da construção
- o número de dias quentes do ano (média estatística)
- o ganho de calor por meio das superfícies envidraçadas

- o ganho térmico via fontes internas de calor
- a perda de calor por ventilação, considerando uma eventual recuperação térmica
- fatores de correção da estanqueidade do prédio
- a prevenção de perdas térmicas via pontes de calor

Certificação simplificada para prédios residenciais pequenos

Para prédios residenciais cujo volume a aquecer não ultrapasse 100 m³, as exigências do EnEV estarão satisfeitas se os coeficientes de transmissão térmica dos elementos externos da construção se mantiverem abaixo dos valores U da tabela a seguir.

Valores máximos para os coeficientes de transmissão térmica para construção nova, substituição e reforma de elementos da construção

Prédio com	temperaturas internas normais	temperaturas internas baixas	
Elemento de construção	coeficiente máximo de transmissão térmica U_{max}[1] em W/(m² · K)		1) Coeficiente de transmissão térmica do elemento da construção, considerando as camadas existentes e as novas na construção
Paredes externas	0,45 0,35[5]	0,75 0,75[5]	
Janelas externas, portas-janelas, janelas na superfície do telhado	1,7[2]	2,8[2]	2) Coeficiente de transmissão térmica da janela deve ser retirado das especificações técnicas do produto ou apurado conforme DIN EN ISO 10077-1.
Envidraçamento	1,5[3]	nenhuma exigência	3) Coeficiente de transmissão térmica do envidraçamento, deve ser retirado das especificações técnicas do produto ou apurado conforme DIN EN 673.
Fachadas	1,9[4]	3,0[4]	
Janelas externas, Portas-janelas, janelas na superfície do telhado com vidros especiais	2,0[2]	2,8[2]	
Envidraçamento especial	1,6[3]	nenhuma exigência	4) Coeficiente de transmissão térmica deve ser apurado segundo as regras reconhecidas da tecnologia.
Fachadas com envidraçamento especial	2,3[4]	3,0[4]	5) Paredes externas,
Lajes, telhados e telhados inclinados	0,30	0,40	a) se forem instaladas placas externas, revestimentos ou coberturas adicionais na alvenaria ou se a face interna for revestida
Telhados planos	0,25	0,40	
Lajes e paredes limítrofes a ambientes não aquecidos ou ao solo	0,40 0,50	nenhuma exigência nenhuma exigência	b) se forem instaladas camadas de isolação ou o reboco externo for restaurado com U > 0,9 W/m² · K.

Valores g para vidro de janelas comum (valores de referência) (grau de permeabilidade total – sem unidade)

Envidraçamento simples	$g = 0,87$	Envidraçamento triplo normal	$g = 0,55$
Envidraçamento duplo	$g = 0,80$	Envidraçamento triplo (com revestimento seletivo duplo)	$g = 0,50$
Envidraçamento de proteção térmica $g = 0,58$ (vidros duplos, vidro translúcido com revestimento low-E)		Envidraçamento com proteção solar	$g = 0,35$

6.2 Proteção térmica

Reforma de prédios existentes

Se forem realizadas reformas em prédios existentes os valores estabelecidos na tabela da página 255 não podem ser ultrapassados.

- Isso não vale se a alteração abranger menos de 20% da respectiva área do elemento da construção de mesma orientação.
- A exigência também é tida como satisfeita se no prédio reformado a demanda de energia primária do balanço energético não for ultrapassada em mais de 40%.

Exigências adicionais

- Paredes externas: para paredes externas de diversas camadas com isolamento no miolo as exigências são tidas como satisfeitas se o espaço vazio entre as duas camadas for totalmente preenchido com material isolante.
- Janelas, portas-janelas, janelas de telhado: se forem usados vidros acústicos, vidros isolantes para restrição de invasão ou vidro isolante como proteção contra incêndio, os valores U para vidros devem ser observados.
- Portas externas: o coeficiente de transmissão térmica U = 2,9 W/(m² K) não pode ser ultrapassado.
- Lajes e paredes contíguas ao solo: as exigências são tidas como satisfeitas se no elemento da construção reformado forem instalados ou reformados bloqueadores de umidade ou drenos, ou revestimentos internos, camadas isolantes ou outros revestimentos.

Percentual da área das janelas

O percentual da área das janelas do prédio total é calculado com f. A_F área das janelas; A_W área das paredes; $U_{eq, F}$ Valor U equivalente da janela em W/(m² K)

$$f = \frac{A_F}{A_F + A_W}$$

O coeficiente médio de transmissão térmica equivalente U corresponde a uma média dos coeficiente de transmissão térmica de todas as janelas externas, portas-janelas, e janelas de telhado.

$$U_{m, eq, F} = \frac{A_{F, N} \cdot U_{eq, F, N} + A_{F, OW} \cdot U_{eq, F, OW} + A_{F, S} \cdot U_{eq, F, S}}{A_{F, N} + A_{F, OW} + A_{F, S}}$$

Exemplo: Certificação conforme DIN 4108

De uma documentação arquitetônica para uma casa residencial térrea com telhado plano foram retiradas as seguintes informações e cálculos:

Geometria do prédio	Observações da construção	Cálculos (na expressão as unidades são dispensáveis)
Paredes externas Leste 40,6 m² Norte 29,4 m² Oeste 40,0 m² Sul 35,0 m²	1,5 cm Reboco de cal 24,0 cm KSV (ϱ = 1,4 t/m³) 6,0 cm Placas de fibras 035 4,0 cm Camada de ar 11,5 cm Clínquer maciço	$R_{T\,real} = 0,13 + \frac{0,015}{0,87} + \frac{0,24}{0,70} + \frac{0,06}{0,035} + 0,17 +$ $+ \frac{0,115}{0,96} + 0,04 = 2,534$ m² K/W $U_W = 0,395$ W/m² K $< 0,45$ W/m² K
Laje do pavimento do porão 200,0 m²	4,5 cm Pintura de cimento 3,0 cm Placa isolante 045 16,0 cm Concreto armado 6,0 cm Placa isolante 030	$R_{T\,real} = 0,17 + \frac{0,045}{1,4} + \frac{0,03}{0,045} + \frac{0,16}{2,10} +$ $+ \frac{0,06}{0,030} + 0,17 = 3,115$ m² K/W $U_G = 0,321$ W/m² K $< 0,50$ W/m² K
Laje do pavimento do telhado 200,0 m²	1,5 cm Reboco de gesso 16,0 cm Concreto armado + Bloqueio de vapor 12,0 cm Placa isolante 035	$R_{T\,real} = 0,13 + \frac{0,015}{0,70} + \frac{0,16}{2,10} + \frac{0,12}{0,035} + 0,04 =$ $= 3,696$ m² K/W $U_D = 0,271$ W/m² K $> 0,30$ W/m² K
Volume 590,0 m²	+ Fita de vedação + Camada de saibro	Melhoria, p.ex. possível placa de isolação 030 de 15,0 cm em vês de 12,0 cm; avaliado como telhado plano
Porta de entrada e janelas Leste/oeste 11,0 m² Norte 4,0 m² Sul 16,0 m²	Porta de madeira maciça 3,5 m² com U = 2,2 W/m² K O normal é a indicação do valor U para as janelas, p.ex, U_F = 1,2 W/m²K	$U_{m, Feq\,real} = \frac{1}{31,0}\Big[(1,4 - 0,58 \cdot 1,65) \cdot (11,0)$ $+ (1,4 - 0,58 \cdot 0,95) \cdot (4,0) + (1,4 - 0,58 \cdot 2,4) \cdot (16,0)\Big]$ $= 0,27$ W/m² K $< 1,7$ W/m² K Janela de esquadrias de madeira com vidros de proteção térmica e enchimento adicional de gás g = 0,58

270

6.2 Proteção térmica

Certificação para prédios com temperatura interna normal

No sentido do regulamento sobre economia de energia são

- **Prédios com temperaturas internas normais** aqueles aquecidos até pelo menos 19 °C, durante mais de 4 meses no ano,
- Prédios residenciais utilizados total ou preponderantemente para moradia,
- Prédios residenciais com área total de janelas não superior a 30% da superfície das paredes externas,
- **Prédios com temperaturas internas baixas** são os aquecidos a uma temperatura interna de pelo menos 12 °C e menos de que 19 °C, durante mais de 4 meses no ano.

O prédio residencial com temperatura interna normal a ser erguido deve ser projetado de forma que

- a demanda primária de energia em relação à utilização do prédio e
- a perda específica de calor por transmissão térmica em relação à superfície envolvente não ultrapasse os valores máximos.

A tabela a seguir apresenta os valores máximos da demanda primária anual de energia em relação à área útil do prédio.

Proporção A/V_e	Q_P'' iem kWh/(m² · a) em função da área útil do prédio		Q_P' em kWh/(m³ · a) em função do volume aquecido do prédio	Perda específica por transmissão térmica em função da superfície envolvente transmissora de calor H_T' em W/(m² · K)	
	Prédios residenciais com temperaturas internas normais[1]	Prédios residenciais com aquecimento de água predominantemente elétrico	outros prédio	Prédios não residenciais com percentual de área de janelas $\leq$ 30 % e prédios residenciais	Prédios não residenciais com percentual de área de janelas > 30 %
$\leq 0,2$	$66,00 + 2600/(100 + A_N)$	$88,00$[2]	$14,72$[3]	$1,05$[4]	$1,55$[5]
0,3	$73,53 + 2600/(100 + A_N)$	95,53	17,13	0,80	1,15
0,4	$81,06 + 2600/(100 + A_N)$	103,06	19,54	0,68	0,95
0,5	$88,58 + 2600/(100 + A_N)$	110,58	21,95	0,60	0,83
0,6	$96,11 + 2600/(100 + A_N)$	118,11	24,36	0,55	0,75
0,7	$103,64 + 2600/(100 + A_N)$	125,64	26,77	0,51	0,69
0,8	$111,17 + 2600/(100 + A_N)$	133,17	29,18	0,49	0,65
0,9	$118,70 + 2600/(100 + A_N)$	140,70	31,59	0,47	0,62
1	$126,23 + 2600/(100 + A_N)$	148,23	34,00	0,45	0,59
$\geq 1,05$	$130,00 + 2600/(100 + A_N)$	152,00	35,21	0,44	0,58
Valores intermediários	[1] $Q_P'' = 50,94 + 75,29 \cdot A/V_e + 2600/(100 + A_N)$ em kWh/(m² · a) [2] $Q_P'' = 72,94 + 75,29 \cdot A/V_e$ em kWh/(m² · a) [3] $Q_P' = 9,9 + 24,1 \cdot A/V_e$ em kWh/(m² · a) [4] $H_T' = 0,3 + 0,15 / (A/V_e)$ em W/(m² · K) [5] $H_T' = 0,35 + 0,24 / (A/V_e)$ em W/(m² · K)				

Definição das grandezas de referência A, A_N, V_e

A superfície envolvente transmissora de calor A deve ser calculada com as dimensões das superfícies externas limítrofes dos compartimentos aquecidos do prédio.

O volume do prédio V_e é determinado com as dimensões externas acabadas das superfícies envolventes e transmissoras de calor.

A área útil do prédio A_N é determinada em m² para prédios residenciais da seguinte forma:

$$A_N = 0,32 \, V_e$$

271

6.2 Proteção térmica

Demanda primária anual de energia Q_p

A demanda primária anual de energia deve ser calculada pela seguinte fórmula simplificada:

$$Q_P = (Q_h + Q_W) \cdot e_p$$

e_p Índice de gasto das instalações

Q_h Demanda anual de aquecimento em kWh/a

Q_W Acréscimo para água quente em kWh/a

Aquecimento de água Q_W

Como demanda de calor para aquecimento de água Q_{Wi} deve ser colocado simplesmente 12,5 kWh/(m² a) com A_N em m².

Perda por transmissão térmica H_T

O cálculo da perda por transmissão térmica é feito conforme DIN 4108, a partir dos coeficientes de transmissão de calor U_i, da área em questão A_i e do fator de correção da temperatura F_{xi}.

$$H_T = \acute{I} \, (F_{xi} \cdot U_i \cdot A_i) + 0,05 \, A$$

Volumes aquecidos

para prédios de até 3 andares integrais vale:	Em todos os demais casos:
$V = 0,76 \, V_e$	$V = 0,80 \, V_e$

Pontes de calor

As pontes de calor devem ser consideradas à parte e devidamente comprovadas. Nos casos simplificados vale para a totalidade da superfície envolvente transmissora de calor:

$$\Delta U_{WB} = 0,05 \, W/m^2 \, K$$

Perda de calor por ventilação H_V

A perda por ventilação é determinada pelas seguintes fórmulas:

com teste de estanqueidade
$$H_V = 0,163 \, V_e$$

sem teste de estanqueidade
$$H_V = 0,19 \, V_e$$

Ganhos com calor do sol Q_S

Os ganhos com o calor do sol são calculados de acordo com a orientação das superfícies das janelas, com a radiação solar e com o grau de passagem total de energia.

Telhados com uma inclinação de 30° devem ser calculados como janelas verticais de mesma orientação.

$$Q_S = \Sigma \, (I_j \cdot 0,567 \cdot A_{F,i} \cdot g_i)$$

Fatores de correção da temperatura F_{xi}

Fluxo de calor para o exterior através do elemento da construção	Fator de correção da temperatura F_{xi}
Parede externa	A_W	1,0
Telhado (como limite do sistema)	A_D	1,0
Laje do andar mais alto (sótão não ampliado)	A_{DG}	0,8
Parede protuberante (em balanço)	A_{AW}	0,8
Paredes e lajes para ambientes não aquecidos	A_{WB}	0,5
Laje mais inferior do prédio Lajes/paredes para porão não aquecido, piso sobre o solo, porão oposto ao solo	A_G	0,6
Janela	A_F	1,0

Radiação solar I_j, conforme orientação

Sudeste até sudoeste	270 kWh/(m² · a)
Noroeste até nordeste	100 kWh/(m² · a)
Demais direções	155 kWh/(m² · a)
Janelas de telhado com inclinação < 30 °[3)]	225 kWh/(m² · a)

A área das janelas Ai com orientação (sul, leste, oeste, norte e horizontal) deve ser determinada de acordo com as dimensões do vão livre na fachada.

Ganhos internos de calor Q_i

Os ganhos internos de calor em kWh/a são calculados globalmente com:

$$Q_i = 22 \, A_N$$

Demanda anual de calor para aquecimento Q_h

Considerando os dias de calor vale o fator f_{Gt} = 66 para o cálculo da demanda de calor para aquecimento em kWh/a.

$$Q_h = 66 \, (H_T + H_V) - 0,95 \, (Q_S + Q_i)$$

Índice de gasto das instalações e_p

Aquecimento elétrico + ventilação por janela	3,09
Aquecimento elétrico + recuperação de calor	2,29
Aquecimento a gás + ventilação por janela	1,39
Aquecimento a gás + recuperação de calor	1,25
Aquecimento a óleo de baixa temperatura + ventilação por janela	1,47

Valores referenciais para o índice de gasto do equipamento e_p

Caldeira de baixa temperatura 70/55 °C com distribuição horizontal e caldeira instalada no porão	1,4 ... 2,0
Caldeira de baixa temperatura 70/55 °C instalada completa na área aquecida	1,3 ... 1,8
Caldeira de máximo rendimento 55/45° C instalada completa na área aquecida e aquecimento solar para a água potável	1,1 ... 1,15
Caldeira de máximo rendimento 55/45° C instalada completa na área aquecida e equipamento de ventilação com recuperação de calor	1,15 ... 1,5

6.2 Proteção térmica

Valores máximos da demanda primária anual de energia

Valores máximos em função da proporção A/V_e para prédios com temperaturas internas baixas

A/V_e em m^{-1}	Valor máximo H_T' em $W/(m^2 \cdot K)$	A/V_e em m^{-1}	Valor máximo H_T' em $W/(m^2 \cdot K)$
$\leq 0,20$	1,03	0,70	0,67
0,30	0,86	0,80	0,66
0,40	0,78	0,90	0,64
0,50	0,73	$\geq 1,00$	0,63
0,60	0,70	$H_T' = 0,53 + 0,1 \cdot V_e/A$	

- A nova DIN 4108-2, tal como a DIN EN 13892 (Determinação da permeabilidade de prédios ao ar), deve ser considerada juntamente com o regulamento sobre economia de energia. Na DIN 4108-2 e no EnEV estão especificados os valores mínimos e máximos para a proteção térmica.

- Os requisitos quanto à resistência à passagem do calor R não podem ser excedidos, os requisitos quanto aos coeficientes de transmissão térmica U, assim como os valores especificados para a demanda de energia e para a perda por transmissão térmica HT não podem ser excedidos.

- As perdas por ventilação devem ser levadas em conta.

- Certificação para paredes externas, janelas, portas-janelas, portas, janelas de telhado, lajes, telhados, telhados inclinados, telhados empinados, paredes e lajes contíguas ao solo e fachadas, todos em conformidade com DIN 4108.

Exemplo: Procedimento de balanço energético

Da documentação arquitetônica de uma casa térrea para domicílio de uma família, com telhado plano, foram extraídos os seguintes dados e cálculos.

$$V_e = 590,00 \text{ m}^3 \qquad A_N = 0,32 \cdot V_e = 188,8 \text{ m}^3 \quad \Rightarrow \quad \max H_T' = 0,843 \text{ W/m}^2 \text{ K}$$

Elemento da construção	Sigla	Área A em m^2	Coeficiente de transmissão térmica U em $W/(m^2 K)$	$U \cdot A$ em W/K	Fator	Perda de calor $F_{xi} \cdot A_i \cdot U_i$ em W/K
Parede	W1 (norte)	29,4	0,395 do cálculo	11,61		11,61
	W2 (oeste)	40,6	0,395 do valor U	16,04	1,0	16,04
	W3 (leste)	40,0	0,395	15,80		15,80
	W4 (sul)	35,0	0,395	13,83		13,83
Janela, inclusive	F1 (norte)	4,0	$1,4 - 0,58 \cdot 0,95 = 0,85$	3,40		3,40
ganho de calor do sol	F2 (oeste)	11,0	$1,4 - 0,58 \cdot 1,65 = 0,44$	4,84	1,0	4,84
	F3 (leste)	–		–		–
	F4 (sul)	16,0	$14,0 - 0,58 \cdot 2,4 = 0,01$	0,16		0,16
Telhado, laje contígua a	D1	200,0	0,27	–	$0,8^{1)}$	43,20
sótão não ampliado	D2	–				
Fundações, **laje do porão**,	G1	200,0	0,32	64,00	0,6	38,40
paredes contíguas ao solo	G2	–				
$\Sigma V =$ 590,00 m^3		$\Sigma A =$ 576,0		$\Sigma F_{xi} \cdot U_i \cdot A_i =$		147,28

[1)] conforme página 272, quadro F_{xi} deve ser decidido entre $F_{xi} = 0,8$ ou $F_{xi} = 1,0$. $\qquad H_T =$

273

6.2 Proteção térmica

Compilação das grandezas de cálculo

1. Perda por transmissão térmica

$$H_T = \Sigma(U_i \cdot A_i \cdot F_{xi}) + \Delta U_{WB} \cdot A$$

2. Ganhos de calor

Ganho de calor do sol Q_S [kWh/a]

Orientação	Radiação solar I_j [kWh/(m² · a)]	Área das janelas $A_{w, i}$ [m²]	Grau total de transmissão térmica g_i [–]	$I_j \cdot 0{,}567 \cdot A_{w, i} \cdot g_i$ [kWh/a]
Sudeste até sudoeste	270			
Noroeste até nordeste	100			
Demais direções	155			
Janelas de telhado com inclinação < 30° [1)]	255			
Ganho de calor do sol				$Q_S =$

Ganho interno de calor Q_i [kWh/a]

Ganho interno de calor	$Q_i = 22 \cdot A_N$			$Q_i =$

3. Demanda anual de calor para aquecimento

Demanda anual de calor para aquecimento [kWh/a] $Q_h = 66 \cdot (H_T + H_V) - 0{,}95 \cdot (Q_S + Q_i)$
66 Fator – grau de aquecimento necessário (2900 Kd · 0,95 / 24 h/d / 1000 W/kW)
0,95 Grau de aproveitamento dos ganhos de calor $\quad Q_h =$

Demanda anual de calor para aquecimento em relação à área [kWh/(m² a)]	$Q''_h = Q_h/A_N$	$Q''_h =$

Perda específica por transmissão térmica em relação à área [W/(m² K)]

Perda por transmissão térmica em relação à área, **real**	$H'_{T,\, real} = H_T/A$	$H'_{T,\, real} =$

Perda por transmissão térmica em relação à área, **admissível** $H'_{T,\, max} = 1{,}05$ $H'_{T,\, max} = 0{,}3 + 0{,}15/(A/V_e)$ $H'_{T,\, max} = 0{,}44$	para $A/V_e \leq 0{,}2$ para $0{,}2 < A/V_e < 1{,}05$ para $A/V_e \geq 1{,}05$	$H'_{T,\, max} =$

4. Demanda primária anual de energia

Demanda primária anual de energia, **real** [kWh/(m² a)]	$Q''_{P,\, real} = e_p \cdot (Q''_h + 12{,}5)$	$Q''_{P,\, real} =$

Demanda primária anual de energia, **admissível**

Prédio residencial $Q''_{P,\, max} = 66 + 2600/(100 + A_N)$ $Q''_{P,\, max} = 50{,}94 + 75{,}29 \cdot A/V_e + 2600/(100 + A_N)$ $Q''_{P,\, max} = 130 + 2600/(100 + A_N)$	para $A/V_e \leq 0{,}2$ para $0{,}2 < A/V_e < 1{,}05$ para $A/V_e \geq 1{,}05$	$Q''_{P,\, max} =$

Prédio residencial com aquecimento de água predominantemente elétrico $Q''_{P,\, max} = 80$ $Q''_{P,\, max} = 64{,}94 + 75{,}29 \cdot A/V_e$ $Q''_{P,\, max} = 144$	para $A/V_e \leq 0{,}2$ para $0{,}2 < A/V_e < 1{,}05$ para $A/V_e \geq 1{,}05$	$Q''_{P,\, max} =$

6.2 Proteção térmica

6.2.5 Alteração do comprimento por influência da temperatura

Os elementos ou a estrutura da construção dilatam em consequência de uma elevação na temperatura. Estes cálculos se restringirão à dilatação linear de um elemento da construção. Se não forem proporcionadas por meio de medidas construtivas possibilidades de dilatação para o elemento, surgem tensões que podem provocar fissuras na cobertura do telhado, na alvenaria, no reboco e no revestimento.

calor dilatação térmica

contração frio

Determinação da dilatação e da tensão

$$\Delta l = l_0 \cdot \alpha_T \cdot \Delta\vartheta$$

$$\frac{\Delta l}{l_0} = \frac{\sigma}{E}$$

$$\text{real } \sigma, = \frac{\Delta l}{l_0} \cdot E$$

- Δl Alteração no comprimento
- l_0 Comprimento inicial
- α_T Coeficiente de dilatação térmica
- $\Delta\vartheta$ Diferença de temperaturas
- Tensão (pressão, tração)
- E Módulo de elasticidade

Exemplo: Dilatação linear

A folha de uma janela de madeira será revestida com perfilados de alumínio. O perfilado de alumínio tem um comprimento de 2450 mm. Que alteração de comprimento ocorrerá, se o perfilado instalado a uma temperatura de 13 °C no inverno for resfriado a –38°C?

Alteração de comprimento (contração)

Δl_w = 2450 mm · 0,024 mm/mk · (+13 °C + 38 °C)
 = 2450 mm · 0,024 mm/mk · (51 °C)
 = 3,00 mm (contração)

6.2.6 Medidas de proteção térmica

A falta de proteção térmica ou sua aplicação incorreta pode provocar danos. Os danos visíveis à construção ou mesmo os danos indiretos podem ser particularmente grandes, se não houver boa proteção contra umidade na construção. Proteção térmica e proteção contra a umidade estão intimamente ligadas. Como as medidas de proteção térmica posteriores só podem ser realizadas com elevados custos, é importante considerar uma proteção térmica ideal na concepção da planta e no planejamento da construção.

Como **grau da proteção térmica** são diferenciados:

- proteção térmica mínima no inverno, proteção térmica no verão, providências mínimas conforme DIN 4108
- proteção térmica elevada, proteção térmica mínima melhorada, correspondendo ao regulamento de economia de energia
- proteção térmica ideal, grau de proteção térmica com elevado nível de conforto que também é rentável sob o aspecto econômico
- proteção térmica máxima, medidas que previnem completamente uma escassez de energia e que correspondem a uma proteção ambiental racional

Pontes de calor

- são com frequência denominadas erroneamente de pontes de frio
- são pontos fracos individuais em regiões restritas das paredes externas
- possuem uma capacidade de isolação consideravelmente inferior a das superfícies limítrofes
- são frequentemente motivo de danos á construção pois as perdas de calor aumentam a possibilidade de condensação de água
- podem ser evitadas se a construção inteira for isolada por cobertura contínua

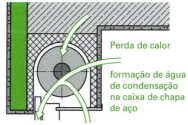

Perda de calor

formação de água de condensação na caixa de chapa de aço

Caixa de persiana com pontes de calor

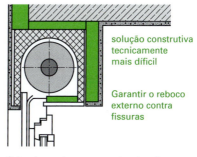

solução construtiva tecnicamente mais díficil

Garantir o reboco externo contra fissuras

Caixa de persiana sem pontes de calor

6.3 Proteção contra umidade e água de condensação

Toda construção precisa ser protegida por meio de medidas construtivas especiais contra a penetração de água e de umidade. Materiais de construção permanentemente úmidos perdem, com o decorrer do tempo, sua resistência e capacidade de isolação térmica (a água conduz o calor 25 vezes melhor do que o ar). A água e a umidade se acumulam no solo e penetram no interior da construção. Diferencia-se entre águas externas e águas internas.

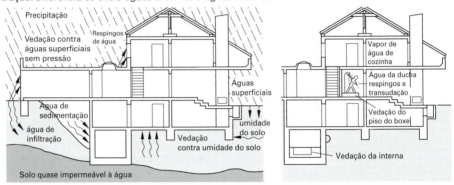

Águas externas   Águas internas

Água sem pressão designa a água de precipitação que se infiltra no solo e a umidade ascendente das águas subterrâneas.

Água com pressão compreende todas as águas de sedimentação que se acumulam entre o solo compactado ou outras camadas de solo permeáveis à água e exercem uma pressão contra elementos da construção.

Água subterrânea preenche os espaços vazios e poros da crosta terrestre.

6.3.1 Fundamentos técnicos da proteção contra umidade

A umidade pode atingir a construção e os elementos da construção de diversas formas:

- penetração da umidade do exterior devido a precipitações (chuva direta)
- umidade ascendente do solo
- umidade dos materiais de construção
- difusão de vapor de água no ar no interior de elementos da construção
- condensação de águas nas superfícies de elementos da construção na área interna

Água de condensação

- só é inofensiva se a estabilidade da construção e da proteção térmica não forem afetadas
- é particularmente desfavorável nos cantos dos cômodos e atrás de armários, pois nesses locais o fluxo de ar ambiente é interrompido
- é especialmente crítica em ambientes com baixas temperaturas, pois neles o ar quente dos outros ambientes se condensa
- pode ser parcialmente evitada por intermédio de ventilação direcionada na qual o ar úmido consumido do ambiente é trocado por fresco seco.

Grandezas técnicas da proteção contra umidade

Grandeza	Sigla	inter-relação	Unidade
Pressão de saturação	p_s		1 N/m²
P. parcial ambiente	p_i	$p = \dfrac{F}{A}$	= 1 Pa
P. parcial ao ar livre	p_e		
Umidade: ar, absoluta ar, relativa	fi	$fi = \dfrac{W}{W_s} = \dfrac{p}{p_s}$	1%
Densidade do fluxo de difusão do vapor de água	g_i	$g_i = \dfrac{p_i - p_e}{Z}$	kg/(m² · h)
Índice de resistência à difusão do vapor de água	μ	Valor característico do material	1
Espessura da camada de ar equivalente de difusão	s_d	$s_d = \mu \cdot d$	m
Massa de água em relação à área	m		kg/m
Massa da água de condensação	$m_{W,T}$	$m_{W,t} = t_T \cdot (g_i - g_e)$	
Massa da água evaporada	$m_{W,V}$	$m_{W,t} = t_V \cdot (g_i + g_e)$	
Duração do período de condensação	t_T	1440 horas	h
Duração do período de evaporação	t_V	2160 horas	h
Resistência à passagem da difusão para vapor de água	Z, Z_i, Z_e	vinculado em m² hPa/kg	

6.3 Proteção contra umidade e água de condensação

Umidade do ar

O ar contem água no estado gasoso na forma de vapor. Quanto mais alta a temperatura, maior a quantidade de umidade que o ar pode absorver.

Umidade absoluta do ar φ

A maior massa em vapor de água (volume de saturação) é expressa em g de vapor de água para cada kg de ar seco ou g de vapor de água para cada m^3 de ar úmido. A massa de vapor de água existente efetivamente no ar é designada como umidade absoluta do ar (g/m^3).

Temperatura do ar ϑ_L em °C	-20	-10	0	$+10$	$+20$	$+30$
Massa de saturação W_s em g/m^3	0,88	2,14	4,84	9,39	17,29	30,36

Umidade relativa do ar φ

A umidade relativa do ar φ é a proporção da massa de vapor de água W existente efetivamente em relação à massa máxima possível de saturação de vapor de água Ws para aquela temperatura do ar.

$$\varphi = \frac{W_{real}}{W_s} \cdot 100\% = \frac{p_{real}}{p_s} \cdot 100\%$$

Vapor de água

Vapor de água é água no estado gasoso e tem tendência a se distribuir uniformemente e se difundir através dos elementos da construção.

Difusão do vapor de água

Migração do vapor de água através do elemento da construção condicionada pela queda da pressão do vapor de água.

Resistência à difusão

Valor calculado pela espessura da camada de bloqueio (barreira para vapor, freio de vapor) vezes a resistência à difusão μ em metros.

Espessura da camada de ar equivalente de difusão de vapor de água s_d em m, d em m

$$s_d = \mu \cdot d$$

Água de condensação W_T ($m_{W,T}$)

Umidade que se condensa na superfície ou no interior do elemento da construção quando o ar se resfria abaixo do seu ponto de condensação.

Temperatura do ponto de condensação

Temperatura na qual a umidade do ar atinge por meio de resfriamento seu ponto de saturação (100%). Se a temperatura ambiente estiver abaixo do ponto de saturação, a umidade se separa do ar (água de condensação).

6.3.2 Valores teóricos da tecnologia de proteção contra umidade

Índices de resistência à difusão de vapor de água μ conforme DIN 4108-4 e DIN EN 12524

Reboco, contrapiso, argamassa	
Argamassa de cal, de cimento-cal, de cimento, argamassa ou contra piso leve	15/35
Argamassa de gesso-cal, de gesso, argamassa ou contrapiso anídrico	10
Sistema de reboco isolante térmico	5/20

Placas de construção de formato grande	
Concreto normal, leve, armado	70/150
Alvenaria	5/10
Concreto leve com estrutura de amontoado poroso	3/10

Madeira	
Abeto, pinho silvestre, faia, carvalho	40

Placas de construção	
Placas de gesso cartonado	8
Placas de fibrocimento	20/50
Placas de concreto poroso, placas para paredes de concreto leve / de gesso	5/10

Materiais isolantes térmicos	
Placas de lã de madeira	2/5
Materiais isolantes de cortiça	5/10
Materiais isolantes de fibras de origem mineral e vegetal	1
Espuma de poliuretano PUR	30/100

Mantas de vedação	
Mantas de betume para telhado	10 000/80 000
Películas de $\geq$ 0,1 mm	20 000/50 000

Exemplo: Camada de ar equivalente de difusão de vapor de água

Qual dos materiais: pinho silvestre maciço d = 24 mm, manta de betume para telhado d = 1,2 mm, parede externa de concreto leve d = 18 cm, placa de gesso cartonado d = 25 mm tem a maior resistência à difusão de vapor de água?

Pinho silvestre	s_d =	40 · 0,024 m	$\Rightarrow$	s_d =	**0,96 m**
Concreto armado leve	s_d =	70 · 0,180 m	$\Rightarrow$	s_d =	**1,26 m**
Placa de gesso cartonado	s_d =	8 · 0,025 m	$\Rightarrow$	s_d =	**0,20 m**
Manta de betume para telhado	s_d =	10000 · 0,0012 m	$\Rightarrow$	s_d =	**12,00 m**

A manta de betume para telhado alcançou o maior valor e oferece a maior resistência contra a difusão de vapor de água.

6.3 Proteção contra umidade e água de condensação

Quantidade de saturação do ar c_s em função da temperatura ϑ_L

ϑ_L em °C	c_s g/m³	ϑ_L em °C	c_s g/m³	ϑ_L em °C	c_s g/m³	ϑ_L em °C	c_s g/m³	ϑ_L em °C	c_s g/m³
− 20	0,88	− 10	2,14	0	4,84	10	9,4	20	17,3
− 19	0,96	− 9	2,33	1	5,2	11	10,0	21	18,3
− 18	1,05	− 8	2,54	2	5,6	12	10,7	22	19,4
− 17	1,15	− 7	2,76	3	6,0	13	11,4	23	20,8
− 16	1,27	− 6	2,99	4	6,4	14	12,1	24	21,8
− 15	1,38	− 5	3,24	5	6,8	15	12,8	25	23,0
− 14	1,51	− 4	3,51	6	7,3	16	13,6	26	24,4
− 13	1,65	− 3	3,81	7	7,8	17	14,5	27	26,8
− 12	1,80	− 2	4,13	8	8,3	18	15,4	28	27,2
− 11	1,98	− 1	4,47	9	8,8	19	16,3	29	28,7
− 10	2,14	0	4,84	10	9,4	20	17,3	30	30,0

Temperatura do ponto de condensação ϑ_s do ar em função da temperatura do ar ϑ_L em °C e da umidade relativa do ar φ

Temperatura do ar ϑ_L e em °C	Temperatura do ponto de condensação ϑ_s em °C para uma umidade relativa do ar de													
	30%	35%	40%	45%	50%	55%	60%	65%	70%	75%	80%	85%	90%	95%
30	10,5	12,9	14,9	16,8	18,4	20,0	21,4	22,7	23,9	25,1	26,2	27,2	28,2	29,1
29	9,7	12,0	14,0	15,9	17,5	19,0	20,4	21,7	23,0	24,1	25,2	26,2	27,2	28,1
28	8,8	11,1	13,1	15,0	16,6	18,1	19,5	20,8	22,0	23,2	24,2	25,2	26,2	27,1
27	8,0	10,2	12,2	14,1	15,7	17,2	18,6	19,9	21,1	22,2	23,3	24,3	25,2	26,1
26	7,1	9,4	11,4	13,2	14,8	16,3	17,6	18,9	20,1	21,2	22,3	23,3	24,2	25,1
25	6,2	8,5	10,5	12,2	13,9	15,3	16,7	18,0	19,1	20,3	21,2	22,3	23,2	24,1
24	5,4	7,6	9,6	11,3	12,9	14,4	15,8	17,0	18,2	19,3	20,3	21,3	22,3	23,1
23	4,5	6,7	8,7	10,4	12,0	13,5	14,8	16,1	17,2	18,3	19,4	20,3	21,3	22,2
22	3,6	5,9	7,8	9,5	11,1	12,5	13,9	15,1	16,3	17,4	18,4	19,4	20,3	21,2
21	2,8	5,0	6,9	8,6	10,2	11,6	12,9	14,2	15,3	16,4	17,4	18,4	19,3	20,2
20	1,9	4,1	6,0	7,7	9,3	10,7	12,0	13,2	14,4	15,4	16,4	17,4	18,3	19,2
19	1,0	3,2	5,1	6,8	8,3	9,8	11,1	12,3	13,4	14,5	15,5	16,4	17,3	18,2
18	0,2	2,3	4,2	5,9	7,4	8,8	10,1	11,3	12,5	13,5	14,5	15,4	16,3	17,2
17	− 0,6	1,4	3,3	5,0	6,5	7,9	9,2	10,4	11,5	12,5	13,5	14,5	15,3	16,2
16	− 1,4	0,5	2,4	4,1	5,6	7,0	8,2	9,4	10,5	11,6	12,6	13,5	14,4	15,2
15	− 2,2	− 0,3	1,5	3,2	4,7	6,1	7,3	8,5	9,6	10,6	11,6	12,5	13,4	14,2
14	− 2,9	− 1,0	0,6	2,3	3,7	5,1	6,4	7,5	8,6	9,6	10,6	11,5	12,4	13,2
13	− 3,7	− 1,9	− 0,1	1,3	2,8	4,2	5,5	6,6	7,7	8,7	9,6	10,5	11,4	12,2
12	− 4,5	− 2,6	− 1,0	0,4	1,9	3,2	4,5	5,7	6,7	7,7	8,7	9,6	10,4	11,2
11	− 5,2	− 3,4	− 1,8	− 0,4	1,0	2,3	3,5	4,7	5,8	6,7	7,7	8,6	9,4	10,2
10	− 6,0	− 4,2	− 2,6	− 1,2	0,1	1,4	2,6	3,7	4,8	5,8	6,7	7,6	8,4	9,2

Requisitos adicionais

Nas superfícies de contato de camadas que absorvem água, pode-se condensar, no máximo, 0,5 kg de água por m², p.ex., entre a cobertura adicional de clínquer e a camada de ar. A quantidade de condensação acumulada durante os meses de inverno (período de condensação) só pode atingir determinados níveis:

- para paredes e telhados no máximo 1 kg/m²
- para madeira, absorção máxima de 5% da massa conforme DIN 68800
- para materiais derivados de madeira (compensados sarrafeados, compensados multisarrafeados, compensados) absorção máxima de 3% da massa.
- para placas leves de lã de madeira e placas leves multicamadas para construção conforme DIN 1101 não vale a regra dos %.

6.3 Proteção contra umidade e água de condensação

6.3.3 Medidas de proteção contra a formação de água de condensação

Na insuficiente da isolação térmica pode ocorrer a formação de água de condensação ou água de exsudação na face interna das paredes externas.

A **formação de água de condensação nas superfícies dos elementos da construção** depende da proporção de vapor de água contida no ar e da temperatura das superfícies contíguas. Quanto mais alta a temperatura, mais umidade o ar pode absorver. Entretanto, o ar a uma determinada temperatura ϑ_L só pode absorver uma determinada quantidade de vapor de água f: **100% de vapor de água ≙ volume de saturação c_s**. A umidade relativa do ar φ é calculada pela proporção da **umidade do ar efetivamente disponível (absoluta)** em relação ao volume de saturação.

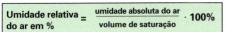

Se o ar se resfriar a tal ponto que a umidade relativa do ar corresponda a 100%, então, com a continuidade do resfriamento, o vapor de água se condensa. Ele se precipita nas superfícies frias do ambiente como água de condensação. A temperatura na qual isso ocorre chama-se temperatura do ponto de condensação ϑ_s, abreviadamente **ponto de condensação**.

O isolamento adequado das partes externas da construção evita que a temperatura superficial das faces internas da construção fique abaixo do ponto de condensação do ar contíguo.

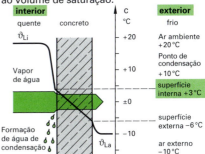

Formação de água de condensação com 53% de umidade relativa do ar

Cálculos para proteção técnica contra umidade

A DIN 4108 diferencia os casos normais dos casos excepcionais. Para os casos normais discriminados na tabela não é necessária nenhuma certificação da formação de água de condensação, pois com a utilização adequada dos recintos e respeitando-se as especificações de proteção térmica podem ser evitados os danos.

Elementos da construção para os quais não é necessária certificação para a condensação de água	
Elementos externos, paredes externas	Telhados (excerto)

Alvenaria
• parede simples, rebocada dos dois lados
• parede dupla conforme DIN 1053 com ou sem isolamento térmico
• parede simples com isolamento térmico do lado do ambiente $s_d \geq 0{,}50$ m
• parede simples com isolamento térmico do lado externo e reboco externo $s_d \leq 4{,}0$ m
• parede simples com isolamento térmico do lado externo e revestimento ventilado por trás
Placas de formato grande
• concreto poroso, reboco externo de resina sintética $s_d \leq 4{,}0$ m
• concreto leve, estrutura densa
• concreto ou concreto leve com camada externa de isolamento térmico com reboco externo ou revestimento com ventilação por trás
Construção tipo painéis de madeira
• com isolação interna (sobre treliça e divisórias de placas leves de lã de madeira conforme DIN 1101)
• com isolação externa (sobre treliça e divisórias) com $s_d > 2$ m ou com revestimento das paredes externas com ventilação por trás
	Telhados sem ventilação
	• telhados simples de concreto poroso sem barreira para vapor
	• telhado com barreira para vapor $s_d \geq 100$ m sob ou na camada de isolamento térmico
	
	Telhados ventilados
	• com inclinação do telhado < 5°
	  camada inibidora de difusão com $s_d \geq 100$ m
	• com inclinação do telhado ≥ 5°
	  a) altura do espaço intermediário sobre o isolante térmico, no mínimo, 2 cm
	  b) seção transversal da ventilação em relação à superfície do telhado
	    Beiral 2 ‰ no mínimo 200 cm²/m
	    Cumeeira 0,5 ‰ no mínimo 50 cm²/m
	  c) camadas do elemento de construção abaixo da camada de ventilação com $s_d \leq 2$ m

6.3 Proteção contra umidade e água de condensação

Determinações técnicas para proteção contra umidade

Pressão de saturação do vapor de água p_s em função da temperatura ϑ

Temperatura °C	Pressão de saturação do vapor de água Pa		
	,0	,5	,9
25	3169	3266	3343
24	2985	3077	3151
23	2810	2897	2968
22	2645	2727	2794
21	2487	2566	2629
20	2340	2413	2473
19	2197	2268	2324
18	2065	2132	2185
17	1937	2001	2052
16	1818	1878	1926
15	1706	1762	1806
14	1599	1653	1695
13	1498	1548	1588
12	1403	1451	1458
11	1312	1 358	1394
10	1228	1270	1304
9	1148	1187	1218
8	1073	11 10	1140
7	1002	1038	1066
6	935	968	995
5	872	902	925
4	813	843	866
3	759	787	808
2	705	732	753
1	657	682	700
0	611	635	653
– 0	611	587	567
– 1	562	538	522
– 2	517	496	480
– 3	476	456	440
– 4	437	419	405
– 5	401	385	372
– 6	368	353	340
– 7	337	324	312
– 8	310	296	286
– 9	284	272	262
– 10	260	249	239
– 11	237	228	219
– 12	217	208	200
– 13	198	190	182
– 14	181	173	167
– 15	165	158	152
– 16	150	144	138
– 17	137	131	126
– 18	125	120	115
– 19	114	109	104
– 20	103	98	94

Cálculo da precipitação da água de condensação (diagrama de Glaser, diagrama de difusão)

Devem ser diferenciados 4 casos

- difusão do vapor de água sem precipitação de água de condensação
- precipitação numa superfície (compare exemplo)
- precipitação em duas superfícies
- precipitação em um setor

Condições climáticas conforme DIN 4108

- período de condensação $t_T = 1440$ horas (h)
  $\vartheta_{Li} = -20\,°C$ $\varphi_i = 50\%$ $p_{si} = 2340\,Pa$ $p_i = 1170\,Pa$
  $\vartheta_{La} = -10\,°C$ $\varphi_i = 80\%$ $p_{se} = 260\,Pa$ $p_e = 208\,Pa$

- período de evaporação $t_V = 2160$ horas (h)
  $\vartheta_{Li} = -12\,°C$ $\varphi_i = 70\%$ $p_{si} = 1403\,Pa$ $p_i = 982\,Pa$
  $\vartheta_{La} = -12\,°C$ $\varphi_i = 70\%$ $p_{se} = 1403\,Pa$ $p_e = 982\,Pa$

Procedimento de cálculo

- determinar a curva de temperatura para a construção;
- consultar na tabela a pressão de saturação do vapor de água p_s correspondente;
- calcular a resistência à difusão (▶ p. 277);
- representar em escala as camadas de ar equivalente s_d (compare exemplo ▶ p. 277) e calcular;
- aplicar a pressão de saturação do vapor de água p_s por camada e as pressões parciais externa e interna do vapor de água p_a e p_i.

Requisito primordial conforme DIN 4108

$$m_{W,V} > m_{W,T}$$

Os requisitos adicionais devem ser igualmente satisfeitos (compare ▶ p. 278)

Fórmulas

$$m_{W,T} = t_T\,(g_i - g_e)$$

$$m_{W,V} = t_V\,(g_i + g_e)$$

$$g_i = \frac{p_i - p_{sw}}{Z_i}$$

$$g_e = \frac{p_{sw} - p_e}{Z_e}$$

No cálculo de g_i e g_e no período de evaporação deve ser considerado o fluxo contrário ao que ocorre na difusão (portanto, $p_{sw} - p_i$ ou $p_e - p_{sw}$).

$$Z = 1{,}5 \cdot 10^6\,(\mu_1 \cdot d_1 + \mu_2 \cdot d_2 + .. + \mu_n \cdot d_n)$$

para elementos de diversas partes, a partir da espessura do elemento e do respectivo índice de resistência à difusão de vapor de água

6.3 Proteção contra umidade e água de condensação

Exemplo: Cálculo da proteção técnica contra umidade para uma parede dupla de tijolos calcários com isolamento e revestimento adicional ventilado por trás

- **Estrutura da parede e curva da temperatura**
  compare desenho; $U \approx 0{,}34$ W/m² K
  Segundo DIN 4108 para paredes externas duplas conforme DIN 1053-1 a camada de ar e o revestimento adicional podem ser considerados protetores térmicos

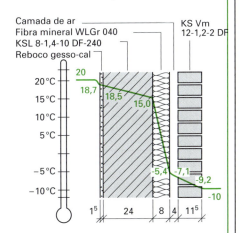

- **Resistências à difusão/camada de ar equivalente**

Reboco interno	$10 \cdot 0{,}015$ m	$= 0{,}15$ m
KSL	$5 \cdot 0{,}240$ m	$= 1{,}20$ m
Camada isolante	$1 \cdot 0{,}080$ m	$= 0{,}08$ m
Camada de ar	$1 \cdot 0{,}040$ m	$= 0{,}04$ m
KSV	$10 \cdot 0{,}115$ m	$= 1{,}15$ m

  Da superfície interna até a superfície em que há água de condensação deve ser aplicado o menor valor de μ, pois o material seco opõe uma pequena resistência à afluência de vapor de água.

- **Diagrama Glaser**
  No diagrama Glaser para o período de condensação não é possível uma ligação direta de $p_i = 1170$ Pa com $p_e = 208$ Pa sem cruzar a curva de saturação de vapor. Por isso, são colocadas tangentes de p_i e p_e à curva de saturação de vapor. O ponto de tangência é denominado p_{sw}.

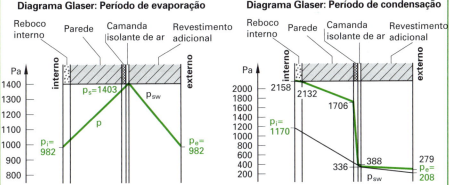

Diagrama Glaser: Período de evaporação   Diagrama Glaser: Período de condensação

- **Valores de cálculo**

	Período de condensação	Período de evaporação
$Z_i = 2\,205\,000$ m²h Pa/kg	$g_i = 0{,}3782$ g/mh	$g_i = 0{,}1909$ g/mh
$Z_e = 1\,725\,000$ m²h Pa/kg	$g_e = 0{,}33302$ g/mh	$g_e = 0{,}2440$ g/mh
	$m_{W,T} = 0{,}497$ kg/m² $<$	$m_{W,V} = 0{,}939$ kg/m²

- **Avaliação técnica da construção**
  Não é de se esperar uma concentração de água de condensação já que ela pode escorrer na face interna fria do revestimento adicional e nas frestas de ventilação ou escapar na forma de vapor pelas frestas de exaustão. A construção, conforme DIN 4108, pode ser aprovada sem comprovação como tecnicamente protegida contra umidade, pois $m_{W,T} < m_{W,V}$

Requisito primordial conforme DIN 4108
Volume de água de concentração < volume de água evaporação $m_{W,T} < m_{W,V}$

6.4 Proteção acústica

Sob proteção acústica entendem-se, conforme **DIN 4109**, medidas contra a geração de sons (medidas primárias) e contra a transmissão de sons (medidas secundárias). Nas medidas secundárias é feita uma distinção entre isolamento do som e absorção do som.

Termos básicos da acústica

Som
Por som entendem-se vibrações mecânicas e ondas que se propagam em meios sólidos, líquidos e gasosos.

Intensidade do som
A intensidade do som é uma medida logarítmica da pressão sonora p em decibéis dB, relacionada a um tom com frequência de 1000 Hz.

Absorção do som
ocorre durante o processo de reflexão de uma onda sonora na superfície de uma parede ou laje. No processo, uma parte da energia sonora é transformada em calor, dependendo das características da superfície. O som é repercutido parcialmente no ambiente.

Diferenciam-se as ondas longitudinais, as ondas de dilatação (ocorrem apenas em meios sólidos, p.ex., placas, barras) e as ondas transversais.

Isolamento do som
No encontro de ondas sonoras com um elemento de construção, o elemento entra em vibração e o som chega amortecido ao ambiente contíguo.

Propagação do som
Para a propagação de vibrações são necessários meios materiais

Estado do agregado	Matéria	Velocidade
gasoso	p.ex.: ar	340 m/s
líquido	p.ex.: água	1400 m/s
sólido	p.ex.: ferro	4800 m/s
	p.ex.: madeira	4100 m/s
	p.ex.: concreto	3800 m/s

Tipos de sons

Som via aérea
é o som que se propaga no ar

Som via aérea

Frequência
Número de vibrações em um segundo em Hz (Hertz)

1 Hz = 1 vibração/s

Som via sólidos
é o som que se propaga em materiais sólidos

Som de passos
é o som gerado ao caminhar ou como reação a estímulos semelhantes, que é propagado parcialmente como som via aérea.

Isolação do som via aérea
Paredes pesadas, grandes massas por unidade de área (revestimentos rígidos) isolam melhor o som via aérea (lei das massas de Berger).

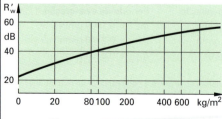

Massa m por unidade de área

A medida de isolação sonora R'_w identifica a isolação de elementos de construção.

Som via sólidos / som de passos

6.4 Proteção acústica

Grandezas características para isolação do som via aérea e de passos

	Paredes	Lajes	Escadas	Portas	Janelas
Transmissão do som considerada	através de elementos separadores e laterais, assim como, através de percursos secundários			só através de porta ou só através da janela	
Isolação do som via aérea	R'_W	R'_W	–	R_W	R_W
Isolação do som de passos	–	$L'_{n,w}$ (TSM)	e $L'_{n,w}$ (TSM)	–	–
	–			–	–

R'_W : Medida de isolação com elementos laterais

R_W : Medida de isolação sem elementos laterais

$L'_{n,w}$: Intensidade normal do som de passos

TSM : Medida de proteção do som de passos

$$TSM = 63\ dB - L'_{n,w}$$

Valores mínimos para o isolamento do som via aérea R'_W e o som de passos $L'_{n,w}$ para proteção contra transmissão do som proveniente de um domicílio ou ambiente de trabalho alheio (conforme DIN 4109)

Domicílios e ambientes de trabalho Requisitos mínimos em dB	Elemento							
	Tetos		Escadas		Paredes		Portas	
	R'_W	L'_{nw}	R'_W	L'_{nw}	R'_W	L'_{nw}	R'_W	L'_{nw}
Edifícios com apartamentos residenciais e salas comerciais	54[1]	53	–	58	53	–	27	–
Casas geminadas Casas em condomínios	–	48	–	53	57	–	–	–
Hospedarias	54	46	–	58	47	–	32	–
Hospitais, sanatórios	54	46	–	58	37	–	32	–
Escolas e setores similares	55	53	–	–	47	–	32	–

[1] Em prédios com até dois apartamentos $R'_W = 52\ dB$

Isolamento sonoro para janelas, portas-janelas e envidraçamentos

- As janelas externas devem evitar tanto a transmissão de ruídos do exterior, como ruídos de tráfego viário e aéreo ou ruídos industriais, para o domicílio, como também impedir a saída para o exterior dos ruídos gerados pela atividade nos estabelecimento comerciais.
- O isolamento sonoro de uma janela depende da espessura dos vidros, da distância entre as folhas, da fixação das esquadrias, do formato das esquadrias, da conexão com a parede e da vedação dos encaixes.
- Toda construção tecnicamente efetiva para proteção acústica deve ser executada o mais estanque possível, pois mesmo a menor falha de vedação reduz consideravelmente a medida de isolamento sonoro de um elemento de construção. Por isso, em janelas acústicas todos os encaixes devem ser vedados com perfis de borracha ou de plástico e as esquadrias devem ser coladas ou soldadas.
- Conexões rígidas entre diferentes elementos de construção ou entre revestimentos de construções de várias camadas provocam uma elevação na transmissão do som por via sólida.
- Conexões com a parede entre os batentes e a alvenaria permitem uma passagem direta do som, reduzindo assim o valor de isolação sonora da janela. Portanto, esses espaços vazios devem ser bem preenchidos com lã mineral e fechados adicionalmente com massa seladora elástica. Nas janelas duplas o isolamento sonoro pode se melhorado, se as guarnições entre as janelas absorverem som.
- ▶ Portas acústicas, compare página 223
- ▶ Construções de janelas com proteção sonora, compare páginas 236 a 238
- ▶ Envidraçamento, compare páginas 241 a 245

283

6.4 Proteção acústica

Medida de isolação sonora de vidros simples

Espessura do vidro em mm	3,0	4,0	6,0	> 8,0	10,0	12,0	15,0
Medida de isolação sonora R_w em dB	28	27	33	≥ 32	35	36	37
Tipo de vidro	Vidro flotado						

Medida de isolação sonora R_w para janelas de madeira e plástico em dB

Tipo de construção	Espessura do vidro (em cima), espaço e distância entre os vidros (embaixo) em mm

Janela simples: 4 4, >31 dB, ≥12 | 6 4, 32 dB, ≥12 | 10 4, 37 dB, ≥20 | 4 4, 32 dB, ≥16

Janela combinada: 4 4, 35 dB, ≥40 | 6 10, 42 dB, ≥50 | 4 4 4, 32 dB, ≥30 12 | 6 4 4, 35 dB, ≥25

Janela dupla: 6 4, 45 dB, 12 ≥100 | 8, (45 dB) | 4 4, 40 dB, 15 >100 | 6

① ② vedação em todo perímetro

Medida de isolação sonora Rw para envidraçamentos duplos ▶compare página 235

Tipo de construção	Espessura do vidro em mm		Distância entre as folhas do vidro em mm	Medida de isolação sonora R_w em dB	
	d_1	d_2		enchimento com ar	enchimento com gás
Vidro isolante de duas placas (espaço vazio fechado, estanque ao ar)	4	4	≥ 12	30	35
	8	4	≥ 16	36	38
	10	4	≥ 20	39	39
	6	4	≥ 16	35	39
	8	4	≥ 16	36	40
Janela combinada (com vedação no encaixe)	4	4	≥ 30	32	–
	4	6	≥ 40	37	–
	6	8	≥ 50	40	–
	6	4 (12) 4	≥ 40	35	–
Janela dupla com vedação no encaixe e isolação na esquadria	4	4	≥ 100	37	–
	4	6	≥ 100	42	–
	4	8	≥ 100	45	Acima de 48 dB necessário comprovação conforme DIN EN ISO 140-1 e DIN EN ISO 20240-3
	4 (12) 4	4	≥ 100	37	
	4 (12) 4	6	≥ 100	40	

6.4 Proteção acústica

Isolação sonora em elementos de construção com uma e duas camadas

Paredes e lajes de uma camada são acusticamente revestimentos rígidos se seu limite de frequência $f_g \leq 2000$ Hz (isso corresponde aproximadamente a uma massa m' por unidade de área ≥ 85 kg/m²). Elementos com $f_g > 2000$ Hz são revestimentos macios (m' < 85 kg/m²).

Medida de isolação acústica R'$_w$ de paredes e lajes rígidas com uma camada

Massa kg/m²	85	150	175	210	250	295	350	410	490	580	680
R'_w em dB	34	41	43	45	47	49	51	53	55	57	59

Comparação entre uma parede de uma camada e uma de duas camadas

Comparação entre paredes divisórias leves com e sem isolação no espaço vazio

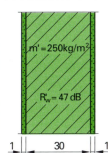
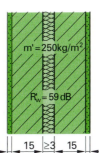
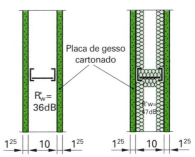

Comparação entre diversas lages (segundo Gösele)

(a) laje divisória de uma camada

$m'_D = 0{,}18$ m · 2500kg/m³   H   450 kg/m²

(b) laje divisória com contrapiso flutuante

$m'_D = 0{,}18$ m · 2500kg/m³   H   450 kg/m²
$m'_E = 0{,}035$ m · 2200kg/m³   H   75 kg/m²
                                      525 kg/m²

(c) laje divisória com contrapiso flutuante e forro adicional macio

$m'_D = 0{,}18$ m · 2500kg/m³   H   450 kg/m²
$m'_E = 0{,}035$ m · 2200kg/m³   H   75 kg/m²
$m_G = 0{,}015$ m · 900kg/m³   H   15 kg/m²
                                      540 kg/m²

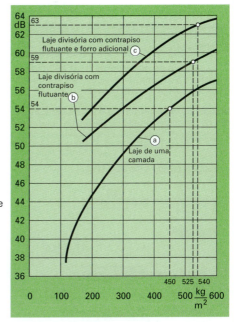

Relação entre isolação sonora R'$_w$ e massa m' por unidade de área

6.4 Proteção acústica

Comparação entre diversos tipos de paredes (conforme DIN 4109)

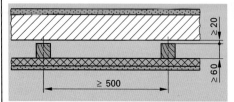

Revestimento de placas leves de lã de madeira, espessura ≥ 25 mm, rebocada, sarrafos de madeira com afastamento da camada pesada ≥ 20 mm.

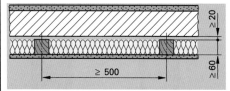

Revestimento de placas de gesso cartonado, espessura 12,5 mm ou 15 mm, ou de placas de aglomerado, espessura 10 mm a 16 mm, sarrafos de madeira com afastamento da camada pesada ≥ 20 mm, com enchimento entre os sarrafos de madeira

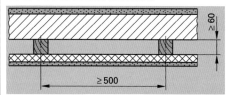

Revestimento de placas leves de lã de madeira, espessura ≥ 25 mm, rebocada, sarrafos de madeira fixados na camada pesada

Medida de isolação sonora $R'_{w,R}$ de uma parede rígida de uma camada com um revestimento macio	
Massa da parede maciça por unidade de área em kg/m²	$R'_{w,R}$ em dB
100	49
150	49
200	50
250	52
275	53
300	54
350	55
400	56
450	57
500	58

Para paredes conforme figura B vale a tabela da massa por unidade de área da parede maciça.
Para paredes conforme figura A, os valores devem ser diminuídos em 1 dB.

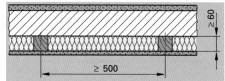

Revestimento de placas de gesso cartonado, espessura 12,5 mm ou 15 mm, ou de aglomerado, espessura 10 mm a 16 mm, com enchimento do espaço vazio, sarrafos de madeira fixados na camada pesada

Medida de isolação sonora $R'_{w,R}$ de paredes de duas camadas com revestimentos macios de placas de gesso cartonado ou placas de aglomerado (medidas em mm)

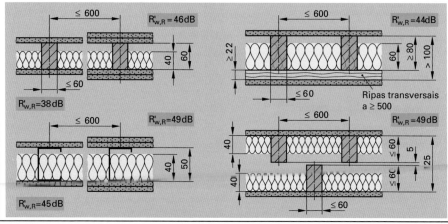

6.5 Proteção contra fogo

- A principal norma para a proteção contra fogo é a DIN 4102 sobre o comportamento dos materiais e elementos de construção ante o fogo, terminologia, classificação e testes.
- Os materiais de construção são divididos em classes conforme seu comportamento ante ao fogo.
- Materiais de construção não discriminados na DIN 4102 só são permitidos se seu comportamento ante o fogo tiver sido testado e aprovado, e tiver um certificado ou comprovação de ensaio com selo de aprovação.
- As classes de resistência ao fogo incluem o tempo em minutos no qual um elemento de construção oferece resistência contra o fogo num ensaio de incêndio.

Classes e denominação dos materiais

Classe	Denominação oficial
A	Material não inflamável
A1	
A2	
B	Material inflamável
B1	Difícil inflamação
B2	Inflamação normal
B3	Fácil inflamação

Processos de certificação

Classe	Critério adicional	Comprovação por
A1	normalizado	DIN 4102
	não normalizado	Atestado de ensaio
A2	com componentes inflamáveis	Certificado de ensaio com selo de aprovação
B1	normalizado	DIN 4102
	não normalizado	Certificado de ensaio com selo de aprovação
B2	inflamação normal	Atestado de ensaio
B3	fácil inflamação	(não permitido)

Classes de resistência contra fogo

Classe	Adição	Elemento
Resistência ao fogo em min 30 60 90 120 180	F	Paredes, lajes apoios, vigas, escadas
	W	paredes externas não portantes, peitoris, proteções
	T	Portas, portões
	G	Envidraçamentos
	L	Tubos de ventilação
	K	Borboletas para tubos de ventilação
	R	Tubulações
	I	Poços e canais de instalação

Exemplo

F30-AB

Elemento de construção em peças essenciais de materiais não inflamáveis que podem oferecer resistência ao fogo por, no mínimo, 30 minutos. Peças essenciais são todas peças portantes.

F180, W30, G90 etc.

Requisitos mínimos da proteção contra fogo

Elemento	Prédio residencial isolado com um apartamento	Prédio residencial de baixa altura com não mais que dois apartamentos	Prédio de baixa altura (nenhum pavimento de ambiente de estar acima de 7 m)	Demais prédios exceto edifícios (todos pavimentos abaixo de 12
Apoios, pilares e paredes portantes e de escoramento	nenhum	F30-B	F30-AB	F90-AB
como antes, porém, no pavimento de porão	nenhum	F30-AB	F90-AB	F90-AB
Paredes externas não portantes	nenhum	nenhum	nenhum	F30 ou A
Isolação e revestimento sobre e em paredes externas	nenhum	nenhum	nenhum	B1
Paredes divisórias	–	F30-B	F60-AB	F90-AB
Paredes de separação e de terminação do prédio	–	F90-AB	Parede corta-fogo	Parede corta-fogo
Lajes acima de sótãos	nenhum	nenhum	nenhum	nenhum
Lajes acima de porões	nenhum	F30-B	F90-AB	F90-AB
Demais lajes	nenhum	F30-B	F30-AB	F90-AB

[1] Excerto do regulamento de obras NW (1984) sem complementos nem notas

- **Paredes corta-fogo** precisam pertencer, no mínimo, à classe F90-A. Sua estabilidade precisa estar garantida num incêndio.
- **Paredes corta-fogo** em prédios de baixa altura devem ser contínuas, no mínimo, até imediatamente abaixo da cobertura do telhado. Nos demais prédios elas devem ser contínuas até 0,30 m acima da cobertura do telhado ou na altura da cobertura do telhado, serem providas de uma placa de concreto armado sobressaindo 0,50 m de cada lado. Elementos inflamáveis não podem atravessar nem penetrar nas paredes corta-fogo. Tubulações contínuas não podem transmitir fogo nem fumaça.

287

6.5 Proteção contra fogo

Comportamento ante o fogo de elementos de concreto classificados (exceto DIN 4102-4)

Características construtivas		Classe de resistência ao fogo - denominação[3]				
		F 30-A	F 60-A	F 90-A	F 120-A	F 180-A
Espessura mínima d em mm de placas sem revestimento independente da disposição de um contrapiso para						
apoio estaticamente determinado		$60^{1)2)}$	$80^{2)}$	100	120	150
apoio estaticamente indeterminado		$80^{1)2)}$	$80^{1)2)}$	100	120	150
Espessura mínima d em mm de placas apoiadas em pontos, independente da disposição de um contrapiso para						
lajes com reforço na cabeça de apoio		150	150	150	150	150
lajes sem reforço na cabeça de apoio		150	200	200	200	200
Espessura mínima d em mm de placas sem revestimento com contrapiso não inflamável ou contrapiso de asfalto		50	50	50	60	75
Espessura mínima D em mm = d + espessura do contrapiso para						
apoio estaticamente determinado		$60^{1)2)}$	$80^{2)}$	100	120	150
apoio estaticamente indeterminado		$80^{1)2)}$	$80^{1)2)}$	100	120	150
Espessura mínima d em mm de placas sem revestimento com contrapiso flutuante com uma camada de isolação						
para apoio estaticamente determinado		$60^{1)2)}$	$60^{1)2)}$	$60^{1)2)}$	$60^{1)2)}$	$80^{2)}$
apoio estaticamente indeterminado		$80^{1)2)}$	$80^{1)2)}$	$80^{1)2)}$	$80^{1)2)}$	$80^{1)2)}$
Espessura mínima d em mm de contrapisos de materiais não inflamáveis ou de asfalto[3]		25	25	25	30	40
Placas leves de lã de madeira mesmo sem reboco com						
espessura da placa leve de lã de madeira ≥ 25 mm		50	50	–	–	–
espessura da placa leve de lã de madeira ≥ 50 mm		50	50	50	50	50
Espessura mínima em mm para forros de lajes		$d \geq 50$				

[1] Para teor de umidade do concreto > 4 % do peso, assim como com armação densamente disposta (distância entre barras < 100 mm) as espessuras mínimas d e D devem ser aumentadas em 20 mm.

[2] Para placas com exposição multilateral ao fogo – p.ex., placas em balanço – as espessuras mínimas d, assim como as espessuras mínimas D, precisam ser ≥ 100 mm.

[3] Na disposição de contrapiso de asfalto, na utilização de contrapiso flutuante com uma camada isolante de material da classe B e na utilização de placas leves de lã de madeira as classes de resistência ao fogo passam a ser F 30-AB, F 60-AB, F 90-AB, F 120-AB e F 180-AB.

Comportamento ante o foge de paredes classificadas (excerto DIN 4102-4)

Os valores ( ) valem para paredes com reboco dos dois lados que na utilização de argamassa do grupo P IV precisam ter uma espessura $d_1 \geq 15$ mm.

Características construtivas	Classe de resistência ao fogo - denominação[3]				
	F 30-A	F 60-A	F 90-A	F 120-A	F 180-A
Espessura mínima em mm de paredes portantes de tijolo calcário conforme DIN 106					
Grau de aproveitamento $\alpha_2 = 0,2$	115 (115)	115 (115)	115 (115)	115 (115)	175 (140)
Grau de aproveitamento $\alpha_2 = 0,6$	115 (115)	115 (115)	140 (115)	175 (140)	200 (175)
Grau de aproveitamento $\alpha_2 = 1,0$	115 (115)	115 (115)	140 (115)	190 (175)	240 (190)

[1] Das indicações valem para paredes portantes de fechamento de recintos.

Valores semelhantes valem para pedras de concreto poroso, blocos de concreto leve, tijolos e tijolos leves furados (compare DIN 4102-4). Valores entre parêntesis valem para paredes com reboco P II dos dois lados ou PIV ≥ 15 mm e PIVa ou PIVb ≥ 10 mm.

6.5 Proteção contra fogo

Comportamento ante o fogo de elementos de aço classificados
(excerto DIN 4102-4)

Características construtivas Dimensões em mm	Proporção do perfil U/A em m⁻¹	Classes de resistência ao fogo F 30-A | F 60-A | F 90-A Grupo de argamassa P II ou P IVc			F 30-A | F 60-A | F 90-A Grupo de argamassa P IVa ou P IVb		
Espessura do reboco *d* sobre metal corrugado, tira de chapa estirada ou tela de arame para vigas de aço	! 90 90 a 119 120 a 179 180 a 300	5 5 5 5	15 15 15 15	– – – –	5 5 5 5	5 5 15 15	15 15 15 25
Espessura do reboco *d* sobre metal corrugado, tira de chapa estirada ou tela de arame para colunas de aço	! 90 90 a 119 120 a 179 180 a 300	15 15 15 15	25 25 25 25	45 45 45 55	10 10 10 10	20 20 20 20	35 35 45 45
Placas de parede espessura *d* de gesso conforme DIN 18 163	–	60	60	60			
Placas de gesso cartonado (GKF) espessura *d* como revestimento de vigas de aço	^ 300	12,5	12,5 + 9,5	2 x 15,0	Para F 30-A camada única		
Placas de gesso cartonado (GKF) como revestimento de colunas de aço	^ 300	12,5	12,5 + 9,5	3 x 15,0	Para F 60-A e F90 A multicamadas		

Fixação por aperto
Placa ou piso vazado
$D \geq d + 10$
Abraçadeira $\geq \varnothing 5$ mm
a ≤ 500 mm
Espaçador $\varnothing$ 5 mm
Metal corrugado, tira de chapa estirada ou tela de arame

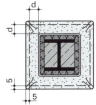

Viga de aço rebocada

Coluna de aço rebocada

Comportamento ante o fogo de pilares e apoios de madeira sem revestimento (excerto da DIN 4102-4)

Flexão σ_B permissível σ^*_B Pressão $\sigma_{D\parallel}$ permissível σ_k	Largura mínima *b* em mm para uma proporção entre os lados *h/b* 1,0 | 2,0 e uma **distância entre apoios s** ou um **comprimento de flambagem** s_k em m								
	2,0	3,0	4,0	5,0	6,0	2,0	3,0	4,0	5,0	6,0
Vigas de madeira maciça									
3 lados 0,2	80	80	80	80	80	80	80	80	83
1,0	114	114	114	114	114	96	103	109	114	120
4 lados 0,2	86	86	86	86	87	80	80	80	82	84
1,0	160	160	160	160	160	113	113	118	123	128
Vigas de tábuas de madeira em camadas									
3 lados 0,2	80	80	80	80	83	80	80	80	80	83
1,0	100	100	100	100	100	84	90	95	100	105
4 lados 0,2	80	80	80	80	83	80	80	80	80	83
1,0	140	140	140	140	140	99	99	103	108	112
[1] permissível $\sigma^*_B = 1,1 \cdot k_B \cdot$ permissível σ_B com $1,1 \cdot k_B \leq 1,0$; zul $\sigma_k = \sigma_D/\omega$ k_B é o coeficiente de flambagem conforme DIN 1052									
Pilares de madeira maciça									
4 lados 1,0	187	204	219	229	237	161	179	193	202	204
0,2	102	105	105	105	105	91	92	92	92	92
Pilares de tábuas de madeira em camadas									
4 lados 1,0	169	188	202	202	202	147	167	168	168	168
0,2	90	90	90	90	90	80	80	80	80	83

Coluna de aço revestida

3-lados   4-lados

Vigas de madeira sob solicitação de fogo

Pilares de BSH (tábuas de madeira em camadas)

Nota: Requisitos para a execução da construção resultam exclusivamente do código municipal/estadual de obras.
Os exemplos de execução conforme DIN 4102, parte 4 podem ser usados sem comprovação adicional. Do contrário, é necessário um certificado de ensaio.

6.5 Proteção contra fogo

Dimensões mínimas para coberturas com camada de isolação para F 30 B

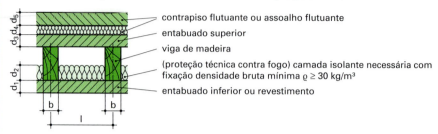

- contrapiso flutuante ou assoalho flutuante
- entabuado superior
- viga de madeira
- (proteção técnica contra fogo) camada isolante necessária com fixação densidade bruta mínima $\varrho \geq 30$ kg/m³
- entabuado inferior ou revestimento

Vigas de madeira	Entabuado inferior ou revestimento		Camada de Disolação necessária	Entabuado superior	Contrapiso flutuante ou assoalho flutuante			
Largura mínima em mm	Placas de aglomerado com $\varrho \geq$ ≥ 600 kg/m³ espessura em mm	vão máx. admissível em mm	de placas ou mantas de fibra mineral Espessura mín. em mm	de placas de material derivado de com $\varrho \geq 600$ kg/m³ espessura mín. em mm	camada de isolação com $\varrho \geq 30$ kg/m³ em mm	argamassa gesso ou asfalto em mm	placas de material derivado de madeira, tábuas ou parquete espessura mínima em mm	Placas de gesso cartonado em mm
b	d_1	l	d_2	d_3	d_4	d_5	d_5	d_5
40	16	625	60	13	15	20		
	16	625	60	13	15		16	
	16	625	60	13	15			9,5

A tabela é válida para coberturas com a necessária camada de isolação. As camadas de isolação precisam ser constituídas de fibras minerais conforme DIN 18165, pertencer à classe de material A conforme DIN 4102 e ter ponto de fusão $T \geq 1000$ °C.
Sem isolação ou se ela só atender aos requisitos da classe de material B2 sem outras condições, então deve valer:
Placas de aglomerado $d_1 \geq 19$ mm   e entabuado superior $d_3 \geq 16$ mm

Dimensões mínimas de coberturas de madeira com vigas totalmente expostas para F 30-B

- contrapiso flutuante ou assoalho flutuante
- camada intermediária de placas de concreto ou placas de gesso cartonado ou madeira ou placas de material derivado de madeira
- entabuado
- vigas de madeira da classe de seleção S10 ou MS10 b/h em mm
- distância entre apoios $s \leq 5{,}00$ m

Vigas de madeira			Entabuado		Contrapiso flutuante	
Tensão de flexão	para uso de madeira maciça	tábuas em camadas	aglomerados com $\varrho \geq 600$ kg/m³	tábuas ou pranchas	camada de isolação $\varrho \geq 30$ kg/m³	aglomerados com $\varrho \geq 600$ kg/m³
N/mm²	b/h em mm	b/h em mm	$d_1 \geq 25$ mm	$d_1 \geq 28$ mm	$d_2 \geq 15$ mm	$d_3 \geq 16$ mm
≥ 14	–	140/260	É feita uma diferenciação entre coberturas com vigas de madeira • encobertas • semiencobertas • totalmente expostas		Nas coberturas aqui mencionadas é permitida a colocação no lado inferior sem vistoria adicional. (exceção: chapa de aço)	
≥ 14	–	130/240				
11	130/200	110/200				
10	120/100	85/190				
7	100/160	80/150				

6.5 Proteção contra fogo

Espessuras mínimas de paredes não portantes de duas camadas de placas leves de lã de madeira

Características construtivas		Classe de resistência ao fogo	
	Placa leve de lã de madeira / Reboco / Camada isolante / Tensores de arame	F 30-B a F 120-B	F 180-B
Espessura mínima da placa leve de lã de madeira d_1 em mm, conforme DIN 1101		50 mm	50 mm
Espessura mínima do reboco d_2 em mm, medida a partir da aresta superior da placa leve de lã de madeira		15 mm	20 mm
Espessura mínima da camada de isolação d_3 em mm (densidade > 30 kg/m³)		40 mm	40 mm

Espessuras mínimas de paredes não portantes de uma ou duas camadas de gesso cartonado F com montantes e/ou perfilados de chapa de aço ou feixe de tiras de gesso cartonado e/ou sarrafos de madeira, assim como densidade mínima da camada de isolação

Espessura mínima do revestimento d_2 em mm	12,5[1]	2 × 12,5[2]	15 + 12,5	2 × 18[3]	–
Espessura mínima da isolação d_3 em mm	40	40	40	40	–
Densidade bruta mínima ϱ em kg/m³ da camada de isolação	40	40	40	40	–

				sarrafo de madeira viável						
Espessura mínima do revestimento d_2 em mm			2 × 12,5[2]		2 × 15		3 × 12,5[4]		
Espessura mínima da isolação d_3 em mm			80	60	80	60	80	60	
Densidade bruta mínima ϱ em kg/m³ da camada de isolação			30	50	50	100	50	100	

[1] Opcionalmente também GKB 18 mm ou GKB ≥ 2 x 9,5 mm
[2] Opcionalmente também 25 mm
[3] Opcionalmente também 3 x 12,5 mm ou 25 + 12,5 mm
[4] Opcionalmente também 25 + 12,5 mm

F 30-A	F 60-A	F 90-A	F 120-A	F 180-A

Espessuras mínimas de paredes portantes de painéis de madeira que não seja fachada do ambiente

Características construtivas	Sarrafos de madeira		Entabuado(s) e revestimento(s)		Classe de resistência ao fogo
	Dimensões mínimas em mm	Tensão admissível em N/mm²	Placas de lã de madeira Densidade mínima ϱ = 600 kg/m³	Placa de gesso cartonado F (GKF)	
	$b_1 × d_1$	σ_D	d_2 em mm	d_3	
	50 × 80	2,5	25 ou 2 × 16		F 30-A
	100 × 100	1,25	16		
	40 × 80	2,5		18	
	50 × 80	2,5		15	
	100 × 100	2,5		12,5	
	40 × 80	2,5	8	12,5	
	40 × 80	2,5	13	9,5	
	40 × 80	2,5		12,5	9,5
	40 × 80	2,5	22	15	F 60-A
	50 × 80	2,5		15	12,5

6.5 Proteção contra fogo

Paredes externas tipo painéis de madeira F 30-B e F 60-B

Características construtivas	Entabuado(s) ou revestimento(s) interno(s)			Camada isolante			Entabuado ou revestimento externo		
(MF placas de fibra mineral) / (HWL placas leves de lã de madeira)	Placas de material de madeira (densidade mínima $\varrho=600\ kg/m^3$)	Proteção contra fogo placas de gesso cartonado (GKF)		Placas ou manta de fibra mineral		Placas leves de lã de madeira	Tábuas ou placas de material de madeira	Placas de fibrocimento	Reboco sobre placas de lã de madeira $d \geq 25\ mm$
	Espessura mínima			espessura (no mínimo)	densidade	espessura	Espessura mínima		
	d_2 mm	d_2 mm	d_3 mm	D mm	ϱ kg/m³	D mm	d_4 mm	d_4 mm	d_4 mm
F 30-B	13			80	30		13		
	13			40	50		13		
	13					25	13		
interior — exterior b_1 — MF		12,5		80	30		13		
		12,5		40	50		13		
		12,5				25	13		
	16			80	100			6	
	16				50			6	
	15			80	100			6	
	15				50			6	
interior — exterior b_1 — HWL	13			80	30				15
	13			40	50				15
	13					25			15
		12,5		80	30				15
		12,5		40	50				15
		12,5				25			15
F 60-B	22		12,5	80	100		13		
interior	22		12,5		50		13		
		12,5	12,5	80	100		13		
		12,5	12,5		50		13		
	22		12,5	80	100			6	
exterior b_1 — MF	22		12,5		50			6	
		12,5	12,5	80	100			6	
interior		12,5	12,5		50			6	
	22		12,5	80	30				15
	22		12,5	40	50				15
	22		12,5			25			15
exterior b_1 — HWL		12,5	12,5	80	30				15
		12,5	12,5	40	50				15
		12,5	12,5			25			15
Vigotas de madeira $b_1 \times d1 \geq$ 40 mm × 80 mm $\zeta_D \leq 2,5\ N/mm^2$	19		12,5	80	100				15
	19		12,5		50				15
		15	9,5	80	100				15
		15	9,5		50				15

7 Meios de fabricação

7.1 Bancada de marceneiro e ferramentas de bancada

- **Bancada de marceneiro com morsa frontal paralela** (DIN 7328)

1. Tampo da bancada
2. Aparador
3. Morsa traseira
4. Gaveta
5. Fuso da morsa
6. Chave da morsa
7. Gancho
8. Furos dos ganchos
9. Encosto frontal
10. Encosto traseiro
11. Mordente da morsa
12. Cavalete frontal
13. Cavalete traseiro
14. Travessa
15. Parafuso tensor do cavalete

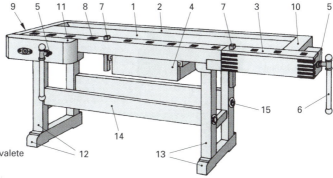

- **Serras**

Serrar é uma operação de separação da madeira, ou outros materiais, por meio manual ou mecânico e com produção de cavacos.

Designações do dente da serra   Ângulos do dente da serra   Ângulos de corte na serra manual

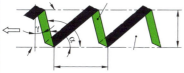

α ângulo de incidência
β ângulo de cunha
γ ângulo de saída
δ ângulo de corte

  δ > 90° "corte suave"   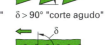 δ > 90° "corte agudo"

  δ = 120° "duplo efeito"   δ = 120° "corte normal"

- **Arcos de serra**

Designação
1. Braço
2. Arco
3. Arame tensor
4. Parafuso tensor com porca
5. Cabo ou empunhadura
6. Garra

| Arcos de serra com lâmina (DIN 7245) ||||
Serra	Tipo de lâmina de serra	Comprimento l em mm	Largura b em mm	Passo do dente t em mm
de quadro (para fendas)	C	700	50	7
de ensamblar	D	600/700	50	3
para contornos	E	600	6	3

- **Serrotes** (seleção)

Serrote	Ilustração	Comprimento da lâmina l	Serrote	Ilustração	Comprimento da lâmina l
Serrote DIN 7244		300 350 400 500[1)]	Serrote de Dorso DIN 7243		250[1)] 300 350
Serrote delgado, formato A reto DIN 7235		250 300[1)]	Serrote delgado formato B/C deslocado Formato E reversível		250 300[1)]
Serrote de chanfro		150	Serrote para folhear		75
1) não normalizado					

293

7.1 Bancada de marceneiro e ferramentas de bancada

• Plaina

Aplainar é uma operação de trabalho com produção de cavacos executada com movimentos retilíneos para a obtenção de superfícies lisas, planas, perfiladas ou contornadas com ferramentas manuais ou máquinas.

Designações da plaina (DIN 7223)
1. Caixa da plaina
2. Base da plaina
3. Punho
4. Boca da plaina
5. Batente
6. Proteção da mão
7. Lâmina da plaina
8. Cunha
9. Encosto da cunha

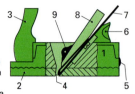

Peças e ângulos da lâmina de plaina
1. Lâmina da plaina
2. Gume
3. Face
4. Dorso
5. Chanfro
α Ângulo de incidência
β Ângulo de cunha
γ Ângulo de saída
δ Ângulo de corte

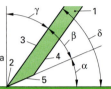

Plainas e lâminas de plainas				Designação das lâminas de plaina DIN 5153			
Tipos de plaina	Ângulo de corte	Lâminas DIN	Larg. em mm	Tipos de plaina	Ângulo de corte	Lâminas DIN	Larg. em mm
Plaina de desbaste DIN 7310	45°	5146 A	33	Cepilho DIN 7220	49°	5145 B/C	45, 48, 51
Plaina de alisar DIN 7311	45°	5145 A	45, 48, 51	Cepilho especial DIN 7305	50°	5149 A/B	48
Plaina dupla DIN 7219	45°	5145 B/C	45, 48, 51	Goivete DIN 7306	47°	7372	10.30
Plaina longa DIN 7218	45°	5145 B/C	57, 60	Goivete dupla DIN 7307	50°	7372	25; 27,5; 30; 33

• Formões (cinzéis)

Formões (cinzéis)				Designação DIN 5154, DIN 5155	
Tipo de formão	Largura de corte b em mm	escalonamento	Observação	Ilustração	
Formão grosso DIN 5139	4...32 35...50	2 mm 5 mm	Arestas chanfradas		
Goiva DIN 5142 A/B	4...26, 30, 32	2 mm	Cortar interno ou externo		
Formão de bico DIN 5143	4, 5, 6 ...12, 13, 16	2 mm	Espessura da lâmina ± 13 mm		
Formão para torno DIN 5144	6 ... 30	2 mm	Formato A plano Formato B curvo		
Cabos para formão (DIN 5138)					
Formato A	Faia branca, com reforço nas extremidades		Formato B	Plástico resistente ao choque	

• Grosas e limas

Grosar e limar são operações de trabalho com produção de cavaco; a grosa faz o trabalho de desbaste e a lima, o acabamento. Elas são usadas para dar forma e para alisar.

Grosas e limas meia cana (DIN 7263)						
Designação	Código da forma	Formato	Ilustração	N° do picado	Comprimento em mm
Grosa chata	1512	A		1, 2	150, 200, 250, 300
Grosa meia cana	1552	C		1, 2, 3	150, 200, 250, 300
Grosa meia cana fina	1558	D		2, 3	150, 200, 250, 300
Grosa redonda	1562	E		2	150, 200, 250, 300
Lima meia cana fina	1558	F		1	150, 200, 250, 300

Comprimentos de cabos de lima com reforço (DIN 395) (comprimentos em mm)						
do cabo	da lima até	do cabo	da lima até	do cabo	da lima até
60	lima agulha	100	175	130	300
80	113	110	200	140	350
90	125	120	250	160	450

7.1 Bancada de marceneiro e ferramentas de bancada

Limas fresadas (limas manuais) (DIN 7264) — Terminologia DIN 7285

Denominação	Código	Sigla	Ilustração	250 mm	300 mm	350 mm	400 mm
Lima chata	290	A	▬	1, 2, 3	1, 2, 3	1, 2	1
Lima quadrada	292	B	■	1	1	–	–
Lima redonda	293	C	●	1	1	–	–
Lima meia cana côncava	295	D	⌒	1, 2	1, 2	–	–
Lima de fita chata	296	E	▬	1, 2	1, 2, 3	1, 2, 3	–
Lima de fita meia cana	297	F	⌒	–	1, 2	1, 2	–

Lima de fita com 2 furos, sem espiga Picado: 1 = grosso, 2 = médio, 3 = fino
Aplicação: metais macios e plásticos

Limas de ferramentaria (DIN 7261) excerto

Denominação	Código	Sigla	Ilustração	N° de picado	Comprimento sem espiga em mm
Lima chata	1112	A	▬	1, 2, 3	100 ..350
Lima triangular	1132	C	▲	1, 2, 3	100 ..350
Lima quadrada	1142	D	■	1, 2, 3	100 ..350
Lima redonda	1162	F	●	1, 2, 3	100 ..350
Lima faca	1172	G	◀	1, 2, 3	100 ..250

Número de picado: 1 = grosso 2 = médio 3 = fino

- **Brocas**

Furar é um processo com produção de cavacos para a produção de furos redondos. A ferramenta de furar, acionada manual ou mecanicamente, executa, geralmente, um movimento circular de corte principal e um movimento axial de avanço; o movimento de avanço também pode ser executado pela peça trabalhada.

Designações ângulos na broca

Broca serpentina
1. Serpentina
2. Rosca de guia
3. Aresta de corte
4. Pré-cortador
5. Canal de cavaco
α Ângulo de incidência
β Ângulo de cunha
γ Ângulo de saída

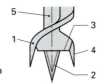

Broca helicoidal
1. Aresta de corte
2. Aresta lateral
3. Pré-cortador
4. Ponta de guia
5. Ângulo de ponta
α Ângulo de incidência
β Ângulo de cunha
γ Ângulo de saída

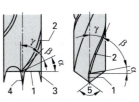

Brocas para madeira e materiais derivados de madeira

Tipo de broca	Formato	Diâmetro em mm	Escalonamento	Ilustração
Broca de centro DIN 6447	C	15 ... 25; 25 ... 40/45 45 ... 75	Faca ajustável	
Broca serpentina DIN 6444	C G	6 ..15 16 . 32	1 2	C G
Broca serpentina DIN 7423		10 . 50	2	
Broca helicoidal DIN 7487	A C D E	10 ..40 4 ..12 10 ..50 4 ..12	1 .2 1 .2 1 .2 .5 1 .5	A C D E
Broca para revestimento e instalação DIN 7490	A B	8 . 39	2 .3 .4	A B
Broca para furos oblongos DIN 6442 DIN 6461 formato curto	A B C	8 ..16 18 ..30 5 ..12 8 ..12	1 2 1 1	A B/C

7.1 Bancada de marceneiro e ferramentas de bancada

Brocas para madeira e materiais derivados de madeira (continuação)

Tipo de broca	Formato	Diâmetro em mm	Gradação em mm	Ilustração
Broca Forstner	A	10 ..40	2	
(execução em aço		10 ..50	5	
carbono, aço rápido	C	10 ..40	2	
e com pastilha de		10 ..50	5	
metal duro)	G	10 ..40	2	
		10 ..40	5	
Broca de precisão	E	10 ..40	2	
		10 ..80	5	
	F	10 ..40	2	
DIN 7483		10 ..50	5	
Broca para perfuração (similar a DIN 7487)	A/B 60°	5 ..12	1 ..2	
Escareador DIN 6446	A/B	10, 13, 16, 20, 25, 30		Formato A Formato B
Escareador cônico removedor de rebarbas DIN 334, DIN 335	C 60°	6,3 ..25	2 ..5	
	C 90°	4,3 ..31	0,5 ..2	
Escareador cônico (Senkerbits)	90°	6,3 ..20,5	2 ..4	
Escareador com furo transversal	90°	10 ..64	4 ..11	
Broca fresa DIN 7489	–	10 ..60 (interno)	5	
Rebaixador intercambiável	90°	D 15,5 D 20	∅ da broca 3 ..12	

Brocas para metais e plásticos

Broca	Tipo	Diâmetro em mm	Gradação em mm	Ilustração	Observação
Broca helicoidal curta DIN 338	N ∢ 118°	0,2 ..20	0,1 ..0,5		Aço resistência < 800 N/mm²
Broca helicoidal curta DIN 338	N ∢ 130°	0,2 ..20	0,1 ..0,1		Aço resistência < 1000 N/mm² Aços Cr-Ni
Broca helicoidal curta DIN 338	W ∢ 130°	0,2 ..20	0,1 ..1,0		Alumínio Plástico
Broca helicoidal curta DIN 338	H ∢ 80° .100 °	0,2 ..20	0,1 ..0,5		Latão Plástico
Broca helicoidal longa DIN 340	N ∢ 130°	1,0 ..20	0,1 ..0,5		como DIN 338 tipo N 130°
Broca para chapas	Tamanho 1 ..7	3 ..60	3 ..10		Chapas finas Metais não ferrosos, Plásticos

Tipo de broca	Usinagem	Ângulo de ponta	Ângulo de saída
N	normal, cavaco normal	118°	20° ..30°
H	dura, quebradiça, cavaco curto	118°	10° ..13°
W	macia, cavaco longo	130°	30° ..40°

7.1 Bancada de marceneiro e ferramentas de bancada

• Martelos

Designação	Tamanho	Ilustração	Designação	Tamanho	Ilustração
Martelo de carpinteiro DIN 5109	Face *a* em mm 22, 25, 28		Martelo de pena DIN 1041	peso em g: 50, 100, 200, 300 500..1000	
Martelo de pontas DIN 7239	570 g		Malho DIN 6475	Peso em kg: 1; 1,25; 1,5; 2; 3; 4; 5; 6; 8; 10	
Maço DIN 7461	Comprimento da cabeça *a* em mm 140, 160, 180		Martelo de madeira DIN 7462	*d* em mm: 50, 60, 70, 80, 90, 100	
Cabos para martelos DIN 5111, DIN 5112					

• Alicates

Designação	Tamanho *l* em mm	Ilustração	Designação	Tamanho *l* em mm	Ilustração
Torquês DIN ISO 9243	160, 180, 200, 224, 250, 280		Alicate universal DIN ISO 5746	160, 180, 200	
Alicate bico chato DIN ISO 5745	Bico curto 124, 140, 160 Bico longo 140, 160, 180		Alicate bico meia cana DIN ISO 5745	140, 160, 200	
Alicate corte frontal DIN ISO 5748	140, 160, 180, 200		Alicate corte lateral DIN ISO 5749	125, 140, 160, 180, 200	

• Chaves de fenda

Designação	Formato	Tamanho em mm DIN 5264 espessura x largura	∅ do parafuso em mm para madeira	∅ do parafuso em mm para metais	Ilustração
Chave de fenda manual Fenda DIN 5265	A B	0,4 x 2 0,4 x 2,5 0,5 x 3 0,6 x 3,5 0,8 x 4 1 x 5,5 1,2 x 6,5 1,2 x 8	1,6 2 2 2,5 3 ..3,5 4 ..4,5 5 ..5,5 5,5	1,6 1,6 2 .. 2,2 2,5 2,9 .. 3,5 3,5 .. 4 4 .. 5 4 .. 5,5	
Chave de fenda com espiga sextavada, formato B		1,6 x 8 1,6 x 10 2 x 12 2,5 x 14	6 7 ..8 7 ..8 10	5,5 .. 6,3 5,5 .. 6,3 8 9,5 ..10	
Chave de fenda elétrica DIN 5265	C	0,4 x 2 0,4 x 2,5 0,5 x 3 0,5 x 4 0,6 x 3,5 0,6 x 4,5 0,8 x 4 0,8 x 5,5 1 x 5,5 1,2 x 6,5 1,2 x 8 1,6 x 8 1,6 x 10 2 x 12 2,5 x 14	1,6 2 2 2 2,5 2,5 3 ..3,5 3 ..3,5 4 ..4,5 5 ..5,5 5,5 6 7 ..8 7 ..8 10	1,6 1,6 2 .. 2,2 2 .. 2,2 2,5 2,2 .. 2,5 2,9 .. 3,5 2,9 .. 3,5 3,5 .. 4 4 .. 5 4 .. 5,5 5,5 .. 6,3 5,5 .. 6,3 8 9,5 ..10	
Chave para fenda cruzada DIN 5262 Pontas para fendas cruzadas	H Z	0 1 2 3 4	< 2 2,5 ..3 3,5 ..5 5,5 ..7 > 8		Formato B (comprida) e D (curta)
Cabo DIN 5268 ou formato ergonômico livre					

297

7.2 Máquinas

As máquinas para trabalhos em madeira são máquinas operacionais cujas funções são transmitir forças, alterar posição e modificar formas. As máquinas são subdivididas em três grupos, de acordo com o modo de ação de suas ferramentas:

Ferramentas oscilantes:	serra alternativa, serra tico-tico ...
Ferramentas circulantes:	serra de fita, lixadeira de fita ...
Ferramentas rotativas:	serra circular, tupia, furadeira ...

Para cada máquina precisa ser elaborado e entregue uma instrução de operação.

7.2.1 Máquinas estacionárias

Os valores indicados são valores de referência ou indicativos. Em cada caso, os dados da máquina são determinantes. Sobre instruções de operação compare também página 300.

Máquinas estacionárias (visão geral)

Sigla da máquina	Ilustração	Tamanho máx. em cm Comp./larg.	Área requerida em m²	Potência nominal P_N em kW	Descrição
Serra circular de mesa SK DIN EN 1870-1 UVV 7j § 38		190/180	13 ... 25	2 ... 7	Máquina padrão, madeira maciça, material em placas, cortes longitudinais e transversais
Serra circular para recortar SKF DIN EN 1870-1 UVV 7j § 43		320/150	24 ... 30	4 ... 11	Serra para recortar e esquadrejar
Serra para dividir placas; vertical SPLv DIN EN 1870-2 UVV 7j § 38/39		530/250	3,5 ... 12	2 ... 7	Profundidade de corte até 80 mm cortes horizontais e verticais
Serra para dividir placas; horizontal SPLh DIN EN 1870-2 UVV 7j § 59		1000/800	30 ... 80	10 ... 20	Profundidade de corte até 180 mm Serra sob a mesa ou sobre portal, parcialmente com programa de otimização do corte
Serra de fita SB DIN EN 1807 UVV 7j § 35		100/150	5 ... 15	2 ... 4	Corte de separação ou acabamento, o diâmetro dos rolos determina o tamanho da máquina
Furadeira longitudinal BL DIN EN[1] UVV 7j § 78		100/100	7 ... 16	1,5 ... 5	Furadeira para cavilhas e furos oblongos com ferramenta especial DIN 6442 e DIN 6461
Furadeira para cavilhas BD DIN EN UVV 7j § 78		150/200	9 ... 20	1 ... 4	Furo único ou em série furos cegos ou passantes

298

7.2 Máquinas

Máquinas estacionárias (continuação)

Sigla da máquina	Ilustração	Tamanho máx. em cm comp./larg.	Área requerida em m²	Potência nominal P_N em kW	Descrição
Aplainadora de mesa HA DIN EN 859 UVV 7j § 69		300/100	12,5 ... 20	2 ... 4	2 ou 4 eixos de facas Regulagem do corte por meio de variação da mesa de trabalho
Desempenadeira HD DIN EN 860 UVV 7j; § 71		100/120	12,5 ... 25	5 ... 10	4 eixos de facas dispostos paralelos ou em espiral, velocidade de avanço com regulagem escalonada ou contínua
Aplainadora de múltiplas faces HV HV/F DIN EN[1] UVV 7j § 73		550/100	12,5 ... 30	14 ... 35	2 ... 10 eixos com rotação horária ou anti-horária
Tupia de mesa FT DIN EN 848-1 UVV 7j § 74		120/120	3 ..7	15 ... 30	Máquina padrão Regulagem da rotação escalonada ou contínua; porta-fresa em parte com ferramenta; sistema de codificação
Tupia de precisão FO DIN EN 848-2 UVV 7j § 77		120/120	2 ..4	8 ... 15	Máquina padrão para elevação da rotação com conversor de frequência
Lixadeira de fita SchB DIN EN UVV 7j § 83		360/200	3 ..5	8 ... 25	Máquina padrão Mesa fixa ou móvel
Lixadeira de fita larga SchBB DIN EN[1] 848 UVV 7j § 83		220/205	10 ... 30	18 ... 30	Lixadeira de fita única ou múltipla com um ou mais motores de acionamento da fita, em parte com medição automática da espessura da peça trabalhada
Prensa de folheado PF DIN EN[1] UVV 7; § 98, § 99		410/160	6 ... 10	15 ... 30	Prensa de folheado com um ou mais estágios; aquecimento elétrico, a óleo ou a vapor
Centro de usinagem CNC, estacionário CNC-SB DIN EN 848-3 UVV 7j § 104		500/200	4 ..20	15 ... 25	Um ou mais fusos de trabalho Tensão mecânica, a vácuo ou pneumática 2 ... 5 eixos NC

299

7.2 Máquinas

Instrução de operação para máquinas

Os empregados que lidam com máquinas precisam receber instruções verbais relacionadas ao posto de trabalho baseadas na instrução de operação. Uma instrução de operação (veja amostra para uma serra circular de mesa para esquadrejamento) é uma informação objetiva direcionada para o posto de trabalho.

Número 3/02/000-001-98	INSTRUÇÃO DE OPERAÇÃO
Data	para máquinas
Redator	
Responsável	
Área de trabalho	Instrutor/assinatura
Posto de trabalho/função	

ÁREA DE APLICAÇÃO

Serra circular de mesa para esquadrejamento

PERIGOS PARA PESSOAS E O MEIO AMBIENTE

Os perigos se devem, em geral
* ao disco de serra em alta rotação (ferimentos nos dedos e na mão)
* ao ruído proveniente da serra
* às roupas não suficientemente ajustadas ao corpo, às luvas, a relógios (perigo de enrolamento)
* à geração de poeira

MEDIDAS DE PROTEÇÃO E REGRAS DE CONDUTA

No manuseio de serra circular de mesa para esquadrejamento é obrigatório usar protetor auricular e trajar roupas justas.
As áreas perigosas devem ser sinalizadas.
Adotar posição e postura segura no trabalho.
A máquina só poderá ser operada por pessoa que concluiu o treinamento.
Trabalhar apenas com cunha separadora. Distância máxima entre cunha e o disco de serra 10 mm.
Em todo trabalho devem ser usados os equipamentos de proteção correspondentes.
No trabalho de serrar deve ser usado o dispositivo de cobertura do disco da serra.
No corte de madeira maciça, retrair o batente até o centro do disco da serra.
Para conduzir as peças trabalhadas com uma distância de menos de 120 mm entre o batente paralelo e o disco de serra usar empurrador adequado.
Antes de ligar a máquina, assegurar-se de que a máquina em movimento não oferece risco a outras pessoas.
Trabalhar somente com a exaustão ligada.
Obedecer às instruções de uso indicadas pelo fabricante da máquina.

PROCEDIMENTO EM CASO DE PANE

* Em caso de pane, parar imediatamente a serra circular de mesa.
* Informar o responsável pela máquina ou o instrutor técnico.

PROCEDIMENTO EM CASO DE ACIDENTES; PRIMEIROS SOCORROS

* Informe imediatamente qualquer acidente ao seu instrutor técnico
* A caixa de curativos mais próxima encontra-se na sala dos instrutores...
* O telefone fixo mais próximo encontra-se na sala de instrutores...
* **Telefone de emergência:**   Médico: Atendente:

MANUTENÇÃO E DESCARTE

Reparos só podem ser executados por pessoal autorizado.

Data: Assinatura do responsável:

7.2 Máquinas

7.2.2 Centros de usinagem CNC

Essas máquinas CNC possibilitam o processamento completo da peça de trabalho e por isso são cada vez mais empregadas no setor da madeira.

Acessórios agregados: (seleção, possibilidade de outras opções de acessórios)

- Agregado para fresas ou fuso principal (4 kW ... 12 kW, 1200 min –1 ... 24000 min-1)
- Fusos ou acionadores verticais e horizontais para brocas (direção X e Y)
- Agregado para serra, geralmente basculante

Agregado para fresas 4 fusos horizontais	Cabeçote para brocas, vertical	Agregado para serra
(placeholder)		

Porta-ferramentas (interface com a ferramenta)

Sistema de ferramentas   DIN 69893:   Formato F
Tamanhos 50 ou 63

Cone íngreme   DIN 69891:   N° 30 ou 40

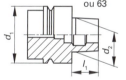
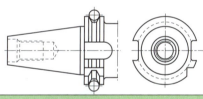

Troca-ferramentas (convencional, geralmente com movimento solidário)

Trocador de prato (espaço para 12 ferramentas)

Trocador de corrente (espaço para até 70 ferramentas), também na opção vertical

Sistemas de sujeição da peça trabalhada

As peças trabalhadas são fixadas a vácuo ou com garras pneumáticas (peças de madeira maciça).
Os sistemas de uso mais frequente são:
- Mesa de fixação fechada
- Console com sucção de vácuo isento de mangueiras
- Mesa com rasgos
- Gabarito de vácuo ajustado ao contorno da peça trabalhada

Console com sucção de vácuo isento de mangueiras		Fixador a vácuo Possibilidade de posicionamento por feixes de laser	

7.2 Máquinas

7.2.3 Máquinas manuais

Máquinas manuais são máquinas portáteis, acionadas elétrica ou pneumaticamente, para diversos tipos de trabalho. Geralmente não são projetadas para operação por tempo prolongado.

Máquinas manuais (visão geral)

Máquina	Ilustração	Potência nominal P_N em W	Descrição
Furadeira manual UVV 7j § 85, § 96		230 ... 1150	Rotação n 1 ... 4000 min-1, mandril para brocas de 0,5 mm ... 13 mm, em parte com regulagem eletrônica, mandril com coroa dentada ou de aperto rápido, peso 0,9 kg ... 2,3 kg
Parafusadeira UVV 7j § 85		230 ... 540	Rotação n 1 ... 4000 min-1, parafusos até 8 mm de diâmetro, batente de profundidade com catraca ou sem escalonamento, parafusos individuais ou com alimentador, rotação esquerda, peso 1,2 kg ... 2,7 kg
Serra circular UVV 7j § 85, § 90 ..§ 93		800 ... 2300	Profundidade de corte 0 mm ... 85 mm, inclinável até 45°, em parte com regulagem eletrônica, peso 2,5 kg ... 11,5 kg
Serra tico-tico UVV 7j § 85		240 ... 700	Profundidade de corte em madeira até 100 mm em metal até 20 mm, em parte com curso pendular, em parte inclinável até 45°, peso 2,5 kg ... 2,7 kg
Tupia UVV 7j § 85, § 95		900 ... 1800	Rotação 8000 ... 24000 min-1 Curso da guia até 75 mm, regulagem escalonada ou contínua, peso 2,7 kg ... 5,1 kg
Desempenadeira UVV 7j § 85, § 94		800 ... 1200	Largura da plaina 80/82 mm, 102 mm, 110 mm,170 mm, Profundidade de corte sem escalonamento 0 mm ... 4,0 mm, rebaixo sem escalonamento 0 mm ... 25 mm, peso 2,9 kg ... 8,8 kg
Lixadeira de fita UVV 7j § 85, § 97		600 ... 1400	Largura da fita 65 mm, 75 mm, 100 mm, 105 mm, velocidade da fita /marcha lenta v_c 200 m/min ... 440 m/min, peso 2,2 kg ..8,0 kg
Lixadeira oscilante UVV 7j § 85		150 ... 300	Número de oscilações/marcha lenta n 8000 ... 27000 min^{-1} placa da lixa 80 x 130 mm ..115 x 280 mm, curso da lixa 2,4 mm, 2,6 mm, peso 1,3 kg ... 3,1 kg
Furadeira com bateria UVV 7j § 85		tensão operacional 7,2/9,6/ 12/14,4 V 18 V	Rotação n 0 ... 2300 min^{-1}, mandril para brocas de 1 mm ... 13 mm, potência de furação em madeira até 38 mm, Limitação de torque 5 ... 21 níveis, peso com bateria 1,1 kg ... 2,45 kg
Martelo pneumático para grampos/tachas/ pregos VGB 44		Ar comprimido 3 bar ... 8 bar	Grampos e/ou pregos, sequência de impulsos 1 ... 60 golpes /min, consumo de ar por golpe a 6 bar 0,23 L ... 1,6 L, peso 0,62 kg ... 3,4 kg

302

7.2 Máquinas

7.2.4 Motores elétricos

Motores de corrente alternada (visão geral)   Tensões de 230 V ...380 V

Tipo de motor	Princípio de funcionamento	Característica	Grau de eficiência Âmbito de rotação	Aplicação
Motor universal	Motor com excitação em série Corrente contínua e alternada	Âmbito de rotação é regulável	50% 7000 min^{-1} ... 28 000 min^{-1}	Ferramentas pequenas
Motor trifásico	Motores com bobina do estator para corrente alternada e induzido de corrente contínua (induzido em curto-circuito)	Característica de derivação, Âmbito de rotação regulável	50%..80% ..2800 min^{-1}	Máquinas de trabalho em madeira, acionadores para compressores, etc.
Motor linear	Princípio do motor de indução	Movimento acionador linear	60% $v = 2\,2\,p\,2\,f$ [1)]	Motor de atuador
Motor de passo (servomotor AC)	Comandos digitais são convertidos em passos angulares 16 ... 35 536 passos	O eixo gira em passos angulares em ambas as direções	50%	Motor de atuador

[1)] v = velocidade m/min   p número de pares de pólos (2, 4, 6 .).   f frequência (50 Hz)

Esquema de potência para máquinas elétricas (DIN 42961)

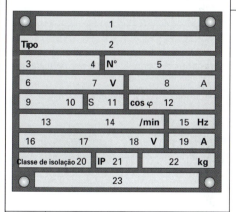

N°	Explicação
1	Fabricante
2	Tipo completado com tamanho, formato
3	Tipo de corrente
4	Tipo da máquina: p.ex., gerador, motor etc.
5	Número de fabricação
6	Identificação do tipo de ligação do enrolamento
7	Tensão nominal
8	Corrente nominal
9	Potência nominal
10	Unidade da potência, p.ex., kW
11	Tipo de operação conforme VDE 0530
12	Fator de potência
13	Sentido de rotação conforme VDE 0530
14	Rotação nominal em min^{-1}
15	Freqüência nominal
16	"Err" (excitação) no caso de máquinas de corrente contínua e máquinas síncronas "Lfr" (Induzido) no caso de máquinas assíncronas
17	Tipo de ligação do enrolamento do induzido (veja campo 6)
18	Tensão nominal de excitação corrente contínua e máquinas síncronas
19	Corrente nominal de excitação corrente contínua e máquinas síncronas
20	Classe do material de isolação
21	Tipo de proteção conforme DIN 40050
22	Peso em kg ou t
23	Observações adicionais

7.3 Ferramentas de máquinas

As ferramentas de máquinas trabalham pelo princípio similar ou igual ao das ferramentas manuais. A diferenciação está no corte com geometria definida, como serrar, aplainar, fresar e furar, e no corte com geometria indefinida, como lixar.
O material e a direção do corte são determinantes na seleção das ferramentas necessárias com o material de corte correspondente.

7.3.1 Materiais de corte

Material de corte é a matéria-prima com a qual é feito o gume de corte da ferramenta. Ele se baseia na dureza dos materiais a serem trabalhados.

Sigla	Material	Aplicação	Propriedades
WS	Aço de ferramentas, não ligado	sem importância	
SP	Aço de ferramenta < 5% de teor de liga	formões, lâminas de plainas, serras de fita, brocas para madeira	
HL SS	Aço rápido < 12% de teor de liga	brocas para madeira, brocas para metais	
HS HSS	Aço rápido, altamente ligado > 12% de teor de liga	brocas para madeira, brocas para metais, fresas para tupias, facas para desempenadeiras	
ST	Stellite, ligas fundidas à base de cobalto-cromo, sem aço	facas para desempenadeiras, revestimento para fresas e serras de fita	
HW	Metal duro, metal sinterizado sem aço, grupo de usinagem K 05 ... K 20	revestimento para serras circulares, fresas, serras de fita, brocas	
DP	Diamante policristalino granulação média 2 µm ... 25 µm	revestimento para serras circulares, fresas, brocas	

Propriedades: Desgaste (grande → pequeno), Dureza (elástico → quebradiço)

7.3.2 Direções do corte

A direção do corte é a direção momentânea do movimento de corte. Ela pode ser paralela, perpendicular ou em qualquer ângulo em relação à direção das fibras da madeira.

Madeira maciça (segundo Kvimaa) **Madeira em camadas** **Material em placas**

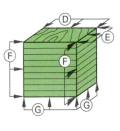

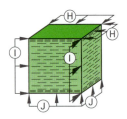

A Direção do corte ⊥ às fibras, área de corte ⊥ às fibras
B Direção do corte = às fibras, área de corte = às fibras
C Direção do corte ⊥ às fibras, área de corte = às fibras
D Direção do corte = às fibras, área de corte = à superfície da placa
E Direção do corte ⊥ às fibras, área de corte = à superfície da placa
F Direção do corte = ao topo da placa (similar a A + B)
G Direção do corte ⊥ ao topo da placa
H Direção do corte = à superfície da placa
I Direção do corte = ao topo da placa
J Direção do corte ⊥ ao topo da placa

Corte a favor da fibra

Corte contra as fibras

7.3 Ferramentas de máquinas

7.3.3 Terminologia da ferramenta, geometria de corte, cálculos

Terminologia da ferramenta

1. Disco original
2. Dente de corte, inserto
3. Espaço do cavaco
4. Face do dente, superfície do cavaco
5. Superfície livre, flanco do dente, chanfro
6. Largura de corte
7. Gume principal
8. Gume secundário
9. Diâmetro de corte
   Círculo da trajetória do gume

reto   abaulado
① Gume secundário

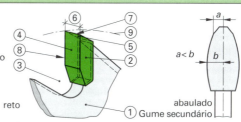

Geometria de corte

1. α Ângulo de incidência
2. β Ângulo de cunha
3. γ Ângulo de saída
4. δ Ângulo de corte
5. λ Ângulo do eixo
6. k Ângulo de ataque
7. k_f Ângulo de ataque do chanfro
8. $α_n$ Ângulo de incidência do gume secundário
9. k_r Ângulo de ataque do gume secundário

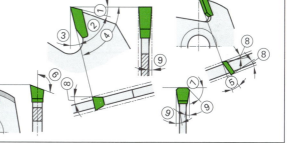

Levantamento / remoção do cavado

1. v_c Velocidade de corte m/s
2. v_f Velocidade de avanço m/min
3. f_z Avanço do dente mm
4. a_e Profundidade de corte, profundidade da fresa mm
5. z Número de gumes
6. n Frequência de rotação min-1
7. h_m Espessura média do cavaco mm
8. f_z Comprimento de ataque da faca mm
9. t Profundidade de ataque da faca mm
10. D Diâmetro de corte mm (diâmetro da ferramenta, diâmetro do círculo do gume)
11. d Diâmetro do furo mm
12. s_B Comprimento do arco do cavaco mm

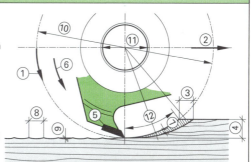

Cálculos

Velocidade de corte

$$v_c = \frac{D \cdot \pi \cdot n}{1000 \cdot 60} \text{ em m/s}$$

Velocidade de avanço

$$v_f = \frac{z \cdot n \cdot f_z}{1000} \text{ em m/min}$$

Avanço do dente

$$f_z = \frac{v_f \cdot 1000}{z \cdot n} \text{ em mm}$$

Espessura média do cavaco $D: a_e \leq 10$
(simplificado)

$$h_m = f_z \cdot \sqrt{\frac{a_e}{D}} \text{ em mm}$$

Engenharia mecânica: D ≙ d1 = diâmetro de corte, diâmetro da ferramenta
Matemática: D ≙ d = diâmetro de corte, diâmetro da ferramenta

7.3 Ferramentas de máquinas

Cálculos (seleção)

Fórmulas	Exemplo
Velocidade de corte $$v_c = \frac{r\,(cm) \cdot n}{1000}\,(m/s) \qquad v_c = \frac{d \cdot \pi \cdot n}{1000 \cdot 60}\,(m/s)$$ (simplificada)	$d = 120$ mm $$n = 9000\ min^{-1} \quad v_c = \frac{120 \cdot \pi \cdot 9000}{1000 \cdot 60} = 56{,}55\ m/s$$
Velocidade de avanço Geral $\qquad v_f = \dfrac{s}{t}\,(m/min)$ Serrar Aplainar $\qquad v_f = \dfrac{z \cdot n \cdot f_z}{1000}\,(m/min)$ Fresar Furar $\qquad v_f = n \cdot f\,(mm/min)$ f = Avanço por revolução em mm	$s = 120$ m $t = 60\ min \qquad v_f = \dfrac{120}{60} = 20\ m/min$ $z = 2$ $n = 9000\ min^{-1} \quad v_f = \dfrac{2 \cdot 9000 \cdot 0{,}8}{1000} = 14{,}4\ m/min$ $f_z = 0{,}8$ mm $n = 1600\ min^{-1} \quad v_f = 1600 \cdot 0{,}08 = 128\ mm/min$ $f = 0{,}08$ mm
Avanço do dente $$f_z = \frac{v_f \cdot 1000}{z \cdot n}\,(mm)$$	$v_f = 14{,}4$ m/min $z = 2 \qquad f_z = \dfrac{14{,}4 \cdot 1000}{2 \cdot 9000} = 0{,}8\ mm$ $n = 9000\ min^{-1}$
Espessura média do cavaco $$h_m = f_z \cdot \sqrt{\frac{a_e}{D}}\,(mm) \quad (d : a_e < 10 : 1)$$	$f_z = 0{,}8$ mm $a_e = 10$ mm $\qquad h_m = 0{,}8 \cdot \sqrt{\dfrac{10}{120}} = 0{,}23\ mm$ $d = 120$ mm
$$h_m = \left[\frac{1}{\varnothing_{max}}\right] \cdot f_z \cdot \sin\varnothing \cdot (1 - \cos\varnothing_{max})$$	sen $\kappa = 90° = 1\ \Phi_{max} = $ ângulo de ataque máx.
h_m 0,014 mm ..0,04 mm cavaco de acabamento fino h_m 0,16 mm ..0,4 mm cavaco de desbaste	h_m 0,04 mm ..0,16 mm cavaco de acabamento
Profundidade de ataque da faca $$t = \frac{f_z^2}{4\,d}\,(mm) \qquad \text{(simplificada)}$$	$f_z = 0{,}8$ mm $d = 120\ mm \quad t = \dfrac{0{,}64}{480} \approx 0{,}001\ mm$
$$t = \frac{f_z}{2} \cdot \tan\frac{\alpha}{4}\,(mm) \quad \alpha = \text{ângulo de centro}$$	
Quociente de depressão (relação entre a profundidade da faca t e o avanço do dente f_z) $$T = \frac{f_z}{4\,d}$$	$f_z = 0{,}8$ mm $d = 120\ mm \quad T = \dfrac{0{,}8}{480} \approx 0{,}0017\ mm$
Força de corte específica (simplificada) $$k_c = 13{,}8 \cdot \frac{1{,}45}{h_m}\,(N/mm^2)$$ $$h_m = 0{,}23\ mm$$ $$k_c = 13{,}8 \cdot \frac{1{,}45}{0{,}23} = 87{,}00\ N/mm^2$$ O valor k_c só vale para ferramentas recém-afiadas. Para ferramentas em uso até sem fio o valor eleva-se em até 50%.	**Desgaste na cunha de corte** Cunha de corte Deslocamento do gume afiação útil afiada — sem fio — Medida do desgaste — 0,2mm — Largura do desgaste

306

7.3 Ferramentas de máquinas

Identificação para ferramentas de máquinas (DIN EN 847-1)

Identificação	Ferramenta				
	Serra circular	Fresas para tupia Avanço		Fresa com haste	Fresa para desempenadeira e máquina combinada
		manual	mecânico		
Nome, logotipo do fabricante	sim	sim	sim	sim	sim
Rotação	n max	n min/max	n max	n max	–
Dimensões da ferramenta	$D \cdot b \cdot d$	$D \cdot b \cdot d$	$D \cdot b \cdot d$	–	–
Sigla do material de corte	sim[1]	sim[1]	sim[1]	sim[1]	–
Tipo de avanço	–	MAN	MEC	MAN/MEC	MAN/MEC
Comprimento mínimo de fixação	–	–	–	–	sim l / min a

D Diâmetro de corte b Largura de corte, largura do dente d Diâmetro do furo
MAN Avanço manual   MEC Avanço mecânico a Espessura da faca (correspondente)
[1] para ferramentas unitárias e combinadas

7.3.4 Discos de serra circular

Discos de serra circular são lâminas de formato circular, com dentes no perímetro todo e dotadas de um furo. O material de corte e o formato do dente determinam a aplicação da ferramenta.

Formatos de dentes e geometria de corte   ▶ Aplicação p. 293

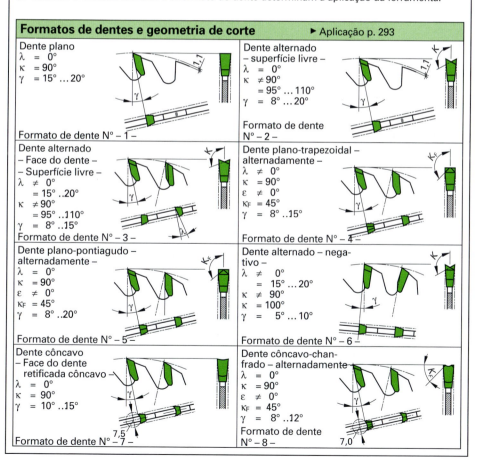

Dente plano
$\lambda = 0°$
$\kappa = 90°$
$\gamma = 15° \ldots 20°$
Formato de dente N° – 1 –

Dente alternado
– superfície livre –
$\lambda = 0°$
$\kappa \neq 90°$
$= 95° \ldots 110°$
$\gamma = 8° \ldots 20°$
Formato de dente N° – 2 –

Dente alternado
– Face do dente –
– Superfície livre –
$\lambda \neq 0°$
$= 15° \ldots 20°$
$\kappa \neq 90°$
$= 95° \ldots 110°$
$\gamma = 8° \ldots 15°$
Formato de dente N° – 3 –

Dente plano-trapezoidal –
alternadamente –
$\lambda \neq 0°$
$\kappa = 90°$
$\varepsilon \neq 0°$
$\kappa_F = 45°$
$\gamma = 8° \ldots 15°$
Formato de dente N° – 4 –

Dente plano-pontiagudo –
alternadamente –
$\lambda = 0°$
$\kappa = 90°$
$\varepsilon \neq 0°$
$\kappa_F = 45°$
$\gamma = 8° \ldots 20°$
Formato de dente N° – 5 –

Dente alternado – negativo –
$\lambda \neq 0°$
$= 15° \ldots 20°$
$\kappa \neq 90°$
$\kappa = 100°$
$\gamma = 5° \ldots 10°$
Formato de dente N° – 6 –

Dente côncavo
– Face do dente
retificada côncavo –
$\lambda = 0°$
$\kappa = 90°$
$\gamma = 10° \ldots 15°$
Formato de dente N° – 7 –

Dente côncavo-chanfrado – alternadamente –
$\lambda = 0°$
$\kappa = 90°$
$\varepsilon \neq 0°$
$\kappa_F = 45°$
$\gamma = 8° \ldots 12°$
Formato de dente N° – 8 –

7.3 Ferramentas de máquinas

Valores de corte (valores de referência para discos de serra com insertos HW)

Material		Velocidade de corte v_c em m/s	HW Grupo de usinagem K	Qualidade do corte									
				Grosseira				Média				Fina			
				f_z ≤	ZT t	ZF	SP $\gamma°$	f_z	ZT t	ZF	SP $\gamma°$	f_z ≥	ZT t	ZF	SP $\gamma°$
Madeira macia	long.	60..100	30	0,80	G	1	20	0,50	G/M	1	20	0,20	G/M	1/2	20
	trans		30	0,20	G	1	15	0,10	M	2	20	0,05	K	2/3/7	15/10
Madeira dura/ exótica	long.	60..90	10	0,60	G	1	20	0,25	G/M	1	20	0,15	G/M	1/2	20/15
	trans		15	0,20	G/M	1/2	20	0,10	M	1/2	20/15	0,02	K	2/3	12/8
Folheado		70..100	05	0,08	M	2	10	0,06	M	2/3	15	0,03	K	2/3	12/8
Madeira beneficiada		40..65	05	0,08	M	2/3	15	0,06	M	2/3/4	15	0,03	M/K	2/3/4	15/10
Compensado sarraf.		50..90	05	0,60	M	2	15	0,30	M	2/3	15/10	0,05	K	2/3	12/8
Placas folheadas		55..85	05	0,10	M	2	15	0,07	M/K	2/3	15/10	0,05	K	2/3	12/8
Placas laminadas		50..80	01	0,25	G/M	2	15	0,15	M	2/3	15	0,05	M/K	2/3	15/10
MDF bruto		60..90	05	0,20	M	2	15	0,15	M	2/3	15	0,10	K	2/3	10/8
Placas revestidas		60..80	05	0,06	M	2	20/15	0,05	M/K	3/4/5	15/10	0,03	M/K	4/5/8	12/8
Placas de fibras dureza média		50..80	05	0,10	M	1/2	20/15	0,07	M/K	2/3	15/10	0,04	M/K	2/3	12/8
Placas de f. porosas		60..100	05	0,15	G/M	1/2	20	0,10	M/K	2	15	0,05	M/K	2/3	15/10
P. de termoplásticos		30..70	05	0,40	G/M	2	20/15	0,20	M	4/5	15	0,08	M/K	4/8	12/8
P. de termorrígidos		15..50	05	0,20	G/M	2	15/10	0,10	M	4/5	15	0,04	M/K	4/7	15/10
Papel duro Tecido duro		40..60	05	0,15	M	2	20/15	0,12	M	5	15	0,10	K	5	15/10
Perfis de plástico		30..70	05	0,15	M	4	10/8	0,10	M	5	8	0,05	K	5/6	5/-10
Placas de gesso Placas de papelão		30..60	05.20	0,10	G	1/2	20	0,10	M	2	15	0,10	M	2	15
Placas de lã mineral		20..40	05	0,15	M	1/2	20	0,13	M/K	2	15/10	0,10	K	2	15/10
Placas com aglomerante de cimento		40..70	05	0,20	M	2	20/15	0,15	M/K	2	15/10	0,10	K	2	15/10

Para a divisão em classes de qualidade de corte não há atualmente classificação clara.
ZT – – Passo do dente t grande: 70 mm .. 40 mm,   médio: 35 mm .. 20 mm,   pequeno: 15 mm .. 7 mm,
ZF – do formato do dente veja página 307   SP – ângulo de saída γ.

Velocidade de corte valores de referência para discos de serra com insertos DP

Material	Velocidade de corte v_c em m/s	Material	Velocidade de corte v_c em m/s
Placas planas, MDF bruto	65..100	Compensado sarrafeado	60..90
Placas planas, revestidas	65..100	Placas de fibras, dureza média	60..90
Placas planas, folheadas	65..100	Compensado laminado	60..90
MDF, folheado	65..100	Termoplásticos	60..80
Madeiras compactadas	50..80	Plásticos termorrígidos	50..80

Determinação das condições de aplicação de discos de serra com insertos HW

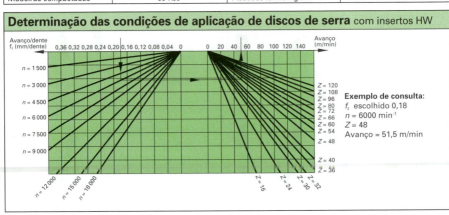

Exemplo de consulta:
f_z escolhido 0,18
n = 6000 min^{-1}
Z = 48
Avanço = 51,5 m/min

7.3 Ferramentas de máquinas

7.3.5 Fresas para tupias

Ferramentas de máquinas em formato cilíndrico ou arqueado, com corte unilateral, trabalhando num ou noutro sentido.

Determinação das condições de aplicação de fresas com insertos HSS e HW

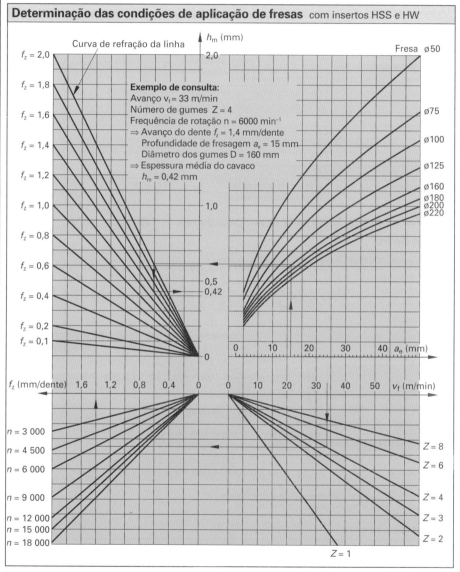

Exemplo de consulta:
Avanço v_f = 33 m/min
Número de gumes Z = 4
Frequência de rotação n = 6000 min⁻¹
⇒ Avanço do dente f_z = 1,4 mm/dente
Profundidade de fresagem a_e = 15 mm
Diâmetro dos gumes D = 160 mm
⇒ Espessura média do cavaco
h_m = 0,42 mm

Valores de referência para trabalhos em tupia

Material	h_m em mm	Material	h_m em mm
Madeira maciça	0,20 ... 0,80	Placa de fibras, dureza média	0,20 ... 0,60
Placas prensadas planas	0,35 ... 0,80	Termoplásticos	0,10 ... 0,40
Compensado laminado	0,30 ... 0,60	Plásticos termorrígidos	0,05 ... 0,20

7.3 Ferramentas de máquinas

7.3.6 Brocas para furadeira

Ferramenta de corte cilíndrica para confecção de furos e que com o movimento de avanço axial e movimento transversal simultâneos pode fazer furos oblongos.

Valores de referência para furar com brocas HS e brocas com inserto HW

Material	Tipo de broca	Velocidade de corte v_c em m/s HS	HW	Fluído de corte
Madeira maciça paralelo às fibras	Com ponta de centrar	1 ..3	2 ... 5	L
Madeira maciça transversal às fibras	Com ponta de centrar	3,5 ..8	5 ..10	L
Placa prensada plana	Com ponta de centrar, de perfurar	3 ..4	6 ... 8,5	L
MDF	Com ponta de centrar, de perfurar	6 ..8	8 ..12	L
HPL	N	1,5 ..2,5	2,5 ... 4	L
PMMA	H	0,3 ..1	0,6 ... 2	L/F
Plásticos termorrígidos	H	0,5 ..1	1,5 ... 2	L/F
Termoplásticos	W	0,5 ..1,2	1,5 ... 2,5	L/F
Aço < 800 N/mm²	N	0,5	1	F
Aço inoxidável	N (afiamento especial)	0,1 ..0,15	0,3 ... 0,5	F
L Ar	F Líquido (água, emulsão)			

7.3.7 Serras de fita, facas para desempenadeiras, serras de corrente

• **Serras de fita**

Serras de fita DIN 8806, seleção (dimensões em mm)										
Largura da fita b	6,3	10	10	16	16	20	20	25	32	40	50	63
Espessura da fita s	0,5	0,5	0,6	0,5	0,6	0,5	0,7	0,7	0,7	0,8	0,9	0,9
Passo do dente t NV	4	6,3	6,3	6,3	6,3	6,3	8	8	10	10	12,5	12,5
Passo do dente t NU	–	–	–	–	–	–	–	–	–	–	15	15

Formato do dente NV

Formato do dente NU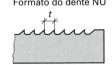

Para cortes transversais grosseiros e de separação

• **Facas para desempenadeiras**

Facas para desempenadeiras DIN 8828		
Largura b	Espessura s	Comprimento útil
30 mm, 35 mm, 40 mm	3 mm	250 mm ... 1000 mm
Material: HS (HSS), com inserto de Stellite, com inserto HW Identificação: fabricante, tamanho, material de corte		

• **Serras de corrente**

Serras de corrente			
Largura da corrente	Comprimento da fenda	Profundidade da fenda	Tamanho do passo
6 mm ... 40 mm	20 mm ... 60 mm	0 mm ... 175 mm	pequeno, médio, grande

Passo pequeno 13,7

Passo pequeno 15,7

Passo pequeno 22,6

7.4 Fundamentos de processamento eletrônico de dados

O processamento eletrônico de dados significa o emprego de hardware e software para a solução de tarefas.

Hardware (equipamento de processamento de dados)		Software	
Unidade central	**Periféricos**	*Software operacional*	*Software aplicativo*
CPU (CentralProcessing Unit): Microprocessador com capacidade de cálculo e comando e controle Unidade de armazenamento com RAM e ROM Controlador de entrada e saída	***Dispositivos de entrada:*** Teclado, mouse, prancheta gráfica, Light pen, Scanner ***Dispositivos de saída:*** Monitor, impressora, plotter ***Dispositivos de entrada e saída:*** Disquetes e discos rígidos, acionadores de fitas, acionadores de CD-Rom	***Sistemas operacionais:*** p.ex., MD-DOS, UNIX, OS/2 ***Programas transdutores:*** Interpretador, compilador ***Programas de trabalho:*** p.ex.: Editor ***Programas de organização:*** p.ex., Driver, linker, programa para transmissão de dados	***Linguagens de programação:*** p.ex., Basic, Pascal, C, Fortran ***Software padrão:*** processador de texto, banco de dados, planilha eletrônica, programa CAD ***Software especializado:*** p.ex., programas para marcenaria, programa CAD

Princípio do processamento de dados - EPS

Entrada ⟶	**Processamento** ⟶	**Saída**
Dispositivo de entrada	Unidade central	Dispositivo de saída

Codificação

Unidade de informação 1 Bit ——⌐——— A corrente não circula ou ——⌐┌— A corrente circula	Um bit é constituído pelos dígitos 0 e 1 (sistema binário, p. 9) 1 Byte = 8 Bit 1 kB = 2^{10} Byte = 1024 Byte 1 MB = 2^{10} kB = 1048576 Byte 1 GB = 2^{10} MB = 1073741824 Byte Com um byte podem ser codificados 256 caracteres (veja código ASCII)

Código ASCII[1] (código de 7 Bit padrão) DIN 66003

Dec	Hex	Carac	Dec	Hex	Carac	Dec	Hex	Carac	Dec	Hex	Carac	Dec	Hex	Carac	Dec	Hex	Carac
0	0		22	16	■	44	2C	,	65	41	A	86	56	V	107	6B	k
1	1	☺	23	17	↕	45	2D	-	66	42	B	87	57	W	108	6C	l
2	2	☻	24	18	↑	46	2E	.	67	43	C	88	58	X	109	6D	m
3	3	♥	25	19	↓	47	2F	/	68	44	D	89	59	Y	110	6E	n
4	4	♦	26	1A	→	48	30	0	69	45	E	90	5A	Z	111	6F	o
5	5	♣	27	1B	←	49	31	1	70	46	F	91	5B	[	112	70	p
6	6	♠	28	1C	∟	50	32	2	71	47	G	92	5C	\	113	71	q
7	7	•	29	1D	↔	51	33	3	72	48	H	93	5D	]	114	72	r
8	8	☎	30	1E	▲	52	34	4	73	49	I	94	5E	^	115	73	s
9	9	○	31	1F	▼	53	35	5	74	4A	J	95	5F	_	116	74	t
10	A	▪	32	20		54	36	6	75	4B	K	96	60	˜	117	75	u
11	B	♂	33	21	!	55	37	7	76	4C	L	97	61	a	118	76	v
12	C	♀	34	22	"	56	38	8	77	4D	M	98	62	b	119	77	w
13	D	⊗	35	23	#	57	39	9	78	4E	N	99	63	c	120	78	x
14	E	⊕	36	24	$	58	3A	:	79	4F	O	100	64	d	121	79	y
15	F	▢	37	25	%	59	3B	;	80	50	P	101	65	e	122	7A	z
16	10	►	38	26	&	60	3C	<	81	51	Q	102	66	f	123	7B	{
17	11	◄	39	27	'	61	3D	=	82	52	R	103	67	g	124	7C		
18	12	∅	40	28	(	62	3E	>	83	53	S	104	68	h	125	7D	}
19	13	±	41	29	)	63	3F	?	84	54	T	105	69	i	126	7E	~
20	14	¶	42	2A	*	64	40	@	85	55	U	106	6A	j	127	7F	Δ
21	15	§	43	2B	+												

[1] American Standard Code for Information Interchange (Código padrão americano para intercâmbio de informações)
Os caracteres 128 ... 256 (decimal) são alocados para caracteres especiais ou para símbolos gráficos.
0 ... 32 e 127 (decimal) são caracteres de controle não representáveis.

311

7.4 Fundamentos de processamento eletrônico de dados

Estrutura de um computador

Termo:

Unidade central (CPU)	Unidade de processamento central com diversos grupos de funções
Microprocessador	Circuito altamente integrado com capacidade de cálculo e controle
Emissor de impulsos	Gera a frequência de impulsos para o processador
Memória interna	Memória de trabalho e memória permanente
Memória de trabalho	RAM (Random Access Memory) memória de leitura e gravação capaz de armazenar dados e programas. O conteúdo é apagado quando o computador é desligado.
Memória permanente	ROM (Read Only Memory). Memória apenas de leitura, contém dados que não podem ser alterados.
Barramento	Condutor de centralização de dados entre as unidades funcionais
Interface	Dispositivos que servem como elementos de intermediação
Periféricos	Termo genérico para dispositivos externos que servem para entrada, saída e armazenamento de dados

Outros termos

Endereço	Designação codificada para um dispositivo de armazenamento.
Barramento de endereço	Condutor para a seleção de locais de armazenamento.
Memória cache	Memória temporária de acesso rápido.
CD-ROM	Compact Disk, usado predominantemente como memória apenas de leitura, com alta capacidade de armazenamento.
Barramento de dados	Transportador de dados no interior de um componente da unidade central e para os dispositivos periféricos.
Decodificador	Para a decodificação de um ou mais bytes para um comando que deve ser executado.
Disquete	(FD – Floppy disk) meio de armazenagem constituído por discos de películas revestidas, mais comum é o disquete de 3,5 polegadas, até 2,88 MB
Portas de entrada e saída	I/O-Ports, componente para transferência de dados do processador para os dispositivos periféricos e vice-versa.
Disco rígido	(HD = Hard disk) unidade de armazenamento com curto tempo de acesso e grande capacidade (na casa de gigabyte).
Memória de valores fixos	(ROM, PROM, EPROM) memória apenas de leitura cujos dados não são alteráveis ou só podem ser alterados com dispositivos especiais.
Hardware	Termo genérico para dispositivos e componentes.
Interrupção	Interrupção da execução de um programa por um evento externo durante a transferência de dados.
Microcomputador	Computador com microprocessador.
Modem	Interface de um equipamento de processamento de dados para transferência remota de dados (rede de telefonia).
Programa	Série de comandos processada numa determinada sequência.
Registro	Pequena área de memória intermediária para acesso rápido.
Interface	Conexão padronizada entre dois dispositivos (paralela ou serial).
Software	Termo genérico para programas e dados.
Barramento de controle	Condutor para sinais de controle da unidade de processamento.

312

7.4 Fundamentos de processamento eletrônico de dados

Símbolos para fluxogramas de programas (DIN 66 001)

Símbolo	Explicação	Símbolo	Explicação	Símbolo	Explicação
	Processamento, Unidade de processamento		Dados Suporte de dados, genérico		Dados na unidade central de armazenamento Unidade central de armazenamento
	Processamento manual, Unidade de processamento manual		Dados para processamento mecânico; suporte de dados para processamento mecânico		Dados óticos ou acústicos, Unidade de saída de dados ópticos ou acústicos
	Ramificação, unidade de seleção		Dados para processamento manual Armazenamento manual		Unidade de entrada manual de dados ópticos ou acústicos
	Início de laço, princípio de uma seção repetitiva do programa		Dados por escrito, Unidade de entra/saída para dados por escrito		Sequência de processamento, rota de acesso
					Rota de transmissão de dados
	Fim de laço, final de uma seção repetitiva do programa		Dados em cartões Unidade de perfuração de cartões, perfuradora		Limite para o ambiente, p.ex., início
					Interface, unidade de apresentação conectada
‖	Sincronização no processamento paralelo; unidade de sincronização		Dados em fita perfurada, unidade de perfuração, leitora, perfuradora		Refinamento, corresponde à ampliação da seção
					Observação para menção de texto explicativo
▷	Salto com retorno		Dados ou dispositivo Memória com acesso apenas sequencial	**Representação de linhas de ligação**	
▷	Salto sem retorno				Direção de atuação
▷	Interrupção externa		Dados ou dispositivo Memória com acesso também direto		Conexão com o símbolo
▷	Comando externo				Distribuição

Estrutura do programa – elementos (DIN 66261)

Bloco sequencial	Bloco repetitivo com condição para início	Bloco repetitivo com condição para finalização
	Condição inicial: repetir até......	Instrução 1
Instrução 1	Instrução 1	Instrução 1
Instrução 2	Instrução 2	Instrução 1
Instrução 3	Instrução 3	Condição final: Se .... , então repetir

Bloco ramificado, unilateral	Bloco ramificado, bilateral	Bloco ramificado, múltiplo
Condição	Condição	Condição
satisfeita / não satisfeita	satisfeita / não satisfeita	Condição 1 / Condição 2 / Condição 3
Instrução / Nenhuma	Instrução / Instrução	Instrução / Instrução / Instrução

7.4 Fundamentos de processamento eletrônico de dados

Comandos importantes do MS-DOS (Disk Operating System)

Comando	Exemplo	Finalidade, significado
backup	backup c:\madeira a:	Faz uma cópia de segurança de um ou mais arquivos de um suporte de dados para outro suporte de dados.
cd	cd dados	Muda de um diretório para outro ou exibe o diretório atual.
comp	comp z.doc w.doc	Compara o conteúdo de dois arquivos.
copy	copy a:*.* b:	Copia um ou mais arquivos no mesmo ou para um outro disquete
date	date DD.MM.AA	Exibe e permite a alteração da data fornecida pelo sistema.
del	del b:texto.txt	Exclui arquivos; com isso os arquivos são definitivamente perdidos.
dir	dir	Exibe uma lista de arquivos e subdiretórios do diretório atual.
	dir/p	A exibição é feita em uma página por vez.
diskcomp	diskcomp b: a:	Compara o conteúdo do disquete da unidade fonte com o conteúdo do disquete da unidade destino.
diskcopy	diskcopy a: b:	Copia o conteúdo de um disquete da unidade fonte para o disquete da unidade destino.
format	format b:	Formata o disquete, com isso são apagadas todas as informações contidas no disquete.
label	label a: dados 1997	Cria, altera ou exclui o rótulo de volume de um disquete ou disco rígido.
md	md \dados	Cria um novo diretório.
print	print madeira.xls	Imprime arquivos de texto numa impressora conectada ao computador.
prompt	prompt $P	Altera o prompt de comando do DOS; por padrão A> ou C>. Isso permite a exibição de informações relevantes.
rd	rd\dados	Exclui um diretório da estrutura de diretórios.
rename	ren a:z.doc x.doc	Altera o nome de um arquivo ou arquivos.
sys	sys a:	Copia os arquivos de sistema do DOS do disquete ou disco rígido para o disquete na unidade indicada.
time	time 14:30:15	Exibir ou alterar a hora do sistema.
tree	tree c:	Exibe graficamente a estrutura completa de diretórios e subdiretórios da unidade atual.
type	type a:madeira.doc	Exibe o conteúdo de arquivos de texto na tela do monitor
ver	ver	Exibe na tela do monitor o número da versão do DOS em uso.
vol	vol c:	Exibe o rótulo e número de série de um disquete ou disco rígido.

Sintaxe dos comandos DOS (modo de escrever os comandos)

C>TREE A: /F

Nome do comando   Parâmetro   Opção

Outras especificações:

- Escrever o comando imediatamente após o prompt, opcionalmente em letras maiúsculas ou minúsculas.
- Separar comando e parâmetro com espaço.
- Opções são incluídas após uma barra inclinada.

314

7.4 Fundamentos de processamento eletrônico de dados

Teclado e resumo do teclado

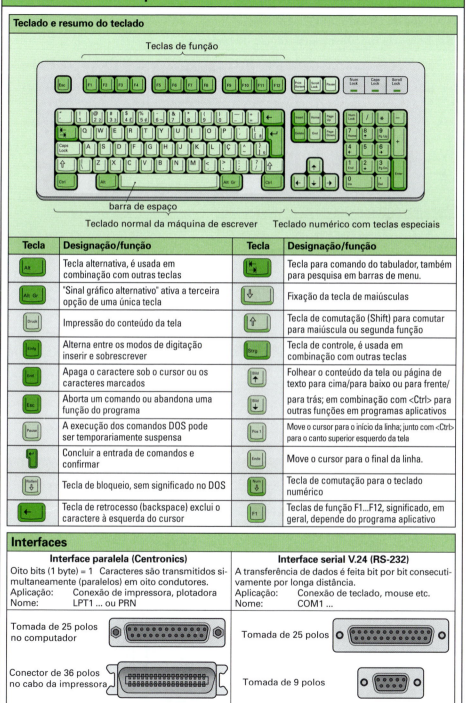

Teclado normal da máquina de escrever   Teclado numérico com teclas especiais

Tecla	Designação/função	Tecla	Designação/função
Alt	Tecla alternativa, é usada em combinação com outras teclas		Tecla para comando do tabulador, também para pesquisa em barras de menu.
Alt Gr	"Sinal gráfico alternativo" ativa a terceira opção de uma única tecla	⇩	Fixação da tecla de maiúsculas
Druck	Impressão do conteúdo da tela	⇧	Tecla de comutação (Shift) para comutar para maiúscula ou segunda função
Einfg	Alterna entre os modos de digitação inserir e sobrescrever	Strg	Tecla de controle, é usada em combinação com outras teclas
Entf	Apaga o caractere sob o cursor ou os caracteres marcados	Bild ↑	Folhear o conteúdo da tela ou página de texto para cima/para baixo ou para frente/
Esc	Aborta um comando ou abandona uma função do programa	Bild ↓	para trás; em combinação com <Ctrl> para outras funções em programas aplicativos
Pause	A execução dos comandos DOS pode ser temporariamente suspensa	Pos 1	Move o cursor para o início da linha; junto com <Ctrl> para o canto superior esquerdo da tela
↵	Concluir a entrada de comandos e confirmar	Ende	Move o cursor para o final da linha.
Rollen ⇩	Tecla de bloqueio, sem significado no DOS	Num ⇩	Tecla de comutação para o teclado numérico
←	Tecla de retrocesso (backspace) exclui o caractere à esquerda do cursor	F1	Teclas de função F1...F12, significado, em geral, depende do programa aplicativo

Interfaces

Interface paralela (Centronics)	Interface serial V.24 (RS-232)
Oito bits (1 byte) = 1 Caracteres são transmitidos simultaneamente (paralelos) em oito condutores. Aplicação: Conexão de impressora, plotadora Nome: LPT1 ... ou PRN	A transferência de dados é feita bit por bit consecutivamente por longa distância. Aplicação: Conexão de teclado, mouse etc. Nome: COM1 ...
Tomada de 25 polos no computador	Tomada de 25 polos
Conector de 36 polos no cabo da impressora	Tomada de 9 polos

315

7.5 Pneumática e hidráulica

Símbolos de circuito DIN ISO 1219 (seleção)

Símbolos de funções, transferência de energia

▷	Fluxo de ar comprimido	———	Tubulação de trabalho		Filtro ou peneira
▶	Fluxo hidráulico	- - -	Tubulação de comando		Separador de água
((	Sentido de rotação		Conexão de tubulações		Secador de ar
╱	Variabilidade		Purga de ar		Lubrificador
▷	Fonte de pressão		Reservatório de pressão		Unidade de manutenção

Bombas, compressores, motores, cilindros

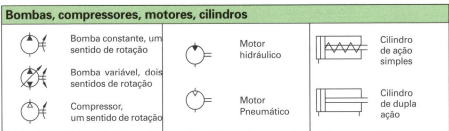

	Bomba constante, um sentido de rotação		Motor hidráulico		Cilindro de ação simples
	Bomba variável, dois sentidos de rotação				
	Compressor, um sentido de rotação		Motor Pneumático		Cilindro de dupla ação

Válvulas de bloqueio, válvulas de fluxo, válvulas de pressão

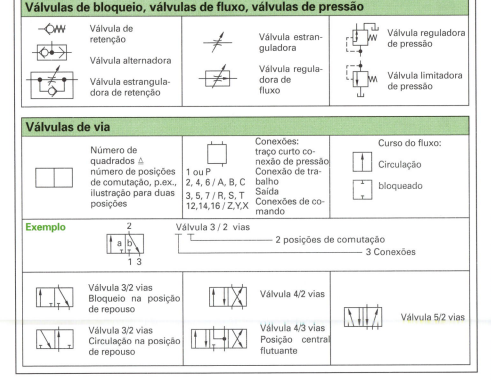

	Válvula de retenção		Válvula estranguladora		Válvula reguladora de pressão
	Válvula alternadora				
	Válvula estranguladora de retenção		Válvula reguladora de fluxo		Válvula limitadora de pressão

Válvulas de via

| | Número de quadrados ≙ número de posições de comutação, p.ex., ilustração para duas posições | 1 ou P
2, 4, 6 / A, B, C
3, 5, 7 / R, S, T
12,14,16 / Z,Y,X | Conexões:
traço curto conexão de pressão
Conexão de trabalho
Saída
Conexões de comando | | Curso do fluxo:
Circulação
bloqueado |

Exemplo   2
  Válvula 3 / 2 vias
  — 2 posições de comutação
  — 3 Conexões

| | Válvula 3/2 vias Bloqueio na posição de repouso | | Válvula 4/2 vias | | Válvula 5/2 vias |
| | Válvula 3/2 vias Circulação na posição de repouso | | Válvula 4/3 vias Posição central flutuante | | |

7.5 Pneumática e hidráulica

Acionamento de válvulas

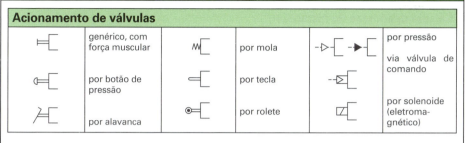

	genérico, com força muscular		por mola		por pressão via válvula de comando
	por botão de pressão		por tecla		
	por alavanca		por rolete		por solenoide (eletromagnético)

Esquemas de circuito

Exemplo: Circuito pneumático com dois cilindros

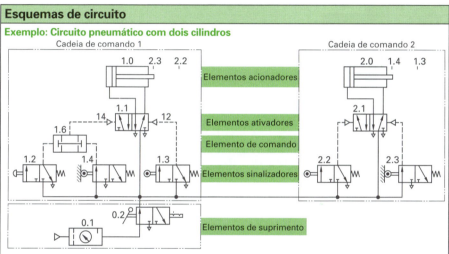

Princípios básicos na elaboração de um circuito:
- O comando é dividido em cadeias de comando posicionadas lado a lado.
- Os elos de uma cadeia de comando são dispostos na direção do fluxo de energia. Eles são identificados por números sequenciais.
- Os elos são: elementos de suprimento – elementos de sinalização – elementos de comando e controle – elementos de ativação – elementos de acionamento.
- Pontos de instalação dos elementos de sinalização e ativação são identificados por meio de um traço de marcação e o número do dispositivo.

O modo de funcionamento e a estrutura dos circuitos são representados por meio de esquemas de circuitos, diagramas funcionais e, eventualmente, por planta de localização.

Planta de localização	Diagrama funcional	Esquema de circuito

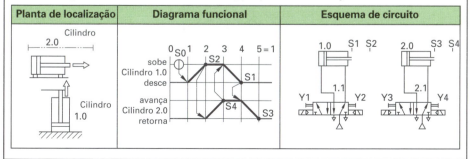

317

7.5 Pneumática e hidráulica

Cálculo das forças do pistão

Cilindro de ação simples

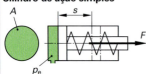

$F = p_e \cdot A - (F_F + F_R)$
$F = p_e \cdot A \cdot \eta$

Perda pelas forças da mola e de atrito 10% ... 15%

F	Força do pistão
p_e	Pressão efetiva
A	Área do pistão
F_F	Força de retração da mola
F_R	Forças de atrito
η	Grau de eficiência

Cilindro de dupla ação

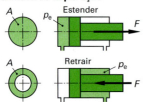

$F = p_e \cdot A - F_R$
$F = p_e \cdot A \cdot \eta$

Perda pelas forças de atrito 3% ... 7%

Exemplo: Cilindro, $d = 80$ mm
$p_e = 6$ bar, $\eta = 0{,}88$

$F = p_e \cdot A \cdot \eta$

$F = 60 \,\dfrac{N}{cm^2} \cdot \dfrac{\pi (8\,cm)^2}{4} \cdot 0{,}88$

$F = 2654$ N

Forças do pistão com $p_e = 6$ bar

Diâmetro do cilindro (mm)		20	25	32	40	50	63	80	100	125	160	200
Diâmetro da haste do pistão (mm)		8	10	12	16	20	20	25	25	32	40	40
Força de pressão (N)	ação simples[1]	151	241	375	644	968	1560	2530	4010	–	–	–
	dupla ação	164	259	422	665	1040	1650	2660	4150	6480	10600	16600
Força de tração (N)	dupla ação	137	216	364	560	870	1480	2400	3890	6060	9960	15900

[1] A força de retração da mola foi considerada.   Grau de eficiência $\eta = 0{,}88$

Consumo de ar em cilindros pneumáticos

Pela fórmula:

$Q = A \cdot s \cdot n \cdot \dfrac{p_e + p_{amb}}{p_{amb}}$

válida para cilindro de ação simples
para cilindro de dupla ação $\approx 2\,Q$

Q	Consumo de ar
A	Área do pistão
s	Curso do pistão
n	Número de cursos
p_e	Pressão efetiva
p_{amb}	Pressão atmosférica

Exemplo: $s = 120$ mm, $d = 60$ mm
$n = 80/min$, $p_e = 6$ bar

$Q = A \cdot s \cdot n \dfrac{p_e + p_{amb}}{p_{amb}}$

$Q = 28{,}3\,cm^2 \cdot 12\,cm \cdot 80/min \cdot 7$

$Q = 190\,176\,cm^3/min = 190\,l/min$

Pelo diagrama:

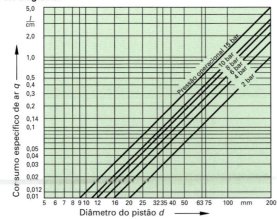

Cilindro de ação simples:

$Q_1 = q \cdot s \cdot n$

Cilindro de dupla ação:

$Q_2 = 2 \cdot Q_1$

q   consumo específico de ar pelo diagrama em l/min

7.5 Pneumática e hidráulica

Prensa hidráulica

Princípio:

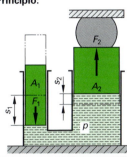

A pressão p no interior de um líquido ou gás num vasilhame fechado é igual em qualquer ponto.

$$p = \frac{F_1}{A_1} = \frac{F_2}{A_2}$$

$$\frac{F_1}{F_2} = \frac{A_1}{A_2} = \frac{s_2}{s_1}$$

F_1, F_2 Forças do pistão
A_1, A_2 Áreas do pistão
s_1, s_2 Cursos
Índice 1 = Pressão do pistão
Índice 2 = Pistão de trabalho

Exemplo: $F_1 = 120$ N
$A_1 = 8$ cm²
$A_2 = 400$ cm²

$$F_2 = \frac{F_1 \cdot A_2}{A_1} = \frac{120 \text{ N} \cdot 400 \text{ cm}^2}{8 \text{ cm}^2}$$

$F_2 = 6000$ N = 6 kN

Prensa de folhear

Esquema:

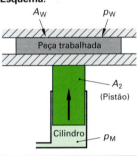

p_M Pressão operacional
p_W Pressão na peça trabalhada
A_W Área de peça trabalhada
A_2 Área total do pistão

Exemplo:
Peça trabalhada: (800 x 450) mm
$p_W = 3$ bar, $A_2 = 200$ cm²

$$p_M = \frac{p_W \cdot A_W}{A_2}$$

$$p_M = \frac{30 \text{ N/cm}^3 \cdot 3600 \text{ cm}^2}{200 \text{ cm}^2}$$

$p_M = 54$ bar

Tabela de pressões para uma prensa hidráulica de folhear

A tabela é válida para uma prensa de 70 t, com 4 cilindros, diâmetro dos pistões 90 mm, área da mesa de pressão 2550 mm x 1100 mm

Valores da tabela em bar

Larg. em cm	\multicolumn{12}{c}{Comprimento em cm}
	20	40	60	80	100	120	140	160	180	200	220	240	250
20	5	10	15	15	20	25	30	30	35	40	40	45	50
	5	10	15	20	30	35	40	45	50	55	60	65	70
40	10	15	25	30	40	50	55	65	75	80	85	95	100
	10	20	35	45	55	65	75	85	100	110	120	135	140
60	15	25	35	45	60	75	80	95	105	115	130	140	155
	15	35	50	65	80	100	110	135	145	170	185	200	210
80	15	30	45	65	80	95	110	125	140	160	170	190	200
	20	40	65	85	110	135	150	180	200	220	240	270	280
100	20	40	60	80	100	115	140	160	175	200	220	230	250
	30	55	80	110	140	170	190	220	250	280	–	–	–
110	20	45	70	85	105	130	155	170	200	220	235	260	280
	30	60	90	120	150	185	210	240	280	–	–	–	–

1	= Pressão na peça trabalhada 2,5 bar = 25 N/cm²
2	= Pressão na peça trabalhada 3,5 bar = 35 N/cm²

7.6 Fluxogramas funcionais e diagramas funcionais

Fluxogramas funcionais (DIN 40719)

Sequências de comandos orientadas para o processo podem ser representadas por fluxogramas funcionais contendo os passos individuais, as integrações dos sinais e as condições para a continuação da comutação.

Símbolos

□	Passo (o número do passo pode ser associado)
▢	Passo inicial
(transição)	Símbolo de transição (com condição) Conexões de ações
A B C	Símbolo básico para comando Campo A: Comando/ação Campo B: Descrição Campo C: Resposta (feedback)
Exemplos para o campo A:	S armazenado D retardado L tempo limitado C condicional F condicionado à liberação
Exemplos para : o campo C	A comando expedido R atingido o efeito do comando X aviso de distúrbio
(sequência)	Sequência constituída por uma série de passos Passos e transições sucedem alternadamente
(seleção)	Seleção de sequência Cadeia de passos bifurca em várias sequências

Exemplo:

Símbolo de passo com o número do passo — Estilo do comando — Descrição do comando — Número do comando

1 — S | Estender cilindro 1.0 | 1

S3 — Condição de transição S3 foi acionada

Conexão dos efeitos: Efeito de cima para baixo

Diagramas funcionais

A ação conjunta dos elos de um comando e o decorrer do movimento são representados num diagrama funcional.

Símbolos

→	Movimentos: Linear
↻	Movimento rotativo LIG
↺	Movimento basculante
—	Linhas de função: Posição de repouso ou partida
═	Para condições divergentes da de cima

Elemento de sinalização

⊕	LIGA	⊤⊤	EMBREAGEM COM DUAS MÃOS
⊙	DESLIGA	⊘	CHAVE SELETORA
⊕	LIGA/DESLIGA		
▲	AUTOMÁTICO	⊙	INTERRUPTOR DE EMERGÊNCIA

Linhas de sinal com conexões de sinais

⊬	Linhas de sinal	⅄	Condição E
⊭	Ramificação de sinal	⅄	Condição OU

Exemplos: Linhas de função

• Movimento de um cilindro

Tempo em *s* 0 1 4 10 11
Situação

Passo 1 2 3 4 5
Estendido 2
Retraído 1

Posição de repouso Avanço Curso de Posição Retorno
Posição de partida rápido trabalho final rápido

• Válvula com 2 posições de comutação

Tempo em *s* 0 1 5 6
Condição

Passo 1 2 3 4
Posição de comutação a

Posição de comutação b

Posição de repouso b Posição de comutação a

320

7.6 Fluxogramas funcionais e diagramas funcionais

Exemplo: Comando pneumático com dois cilindros

Planta de localização e esquema de circuito

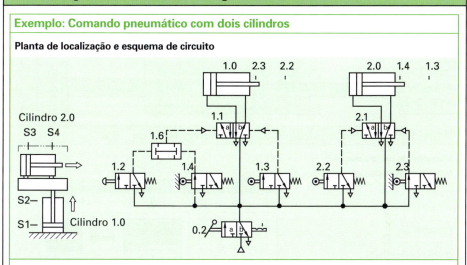

Fluxograma funcional e descrição

Pelo acionamento da válvula principal e da tecla de partida o cilindro 1.0 se estende.
Em sua posição final o cilindro 1.0 aciona a chave fim de curso S2.
O cilindro 2.0 se estende e aciona a tecla S4.
O cilindro 1.0 retorna à posição de partida e aciona a tecla S1.
O cilindro 2.0 é colocado de volta.

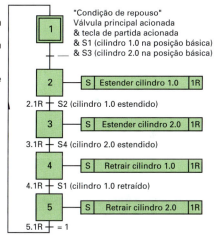

Diagrama funcional

Elemento			Passo							
Denominação	Nº	Pos./estado	X₁	X₂	X₃	1	2	3	4	5	1
Válvula pneumática principal	0.2	b / a									
Cilindro	1.0	Lig. 2 / Desl. 1									
Válvula 5/2 vias	1.1	a / b									
Cilindro	2.0	Desl. 2 / Lig. 1									
Válvula 5/2 vias	2.1	a / b									

321

7.7 Comandos armazenados em memória (SPS)

Um comando armazenado em memória processa sinais binários de entrada em sinais binários de saída com o que sequências e procedimentos técnicos são influenciados.

Sequência da função:

Unidades funcionais e princípio de funcionamento de um SPS

Memória de programação
Na memória de programação encontra-se o programa aplicativo.

Processador
O processador executa o programa ciclicamente.

O status dos sinais é lido nas entradas e uma imagem do processo (PAE) é criada. Em seguida, o programa é executado passo a passo.

O processador registra o status apurado dos sinais na imagem do processo (PAA).

No final do ciclo, a imagem do processo é escrita nas saídas.

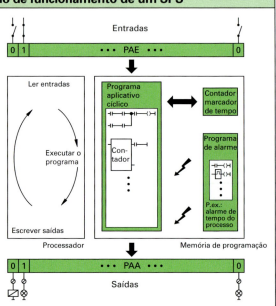

Programação e linguagens de programação

Linguagens de programação:

- Lista de instruções (AWL)
- Plano de contatos (KOP)
- Plano de funções (FUP)

(Adicionalmente, em muitos sistemas, é possível inserir o programa para o controle do procedimento, graficamente, em forma de fluxograma.)

SPS também podem ser programados em linguagem de alto nível, p.ex., C, Pascal etc. (conforme IEC 1131).

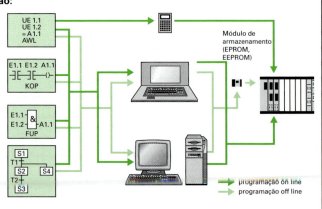

7.7 Comandos armazenados em memória (SPS)

Linguagens de programação SPS (DIN 19 239)

Plano de contatos (KOP)		Lista de instruções (AWL)
Símbolos para contatos		Instruções de comando

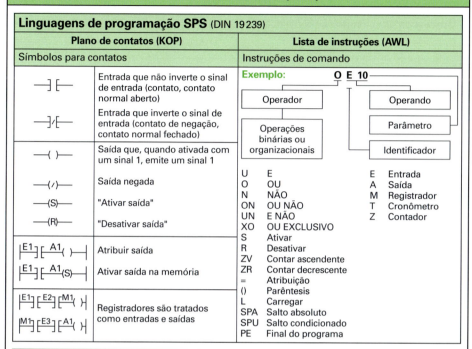

─┤ ├─	Entrada que não inverte o sinal de entrada (contato, contato normal aberto)
─┤/├─	Entrada que inverte o sinal de entrada (contato de negação, contato normal fechado)
─( )─	Saída que, quando ativada com um sinal 1, emite um sinal 1
─(/)─	Saída negada
─(S)─	"Ativar saída"
─(R)─	"Desativar saída"
┤E1├┤A1( )├	Atribuir saída
┤E1├┤A1(S)├	Ativar saída na memória
┤E1├┤E2├┤M1( )├ ┤M1├┤E3├┤A1( )├	Registradores são tratados como entradas e saídas

Exemplo: O E 10
- Operador
- Operações binárias ou organizacionais
- Operando
- Parâmetro
- Identificador

U	E	E	Entrada
O	OU	A	Saída
N	NÃO	M	Registrador
ON	OU NÃO	T	Cronômetro
UN	E NÃO	Z	Contador
XO	OU EXCLUSIVO		
S	Ativar		
R	Desativar		
ZV	Contar ascendente		
ZR	Contar decrescente		
=	Atribuição		
( )	Parêntesis		
L	Carregar		
SPA	Salto absoluto		
SPU	Salto condicionado		
PE	Final do programa		

Plano de funções (FUP) – representação

Exemplo:

```
E1.0 ─┐
       &├── A4.0
E1.1 ─○┘
```

As funções programadas são representadas como pequenas caixas. Nas entradas à esquerda ficam os operandos (entradas, registradores) cujos status dos sinais serão integrados. Sinal com status "1" linha direta; sinal com status "0", com círculo.
O resultado é indicado no operando à direita.

Plano de contatos – representação

Exemplo:

```
   E1.0    E1.1      A4.0
──┤ ├─────┤/├───────( )──
```

As conexões são explicitadas pela disposição dos símbolos dos contatos. Conexão E: ligação em série; conexão OU: ligação em paralelo. Chamadas dos operandos são feitas por meio de chaves, um parêntesis encerra o "caminho".
Sinal com status "1" – colchetes; sinal com status "0" – colchetes com barra inclinada.

Lista de instruções

Exemplo:

```
0000  U    E 1.0   Chamada de "1"
0002  UN   E 1.1   Chamada de "0" e
0004  =    A 4.0   conexão após E
```

As funções a serem implementadas são representadas com comandos que são executados na sequência pelo processador. Após a operação do lado esquerdo é representado o operando de conexão. O resultado é atribuído a um operando. Cada linha de instrução pode conter um comentário.

7.7 Comandos armazenados em memória (SPS)

Operações em circuitos SPS (seleção)

Operação	Plano de funções (FUP)	Plano de contatos (KOP)	Lista de instruções (AWL)
E **U**	Entr 1, Entr 2 → & → Saída 1	Entr. 1 Entr. 2 Saída 1	U Entr 1 U Entr 2 = Saída 1
OU **O**	Entr 1, Entr 2 → ≥1 → Saída 1	Entrada 1 Saída 1 Entrada 2	O Entr 1 O Entr 2 = Saída 1
NÃO **N**	Entr 1 → ○	Entrada 1	UN Entr 1 = Saída 1
E antes de OU	Entr 1, Entr 2 → & ; Entr 3, Entr 4 → & → ≥1 → Saída 1	Entr. 1 Entr. 2 Saída 1 Entrada 3 Entrada 4	U Entr 1 U Entr 2 O U Entr 3 U Entr 4 = Saída 1
OU EXCLUSIVO **XO**	Entr 1, Entr 2 → =1 → Saída 1	Entrada 1 Entrada 2 Saída 1 Entrada 1 Entrada 2	XO Entr 1 XO Entr 2 = Saída 1
Atribuição **=**	→ Saída 1	Saída 1	= Saída 1
Ativar **S**	S → Saída 1	Saída 1 (S)	S Saída 1
Desativar **R**	R → Saída 1	Saída 1 (R)	R Saída 1
MEMÓRIA RS **Desativar dominante**	Entr 1 → S ; Entr 2 → R11 → Saída 1	Entrada 1 Saída 1 (S) Entrada 2 Saída 1 (R)	U Entr 1 S Saída 1 U Entr 2 R Saída 1
Retardo de comutação para ligar	Entr 1 → T1 / t 0 → Saída 1	Entrada 1 T1 T1 Saída 1	U Entr 1 = T1 U T1 = Saída 1
Retardo de comutação para desligar	Entr 1 → T1 / 0 t → Saída 1	Entrada 1 T1 T1 Saída 1	U Entr 1 = T1 U T1 = Saída 1

324

7.7 Comandos armazenados em memória (SPS)

Exemplo: Comando de dois cilindros pneumáticos com SPS
(comando pneumático veja páginas 302/306)

Esquema de circuito com lista de alocação

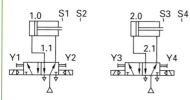
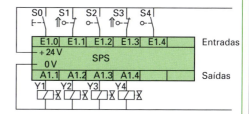

Componente	Sinali-zador	Entrada	Componente	Válvula solenoide	Saída
Tecla de partida Sequência é disparada	S0	E1.0	Válvula solenoide Avança cilindro 1	Y1	A1.1
Chave fim de curso Cilindro 1 posição de saída	S1	E 1.1	Válvula solenoide Retorna cilindro 1	Y2	A1.2
Chave fim de curso Cilindro 1 posição final	S2	E1.2	Válvula solenoide Avança cilindro 2	Y3	A1.3
Chave fim de curso Cilindro 2 posição de saída	S3	E 1.3	Válvula solenoide Retorna cilindro 2	Y4	A1.4
Chave fim de curso Cilindro 2 posição final	S4	E1.4			

Lista de instruções (AWL)

```
U   E1.0    Tecla de partida S0 acionada
U   E1.1    Chave fim de curso S1 acionada
U   E1.3    Chave fim de curso S3 acionada
S   A1.1    Ativa solenoide Y1
U   A1.3    Solenoide Y3 acionado
R   A1.1    Desativar solenoide Y1

U   E1.2    Chave fim de curso S2 acionada
U   A1.1    Solenoide Y1 acionado
S   A1.3    Ativa solenoide Y3
U   A1.2    Solenoide Y2 acionado
R   A1.3    Desativa solenoide Y3

U   E1.4    Chave fim de curso S4 acionada
U   A1.3    Solenoide Y3 acionado
S   A1.2    Ativa solenoide Y2
U   A1.4    Solenoide Y4 acionado
R   A1.2    Desativa solenoide Y2

U   E1.1    Chave fim de curso S1 acionada
U   A1.2    Solenoide Y2 acionado
S   A1.4    Ativa solenoide Y4
U   A1.1    Solenoide Y1 acionado
R   A1.4    Desativa solenoide Y4
PE          Final do programa
```

Plano de contatos (KOP)

```
E1.0   E1.1   E13                A1.1
─┤├────┤├────┤├─────────────────(S)─

A1.3                              A1.1
─┤├──────────────────────────────(R)─

E1.2   A1.1                       A1.3
─┤├────┤├────────────────────────(S)─

A1.2                              A1.3
─┤├──────────────────────────────(R)─

E1.4   A1.3                       A1.2
─┤├────┤├────────────────────────(S)─

A1.4                              A1.2
─┤├──────────────────────────────(R)─

E1.1   A1.2                       A1.4
─┤├────┤├────────────────────────(S)─

A1.1                              A1.4
─┤├──────────────────────────────(R)─
```

7.8 Comandos CNC

Termos:

NC:	"**N**umerical **C**ontrol"	= controle numérico
CNC:	"**C**omputerized **N**umerical **C**ontrol"	= controle numérico computadorizado
DNC:	"**D**irect **N**umerical **C**ontrol"	= controle numérico conectado diretamente a um computador de controle de produção

Princípio de um controle CNC

Controle moderno de uma processadora de madeira

ENTRADA E SAÍDA

Via:

Painel de operação na máquina
Computador DNC
Suporte de dados, p.ex., disquete, fita magnética etc.

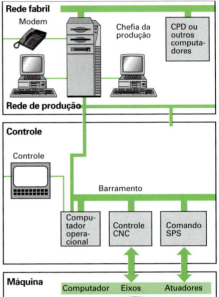

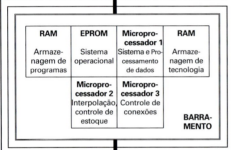

ENTRADA E SAÍDA

Controle de conexões como elemento de interligação com a máquina, para comando de servomotores e operações de comutação

Tipos de controle

Controle de pontos
Cada ponto de uma sequência de trabalho é alcançado em marcha rápida, sem que a ferramenta esteja em atuação.
O posicionamento dos eixos da máquina pode ocorrer simultaneamente ou em sequência, sem nenhuma relação com o caminho percorrido.

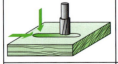

Controle de percursos
Os eixos da máquina se movem linearmente e paralelamente ao eixo durante a usinagem com velocidade de avanço.
Com o acionamento simultâneo de dois eixos com o mesmo avanço é possível realizar usinagens oblíquas.

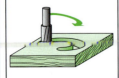

Controle de trajetória
Todos os eixos da máquina podem se mover simultaneamente e independentemente uns dos outros, de forma que a ferramenta pode descrever qualquer curso.
O controle precisa de um interpolador e um regulador de velocidade para os motores de avanço.
Diferencia-se entre controles 2D, 2 1/2D e 3D.

7.8 Comandos CNC

Coordenadas

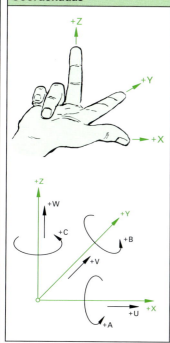

Os movimentos da máquina seguem um sistema de coordenadas ao qual os eixos da máquina estão associados:
Sistema de coordenadas ortogonais de três eixos DIN 66217

Os três eixos principais X, Y e Z são perpendiculares entre si e podem ser associados aos dedos da mão direita.

Eixo Z: corre paralelamente ao eixo da ferramenta ou perpendicularmente à superfície de fixação da peça, direção positiva evolui da peça trabalhada para a ferramenta

Eixo X: corre geralmente na horizontal e fica paralelo à superfície de fixação da peça trabalhada, a direção positiva, olhando-se a borda frontal da máquina, evolui para a direita

Eixo Y: resulta do sistema de coordenadas de mão direita

Eixos adicionais: eixos lineares adicionais, posicionados paralelamente aos eixos principais, são designados com as letras U, V e W.

Rotações em torno dos eixos de coordenadas:
As rotações A, B e C são associadas aos eixos principais X, Y e Z ou a um eixo adicional paralelo

Princípio fundamental de programação: A ferramenta se move enquanto a peça trabalhada permanece parada.

Pontos de referência

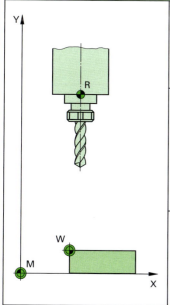

Ponto zero da máquina M

ponto zero do sistema de coordenadas da máquina fixado pelo fabricante da máquina.
Ele é o ponto de partida para todos os pontos de referência na máquina.

Ponto de referência R

ponto no sistema de coordenadas estabelecido pelo fabricante da máquina. Depois que a máquina é ligada ou no caso de queda de energia, esse ponto é alcançado para que o sistema de medição seja normalizado.
Em casos normais para os eixos X, Y e Z ele é idêntico ao ponto zero da máquina e fica na extremidade positiva do eixo Z.

Ponto zero da peça trabalhada W

escolhido livremente pelo programador.
Geralmente ele é escolhido de forma a aproveitar o maior número de indicações dimensionais do desenho sem a necessidade de conversões. Nas peças trabalhadas simétricas ele é situado, p.ex., no eixo de simetria.

327

7.8 Comandos CNC

Símbolos básicos DIN 55003

Símbolo	Significado	Símbolo	Significado	Símbolo	Significado
	Suporte de dados	→	Seta indicadora de direção		Sentença (para funções relacionadas a uma sentença do programa)
	Programa sem função de máquina	⇒	Seta de função (em símbolos para funções de máquina)		Mudança (funções de mudança)
	Programa com função de máquina	⊕	Ponto de referência		Alteração (funções de alteração)
◇	Memória (dados, componentes ou ferramentas)	⌐→⌐	Correção (deslocamento)		Os símbolos identificam as funções das teclas operacionais.

Símbolos utilizados (seleção)

Símbolo	Significado	Símbolo	Significado	Símbolo	Significado
→	Ler (programa) continuamente todos os dados, sem função de máquina		Final do programa	//	Restaurar
→	Ler (programa) continuamente todos os dados, com função de máquina	%←	Final do programa com retorno automático ao início	///	Excluir (o programa completo é excluído)
⇥	Ler por sentença (para frente)	⧄	Supressão opcional de sentença	⊕	Indicação de medida absoluta (sistema de medida de referência)
⊘	Alterar programa	✋	Entrada manual	⊕	Indicação de medida relativa(incremental)
→□	Procurar (para frente) (dados determinados sem função de máquina)	◇	Armazenagem do programa	⊕	Deslocamento do ponto zero
→N	Procurar número de sentença (para frente)	→	Entrada de dados numa memória		Compensação do comprimento da ferramenta
:←	Procurar sentença principal (para trás)		Subprograma		Compensação do raio da ferramenta
%	Início do programa	◇	Memória intermediária		Em posição
○	Parada programada (M 00)	?	Dados de programa com erros		Valor real da posição
○	Parada opcional programada (M01)	?	Suporte de dados com erros		Alcançar novamente o contorno

7.8 Comandos CNC

Estrutura do programa (DIN 66025)

Um programa para peças (programa para uma peça trabalhada) é constituído por:
- Inicio do programa
- Um número de sentenças
- Final do programa

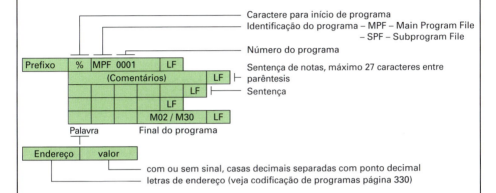

Estrutura da sentença:

Número da sentença	Informações do percurso				Informações de comutação			
	Condições de percurso	Eixos de coordenadas	Parâmetros de interpolação	Avanço	Rotação	Ferramenta	Funções auxiliares
N	G	X; Y; Z	I; J; K	F	S	T	M

Esquema básico da programação CNC	
% MPF ...	Início do programa
(........).	Comentário
N10 G40 G64 G54 M51 N20 G0 G90 D0 Z...	Limpar posições
N30 G59 X...	Cabeçote de fresa na posição superior/ distância do motor
N40 X... Y...	Posição de partida
N50 T...	Pré-seleção motor/ferramenta
N60 G91 D... Z...	Implementação da compensação longitudinal
N70 G1 G41 X... Y... F3000	Implementação da correção do raio
N80 X... Y...	Avançar até o contorno
N90 N...	Geometria
N... G1 X... Y... F3000	Sair do contorno
N... G9 G40 X...Y...	Desfazer correção do raio
N...G0 G90 D0 Z...	Desfazer correção longitudinal
N... M30	Final do programa

7.8 Comandos CNC

Códigos de programação (DIN 66025, seleção)

Instrução/endereço	Função e significado	Instrução/endereço	Função e significado
%	Início do programa	M00	Parada programável
N	Número da sentença	M01	Parada opcional
/N	Sentença dissipável	M02	Final do programa sem retorno
G00	Posicionar em marcha rápida	M03	Fuso, sentido horário
G01	Interpolação linear	M04	Fuso, sentido anti-horário
G02	Interpolação circular, sentido horário	M05	Parar fuso
G03	Interpolação circular, sentido anti-horário	M06	Troca de ferramenta
G04	Tempo de permanência, por sentença	M17	Final do subprograma
G09	Manter exatamente, por sentença	M30	Final do programa com retorno
G17	Seleção de plano XY	R	Parâmetro
G18	Seleção de plano XZ		
G19	Seleção de plano YZ	F	Avanço em mm/min (1 ... 20 000)
G40	Anular compensação do raio da fresa	S	Rotação do fuso (1 ... 9999)
G41	Compensação do raio da fresa, esquerda	T	Seleção de ferramenta (1 ... 9999)
G42	Compensação do raio da fresa, direita	X	Informação de curso
G53	Suspender deslocamento do ponto zero	Y	Informação de curso
G54	Deslocamento ajustável do ponto zero 1	Z	Informação de curso
G55	Deslocamento ajustável do ponto zero 2	I	Parâmetro de interpolação circular – eixo X
G56	Deslocamento ajustável do ponto zero 3	J	Parâmetro de interpolação circular – eixo Y
G57	Deslocamento ajustável do ponto zero 4	K	Parâmetro de interpolação circular – eixo Z (valor em mm de 0 a ± 99999.999)
G58	Deslocamento programável do ponto zero		
G59	Deslocamento ajustável do ponto zero	D0	Seleção da compensação da ferramenta
G60	Manter exatamente, ajuste básico	D1 ... 64	Número da compensação da ferramenta
G62	Controle de trajetória com redução do avanço no final da sentença	L	Número do subprograma (1ª a 3ª dezenas)
G64	Controle de trajetória sem redução da velocidade		Número de passagens (4ª a 5ª dezenas)
G70	Entrada em polegadas	@ 00	Salto incondicional
G71	Entrada no sistema métrico	@ 01	Salto condicional igual
G74	Movimento de referência	@ 02	Salto condicional maior
G90	Indicação em medida absoluta	@ 03	Salto condicional maior ou igual
G91	Indicação em medida incremental		
G94	Avanço em mm/min	@ 10	Raiz quadrada
G95	Avanço em mm	@ 15	Seno
G96	Velocidade de corte constante		
G96	Rotação do fuso em 1/min	@ 31	Esvaziar memória intermediaria

7.8 Controles CNC

Modos de indicação das dimensões G90/91

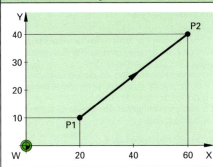

G90 Indicação da dimensão em coordenadas absolutas
As dimensões indicadas têm por base um ponto zero preestabelecido, geralmente o ponto zero da peça trabalhada.
O valor numérico da respectiva informação do curso indica o ponto a ser atingido.

G91 Indicação da dimensão em coordenadas incrementais
O valor numérico da informação de curso tem por base o ponto final da última sentença.

Exemplos: N... G00 G90 X60 Y40
ou
N... G00 G91 X40 Y30

Deslocamento do ponto zero

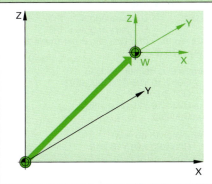

O deslocamento do ponto zero é a distância do ponto zero da máquina até o ponto zero da peça.

G54 ... G57 Deslocamento ajustável do ponto zero
Esses deslocamentos do ponto zero são posições no controle e são indicados na preparação da máquina.
Eles são independentes do modo de indicação das medidas.

G58/G59 Deslocamento programável do ponto zero
Deslocamento adicional (aditivo) que é escrito no programa.

G53 Supressão do deslocamento do ponto zero por sentença.

Movimento dos eixos sem usinagem

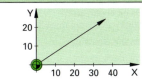

G00 Movimento em marcha rápida
O curso programado é percorrido em linha reta com a máxima velocidade possível, (dependente da máquina) sem usinagem.

Exemplo: N... G00 G90 X30 Y20

Interpolação linear

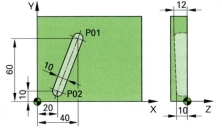

G01 Com a velocidade de avanço programada por último, o ponto destino, programado em medida de referência ou incremental, é atingido em linha reta. A linha reta pode estar irrestritamente no plano ou no espaço.

Exemplo: Interpolação linear no espaço
N... G00 G90 X40 Y 60 Z3 S800 M3
N... G01 Z-12 F400
N... X20 Y10 Z-10
N... G00 Z80

7.8 Controles CNC

Interpolação circular

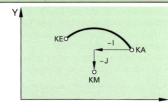

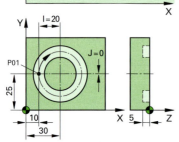

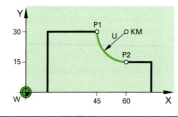

G02 No sentido horário
G03 No sentido anti-horário
O movimento é feito com a velocidade de avanço num arco de círculo. Por intermédio do programa são estabelecidos:
– o sentido de rotação do arco de círculo
– o ponto inicial (posição final da última sentença);
– o ponto de destino / alvo;
– a posição do centro do raio do círculo ou do arco de círculo.

Parâmetros de interpolação **I, J, K**
Os parâmetros de interpolação são indicados relativamente do ponto inicial para o ponto central do arco de círculo. Os sinais resultam da direção das coordenadas.

Indicação do raio **U, P** ou **R**
Sinais: U+ para ângulo ≤ 180°
U– para ângulo > 180°
Para círculo completo não é permitida a programação do raio!

Exemplo: Parâmetros de interpolação
N ... G00 X10 Y25 Z1 S1500 M03
N ... G01 Z-5 F400
N ... G02 X10 Y25 I20 J0 F600
N ... G00 Z80

Exemplo: Programação do raio
N ... G03 G90 X60 Y15 U15

Velocidade da trajetória, velocidade de transição de sentença

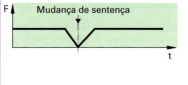

Palavra **F** Na interpolação linear e na interpolação circular é preciso que uma velocidade de avanço seja programada no endereço **F**.
Exemplo: F8000 = 8000 mm/min = 8 m/min

G09 Manter exato, por sentença

G60 Manter exato, efeito modal
A velocidade de avanço é desacelerada até a paralisação e na sentença seguinte, acelerada até o valor programado.

G62 Operação de controle de trajetória com velocidade de redução, especial para processamento de madeira.
No final da sentença ocorre uma desaceleração na velocidade fixada nos dados da máquina e, na sequência, é novamente acelerado.

G64 Operação com controle de trajetória com transição contínua da velocidade –
– mesma velocidade de avanço até o final da sentença, se a velocidade seguinte for igual ou maior,
– desaceleração para a velocidade do avanço da próxima sentença, se a velocidade seguinte for menor.

7.8 Controles CNC

Compensações da ferramenta

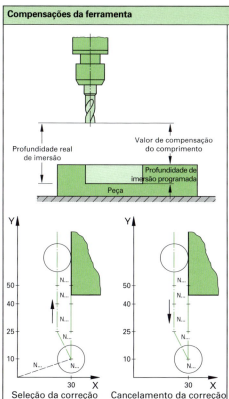

Sob um número de compensação **D** da ferramenta registram-se os dados geométricos da ferramenta:

Comprimento ± 999.999 mm
Raio ± 999.999 mm

Seleção e cancelamento só com G00 ou G01 ativos.

Compensação do comprimento

Seleção: Indicação da memória de correção
 D1 ... D...
 Informação do curso **Z**...
 Exemplo: N.. G00 D1 Z120

Cancelamento: Remover com **D0**
 Informação do curso **Z**...
 Exemplo: N.. G00 D0 Z120

Compensação do raio da ferramenta

G40 Nenhuma compensação do raio
G41 Correção do raio à esquerda da peça
G42 Correção do raio à direita da peça

O incremento, assim como o decremento da compensação, ocorre sobre duas retas.

Exemplo: Incremento da compensação:
 N.. G91D1Z2
 N.. G01 G41 Y15 F3000
 N.. Y15 Z-15
 N.. Y10 F5000

Exemplo: Decremento da compensação
 N.. G90 G01 F5000
 N.. Y40 F3000
 N.. Y25 Z120
 N.. G40 Y10

Subprogramas

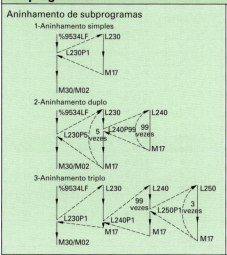

Operações de trabalho repetidas numa mesma peça podem ser escritas na forma de subprogramas. Elas são, preferencialmente, programadas em coordenadas incrementais.

Estrutura:

- Início do subprograma
 % SP (subprogram = subprograma)
 Endereço **L**...

- Sentenças do subprograma

- Fim do subprograma
 Símbolo de término **M17**

333

8 Organização empresarial

8.1 Garantia da qualidade

Uma empresa dispoe de inúmeras formas para se organizar. Portanto, não é possível que haja uma forma padrão de organização empresarial; as características operacionais são extremamente diferentes.

Gerenciamento da qualidade e garantia da qualidade (Sistemas QM): por causa da globalização, os sistemas QM tornam-se cada vez mais o ponto essencial dos acordos contratuais entre clientes e fabricantes, também na indústria de processamento e manufatura de madeira. As normas DIN EN ISO 9000 a DIN EN ISO 9004 oferecem apenas orientações e modelos para um sistema de gestão da qualidade QM

Política da qualidade: os propósitos e objetivos abrangentes de uma organização em relação à qualidade, como eles são expressos formalmente pelo primeiro escalão da diretoria.

Gerenciamento da qualidade ou gestão da qualidade: aquele aspecto dentre as funções de gerência que estabelece e põe em prática a política de qualidade.

Sistema de garantia da qualidade (sistema de qualidade): a estruturação, responsabilidades, procedimentos, processos e recursos para a concretização do gerenciamento da qualidade.

Controle da qualidade: as técnicas e atividades operacionais que são aplicadas ou realizadas para atender aos requisitos de qualidade.

Garantia da qualidade: todas as atividades planejadas e sistemáticas, necessárias para produzir num processo apropriado, de forma que produto ou prestação de serviço possam satisfazer as exigências de qualidade.

Conteúdo da N BR ISO*	
9000 –	Gerenciamento da qualidade e garantia da qualidade/Exposição do QM Orientações para a escolha e aplicação
9001 –	Sistemas QM – Modelo para ilustração no design/desenvolvimento, produção, montagem e manutenção
9002 –	Sistemas QM – Modelo para ilustração na produção, montagem, manutenção
9003 –	Sistemas QM – Modelo para ilustração na inspeção final
9004 –	Gerenciamento da qualidade e elementos de um sistema QM - Orientações

Matriz de comparação dos elementos de um sistema QM	Número do respectivo parágrafo DIN EN ISO			
	9001	9002	9003	9004
Responsabilidade do primeiro escalão da diretoria	4.1 ●	4.1 ◑	4.1 ○	4
Princípios fundamentais do sistema QM	4.2 ●	4.2 ●	4.2 ◑	5
Auditoria do sistema QM (interna)	4.17 ●	4.17 ◑	4.17 ○	5.4
Rentabilidade – custos relacionados à qualidade	–	–	–	6
Exame de contrato	4.3 ●	4.3 ●	4.3 ○	7
Qualidade no projeto e design - controle	4.4 ●	4.4	4.4 ○	8
Qualidade da aquisição	4.6 ●	4.6 ●	4.6 ○	9
Produção – controle do processo	4.9 ●	4.9 ●	4.9 ○	10/11
Identificação e rastreabilidade	4.8 ●	4.8 ●	4.8 ◑	11.2
Status de inspeção	4.12 ●	4.12 ●	4.12 ◑	11.7
Inspeções	4.10 ●	4.10 ●	4.10 ◑	12
Monitoramento dos recursos de inspeção	4.11 ●	4.11 ●	4.11 ◑	13
Controle de produtos defeituosos	4.13 ●	4.13 ●	4.13 ◑	14
Medidas preventivas – corretivas	4.14 ●	4.14 ●	4.14	15
Manuseio, armazenagem, embalagem, remessa	4.15 ●	4.15 ●	4.15 ◑	16
Assistência técnica – manutenção	4.19 ●	4.19	4.19 ◑	16.4
Documentação	4.05 ●	4.05 ●	4.05 ◑	17
Registro da qualidade	4.16 ●	4.16 ●	4.16 ◑	17.3
Treinamento	4.18 ●	4.18 ◑	4.18 ○	18
Segurança do produto, responsabilidade pelo produto	–	–	–	19
Métodos estatísticos	4.20 ●	4.20 ●	4.20 ◑	20
Produtos fornecidos pelo contratante	4.7 ●	4.7 ●	4.7 ◑	–

Legenda: ● – requisito total   ◑ – menos rigorosa que a DIN ISO 9001   – – elemento não ocorre   ○ – menos rigorosa que a DIN ISO 9002

*Nota da tradutora: Em dezembro de 2000 foi publicada a NBR ISO 9000:2000 que substitui e ou cancela a todas.

8.2 Fluxograma e cronograma – Planejamento dos fluxos e dos tempos

Fluxograma e cronograma são importantes para o planejamento, monitoramento e controle de projetos. Neles são registrados todos os dados. Para a representação da evolução do projeto foram desenvolvidos vários métodos. A **Técnica de planejamento em rede (NPT)** (DIN 69900-T1) é constituída essencialmente por dois elementos, a **seta** que descreve as circunstâncias entre dois nós, podendo simbolizar um procedimento ou uma conexão; o **nó** que descreve um ponto de integração, podendo simbolizar um evento ou um procedimento.

Fluxograma

Fluxograma é a representação de procedimentos/eventos e sua interdependência – conexão na estrutura (AOB) – num projeto. Os elementos básicos da descrição são:

Procedimento	Elemento do fluxograma que descreve um determinado acontecimento, com início e fim definidos, p.ex., instalação das janelas.
Evento	Elemento do fluxograma que descreve a ocorrência de uma determinada situação, p.ex., início da instalação das janelas.

Na representação pode-se escolher entre três diferentes processos.

- **Rede de nós de eventos (EKN)**

Começando com o evento inicial são descritos então todos os eventos subsequentes do projeto e representados por meio de um nó. A seta mostra a distância temporal entre os nós individuais.

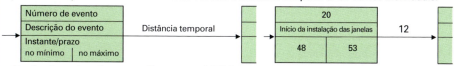

- **Rede de setas de procedimentos (VPN)**

Ao evento inicial sucedem os procedimentos individuais e termina com o procedimento alvo. Os procedimentos são representados por meio de setas.

Número do nó	Descrição do procedimento		20	instalação das janelas		21	
Instante/prazo	Duração		48	48	12	60	65
no mínimo | no máximo	event. mais cedo/mais tarde instante inicial e instante final			50	53	65	63

- **Rede de nós de procedimentos (VKN)**

A proximidade real é atingida por intermédio do grande número de dados de tempo.
NF – sequência normal: não é marcada;   AF – sequência inicial;   SF – sequência salto
EF – sequência final: os procedimentos são ordenados por meio do seu evento inicial ou final.

Número do procedimento				Conexão na estrutura		20		
Descrição do procedimento						Instalação das janelas		
cedo | Instante tarde | inicial	Duração	cedo | Instante tarde | final		AF; EF; SP		48 53	12	60 65

Cronograma

Como base são utilizados todos os dados dos procedimentos e as distâncias temporais entre eles. No cronograma misto ou baseado nos procedimentos são calculadas primeiro as datas mais cedo possíveis e depois as datas mais tarde admissíveis para início e fim dos procedimentos. O mesmo procedimento é adotado para os cronogramas baseados em eventos, determinando-se a data de início e representando-se, p.ex., em diagrama de barras.

Número do procedimento	Descrição do procedimento	Duração dias	Dias/semanas de projeto (dias/semanas calendário)																		
			47	48	49	50	51	52	53	54	55	56	57	58	59	60	61	62	63	64	65	66
19	Entregar, Distribuir	1																				
20	Montagem da janela	12																				
21	Guarnecer a janela	4																				

■ Duração do procedimento   ┆ Margem de tempo

335

8.2 Fluxograma e cronograma

Organograma estrutural

O organograma estrutural regulamenta a distribuição das tarefas de um empreendimento (empresa) nos diversos cargos (departamentos) e seu inter-relacionamento profissional sem quaisquer interferências. Por intermédio de análise de tarefas e da síntese de funções chega-se à criação da função, à descrição da função e à determinação das suas competências.

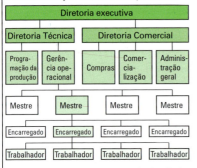

Sistema de via única (sistema hierárquico)
Aqui as instâncias inferiores estão ligadas a um único cargo superior de direção.

Sistema de múltiplas vias com comando central
As instâncias inferiores são ligadas a vários cargos superiores. Nesse caso, é feita uma diferenciação entre o cargo inferior pessoal (disciplinar) e o cargo inferior profissional. A ideia básica aqui é o "caminho mais curto". As competências são determinadas com grande precisão. O comando central só não assume as funções da diretoria executiva.

Organização de procedimentos

A organização dos procedimentos abrange os setores de planejamento, projetos, controle e registro de dados. Sua função é conceber os acontecimentos empresariais de forma humana e econômica. Ela é essencialmente determinada pela programação da produção. Para reduzir os gastos com programação da produção, na oficina artesanal são aplicadas também as formas da "fábrica fractal".

Para a execução das tarefas são elaborados, juntamente com formulários e listas complementares, planos de trabalho dependentes e outros independentes de pedidos.

Planos de trabalho independentes de pedido (seleção)		Planos de trabalho dependentes de pedido (seleção)	
Programa de fabricação	Construção básica	Fluxograma, pedido	Fluxograma, material
Normas operacionais	Materiais padrão	Desenhos	Lista de peças
Recursos operacionais	Meios auxiliares	Cronograma	Ocupação
Controle de recebimento	Qualificação do trabalhador	Aquisição	Disponibilidade
Inspeção final		Recepção	

Fluxograma de fabricação – Processamento de placas

Operação	Setor de trabalho					Data: 10.04	
	Estoque de placas	Serra de placas	Máquina de bordas	Máquina de lixar espessuras	Prensa de folheado	Serra dupla de corte no comprimento	Outros processamentos
1 Retirar	●						
2 Recortar		●					
3 Colar bordas			●				
4 Lixar				●			

Fluxo de material

Setor examinado: Placas			Elaborador:			Data: 10.04		
nº	Tipo de operação do procedimento parcial		Objetos de trabalho			Quantidades		Movimentação em mm	Tempo de mov. em min
						nº	unid.	↔	b	
1	Retirar	○ ➡	□	D	▽	1	St.	5		
2	Recortar	○ ⇨	□	▶	▽	1	St.			
3	Empilhar placas	↻ ➡	□	D	▽	1	St.	1,5	0,5	
4	Transportar placas	○ ➡	□	D	▽	1	St.	4		

8.3 Terminologia dos tempos de execução das ordens de serviço e de ocupação dos meios de produção

- **Tempo de execução** [1]

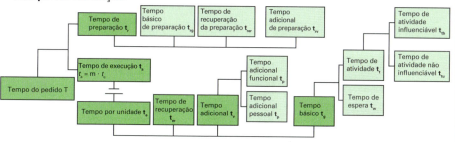

Tempos	Sigla	Explicação
Tempo do pedido	T	É o tempo especificado, constituído pelos tempos de preparação e operação, necessário para a execução de uma ordem de serviço com uma quantidade m (número de unidades).
Tempo de preparação	t_r	É o tempo especificado para a preparação (montagem e desmontagem de dispositivos de máquinas e ferramentas), ele é constituído por t_{rg}, t_{rer}, t_{rw}.
	t_{rg}	O tempo de preparação propriamente dito, como ler desenho, ajustar e reajustar a máquina etc.. Ele depende do material, ferramenta e quantidade da ordem de serviço (troca de ferramenta).
	t_{rer}	Tempo de recuperação da fadiga do trabalhador após uma preparação extenuante, expressa em % de t_g.
	t_{rw}	A parcela de tempo para possíveis distúrbios operacionais em % de t_{rg}.
Tempo de execução	t_a	É o tempo calculado para a fabricação de uma ordem de serviço com a quantidade m. Ele é constituído pelo tempo $m \times t_e$.
Tempo básico	t_g	É o tempo planejado para a fabricação de uma unidade. Ele é calculado pela fórmula $t_t (t_{tb} + t_{tu}) + t_w$.
	t_t	É o tempo de fato necessário para a fabricação de uma peça, sem paradas, esperas e perturbações.
	t_{tb}	São os tempos influenciáveis pelo trabalhador, como montagem de guarnições, bem como tempo, para operações diretamente relacionadas com isso, como desempacotar, fixar etc.
	t_{tu}	Os tempos de trabalhos não influenciáveis pelo trabalhador, como velocidade de avanço ou execução de um programa.
Tempo de espera	t_w	É o tempo proveniente de interrupções condicionadas pelo processo.
Tempo de recuperação	t_{er}	Neles estão reunidos os tempos das interrupções planejadas para a recuperação da fadiga do trabalhador, p. ex., após trabalhos de jateamento ou montagens acima da cabeça etc., em % de t_g.
Tempo adicional	t_v	É um tempo que ocorre irregularmente (p.ex., tempo de paradas) durante a realização de um trabalho; considera-se parcela (%) de t_g; ele é composto pelos tempos t_s e t_p.
	t_s	É um tempo de interrupções não planejadas, como interferências operacionais, falta de energia etc.
	t_p	Aqui são computados os tempos de interrupção devidos às necessidades do trabalhador, como ir ao banheiro, tomar água etc.

Exemplo: fresar 2 tampos de mesa

Tempo de preparação	min
Preparar ordem de serviço	2,5
Preparar a máquina	10,5
Preparar a ferramenta	2,5
Tempo básico de preparação t_{rg}	15,0
Tempo de recuperação na preparação t_{rer} = 4% de t_{rg}	0,6
Tempo adicional de preparação t_{rv} = 14% de t_{rer}	2,1
Tempo de preparação $t_r = t_{rg} + t_{rer} + t_{rv}$	17,7

Tempo de operação		min
Tempo de atividade	t_t	4,5
Tempo de espera	t_w	0,5
Tempo básico	$t_g = t_t + t_w$	5,0
Tempo de recuperação	t_{er} = 4% de t_g	0,2
Tempo adicional	t_v = 8% de t_g	0,4
Tempo por unidade	$t_e = t_g + t_{er} + t_v$	5,6
Tempo de operação	$t_a = m \cdot t_e$	11,2

Tempo de execução $T = t_r + t_a$ = 17,7 min + 11,2 min = 28,9 min ≈ 29 min

[1] REFA, Associação para Estudo do Trabalho e Organização Empresarial e.V. Munique

8.3 Terminologia dos tempos de execução das ordens de serviço e de ocupação dos meios de produção

- **Tempo de ocupação** [1)]

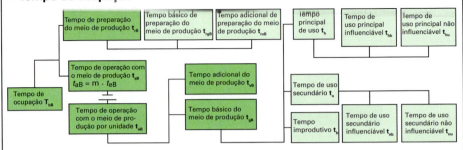

Tempos	Sigla	Explicação
Tempo de ocupação do meio de produção	T_{bB}	É o tempo especificado para o meio de produção executar uma ordem de serviço. Ele é composto pelos tempos de preparação e de operação.
Tempo de preparação do meio de produção	t_{rB}	É o tempo planejado para a preparação do meio de produção, como montagem e, no final, desmontagem de ferramentas da máquina. Ele é composto por $t_{rgB} + t_{rvB}$.
	t_{rgB}	O tempo de preparação da máquina propriamente dito.
	t_{rvB}	A parcela de tempo para interrupções em % de t_{rgB}.
Tempo de operação com o meio de produção	t_{aB}	O tempo especificado para fabricar uma quantidade m no meio de produção. Ele é calculado pela fórmula $t_{eB} \times m$.
Tempo de operação co o meio de produção/unidade	t_{eB}	É o tempo de ocupação do meio de produção para a fabricação de uma peça; é composto pelos tempos $t_{eB} + t_{vB}$.
Tempo básico de uso do meio de produção	t_{gB}	Neste tempo, o meio de produção está ocupado com a execução de uma unidade sem interrupções. Ele é composto por $t_h + t_n + t_b$.
Tempo adicional do meio de produção	t_{vB}	Tempos de interrupção que ocorrem durante a ocupação com duração e frequência variadas e são devidas ao processo ou ao trabalhador. Ele é calculado proporcionalmente em % de t_{gB}.
Tempo de uso - principal	t_{eB}	Tempo de uso planejado do meio de produção e divide-se em $t_{hb} + t_{hu}$.
	t_{hb}	Tempo de uso principal influenciável pelo trabalhador, p. ex., usinagem com avanço manual e similares.
	t_{hu}	Tempo de uso principal não influenciável pelo trabalhador, p. ex., usinagem com avanço mecânico etc.
Tempo de uso secundário	t_n	Tempo para operações planejadas, necessárias para o uso principal $t_n = t_{nb} + t_{nu}$
	t_{nb}	Tempo de uso secundário influenciável pelo trabalhador, p. ex., o meio de produção é manualmente alimentado, esvaziado etc.
	t_{nu}	Tempo de uso secundário não influenciável pelo trabalhador, p. ex., alimentação, esvaziamento e troca de ferramenta automática.
Tempo improdutivo	t_b	Interrupção do uso, condicionadas pelo processo e pela recuperação do trabalhador, tais como, tempo de recuperação pessoal ou buscar e levar materiais.

Exemplo: serrar 20 laterais de armário

Tempo de preparação:	min
Ler ordem de serviço e desenhos	1,5
Providenciar e devolver disco de serra	1,0
Fixar e soltar disco de serra	2,5
Ajustar a máquina	0,5
Tempo básico de preparação do meio de produção t_{rgb}	5,5
Tempo adicional do meio de produção $t_{rvB} = 10\ \%\ de\ t_{rgB}$	0,6
Tempo de preparação do meio de produção $t_{rB} = t_{rgB} + t_{rvB}$	6,1

Tempo de operação:		min
Serrar = tempo de uso principal	t_h	0,5
Colocar/retirar laterais = tempo de uso secundário	t_n	0,1
Transportar as laterais = tempo improdutivo	t_g	0,4
Tempo principal do meio de produção $t_{gB} = t_h + t_n + t_b$		1,0
Tempo adicional do meio de produção $t_{vB} = 10\ \%\ de\ t_{gB}$		0,1
Tempo do meio de produção por unidade $t_{eB} = t_{gB} + t_{vB}$		1,1
Tempo de operação com o meio de produção $t_{aB} = m \cdot t_{eB}$		22,0

Tempo de ocupação $T_{bB} = t_{rB} + t_{aB} = 6\ min + 22\ min = 28\ min$

[1)] REFA, Associação para Estudo do Trabalho e Organização Empresarial e.V. Munique

8.4 Cálculo de custos

O cálculo de custos, também chamado de cálculo por centros de custos, tem a função de registrar todos os custos diretos e indiretos de um produto ou uma prestação de serviço e com isso, determinar o preço. Diferencia-se entre três cálculos de custos:
- Pré-cálculo (cálculo da oferta)
- Cálculo intermediário (apuração de um resultado intermediário)
- Cálculo revisional (balanço interno, apuração dos resultados)

Processos de cálculo
Dependendo do tipo de fabricação podem ser usados diversos processos de cálculo.

Cálculo por divisão	para produção em série e em massa (produtos de mesmo formato ou tipo) $\dfrac{\text{Custos totais / ano}}{\text{Unidades / ano}} = \text{Custos / unidade}$
Cálculo por adição	para produção unitária ou de pequenas séries, os custos indiretos são acrescentados como percentual dos custos individuais.

Esquema de cálculo

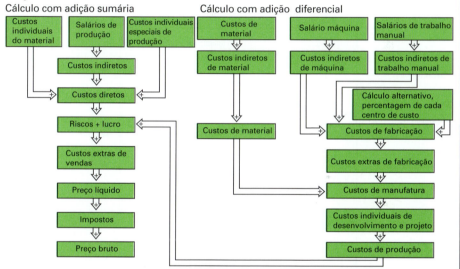

Explanações sobre a folha de cálculo de custos da página 340

Número	Descrição	Número	Descrição
1	Preencher totalmente a coluna superior	11	Custos de mármore, vidro, lâmpadas de embutir, peças instaladas e a prestação de serviço de terceiros em acabados ou semiacabados de outras empresas.
2	Atribuir os tempos de fabricação às operações		
3	Transportar as somas das horas totais para a coluna horas	12	Aplicar o adicional dos custos indiretos de material em % e calcular os custos de material
4	Custos extras da fabricação, como horas extras e adicionais de feriados	13	Apurar o custo de manufatura por meio dos custos de material e de fabricação.
5	Obter valores para salários de fabricação, adicionais do custo total em % ou taxas para cálculo dos custos operacionais	14	Adicional para riscos e lucro
		15	Custos de equipamentos de obras, andaimes, ferramentas especiais, aluguéis etc.
6	Apurar os custos de manufatura		
7	Transportar as quantidades ou preço total da lista de madeiras	16	Aqui também são incluídos frete, embalagem e seu descarte
8	Listagem das guarnições necessárias e seus preços ou transportar os preços totais da lista de materiais	17	Da adição resulta o preço líquido (custos de manufatura, riscos e margem de lucro, custos individuais extras, custos de transporte e provisões)
9	Apurar a quantidade de material usado em cada m² e o preço total	18	Apurar o valor do imposto com a taxa atual.
10	Calcular a cola por m² ou por cada junção em kg, registrar os meios de ligação (cavilhas, pregos, parafusos, grampos etc.), registrar o consumo de lixa e materiais de vedação, desde que já não estejam inclusos no ponto 7	19	O cálculo de custo deve ser dotado com data e assinatura.

8.4 Cálculo de custos

☐ **Pré-cálculo**   ☐ **Pós-cálculo**

cliente/produto   ❶

| Item n° | | N° da oferta
N° do pedido |
| N° do desenho | | Prazo |

Operação de trabalho	Máqui-na horas	Bancada horas	Superfície horas	Montagem horas	Material	Qde. Unidade	Preço unitário E	Preço total E
Providenciar material					Madeira/Placas			
Recortar								
Esquadrejar/serrar formato								
Aplainar						❼		
Fresar/aplainar 4 lados								
Rebaixar/rasgar/perfilar								
Fender/embutir					Folheado/revestimento especial			
Colar bordas								
Furar cavilhas/guarnições								
					Guarnições			
Alinhar folheado		❷				❽		
Prensar folheado/película								
Colar								
Montagem								
Lustrar/acabar					Esmalte/acabamento	❾		
Batentes								
Gavetas/corrediças					Material miúdo	❿		
Lixar					Semiacabados/serviço de terceiros	⓫		
Pintar/decapar								
Descarregar								
Montagem					Custos unitários de material			
					% de custos indiretos de material			
Horas totais					**Custos de material**		%	⓬

	Horas	Sal.base E	Sal.fabricação E	Custos indiretos %	Taxa de cálculo E	Soma total E
Programação do trabalho						
Horas-máquina	❸			❺		
Horas de bancada						
Horas de acabamento						
Horas de montagem ❹						

Custos de fabricação	❻	%	⓭
Custos de manufatura		100 %	
Riscos e margem de lucro		%	⓮
Custos extras	⓯		
Custos de carga/embalem e transporte			⓰
Provisões			
Custo líquido da oferta			⓱

Observações/execução/esboço

Data   Assinatura ⓳

⓲ Não esquecer dos impostos na apresentação da oferta ou na apresentação do cálculo!

8.4 Cálculo de custos

Tipos de salários

Tipos de salários		

Salário/hora	Salário/produção

Salário por acordo de tempo	Salário por acordo monetário	Salário prêmio

€ Euro 1 € corresponde 1,95583 DM
ct Cent 1 € tem 100 ct

Salário por tempo

Salário por tempo (€) =

número de horas (h) x salário/hora (€/h)

Adicionais de salário

Adicionais de salário (€/h) =

$$\frac{\text{Salário/hora (€/h) x taxa adicional (\%)}}{100\ \%}$$

Índice de aproveitamento do tempo

Índice de aproveitamento do tempo (%) =

$$\frac{\text{Tempo especificado por unidade (min/peça) x 100\%}}{\text{tempo gasto por unidade (min/peça)}}$$

---

tempo gasto por unidade (min/peça)

Salário (€) =

$$\frac{\text{tempo especificado/unidade x fator monetário x quantidade produzida}}{(100\ ct/€)}$$

(min/peça) (ct/min) (peça, m, m²)

Fator monetário (ct/min) =

$$\frac{\text{Salário básico (€/h) + 15\% adicional}}{60\ (min/h)} \times 100\ ct/€$$

Salário com base monetária

Salário (€) =
Qde produzida (unidade) x taxa monetária (€/unidade)

Taxa do acordo monetário (€/unidade) =
$$\frac{\text{salário básico (€/h) + 15\% adicional}}{\text{unidade/h}}$$

Salário prêmio

Salário prêmio (€/h) =
Salário com base no tempo ou monetária (€/h) + prêmio (€/h)

Custos indiretos

Custos indiretos gerais

Taxa de custos indiretos % = $\dfrac{\text{Custos indiretos anuais (€) x 100\%}}{\text{salários anuais de fabricação (€)}}$

Custos indiretos de salários de fabricação

Custos indiretos de salários de fabricação (€/h) = $\dfrac{\text{Custos (individuais) de salários de fabricação (€/h) x taxa de custos indiretos \%}}{100\ \%}$

Custos de fabricação (€/h) = Custos individuais de salário de fabricação (€/h) + custos indiretos (€/h)

Taxas de custos indiretos separadas por centros de custos

Taxa de custos indiretos área de bancadas (%) = $\dfrac{\text{Custos indiretos anuais área de bancadas (€) x 100\%}}{\text{Salários anuais de fabricação área de bancadas (€)}}$

Taxa de custos indiretos área de máquinas (%) = $\dfrac{\text{Custos indiretos anuais área de máquinas (€) x 100\%}}{\text{Salários anuais de fabricação área de máquinas (€)}}$

Taxa de custos indiretos área de montagem (%) = $\dfrac{\text{Custos indiretos anuais área de montagem (€)}}{\text{Salários anuais de fabricação área de montagem (€)}}$

Taxa de cálculo horário para cobrir totalmente os custos

Taxa de cálculo (€) = $\dfrac{\text{Custos anuais de fabricação (€)}}{\text{Tempo anual de fabricação (h)}}$

Para o meio de produção, o tempo anual de fabricação resulta do tempo de ocupação possível/ano e da ocupação média no ano.

Tempo de ocupação anual (h) = $\dfrac{\text{ocupação anual possível x taxa de ocupação \%}}{100\ \%}$

8.4 Cálculo de custos

Taxas de perdas no corte (adicional em percentagem)

Tipo de madeira	maciça	folheada	Tipo de madeira	maciça	folheada
Samba	35	–	Limba	25	40
Afzelia	30	–	Makoré	35	30
Bordo	50	50	Meranti (vermelho escuro)	35	–
Azobé	40	–	Nogueira	55	80
Bétula	60	55	Choupo	35	45
Pino	50	55	Palissandra, Índia Ocidental	–	80
Faia	35 … 50	30 … 40	Palissandra, Rio	–	100
Pinheiro Vermelho	35	40	Guaiacum	40	–
Pinheiro do Oregon	35	40	Ramin	30	–
Carvalho	45	60	Robínia	40	–
Carvalho vermelho	40	50	Carvalho Americano	40	80
Amieiro	35	45	Ulmus	30	40
Freixo	45	60	Sapeli	30	40
Abeto-do-Norte	30	40	Abeto	30	40
Okoumé	30	25	Teca	40	55
Hainbuche	45	50	Tuia Gigante	35	–
Mogno Africano	40	–	Wengé	40	55
Tsuga Ocidental	30	–	Tulipeiro	40	50
Pinho Silvestre	30 … 40	40 … 50	Pinheiro Alpino	75	80
Cerejeira	50	70	Laminado de contenção	–	25 … 20
Koto	50	40	Laminado contrachapado	–	20
Larício	35 … 50	50	Laminado de miolo	–	35

As taxas de perda são válidas apenas genericamente, nos casos individuais deve ser consultado o comerciante de madeiras.

Materiais derivados de madeira

Compensado laminado	FU	20	Placas de fibras, dureza média	HB	15
Compensado sarrafeado	ST	15	Placas de fibras, densidade media	MDF	15
Compensado multissarrafeado	STAE	15	Placas de fibras, porosa	SB	10
Placas planas prensadas	FPY/FPO	10 … 15	Placas OSB		10 …15

Placas revestidas

Placas laminadas decorativas de alta pressão, uni	20	Placas laminadas decorativas de alta pressão, decoração	20
Placas revestidas, uni	30	Placas revestidas, decoração	30

Réguas de madeira maciça, montantes

Largura	< 5 mm	175	Largura	< 15 mm	125
	< 15 mm	150		< 20 mm	90

Conversão de m³, m², número de tábuas e metro linear

Conversão de m³ em m²	Conversão de m² em m³
$$\frac{\text{Volume (m}^3)}{\text{Área (m}^2)} \Rightarrow m^2$$	$$\text{Área (m}^2) \times \text{espessura (m)} \Rightarrow m^3$$
Conversão de m² em número de tábuas	**Conversão de m² em metro linear** (mesma espessura)
$$\frac{m^2}{\text{Área da face da tábua (em m}^2)} = n^\circ \text{ de tábuas}$$	$$\frac{m^2}{\text{Largura (em m)}}$$

Adicional para risco e margem de lucro

Percentagem do material nos custos de manufatura	Adicional para risco e margem de lucro
≤ 10%	20%
11% … 30%	16%
31% … 50%	12%
≥ 51 %	10%

8.4 Cálculo de custos

Subdivisão dos tempos para o pré-cálculo (seleção)

Operações em máquinas	Operações de bancada	Operações de montagem
Preparação do trabalho	Preparação do trabalho	Preparação do trabalho
Recortar a madeira maciça	Colar superfície, colar perímetro	Entregar
Recortar placas	Ajustar folheado	Instalar móveis individuais
Desempenar	Folhear	Embarcar
Aplainar na espessura	Colocar revestimento	Tempo de transporte
Recortar no formato	Colar moldura, corpo	Descarregar
Colar bordas, fresar rente	Montar	Distribuir
Encaixar folheado, prensar	Encaixar guarnições	Preparar local de montagem
Entalhar, cinzelar	Fixar	Montar
Encavilhar, ensamblar	Instalar gavetas, corrediças	Colocar guarnições
Perfilar, rebaixar, abrir rasgos	Equipar interior	Retrabalhor
Fresar com tupia manual	Polir, lixar	Tempo de viagem do montador
Moldurar	Encaixar réguas	Tirar medidas
Colar à máquina	Acabamento interno, externo	
Lixar	Aprontar	

Lista de material – madeira maciça

Contratante						Data		Nº do pedido	
Objeto/designação/execução				Item Nº		Nº do desenho		Folha Nº de	

Nº	Designação	Tipo de madeira	Peça	Medida acabada (mm) Compr. mm	Larg. mm	Esp. mm	Esp. bruta mm	Medida cortada Comp. mm	Larg. mm	Observações Quantidade de peças
1	base v	Fl	1	980	100	20	24	1000	110	
2	base h	Fl	1	940	100	20	24	950	110	
3	base gu	Fl	2	480	100	20	24	500	110	

Lista de material - Placas

Contratante						Data		Nº do pedido	
Objeto/designação/execução				Item Nº		Nº do desenho		Folha Nº de	

Nº	Aplicação	Tipo de madeira Material de base Mat. de revestimento	Medidas acabadas (mm) Peças	Comp. mm	Larg. mm	Esp. mm	Peças	Medida cortada Comp. mm	Larg. mm	Esp. mm	Bordas Material	Nº
1	Lateral	El/FPU/El	2	1980	500	20	Corte de acabamento				El 1 x L	
2	Tampo	FPU	2	960	500	20	2	970	510	19	El 1 x L	
	Fundo	El/ABA					2 de cada	1000	540			

Lista de material - Placas

Contratante						Data		Nº do pedido	
Objeto/designação/execução				Item Nº		Nº do desenho		Folha Nº de	

Nº	Artigo/designação Material/fornecedor	em estoque	disponível	enco-mendado	Nº do pedido							Qde.		Un.	Preço unitário €	Preço total €
1	Dobradiça de copo	x			3	2	6	0	2	6	6	6		8	pç	
	Placa de montagem	x			3	2	6	3	6	5	5	5		8	"	
2	Ferrolho 40 mm	x					1	0	3	3	3			2	pç	

8.5 Regras contratuais para serviços de construção (VOB)

O direito contratual entre uma empresa e um contratante (privado ou público) é subordinado à regulamentação legal sobre contratações. Se não houver acordo firmado, vale a legislação sobre contratação do código civil (BGB). Como complementação das regulamentações legais são aplicadas as regras contratuais para serviços de construção (VOB). Elas devem ser convencionadas a parte para terem validade.

Classificação das regras de contratação para serviços de construção

VOB, parte A, DIN 1960: Determinações gerais para a concessão de prestação de serviços de construção

Tipos de concorrências e concessões (excerto)	
Concorrência pública	Anúncio público da concorrência, documentos exigidos da empresa, remessa da documentação, apresentação da oferta, abertura das ofertas (prazo de submissão), análise e avaliação das ofertas, outorga do contrato dentro do prazo suplementar.
Concorrência restrita	Convocação de um número restrito (3-8) de empresas competentes e capazes e confiáveis para (datas iguais) da documentação da concorrência, apresentação da oferta, abertura da oferta (prazo de submissão), análise e avaliação das ofertas, outorga do contrato dentro do prazo suplementar.
Concessão no mercado livre	Convocação de uma empresa para apresentação de uma oferta, outorga do contrato dentro do prazo suplementar.

Tipos de contrato (excerto)		
Contrato por serviços prestados (contrato regular)	Contrato global	Soma global para o serviço total
	Contrato por preço unitário	Preço por unidade (peça, m², etc.) x quantidade executada
Contrato por salário/hora	Para serviços de pequeno volume e com percentual preponderante de custos salariais.	
Contrato pelo custo de manufatura	Para serviços para os quais não se pode determinar uma quantidade exata, sendo portanto impossível definir o preço.	

VOB parte B DIN 1961: Condições gerais de contratação para a execução de serviços de construção

Remuneração	
Divergência de quantidade até ± 10 %	vale o preço contratado
Divergência de quantidade acima de ± 10%	deve ser feito um reajuste para cima ou para baixo no preço

VOB parte C: Condições técnicas gerais para contratação (ATV)

Os serviços de construção devem ser executados segundo as **"regras consagradas da tecnologia"**.

DIN 18299	Regulamentações gerais para todo tipo de construção	
DIN 18334	Trabalhos de carpintaria e de construção em madeira (trecho)	Assoalhos; rodapés; construção seca; escadas, paredes sem finalidade de sustentação
DIN 18356	Trabalhos de parquete (trecho)	Rodapés e arquitraves
DIN 18357	Trabalhos de guarnições (trecho)	Instalação de guarnições para janelas, portas, portões, móveis embutidos
DIN 18358	Trabalhos de persianas (trecho)	Persianas, portas de enrolar, grades de enrolar
DIN 18360	Trabalhos de serralharia (construções de metal e plástico)	Janelas, portas escadas, corrimãos, balaustradas
DIN 18361	Trabalhos de vidraçaria (trecho)	Envidraçamento de janelas e portas; Material de vedação; fita de guarnição; Baguetes de fixação dos vidros; espessura dos vidros
DIN 18363	Trabalhos de pintura e esmaltagem (trecho)	Tratamento de superfície de obras e elementos de construção; janelas/portas; impregnação, demão de fundo, demão intermediária, demão final; número de camadas dependendo do tipo de revestimento
DIN 18451	Trabalhos de andaimes	Execução e usos
DIN 18355	Trabalhos de marcenaria (trecho) (madeira ou plástico, construção de plástico e metal)	Portas; portões; janelas; paredes de janelas; postigos; Paredes divisórias; paredes de armários, reformas internas, Móveis embutidos; revestimento de paredes e lajes

8.5 Regras contratuais para serviços de construção (VOB)

ATV DIN 18355 trabalhos de marcenaria

0. Instruções para a descrição do serviço	Não é parte integrante do contrato.
1. Área de validade	Fabricação e instalação de elementos de construção feitos de madeira e plástico ou construções de metal-plástico; não é válido para: escadas, assoalhos de madeira, rodapés, revestimentos, portas e portões aparelhados; trabalhos de guarnições, pintura e esmaltagem; vidraçaria; janelas metálicas.
2. Material e componentes	Complemento da ATV DIN 18299, materiais a serem utilizados com suas respectivas normas; requisitos da madeira maciça e umidade da madeira; materiais derivados de madeira, compensados, aglomerados, placas de fibras de madeira, painéis, folheados, materiais isentos de madeira, materiais isolantes, placas de revestimento e películas de plástico, materiais absorventes, elementos de fixação e ligação, pátinas de madeira, produtos de proteção para madeiras e pintura de fundo, janelas e portas, guarnições
3. Execução	Complemento da ATV DIN 18299, descrição da execução com as respectivas normas; generalidades; execução de madeira maciça; contraplacados, laminados, revestimentos, superfície de móveis; colagens; instalação; janelas; peitoris de janelas; montantes e almofadas de janelas; postigos de janelas e portas; portas e portões; construção seca; armários embutidos; tratamento de superfícies; proteção construtiva e química para a madeira
4. Serviços secundários (serviços que, embora não mencionados, fazem parte dos serviços contratados)	Complemento da ATV DIN 18299, serviços secundários: cunhas de apoio e enchimentos; montagem, desmontagem e desocupação de andaimes até 2 m de altura; execução de furos na alvenaria e no concreto leve; colocação e incrustação de fixadores nas peças de madeira; fornecimento e instalação de cavilhas sem certificação estática; fornecimento dos elementos de fixação necessários; consideração das divergências de dimensões finais em relação à descrição do serviço ou do desenho até 5%, no máximo 50 mm.
Serviços extras (serviços com menção especial na descrição da prestação do serviço, que não são considerados serviços secundários)	Complemento da ATV DIN 18299, serviços extras: desocupação de áreas de permanência e armazenagem, montagem e desmontagem e desocupação de andaimes com mais de 2 m de altura, limpeza de sujeira grosseira do contrapiso desde que resultante de serviços realizados por outras empresas; execução de furos ou buracos em tijolos, aço, concreto pesado; fornecimento e instalação de elementos de ligação com certificação estática ou construtiva; corpos de prova que não serão empregados na obra exigidos pelo contratante; remoção e recolocação de vedações nas juntas; consideração de desvios dimensionais, exceção veja serviços secundários.
5. Acerto de contas	Complemento da ATV DIN 18299, determinação das áreas e medidas lineares a serem consideradas no cálculo da fatura.
Exemplo de um acerto de contas	Foi fornecido um armário embutido. A largura do armário é limitada pelas paredes laterais, a altura do armário corresponde à medida entre o piso e o forro. O serviço será calculado basicamente pelo desenho. Como medida de cálculo vale para a largura do armário a medida constante na planta do prédio (medida bruta), para a altura do armário vale a medida do pé-direito da construção, entre as arestas das lajes (medida bruta). O reboco e o contrapiso não são considerados. Com isso, para o acerto de contas, os cálculos individuais são idênticos. As diferenças dimensionais devem ser consideradas na oferta. As guarnições de acabamento devem ser reembolsadas à parte, caso não tenham sido especificadas juntamente com o serviço principal.

8.6 Lista reguladora de obras

A lista reguladora de obras contém os produtos inspecionados e aprovados para construção. Ela é elaborada pelo Instituto Alemão de Tecnologia para Construção (DIBt) e publicada em conjunto com o órgão superior de inspeção de obras. A base são os códigos estaduais de obras. A utilidade dos produtos resulta da conformidade deles com as regras técnicas de construção divulgadas, da aprovação pelo órgão de fiscalização de obras, do certificado de inspeção do órgão de fiscalização de obras ou de testes em casos especiais. A utilidade é confirmada pelo certificado de conformidade (selo de conformidade – selo U). A lista reguladora de obras é composta por três partes.

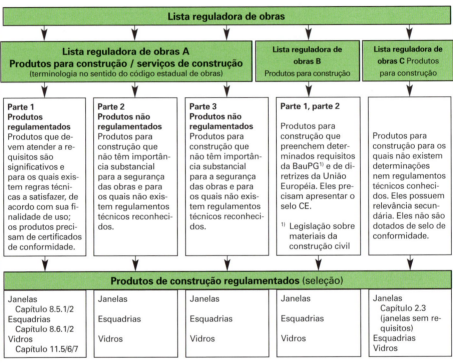

Na lista reguladora de obras A, parte 1, é regulamentada para janelas, esquadrias e vidros a proteção térmica e acústica mínima por intermédio da "Diretriz sobre Janelas e Postas-janelas ", pela "Diretriz sobre Esquadrias para Janelas e Portas" e pela "Diretriz sobre Vidros Isolantes Multicamada". A base das diretrizes são as normas DIN correspondentes, com as instruções complementares.

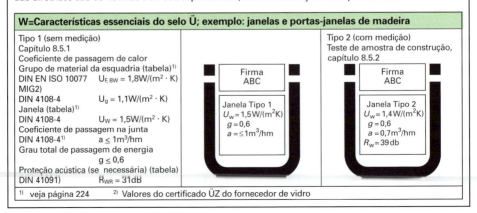

Índice de empresas

As empresas e instituições citadas a seguir apoiaram os autores dos capítulos e seções com aconselhamento, impressos ou fotos para reprodução.

Bundesinnungsverband des Glaserhandwerks
An der Glasfachschule 6, 65589 Hadamar

Lignal GmbH
Warendorfer Str. 21, 59075 Hamm

Interpane Glas Industrie AG
Sohnreystr. 21, 37697 Lauenförde

Flachglas AG
45801 Gelsenkirchen

Jowat Klebstoffe; Lobers u. Frank GmbH & Co. KG
Wittekindstr. 19, 32709 Detmold

fischerwerke; Artur Fischer GmbH & Co. KG
Postfach 1152, 72176 Waldachtal

Siemens Automatisierungstechnik
Postfach 4848, 90327 Nürnberg

SIA Schweizer Schmirgel- und Schleifindustrie AG
CH-8501 Frauenfeld 1

Häfele GmbH & Co. KG
Postfach 1237, 72192 Nagold

Altenloh, Brinck & Co
58240 Ennepetal 1

WERU AG
Postfach 160, 73631 Rudersberg

SCHÜCO International KG
Karolinenstr. 1–15, 33609 Bielefeld

Hermann Gutmann Werke GmbH
Nürnberger Str. 57–81, 91781 Weißenburg

SIEGENIA-FRANK KG
Industriestraße, 57234 Wilnsdorf-Niederdielfen

Lamello AG
Hauptstr. 149, CH-4416 Bubendorf

LEUCO OERTLI Ledermann GmbH
Postfach 1340, 72153 Horb

WERU AG
Postfach 160, 73631 Rudersberg

REFA Verband für Arbeitsstudien
und Betriebsorganisation e.V.
Wittichstr. 2, 64295 Darmstatt

Iwotech Ltd.
Jyllandvey 9, DK-7330 Brande

PAUL OTT GMBH; Holzbearbeitungsmaschinen
Max-Eyth-Straße 53, 71364 Winnenden

Homag Maschinenbau AG
72296 Schopfloch

Verlag Europa-Lehrmittel
Düsselberger Str. 23, 42781 Haan-Gruiten
Holztechnik Fachkunde 15. Auflage
Holztechnik Konstruktion und Arbeitsplanung
3. Auflage
Tabellenbuch Bautechnik 7. Auflage
Tabellenbuch Metalltechnik 39. Auflage
Der Holztreppenbau 4. Auflage

Bundesforschungsanstalt für
Forst- und Holzwirtschaft
21027 Hamburg

ihd Institut für Holztechnologie Dresden gGmbH
Zellescher Weg 24, 01217 Dresden

Verlagsanstalt Alexander Koch GmbH
Fasanenweg 18, 70771 Leinfelden-Echterdingen

Fachbuchverlag Leipzig
Im Carl Hanser Verlag
Naumburger Str. 26a, 04229 Leipzig
Lexikon der Holztechnik, 4. Auflage 1990

HBG Holzberufsgenossenschaft
Am Knie 6, 81241 München

Universität Hamburg
Ordinariat für Holzbiologie
Leuschnerstr. 91, 21031 Hamburg

Lehrstuhl und Institut für Werkzeugmaschinen
und Fertigungstechnik
TU Braunschweig
Langer Kamp 19 B, 38106 Braunschweig

i.f.t. Institut für Fenstertechnik e.V.
83004 Rosenheim

Leitfaden zur Montage der RAL-Gütegemeinschaft
Fenster und Haustüren
83004 Rosenheim

ARGE HOLZ
Füllenbachstr. 6, 40474 Düsseldorf

Deutsche Verlagsanstalt München
Geibelstr. 6, 81679 München

Überwachungsgemeinschaft
Konstruktionsvollholz aus deutscher Produktion e.V.
Bahnstr. 4, 65205 Wiesbaden

Beuth-Verlag
Burggrafenstr. 6, 10787 Berlin

Verband der Fenster und Fassadenhersteller e.V.
Bockenheimer Anlage 13, 60322 Frankfurt

Lehrstuhl und Institut für Werkzeugmaschinen
Universität Stuttgart
Holzgartenstr. 17, 70049 Stuttgart

Bundesverband des holz- und
kunststoffverarbeitenden Handwerks
Abraham-Lincoln-Str. 32, 65189 Wiesbaden

VARIOTEC
Sandwich-Elemente
Weißmartenstr. 3, 92318 Neumarkt

Universität Göttingen
Fakultät Ressourcenmanagement
HAWK
Bürgenweg 1A, 37077 Göttingen

Editora e autores agradecem às empresas e instituições citadas pelo apoio para a elaboração deste manual com dados e informações atualizados e de conformidade com a prática.

Índice remissivo

A

Abrasivos 149
Aceleração 32
Acessórios para fechaduras
    de portas 223
Ácidos 45, 50
Acionamento 35
    por engrenagens ....35 f
    por correia ....35 f
    por corrente 35
Aclive 15
Aços
    classificação 111
    componentes da liga 111
    ligados 111
    para estruturas 111
    para ferramentas 111
    produtos acabados 113
Acústica 52
Adesão 29
Adesivos 138, 155
    de condensação 139
    de contato 139
    de dispersão 139
    de reação 139
    designação 138
    fundidos 139
Afiação útil 306
Agentes de proteção da
    madeira 68
Aglomerados para fins
    especiais 100
Aglomerados 94
Agregados 301
Água 276
Água de
    condensação 275, 279
Ajuste com folga 198
Ajuste com interferência 198
Ajustes 194
Alicates 297
Alíneas R 161
Alíneas S 161
Alongamento 39
Alumínio 114
    ligas 115
    perfis 115
Análise 45
Anéis de lua 65, 77
Ângulo 168
Anisotrópico 53
Aplainado bruto 82
Arcos 172
    de carpanel 173
    de cornija 174
    de quilha 174
    gótico 173
    inclinado 172
    rebaixado 173
    redondo 173
Armários embutidos 247
Arredondamento 7
Arruelas 122
Assoalhos de madeira 251

Átomo 45
Atrito 31
    valores de referência 31

B

Bancada de marceneiro 293
Barra redonda 113
Bases 45, 5
Bit 311
Bloqueadores de vapor 260
Boyle-Mariotte, Lei 40
Brocas 295, 31
Bucha aparafusada 125
Bulbos 65

C

Cabeçote para brocas -
    fixação 301
Calcinação 142
Calculadora de bolso 28
Cálculo de áreas ....16 ff
Cálculo de custos 339
    esquema 339
    folha de cálculo 340
    processos 339
Cálculo de juros 14
Cálculo de misturas 13
Cálculo de parêntesis 10
Cálculo de percentagem 14
Cálculo de sólidos ....23 f
Cálculo do resíduo 86
Cálculo fracionário 10
Cálculo de ferramentas 305
Caligrafia normalizada 166
Calor 51
Campo de tolerância 199
Cantoneiras 125
Capacidade térmica específica ...51
Capilaridade 29
Cavacos 76
Cavilha de madeira 127
Cavilha plana 125
Centro de usinagem CNC ..301
Ceras 143
Cerne
    colorido 54
    falso 65
    marrom 77
    quebradiço 77
    vermelho 77
Chanfros 123
Chapa de aço 112
Chaves de fenda 297
Círculo
    circunscrito 22
    inscrito 22
Classe dos materiais derivados
    de madeira 94
Classes de qualidade 75
Classes de resistência ao
    fogo 287
Classes de colação 70
Clima normal/clima
    normalizado 70

Cobre 114

Cobre 114
    ligas 115
Código ASCII 311
Códigos de programação ...330
Coeficiente de condutividade
    térmica 261
Coeficiente de dilatação
    térmica 275
Coeficiente de permeabilidade
    térmica 236, 262
Coesão 29
Cola de caseína 138
Cola de gluteína 139
Colorização 142
Comandos armazenados
    em memória 322
Comandos CNC 326
Comandos DOS 314
Compensação da ferramenta .333
Compensação da pressão
    do vapor 243
Compensado 95
    classes de colagem 96
    folheado 95
    multissarrafeado 95
    para construções 96
    sarrafeado 95
Comportamento ante
    o fogo 153, 289
Computador 312
Concentração máxima no
    posto de trabalho 153, 157
Condições climáticas 276
Condutividade térmica 265
Cone íngreme 301
Conformidade dimensional ...81
Conicidade da madeira ..65, 76
Construções geométricas
    básicas 167
Consumo de ar 318
Contração, dilatação 71, 196
Cornija 172
Coroa e parafuso sem-fim 36
Correias V 35
Corrente
    alternada 41
    continua 41
    trifásica 41
Corrimão curvilíneo 177
Corrosão 116
    eletroquímica 116
    química 116
Corte horizontal 176
Corte vertical 176
Cosseno 20
Costaneira 78
Cotangente 20
Cotas 190
Cronograma 335
Cunha 34
Curto com a massa 44
Curto com o condutor 44
Curto-circuito 44
Curva climática 70

348

Índice remissivo

Curva da temperatura 264, 266
Curva de saturação do
  vapor de água 282
Curvatura 177
Custos indiretos 339

D

Decágono regular 170
Decibel 52
Declínio da secagem 73
Demanda primária de energia . .272
Densidade 30
  bruta 30, 59, 60, 261
Descrição de madeira de
  corte 83
Desdobro para caibros 78
Desdobro radial 78
Desdobro semirradial 78
Desenho, legenda 165
Design fundamentos 184
Designações da ferramenta . .305
Deslocamento do ponto zero 331
Desvio 194
Desvios padrões 200
Determinação do tipo da
  madeira 54
Diagrama Glaser 281
Diagramas 26
Diagramas funcionais 320
Dilatação térmica 51
Diluentes 156
Dimensões
  da folha de porta 218
  de copos 185
  de louças 185
  de talheres 185
  do corpo humano 185
Dimetria 180
Direções de corte 53, 304
Disco de serra circular 307
  valores de corte 308
Dispersão 45
Divisão áurea 15, 168, 208
Divisão de comprimentos 15
Dobradiças
  basculante 214
  de copo 214
  de embutir 213
  de folha 213, 214
  de porta 221
  para móveis 222
  pivotante 214
Dodecágono regular 170
Dormentes 75
Durezas 38

E

Elastômero 128, 134
Elemento 45, 47
Elementos de fixação . . .126, 239
  base de ancoragem 130
  modo de atuação 126
  regulamento 126
  tipos de buchas 130

Elementos de indicação das
  dimensões 190
Elementos de ligação 117
Elipse 171
Energia 33
Equação binomial 11
Equação de estado 40
Equações 12
Equipamentos elétricos 43
Escadas 252
  balaustrada 257
  designações 253
  proporção de elevação . . .255
  repartição 258
  requisitos 254
  tabela de dimensões 255
  tipos 252
Escalas 15, 166
Escalas de alinhamento 27
Esmaltes 144
  acrílico 144
  alisamento por fricção 148
  alquídico 144
  corte quadriculado 147
  de celulose 145
  de poliéster 145
  de poliuretano (PUR) 145
  grupos de solicitação 148
  hidratado 145
  monocamada 144
  secagem 146
  técnicas de aplicação 146
  teor de sólidos 146
  teste de aderência 147
Espumas para montagem . . .137
Esquema de medidas na
  construção 206, 246
Esquemas de circuito 317
Estrutura do programa 313

F

F-30/F-60 289
Facas para desempenadeiras . .310
Falsa meia esquadria 177
Fechadura 216
Fendas entre anéis 76
Fibras espiraladas 65, 76
Física da construção 259
Fissuras 65, 76
Flambagem 39
Fluxograma 335
  de programas 313
  funcionais 320, 323
Folga 198
Folha de dados de
  segurança 160
Folhas de porta 219
Folheados 90
  aplicação 90
  colagem 91
  defeitos 90
  espessura nominal 91
  fabricação 90
  tempo de prensagem 91

Força .30
Força peso 30
Forças do pistão 318
Forças nos pontos de apoio . .34
Forças, composição 31
Forças, decomposição 31
Formaldeído 95, 96
Formão (cinzel) 294
Formato da rede elétrica 42
Formato DIN A4 165
Formatos de lixas/abrasivos .150
Formatos de papel 164
Forst-HKS - silvicultura 75
Frequência 282
Fresa para tupias 309
Fumigação 142
Funções 25
  linear 25
  quadrática 25
  trigonométricas 20, 21
Fundamentos do
  processamento de dados .311
Funil .177
Furação 123

G

Garantia da qualidade 334
Gases 162
Gavetas 215
  fecho central 215
  guias 215
Geometria de corte 306
Gráfico reticulado 27
Gráficos 27
Grampos 117
Grandezas básicas 7
Granulação 149
Granulação de lixas 150
Grau de eficiência 33
Grosas e limas 294
Grupos de ignição 156
Grupos de linhas 187
Gume secundário 305

H

Hachuras 203, 205
Hardware 311
Heptágono regular 169
Hexágono regular 169
Hidráulica 317

I

Identificações de medidas . . .193
Inchamento e contração .60, 71, 196
Indicação
  das dimensões de
    chanfros 192
  das dimensões de
    esferas 192
  das dimensões 190
  das medidas angulares . . .192
  de dimensões de
    coordenadas 193
  incremental 192

349

Índice remissivo

Índice de evaporação 156
Influência da temperatura . . .275
Instalação elétrica 43
Instalação especial 43
Instrução de operação 300
Instruções operacionais 159
Instrumentos de desenho . .164
Intensidade do som 52
Interface com a ferramenta . .300
Interfaces 315
Interpolação circular 332
Interpolação linear 331
Isolação do som via aérea . . .283
Isometria 180

J

Janelas 224
   abertura na alvenaria 234
   calços 244
   classes de resistência 237
   construções 225
   contenção acústica das
   juntas 238
   contenção térmica 236
   dimensões 234
   diretrizes 224
   elementos 225
   encaixe do vidro 241
   encaixe Europa 229
   envidraçamento 241
   espessura dos vidros 245
   esquadrias, perfis 226
   execução da junta 235
   fixação 239
   grupos de solicitação . . .228
   guarnição 239
   inibidora de
   arrombamento 239
   junta da construção 235
   junta de contorno 237
   madeira 225
   normas. 224
   proteção acústica 238
   rasgo Europa 229
   revestimento da
   superfície 240
   seção das esquadrias 231
   siglas 229
   sistemas 225
   sustentação do vidro 241
   tipo de abertura 224
   tolerâncias 234

L

Laminados decorativos 136
Laminados decorativos de
   alta pressão 137
Largura do desgaste 306
Lei
   da alavanca 34
   de Ohm 41
   dos cossenos 22
   dos senos 22
   federal de proteção contra
   emissões 153

Lenho de reação - tração 65
Lenho de reação,
   compressão 65, 79
Letras gregas 9
Letras para dimensões 193
Levantamento do cavaco 305
Liga .45
Ligação
   em paralelo 41
   em série 41
   triângulo-estrela 42
Ligações orgânicas 48
Ligas de metais não ferrosos 113
Limiar de desencadeamento
   ALS 153
Limite de extensão 39
Limites da linha de cota 190
Linhas
   de chamada 190
   de cota 190
   de observações 190
   de referência 166
   tracejada 188
   traço-dois-pontos 192
   traço-ponto 188
Líquidos 162
Lista de instruções 322
Lista de material 343
Lista reguladora de obras . . .346
Lixa de papel 149
Lixiviação 142
Logaritmos 11

M

Madeira 53
   aparelhada de coníferas . .87
   bloco 85
   componentes acessórios . .53
   componentes principais . .53
   curta 75
   de árvores folhosas 56, 80
   de coníferas 55
   de parquete 92
   defeitos da madeira 64
   densidade
   geométrica 59, 60, 61
   em camadas/pilhas 75, 76
   em quarto de tronco 83
   em tora 75
   industrial 75
   longa 75
   maciça para construção . .81
   nórdica 86
   para corte 75
      cálculo da superfície 85
      cálculo do volume 85
      medida excedente 85
   para descascar 75
   para folheado 75
   para marcenaria 83, 84
   pragas da madeira 66
   produto em bloco 85
   séries de tolerâncias 195
   símbolos . . . . .55 ff

subestruturas de madeira .250
   térmica 81
   tipos de madeira . . . . . . .55 ff
   valores característicos 59
Máquinas 288
   estacionárias 299
   manuais 302
Marcenaria 84
Marcha rápida 331
Margem de lucro 342
Martelos 297
Massa 30
Materiais
   compostos 94
   de corte 304
   de desenho 164
   de fibra de madeira 103
   de vedação 137
   de vedação, grupos 138
   derivados de madeira 94
   em camadas 94
   fundidos 112
   isolantes 257, 265
   laminados 136
   perigosos, identificação . .163
   sólidos 162
Medida
   de contração da madeira . .196
   de desgaste 306
   de inchamento da
   madeira 196
   de isolação acústica
   de lajes 283
   de janelas 234, 284
   de paredes 285
   úmida 194
Medidas de proteção
   térmica 275
Medidas de proteção elétrica . .44
Medidas preferenciais
   aglomerados 101
   compensado 95
Meia esquadria 177
Metais 113
   duros 115
   não ferrosos 113
Modo de indicação das
   coordenadas 327
Módulo de elasticidade 263
Momento de inércia 37
Momento de resistência 37
Motores elétricos 303
Móveis 210
   básculas 211
   design 207
   dimensões 185
   história do estilo 217
   métodos de
   construção 207
   normas 209
   portas de correr 211
   portas giratórias 210
Movimento circular 32
Movimento retilíneo 32

Índice remissivo

N

Nodosidade 65, 76
Nomogramas 27
Normalização de aços 110
Normalização de materiais . .110

O

Octógono regular 170
Óleos 143
Olhal com rosca 120
Organização de
  procedimentos 336
Organograma estrutural 336
Oval 171
Ovoide 171
Oxidação 45
Óxidos 49

P

Padrão de construção
  bruto 206, 246
Padrões de construção .206, 246
Parafusos 34, 121
  autoperfurante 124
  batoque 120
  de instalação rápida 120
  designação 121
  para aglomerados 119
  para chapas 124
  para dobradiça de piano . .119
  para madeira 118
    designação 118
    fendas 118
    formato da cabeça 118
    rosca, ponta 118
Paredes corta-fogo 287
Paredes divisórias 248
  fixação 249
Parquete acabado 93
Parquete 92, 93, 251
Pátina 142
Pé inclinado 178
Pentágono regular 169
Perda de calor por
  transmissão 274
Perfilados 186, 208
Período de condensação
  da água 281
Período de condensação 281
Período de evaporação 281
Perpendicular 167
Perspectiva 181, 182
  central 183
  inclinada 182
Pinos de arame 117
Pirâmide hexagonal 179
Pisos
  com revestimento de
    melamina 101
  de aglomerado cimento-
    gesso 105
  de aglomerado 100
  de composto mineral 136
  de fibra de gesso 105

de fibras de madeira 103
de fibras de média
  densidade 102, 103
de fibrocimento 104
de gesso cartonado 104
de materiais minerais 104
duras 103
extrudadas 100
laminados 93
leves de lã de madeira . . .105
Multiplex 97
OSB. 99
prensadas planas 98, 99
Plainas 294
Plano de contatos 323
Plano inclinado 34
Plástico termorrígido . . .128, 134
Plásticos 131, 155
  diferenciação 132
  reconhecimento 134
  resistência 135
Pneumática 316
Pó de madeira 157
Poliadição 48
Policondensação 48
Polígono regular 17, 169
Polígonos 17, 169
Polimerização 48
Pontes de calor 275
Ponto de inflamação 51
Ponto de referência 327
Ponto zero da máquina 327
Ponto zero da peça 327
Porcas 122
Portas 218
  acessórios 223
  acústicas 223
  assento de dobradiça e
    fechadura 222
  batentes 219
  classes de solicitação . .97, 22
  de correr 223
  fechadura 222
  folhas de portas 219, 220
  internas 218
    medidas e designação .218
  junção dos cantos 220
  linha de referência das
    dobradiças 221
  medidas e designação . . .218
  semiocas/compensado . .97, 22
  tipo de segurança 222
Posto de trabalho com
  computador 185
Potências 11
  de dez 7
  elétrica 42
  mecânica 33
Prancha 79, 83, 85
Prefixos 7
Prensa de folhear 319
Prensa hidráulica 319
Prescrições para prevenção
  de acidentes (UVV) 153

Pressão 40
  atmosférica 40
  efetiva 40
  hidrostática 40
  sonora 52
Procedimento de balanço
  energético 270, 273
Processamento de dados . . .311
Processos de certificação/
  comprovação 269
Processos de lixamento 150
Programa CNC 329
Projeção ortogonal 175, 18
Proporções 12, 184
Proteção contra corrosão 116
Proteção contra fogo 287
  lajes 290
  paredes 291
Proteção contra umidade . . .276
Proteção da madeira 67
  classes de durabilidade 68
  classes de risco 67
  contra incêndio 69
  profundidade de
    impregnação 69
  requisitos 69
Proteção de obras 259
Proteção térmica 261, 267

Q

Qualidade da madeira 72
Qualidade da secagem 72
Quantidade de calor 51, 261
Quantidade de saturação . .275, 279
Queda livre 32
Química . . . . .45 f

R

Raízes 11
Rebite cego 124
Rebolos 151, 152
Rebolos, segurança do trabalho 152
Redução 45
Regra de três 13
Regra do sinal 10
Regras contratuais
  serviços de construção . . .344
  anunciação 344
  remuneração 344
  tipos de contrato 344
  trabalhos de
    marcenaria 345
Regras para seleção 77
Regras técnicas para substâncias
  perigosas 153, 157
Regulamentação das
  substâncias perigosas 153
Regulamento sobre economia
  de energia 269
Resistência
  à difusão 277
  à flexão 39
  à passagem do calor 261
  à pressão 38

351

Índice remissivo

à torção 39
à tração 38, 39
à transmissão térmica 261
ao cisalhamento 39
dos condutores 41
Retângulo áureo 184
Revestimentos
  de paredes 249
  para tetos 250
Rodapés 88
Roldana 34
Roscas 123

S

Sais 50
Sarrafo 83
Secagem da madeira 72
  processos 73
Segmento de reta 167
Seleção de varas 75
Seleção EWG 75
Seleção por grossura 75
Seno 20
Série tensões
  eletroquímicas 116
Serras 293, 304
  de corrente 310
  de fita 310
  serrotes 293
Símbolos
  CNC 328
  de circuito 316
  de perigo 163
  de superfície 205
  matemáticos 9
Síntese 45
Sistema 32 247
  binário 9
  de ajustes 198
  de carga 38
  de coordenadas 327
  de envidraçamento 243
  de estruturas 247
  de ferramentas 301
  de sujeição da peça 301
  de travas 248
  estático 37
  hexadecimal 9
  numérico 9
Software 311
Solventes 156
Som 52, 170
  de passos 282
  via aérea 282
  via sólidos/propagado 282
Subdivisão dos tempos 343
Subestruturas 249
Subprograma 333
Substâncias perigosas na
  marcenaria 154
Substrato 149
Sujeitador a vácuo 301
Superfícies 141
  branqueamento 141
  cola 141
  desengraxe 141
  enxágue 141

lixamento 141
preparação 141
remoção de resina 141
textura 141
Suportes para desenho 164

T

Tabela periódica dos
  elementos 46
Tábua 79, 83, 85
  acanalada 89
  acústica 87
  chanfrada 89
  da medula 78
  de coníferas 87
  média 78
  para sacadas 88
  perfilada 87
Talha 34
Tangente 20
Taxas de perda no corte 342
Teclado 315
Técnicas de fluxograma de
  rede 335
Temperaturas 51, 260
  crítica 51
  do ponto de
  condensação 277
  internas 271
Tempo
  adicional 337
  de ocupação 338
  de pedido 337
  de preparação 337
Tensão superficial 29
Teorema
  de Euclides 19
  de Pitágoras 19
  de retas concorrentes 15
  de Tales 19
Termoplásticos 131, 133
Termos de processamento
  de dados 311
Textura da madeira 54,9
Tipos de assoalhos 251
Tipos de cálculos 10
Tipos de controle CNC 326
Tipos de falhas elétricas 44
Tipos de linhas 187
Tipos de salários 341
Tipos de segurança 222
Tolerância biológica BAT 153
Tolerâncias 194
Tomadas 43
Torque 34
Tortuosidade 65,76
Trabalho
  elétrico 42
  mecânico 33
Transmissões 36
Tratamento de superfícies . . .144
TRGS Regras técnicas
  para produtos
  perigosos 153, 157
Triângulo escaleno 22
Trincos 216
TRK concentração de

referência técnica . . .157, 158
Troca-ferramenta 300
Troca-ferramenta de corrente 301
Troca-ferramenta de prato . . .301
Tronco acanalado 65
TSM Medida de proteção
  do som de passos 283

U

Umidade
  absoluta do ar 279
  da madeira 70, 72, 197
    equilíbrio da madeira . . .70
  de referência para medição 86
  do ar 274, 279
Unidades básicas 7
Usos e costumes do comércio madeireiro TG 78, 82

V

Valor de concentração de pó .157
Valor K (valor U) . . .263, 266, 268
Valor pH 45, 49
Valores de resistência 39
Valores dos materiais 162
Valores g 269
Valores TRK 157, 158
Vapor de água 277
Velocidade 32
Verdadeira grandeza 177
Verniz 144
  alta solidez 144
  camada fina 144
  camada grossa 144
  solúvel em água 144
Vestígios de nós 76
Vidro 106
  bordas 107
  categorias de resistência . .110
  classes de resistência 109
  com função térmica 108
  de proteção acústica 108
  de proteção contra incêndio108
  isolante multicamadas 108
  laminado de segurança . . .108
  plano 107
  plano, valores de referência107
  produtos 106
  recorte 106
  tipos 106
Vigas 83
Viscosidade 29
Vista frontal 176
Volume do som 52

352

Sinalização de segurança no posto de trabalho

Compare VBG 125 (04.89)[1)]
e DIN 4844 T3 (10.85)

Símbolos de proibição

| Proibido fumar | Proibido fogo, luz aberta e fumar | Proibido para pedestres | Proibido apagar com água |

| Água não potável | Proibido para veículos de transporte interno | Proibido depositar ou armazenar coisas | Proibido para pessoas não autorizadas |

Sinais de advertência

| Aviso da existência de materiais inflamáveis | Aviso da existência de materiais explosivos | Aviso da existência de materiais venenosos | Aviso da existência de materiais corrosivos | Aviso da existência de materiais radioativos |

| Aviso da existência de veículos de transporte interno | Aviso da existência de cargas suspensas | Aviso da existência de tensão elétrica perigosa | Aviso da existência de uma situação de perigo | Aviso da existência de raios laser |

Sinais de regulamento

| Usar óculos de proteção | Usar capacete de proteção | Usar protetor auricular | Usar proteção respiratória | Usar sapatos de segurança | Usar luvas de proteção |

Sinais de emergência e rotas de fuga

| Rota de fuga à esquerda | | Indicação da direção para resgate[2)] | Primeiros socorros | |

| Ducha de emergência | Dispositivo para lavagem dos olhos | Padiola, maca | Médico | Saída de emergência[3)] |

[1)] Nomenclatura do regulamento de prevenção de acidentes do sindicato dos trabalhadores na indústria.
[2)] Usado apenas em combinação com outros símbolos de resgate.   [3)] Para ser fixado em cima da saída de emergência.

Símbolos para materiais de trabalho perigosos

veja § 4 da regulamentação de materiais perigosos (1993)

Letra de identificação, Símbolo do perigo, Designação do perigo	Significado	Letra de identificação, Símbolo do perigo, Designação do perigo	Significado
E Risco de explosão	Materiais em estado sólido ou líquido que, pelo aquecimento ou se submetidos a um choque não extraordinário, podem provocar uma explosão.	T Venenoso	Materiais que, pela aspiração, ingestão ou absorção pela pele, podem provocar danos consideráveis à saúde ou levar à morte.
O Comburente	Materiais que no contato com outras substâncias, principalmente combustíveis, reagem liberando grandes quantidades de calor.	C Corrosivo	Materiais que, pelo contato, podem destruir a pele ou outros materiais.
F Facilmente inflamável F+ Altamente inflamável	Materiais que a temperaturas normais podem aquecer-se e inflamar-se; em estado sólido podem inflamar-se pela ação instantânea de uma fonte de ignição.	Xn Nocivo à saúde	Materiais que, pela aspiração, ingestão ou absorção pela pele, podem provocar danos à saúde.
		Xi Irritante	Materiais que, sem serem corrosivos, podem provocar inflamações após um único ou repetitivos contatos com a pele.

Cores de segurança

compare DIN 4844 T1 (5.80)

Cor	vermelho	amarelo	verde	azul
Significado	Pare Proibido	Atenção! Possível perigo	Ausência de perigo Primeiros socorros	Símbolo de regulamento Informação
Cor de contraste	branca	preta	branca	branca
Cor do pictograma	preta	preta	branca	branca
Exemplo de aplicação (compare também com sinalização de segurança)	Símbolo de pare, interruptor de emergência, sinal de proibido materiais de combate ao fogo	Indicação de perigo, (p.ex., fogo, explosão, radiações), Indicação de obstáculos (p.ex., soleiras, poços)	Identificação de rotas de fuga e saídas de emergência; primeiros socorros e postos de resgate	Obrigatoriedade de usar equipamentos de proteção individuais; Localização de um telefone

354